国家出版基金资助项目
现代数学中的著名定理纵横谈丛书
丛书主编　王梓坤

EUCLID'S HERITAGE
—FROM INTEGER TO EUCLIDEAN DOMAIN

Euclid的遗产
——从整数到Euclid环

冯贝叶　著

哈尔滨工业大学出版社
HARBIN INSTITUTE OF TECHNOLOGY PRESS

内容简介

本书从数的起源讲起,主要介绍了数的发展和其新的性质及其应用,其中包括数学分析、实变函数和高等代数的一些入门知识,最后介绍了几个尚未解决的具有挑战性的问题.本书写法简明易懂,叙述较为详细,适合于高中以上文化程度的学生、教师、数学爱好者,以及数论、常微分方程、混沌问题和 $3x+1$ 问题的研究者和有关方面的专家参考.

图书在版编目(CIP)数据

Euclid 的遗产:从整数到 Euclid 环/冯贝叶著. —哈尔滨:哈尔滨工业大学出版社,2018.1
ISBN 978-7-5603-6844-3

Ⅰ.①E… Ⅱ.①冯… Ⅲ.①欧氏几何 Ⅳ.①O181

中国版本图书馆 CIP 数据核字(2017)第 191437 号

策划编辑	刘培杰　张永芹
责任编辑	张永芹　聂兆慈
封面设计	孙茵艾
出版发行	哈尔滨工业大学出版社
社　　址	哈尔滨市南岗区复华四道街 10 号　邮编 150006
传　　真	0451-86414749
网　　址	http://hitpress.hit.edu.cn
印　　刷	哈尔滨市石桥印务有限公司
开　　本	787mm×960mm　1/16　印张 30　字数 332 千字
版　　次	2018 年 1 月第 1 版　2018 年 1 月第 1 次印刷
书　　号	ISBN 978-7-5603-6844-3
定　　价	98.00 元

(如因印装质量问题影响阅读,我社负责调换)

代序

读书的乐趣

你最喜爱什么——书籍.
你经常去哪里——书店.
你最大的乐趣是什么——读书.

这是友人提出的问题和我的回答. 真的,我这一辈子算是和书籍,特别是好书结下了不解之缘. 有人说,读书要费那么大的劲,又发不了财,读它做什么? 我却至今不悔,不仅不悔,反而情趣越来越浓. 想当年,我也曾爱打球,也曾爱下棋,对操琴也有兴趣,还登台伴奏过. 但后来却都一一断交,"终身不复鼓琴". 那原因便是怕花费时间,玩物丧志,误了我的大事——求学. 这当然过激了一些. 剩下来唯有读书一事,自幼至今,无日少废,谓之书痴也可,谓之书橱也可,管它呢,人各有志,不可相强. 我的一生大志,便是教书,而当教师,不多读书是不行的.

读好书是一种乐趣,一种情操;一种向全世界古往今来的伟人和名人求教的方法,一种和他们展开讨论的方式;一封出席各种活动、体验各种生活、结识各种人物的邀请信;一张迈进科学宫殿和未知世界的入场券;一股改造自己、丰富自己的强大力量.书籍是全人类有史以来共同创造的财富,是永不枯竭的智慧的源泉.失意时读书,可以使人重整旗鼓;得意时读书,可以使人头脑清醒;疑难时读书,可以得到解答或启示;年轻人读书,可明奋进之道;年老人读书,能知健神之理.浩浩乎! 洋洋乎! 如临大海,或波涛汹涌,或清风微拂,取之不尽,用之不竭.吾于读书,无疑义矣,三日不读,则头脑麻木,心摇摇无主.

潜能需要激发

我和书籍结缘,开始于一次非常偶然的机会.大概是八九岁吧,家里穷得揭不开锅,我每天从早到晚都要去田园里帮工.一天,偶然从旧木柜阴湿的角落里,找到一本蜡光纸的小书,自然很破了.屋内光线暗淡,又是黄昏时分,只好拿到大门外去看.封面已经脱落,扉页上写的是《薛仁贵征东》.管它呢,且往下看.第一回的标题已忘记,只是那首开卷诗不知为什么至今仍记忆犹新:

日出遥遥一点红,飘飘四海影无踪.

三岁孩童千两价,保主跨海去征东.

第一句指山东,二、三两句分别点出薛仁贵(雪、人贵).那时识字很少,半看半猜,居然引起了我极大的兴趣,同时也教我认识了许多生字.这是我有生以来独立看的第一本书.尝到甜头以后,我便千方百计去找书,向小朋友借,到亲友家找,居然断断续续看了《薛丁山征西》《彭公案》《二度梅》等,樊梨花便成了我心中的女英雄.我真入迷了.从此,放牛也罢,车水也罢,我总要带一本书,还练出了边走田间小路边读书的本领,读得津津有味,不知人间别有他事.

当我们安静下来回想往事时,往往会发现一些偶然的小事却影响了自己的一生.如果不是找到那本《薛仁贵征东》,我的好学心也许激发不起来.我这一生,也许会走另一条路.人的潜能,好比一座汽油库,星星之火,可以使它雷声隆隆、光照天地;但若少了这粒火星,它便会成为一潭死水,永归沉寂.

抄,总抄得起

好不容易上了中学,做完功课还有点时间,便常光顾图书馆.好书借了实在舍不得还,但买不到也买不起,便下决心动手抄书.抄,总抄得起.我抄过林语堂写的《高级英文法》,抄过英文的《英文典大全》,还抄过《孙子兵法》,这本书实在爱得狠了,竟一口气抄了两份.人们虽知抄书之苦,未知抄书之益,抄完毫末俱见,一览无余,胜读十遍.

始于精于一,返于精于博

关于康有为的教学法,他的弟子梁启超说:"康先生之教,专标专精、涉猎二条,无专精则不能成,无涉猎则不能通也."可见康有为强烈要求学生把专精和广博(即"涉猎")相结合.

在先后次序上,我认为要从精于一开始.首先应集中精力学好专业,并在专业的科研中做出成绩,然后逐步扩大领域,力求多方面的精.年轻时,我曾精读杜布(J. L. Doob)的《随机过程论》,哈尔莫斯(P. R. Halmos)的《测度论》等世界数学名著,使我终身受益.简言之,即"始于精于一,返于精于博".正如中国革命一样,必须先有一块根据地,站稳后再开创几块,最后连成一片.

丰富我文采,澡雪我精神

辛苦了一周,人相当疲劳了,每到星期六,我便到旧书店走走,这已成为生活中的一部分,多年如此.一次,偶然看到一套《纲鉴易知录》,编者之一便是选编《古文观止》的吴楚材.这部书提纲挈领地讲中国历史,上自盘古氏,直到明末,记事简明,文字古雅,又富于故事性,便把这部书从头到尾读了一遍.从此启发了我读史书的兴趣.

我爱读中国的古典小说,例如《三国演义》和《东周列国志》.我常对人说,这两部书简直是世界上政治阴谋诡计大全.即以近年来极时髦的人质问题(伊朗人质、劫机人质等),这些书中早就有了,秦始皇的父亲便是受害者,堪称"人质之父".

《庄子》超尘绝俗,不屑于名利.其中"秋水""解牛"诸篇,诚绝唱也.《论语》束身严谨,勇于面世,"己所不欲,勿施于人",有长者之风.司马迁的《报任少卿书》,读之我心两伤,既伤少卿,又伤司马;我不知道少卿是否收到这封信,希望有人做点研究.我也爱读鲁迅的杂文,果戈理、梅里美的小说.我非常敬重文天祥、秋瑾的人品,常记他们的诗句:"人生自古谁无死,留取丹心照汗青""休言女子非英物,夜夜龙泉壁上鸣".唐诗、宋词,《西厢记》《牡丹亭》,丰富我文采,澡雪我精神,其中精粹,实是人间神品.

读了邓拓的《燕山夜话》,既叹服其广博,也使我动了写《科学发现纵横谈》的心.不料这本小册子竟给我招来了上千封鼓励信.以后人们便写出了许许多多的"纵横谈".

从学生时代起,我就喜读方法论方面的论著.我想,做什么事情都要讲究方法,追求效率、效果和效益,方法好能事半而功倍.我很留心一些著名科学家、文学家写的心得体会和经验.我曾惊讶为什么巴尔扎克在51年短短的一生中能写出上百本书,并从他的传记中去寻找答案.文史哲和科学的海洋无边无际,先哲们的明智之光沐浴着人们的心灵,我衷心感谢他们的恩惠.

读书的另一面

以上我谈了读书的好处,现在要回过头来说说事情的另一面.

读书要选择.世上有各种各样的书:有的不值一看,有的只值看20分钟,有的可看5年,有的可保存一辈子,有的将永远不朽.即使是不朽的超级名著,由于我们的精力与时间有限,也必须加以选择.决不要看坏书,对一般书,要学会速读.

读书要多思考.应该想想,作者说得对吗?完全吗?适合今天的情况吗?从书本中迅速获得效果的好办法是有的放矢地读书,带着问题去读,或偏重某一方面去读.这时我们的思维处于主动寻找的地位,就像猎人追找猎物一样主动,很快就能找到答案,或者发现书中的问题.

有的书浏览即止,有的要读出声来,有的要心头记住,有的要笔头记录.对重要的专业书或名著,要勤做笔记,"不动笔墨不读书".动脑加动手,手脑并用,既可加深理解,又可避忘备查,特别是自己的灵感,更要及时抓住.清代章学诚在《文史通义》中说:"札记之功必不可少,如不札记,则无穷妙绪如雨珠落大海矣."

许多大事业、大作品,都是长期积累和短期突击相结合的产物.涓涓不息,将成江河;无此涓涓,何来江河?

爱好读书是许多伟人的共同特性,不仅学者专家如此,一些大政治家、大军事家也如此.曹操、康熙、拿破仑、毛泽东都是手不释卷,嗜书如命的人.他们的巨大成就与毕生刻苦自学密切相关.

王梓坤

前言

作者从年轻时就对整数的奇妙性质和有关整数的各种有趣问题十分感兴趣,后来随着数学知识的增加,才知道整数又可发展成为有理数、实数和复数,而各种数之间既存在着相互的联系,又有很大差别.而有关整数的问题,有时其解法不由得令人拍案称奇.如此积累一多,发现如果不加整理和保存,很多精彩的想法就会擦肩而过,遂决定遇到有关的问题和材料就随时做一点笔记,到退休之时,竟积累了不少.这些笔记在多年的教学和辅导中,曾反复起了不少作用,因此觉得如果把它们整理出来,对那些像作者当年那样也对整数问题感兴趣的年轻人和初学者多少会有些帮助,于是就产生了这本书.

目前和本书内容及题材、体裁类似的书已有不少,其中也不乏广为人知的精彩作品.作者之所以还愿意写一本这样的书,是因为一方面,这些书有一些已难于买到和借到,另一方面是感到本书和已有的书相比,在以下几方面还是有一些新意和特色,所以才敢不揣冒昧,班门弄斧.

在本书的第 2 章中不仅给出了整系数多项式的一性质,并对关于本原多项式的高斯(Gauss)引理和"如果一个整系数多项式可以分解成有理系数多项式的乘积,则它必也可分解成两个整系数多项式的乘积,且次数不变"这一定理给出了重新证明.在整数的函数(Ⅲ)中涵盖了高斯(Gauss)和及其应用.在本书第 3 章 §4. Logistic 映射周期 3 窗口的参数中严格证明了 Logistic 映射周期 3 的分支参数和模式,收入了作者的最新成果.对 π 的无理性给出了一个更加简单的证明.本书部分章节后配有相应习题.

同时在本书中给出了几个著名的数的无理性和超越性的证明,其中包括法国数学家阿皮瑞 1978 年的最新结果——$\zeta(3)$ 无理性的证明.相信会有读者对这些材料感兴趣.本书最后还介绍了几个尚未解决的问题,其中包括著名的 $3x+1$ 问题,并给出了作者所获得的一些结果.还有一些结果在习题中给出,这些材料目前在其他书中还不多见.在附录理想与整环中,在其中引入了理想的概念,并证明了以下蕴含关系:欧几里得(Euclid)环 $\Rightarrow$ 主理想环 $\Rightarrow$ 唯一分解环 $\Rightarrow$ 整环,并对上述每一个蕴含关系的相反方向给出了不成立的反例,其中主理想环不一定是欧几里得(Euclid)环的反例在初等数论教材中一般是不易见到的.这一附录是为了那些希望进一步学习代数数论的读者做一点准备.

本书在写法上尽量追求易懂性,为此,甚至不惜多费篇幅.这是因为当年作者在看某些书时,曾经因为有些地方被"卡住"而深感苦恼,所以作者特别能理解那种因各种原因而找不到人问以致心中的疑问长期不能获得解答的苦恼.为了避免本书再给读者造成这种苦恼,本书在讲解和证明时特别注意了这个问题,宁可显得啰唆,也不愿语焉不详.从这个意义上来说,本书比较适合自学.

由于在讲解上不惜笔墨和追求材料的封闭性,所以目前本书的篇幅已不少.为了不再增加篇幅,有些材料就坚决舍去.例如,本书完全不包含有关素数以及素数分布方面的结果.关于特征和把一个整数表为平方和的方法的数目也都舍去了.在作者看来,这些材料太过专业,并不适合初学者阅读.当然有些作者认为从本书的体系看应该包含的材料也因为篇幅的原因不得不割爱了.例如,本书专有一章说明有理数性质和无理数性质之间的差别,而这种差别也可以从遍历论的观点得到反映,而不变测度等内容由于和连分数有关,因此适当介绍一些遍历论方面的基础知识似乎也是顺理成章的;然而,最终出于篇幅方面的考虑,作者还是不得不舍去了这方面的材料.这样一来,可以说,本书只包含了有关学科的最初等的材料,就数论方面来说,可以说是真正的初等数论了.

虽然本书舍去了不少材料,但是只要讲到的问题都争取讲透,因此,每一个问题几乎都会讲到最后完全解决,而不会使读者有虎头蛇尾的感觉.如果由于内容所限实在不能再讲下去,文中会特别声明.

本书包含了大量的习题,作者选取习题的用意是认为这些结果都是有一定趣味的和值得注意的,因此即使不知道答案也至少应该知道这些结果.

本书没有给出习题解答.一方面是为了使读者永远有一种未知感以保持积极的思考,另一方面也在于本书的很多习题都取自书末的参考资料,特别是潘承洞、潘承彪先生的《初等数论》,杜德利的《基础数论》和北京大学数学力学系几何与代数教研室代数小组编写的《高等代数讲义》等书,而这些书中都有答案.当然有些习题是取自近期的《美国数学月刊》和作者的笔记,因而在其他参考文献中并没有现成的答案.

大部分习题的解答方法和所需的数学知识都与它所在的章节有关.然而,请读者不要受这一点说明的约束.这只是作者当初安排习题的动机之一,但是等全书写完之后,作者发现,有一些题目完全可以用另外的方法解出.所以,如果读者发现,有些解题的方法似乎与这一题目所在的章节无关,请不要奇怪.这反而说明这位读者的思维是很灵活的.

至于最终是否会出一本该书的习题解答,还要看读者的反映.

最后,作者特别借此机会对教导过我的已过世的颜同照先生、闵嗣鹤教授、方企勤教授表示怀念,对孙增彪先生、叶予同先生、周民强教授、钱敏教授和朱照宣教授表示感谢,因为他们各位在做人、做事和做学问等方面给予我的教诲,都使我终身受益.

作者对同事朱尧辰教授和同学王国义先生在讨论各种数学问题时给予的帮助表示感谢.

最后作者对妻张清真在生活方面的照顾,女冯南南在写作及计算机方面的帮助,弟冯方回在计算机方面的帮助,以及他们对作者写作的理解和支持表示感谢.没有这些帮助,作者的写作将增加许多额外的困难,也不会有愉快的写作心境.

作者不是数论方面的专家,只是一个感兴趣者,因此殷切期望读者将本书的缺陷和不足之处反映给作者.有任何意见和建议请发电子邮件至 fby@amss.ac.cn.

冯贝叶

目录

第1章 复数 // 1

1.1 复数及其几何意义 // 1
1.2 复数的方根 // 20
1.3 群、环和域 // 28
1.4 整数的推广:各种复整数 // 53
1.5 $n=3$ 时的费马问题 // 81
1.6 复数的推广 // 103

第2章 多项式 // 120

2.1 多项式及其基本性质 // 120
2.2 整系数多项式的一些性质 // 126
2.3 代数基本定理和多项式的唯一分解式 // 136
2.4 重根和公根 // 167
2.5 整数的函数(Ⅲ) // 182

第3章 多项式的应用 // 204

3.1 动力系统奇点的线性稳定性的代数判据 // 204
3.2 和 Hopf 分支有关的代数判据 // 221
3.3 插值多项式和最小二乘法 // 230

3.4　Logistic 映射周期 3 窗口的参数 // 257
　　3.5　三次方程的解法和判据 // 285
　　3.6　四次多项式零点的完全判据和正定性条件 // 299
　　3.7　一个正定不等式的最佳参数 // 324

第 4 章　几个著名的数的无理性和超越性 // 329

　　4.1　勒让德多项式和它的性质 // 329
　　4.2　e 的无理性 // 339
　　4.3　π 的无理性 // 340
　　4.4　ln 2 的无理性 // 346
　　4.5　$\zeta(2)$ 的无理性 // 349
　　4.6　最新的记录：$\zeta(3)$ 的无理性 // 360
　　4.7　e 的超越性 // 369
　　4.8　π 的超越性 // 373

第 5 章　数的挑战仍在继续：几个公开问题 // 380

　　5.1　$\zeta(5),\zeta(7),\cdots$ 是有理数还是无理数 // 380
　　5.2　欧拉常数 γ 是有理数还是无理数 // 383
　　5.3　$3x+1$ 问题 // 394

附录 1　整环和理想 // 425

附录 2　π^2 和 e^p 的无理性的一个简单证明 // 444

参考文献 // 450

冯贝叶发表论文专著一览 // 457

复　数

第 1 章

1.1　复数及其几何意义

复数产生的最初动机是让方程 $x^2+1=0$ 可以有解. 定义一个符号 $i=\sqrt{-1}$. 符号 i 具有性质 $i^2=-1$. 于是 $x^2+1=0$ 有两个解 $x=i$ 和 $x=-i$. 如果事情仅是如此,便也就如此而已了. 然而奇妙的是,最初为了使 $x^2+1=0$ 有解而创造出来的符号 i 一旦出现,人们就发现,它的用途绝不是如此而已. 首先,有了这个符号之后,不但当初那个最简单的二次方程 $x^2+1=0$ 可以有解,而且一切代数方程的解都可以仅用这一个符号表达. 由此而产生出来的一系列应用更是当初创立这一符号的人所不可能想到的.

高斯（Gauss, Garl Friedrich, 1777—1855），德国数学家、物理学家、天文学家，生于德国不伦瑞克，卒于格丁根.

大数学家高斯最先使用了复数这一词汇，并应用复数作出了许多优秀的成果. 如果说，一开始，还有很多人由于在 i 这个符号怎么会有意义（因为 $\sqrt{-1}$ 在传统的观念中本来就是没有意义的，即使在现在，如果我们限定在实数范围内，它也仍然是没有意义的）这个问题上徘徊不前. 那么正是高斯，通过自己的巨大声望和辉煌成果使复数获得了数学界乃至科学界的承认.

科学发展到今天，人们对类似复数这样的新概念，已从当初怀疑它的意义是什么而转变为看它是否能获得有意义的应用. 用这样的观念再去看复数，你就会觉得复数是现代科学中的一个不可缺少的成分. 比如说，仅仅一个代数方程有多少个根的问题，如果不使用复数的概念，就显得毫无规律，或者即使有人发现了什么规律，那么将此规律表达出来也是极为费劲的. 如果仅为抬杠，你也可以把一切利用复数而得到的结果"翻译"成为用实数来叙述（只要你不嫌费劲）以"证明"可以不使用"复数"这个没有意义的概念，然而只要你有耐心去"翻译"哪怕是一两个有价值的结果，你就会发现这纯粹是自讨苦吃，这使你感到，即使仅把"复数"当成是一个能使你简洁而快速地达到目的的中间手段，使用它也是太值得了.

定义 1.1.1 设 a, b 表示两个实数，符号 $\alpha = a + bi$ 称为一个复数. a 称为复数 α 的实部，用 $\mathrm{Re}\,\alpha$ 表示；b 称为复数 α 的虚部，用 $\mathrm{Im}\,\alpha$ 表示.

在平面上取定一个直角坐标系. 那么平面上每个点 M 就都可以用一对有序的实数 (a, b) 来表示. 从原点 O 向 M 引一段有方向的线段，就得到一个向量，并且我们规定，平面上所有长度相同、互相平行的有向线

第 1 章 复数

段都是等同的,这样,我们就可以用一对有序的实数 (a,b) 来表示任何一个平面上的向量.

把复数 $a+bi$ 和向量 $\overrightarrow{OM}$ 对应起来就给出复数 $\alpha = a+bi$ 的一个几何解释,见图 1.1.1.这时,原来坐标系的横轴称为实轴,而原来坐标系的纵轴称为虚轴.

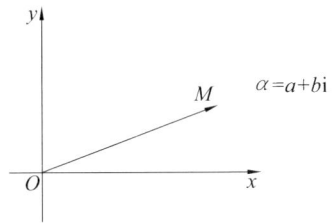

图 1.1.1 复数的几何解释

仅定义了复数概念本身,其意义还不太大,要想使复数获得应用,还必须能对它进行运算,因为数的最重要的特性之一就是它能算.

复数的加减法(实际上只要定义了加法,并且由加法的单位元,即可以定义减法)是比较容易定义的,因为无论从它是一个向量的几何解释,还是把它看成为实部和虚部的合成都应该把整个复数的相加减看成是实部和虚部分别相加减,即认为

$$(a_1+b_1 i)+(a_2+b_2 i) \Rightarrow (a_1+a_2)+(b_1+b_2)i$$

比较复杂的是乘法.如果抽象地考虑这一问题,首先应该确定的是,两个复数相乘之后仍应该得到一个复数.根据上面我们把复数和向量对应起来的观点,也就是,两个向量用复数表示后,相乘的结果应该还是一个向量.这也就是说,从两个有序坐标 (a_1,b_1) 和 (a_2,b_2) 出发,我们应该能够定义一个映射,它把这两个坐标映射为一个新的有序坐标 (c_1,c_2),而新的坐标

应该被原来的两个坐标唯一地确定,即新坐标应该是原来的两个坐标的函数,因此可以写成 $c_1 = f_1(a_1, b_1, a_2, b_2), c_2 = f_2(a_1, b_1, a_2, b_2)$. 其次我们还要考虑,这样定义的乘法是否能继承经典乘法的性质,即是否能成立乘法结合律和乘法与加法之间的分配律. 最后,我们还要考虑这样定义的乘法是否可以有任何几何解释或其他有实际意义的解释或应用.

如果单独地考虑上述某一个问题,也许不难给出某些乘法法则,例如,仿效加法那样,可以定义
$$f_1(a_1, b_1, a_2, b_2) = a_1 a_2, f_2(a_1, b_1, a_2, b_2) = b_1 b_2$$
那么不难验证,这样定义的乘法满足结合律和加法的分配律. 可惜这种乘法却没有任何有意义的解释和应用,当然,你也可以预先从几何的观点定义一种乘法法则,但你无法预先知道,这样定义的法则是否能继承经典乘法的性质. 所以,如果要统一地考虑上述问题就是很复杂的了,而且,在我们考虑这一问题时,似乎并没有任何线索.

然而幸运的是,当我们把复数写成 $\alpha = a + b\mathrm{i}$ 这种形式,并把 i 看成一个符号(它本来就是一个符号)时,α 就成了 i 的多项式. 而多项式之间是可以相乘的,这就很自然地导出一个法则,即把 $\alpha_1 = a_1 + b_1 \mathrm{i}$ 和 $\alpha_2 = a_2 + b_2 \mathrm{i}$ 相乘,应该得到
$$(a_1 + b_1 \mathrm{i})(a_2 + b_2 \mathrm{i}) = a_1 a_2 + a_1 b_2 \mathrm{i} + a_2 b_1 \mathrm{i} + b_1 b_2 \mathrm{i}^2 = (a_1 a_2 - b_1 b_2) + (a_1 b_2 + a_2 b_1)\mathrm{i}$$
也就是说,我们刚才还毫无线索,茫然不知如何定义 f_1, f_2 的应该是
$$f_1(a_1, b_1, a_2, b_2) = a_1 a_2 - b_1 b_2$$
$$f_2(a_1, b_1, a_2, b_2) = a_1 b_2 + a_2 b_1$$

第1章 复数

这真是踏破铁鞋无觅处,得来全不费工夫.而且看来这是最起码的要求了,所以我们就以此作为复数乘法的定义,至于其他的问题,就只能摸着石头过河,走一步,看一步了.

定义 1.1.2

(1) 实数 k 数乘一个复数 $\alpha = a + b\mathrm{i}$ 意为 $k\alpha = ka + kb\mathrm{i}$;

(2) 两个复数 $\alpha_1 = a_1 + b_1\mathrm{i}$ 和 $\alpha_2 = a_2 + b_2\mathrm{i}$ 的加法定义为
$$\alpha_1 + \alpha_2 = (a_1 + a_2) + (b_1 + b_2)\mathrm{i}$$

(3) 两个复数 $\alpha_1 = a_1 + b_1\mathrm{i}$ 和 $\alpha_2 = a_2 + b_2\mathrm{i}$ 的乘法定义为
$$(a_1 + b_1\mathrm{i})(a_2 + b_2\mathrm{i}) = (a_1 a_2 - b_1 b_2) + (a_1 b_2 + a_2 b_1)\mathrm{i}$$

定义了以上运算之后,下面就该来研究这些运算的性质了,其中我们最关心的问题就是这些运算是否还能保留实数的相应运算的原有性质.结果经过实际检验之后我们发现可以.这就有点意思了,刚才我们那么担心的问题现在竟都一一化解,而这一切,都只是在定义了一个符号之后,顺着一条自然形成的小路到达的,我们所到达的第一站(运算的性质)就已经展现出我们事先不能预料的奇妙之处了.往下走还会到达哪里真是很神秘了.

定理 1.1.1 复数的运算满足以下规律:

(1) 加法交换律: $\alpha + \beta = \beta + \alpha$;

(2) 加法结合律: $(\alpha + \beta) + \gamma = \alpha + (\beta + \gamma)$;

(3) 存在加法单位元: $\alpha + 0 = \alpha$;

(4) 对每一个复数 α,存在加法的逆元 x,使 $\alpha + x = 0 (x = -\alpha)$;

(5) 乘法交换律:$\alpha\beta=\beta\alpha$;

(6) 乘法结合律:$(\alpha\beta)\gamma=\alpha(\beta\gamma)$;

(7) 乘法对加法的分配律:$\alpha(\beta+\gamma)=\alpha\beta+\alpha\gamma$;

(8) 存在乘法单位元:$1\cdot\alpha=\alpha$;

(9) 如果 $\alpha=a+b\mathrm{i}\neq 0$,那么 α 存在乘法的逆元 x, 使 $\alpha x=1$. ($x=\dfrac{1}{\alpha}$,$\dfrac{1}{\alpha}$ 的计算公式见下面的定理1.1.3)

有了加法逆元之后,就可以定义减法. 两个复数 $\alpha_1=a_1+b_1\mathrm{i}$ 和 $\alpha_2=a_2+b_2\mathrm{i}$ 的减法定义为
$$\alpha_1-\alpha_2=\alpha_1+(-\alpha_2)=(a_1-a_2)+(b_1-b_2)\mathrm{i}$$

定义 1.1.3 设 $\alpha=a+b\mathrm{i}$,则称 $a-b\mathrm{i}$ 是 α 的共轭复数,记为 $\bar{\alpha}$.

定理 1.1.2 共轭有以下性质:

(1) 自反性:$\bar{\bar{\alpha}}=\alpha$;

(2) 对加法的分配性:$\overline{\alpha+\beta}=\bar{\alpha}+\bar{\beta}$;

(3) 对乘法的分配性:$\overline{\alpha\beta}=\bar{\alpha}\bar{\beta}$.

前面我们已经讲过,建立了一个直角坐标系后,平面上每一个点 $M(a,b)$ 都可以对应于一个复数 $\alpha=a+b\mathrm{i}$,反过来也是如此. 而我们在中学里已经知道,平面上的每一个点 $M(a,b)$ 不仅可以用直角坐标来表示,也可以用极坐标表示,也就是可以用 OM 和正 x 轴的夹角 θ 和 OM 的长度 r 来表示,而且同一个点 M 的直角坐标和极坐标之间可以互相换算.

换算的公式可以从图 1.1.2 中容易地看出
$$a=ON=r\cos\theta,b=MN=r\sin\theta$$
反过来有 $r=\sqrt{a^2+b^2}$,$\tan\theta=\dfrac{MN}{ON}=\dfrac{b}{a}$

利用上面的公式,就可以把一个复数写成所谓的三角形式

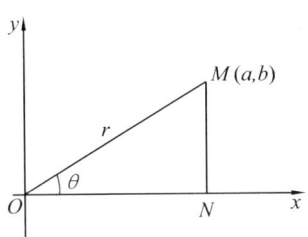

图 1.1.2　复数的三角表示

$$\alpha = a + bi = r(\frac{a}{r} + \frac{b}{r}i) = r(\cos\theta + i\sin\theta)$$

定义 1.1.4　在复数的三角表示 $\alpha = r(\cos\theta + i\sin\theta)$ 中，θ 称为是 α 的辐角，记为 $\arg\alpha$，r 称为是 α 的模，记为 $|\alpha|$．

复数 α 的辐角 $\theta = \arg\alpha$ 的几何意义是代表复数 α 的向量与正 x 轴之间的夹角，复数 α 的模 $r = |\alpha|$ 的几何意义是代表复数 α 的向量的长度．

利用复数的共轭，我们可以得出用一个复数来表示模和乘法逆元的公式，以及模的乘法性质和辐角的加法性质．

定理 1.1.3

(1) $r^2 = \alpha\bar{\alpha}$；

(2) $\dfrac{1}{\alpha} = \dfrac{\bar{\alpha}}{\alpha\bar{\alpha}} = \dfrac{\bar{\alpha}}{r^2} = \dfrac{a-bi}{a^2+b^2}$；

(3) $|k\alpha| = |k||\alpha|$，其中 k 是一个实数；

(4) $|\alpha| = |\bar{\alpha}|$；

(5) $|\alpha\beta| = |\alpha||\beta|$；

(6) $\arg k\alpha = k\arg\alpha$；

(7) $\arg\alpha\beta = \arg\alpha + \arg\beta$．

证明　(1)(2)(3)(4) 易证．

现证(5)(6)(7),设 $\alpha_1 = r_1(\cos\theta_1 + i\sin\theta_1)$,$\alpha_2 = r_2(\cos\theta_2 + i\sin\theta_2)$,那么

$$\alpha_1\alpha_2 = r_1 r_2(\cos\theta_1 + i\sin\theta_1)(\cos\theta_2 + i\sin\theta_2) =$$
$$r_1 r_2(\cos\theta_1\cos\theta_2 - \sin\theta_1\sin\theta_2) +$$
$$i(\sin\theta_1\cos\theta_2 + \cos\theta_1\sin\theta_2) =$$
$$r_1 r_2(\cos(\theta_1 + \theta_2) + i\sin(\theta_1 + \theta_2))$$

因而有

$$|\alpha\beta| = |\alpha||\beta|, \arg\alpha\beta = \arg\alpha + \arg\beta$$

有了乘法逆元,就可以定义复数的除法

$$\frac{\beta}{\alpha} = \beta \cdot \frac{1}{\alpha} = \frac{\beta\overline{\alpha}}{\alpha\overline{\alpha}}$$

因此有

$$\left|\frac{\beta}{\alpha}\right| = \frac{|\beta|}{|\alpha|}, \alpha \neq 0, \arg\frac{\beta}{\alpha} = \arg\alpha - \arg\beta$$

根据刚才的几何解释,我们从上面这个公式里就可以看出,复数的乘法有以下几何意义:

定理 1.1.4

(1) 要得到任何平行于起点在 α,终点在 β 的向量的复数表示,只要用 β 减去 α 即可;

(2) 起点在 α,方向是 β 的向量的终点的复数表示就是 $\alpha + \beta$;

(3) $\alpha\beta$,即用复数 β 去乘复数 α,是由表示 α 的向量先把原来的长度 $|\alpha|$ 放大(或缩小)$|\beta|$ 倍,再把所得的向量旋转 $\arg\beta$ 角(当 $\arg\beta > 0$ 时,逆时针旋转;当 $\arg\beta < 0$ 时,顺时针旋转)后所得到的向量.

在上面的乘法公式中令 $\alpha_1 = \alpha_2 = \alpha$ 就得到 $\alpha^2 = r^2(\cos 2\theta + i\sin 2\theta)$,一般的,就得到

定理 1.1.5(隶莫弗公式) 设 $\alpha = r(\cos\theta +$

第 1 章 复数

$\text{isin}\,\theta)$,则 $\alpha^n = r^n(\cos n\theta + \text{isin}\,n\theta)$.

把 $\mathrm{i}\theta$ 代入到 e^x 的展开式中(即在 e^x 的展开式中令 $x = \mathrm{i}\theta$) 就得到

$$\mathrm{e}^{\mathrm{i}\theta} = 1 + \mathrm{i}\theta + \frac{(\mathrm{i}\theta)^2}{2!} + \frac{(\mathrm{i}\theta)^3}{3!} + \cdots =$$
$$1 - \frac{\theta^2}{2!} + \frac{\theta^4}{4!} + \cdots + \frac{(-1)^n \theta^{2n}}{(2n)!} + \cdots +$$
$$\mathrm{i}\left(\theta - \frac{\theta^3}{3!} + \frac{\theta^5}{5!} + \cdots + \frac{(-1)^{n+1}\theta^{2n-1}}{(2n-1)!} + \cdots\right) =$$
$$\cos\theta + \mathrm{i}\sin\theta$$

这就是所谓的

定理 1.1.6(欧拉公式)　$\mathrm{e}^{\mathrm{i}\theta} = \cos\theta + \mathrm{i}\sin\theta$.

根据欧拉公式,又可把复数的三角表示写成 $\alpha = r(\cos\theta + \mathrm{i}\sin\theta) = r\mathrm{e}^{\mathrm{i}\theta}$,这称为复数的指数表示.

在欧拉公式中令 $\theta = \pi$ 就得到 $\mathrm{e}^{\mathrm{i}\pi} = -1$.

走到这,我们不得不惊叹这个复数真是神奇,它居然神不知鬼不觉地把向量的乘法的定义和经典的乘法统一起来,而且还有明显的几何意义,最后竟然还能把 e 和 π 这两个一开始怎么也看不出来有什么关系的数联系起来,这简直是出神入化,太奇妙了. 而当初创立 i 这个符号的人,恐怕怎么也无法想象到从这个 i 出发,会发展出这么一大堆东西来. 所以当初难怪大数学家高斯在 1825 年的一封信中也说了"$\sqrt{-1}$ 的真正奥妙是难以捉摸的"这样一句话. 连高斯老先生都对 i 的奥妙感到难以捉摸,那我辈更不用说了. 所以数学真像一座神秘的殿堂,如果你走错门了,打开门之后就是一个四面都是墙的空屋子,哪也通不到. 而如果你走对了门,就会发现屋里还有好多门,如果你又开对了门,进去之后,又有许多门 …… 这样一道一道门的一步一步

9

打开,你就会进入一个令你眼花缭乱,充满了财宝的宝屋.

不过,虽然复数继承了很多实数的原来性质,但是有一个性质却不能继承,那就是顺序性.这个就没有办法了,因为实数的顺序性是一维空间的特有性质.我们说复数不能继承实数的顺序性并不是说对复数不可能规定顺序.实际上,我们有不止一种办法可以规定复数的顺序,比如说,任给两个复数,我们可以规定实部较大的复数较大,而当实部相等时,规定虚部较大的复数较大,不难证明,这样规定的顺序满足以下性质:

(1) 对任意两个复数 α,β,在三个关系式 $\alpha>\beta,\alpha=\beta,\alpha<\beta$ 之中,必有一个且仅有一个成立;

(2) 如果 $\alpha>\beta,\beta>\gamma$,那么 $\alpha>\gamma$.

我们也可以规定任给两个复数,模较大的复数较大,而当模相等时辐角较大的复数较大.可以验证,这样规定的顺序同样满足上面的两条性质.但是又跟我们上面规定的第一种顺序的性质有一个很大的差别,那就是在第二种顺序下,全体复数中存在着一个最小的数,就是零.而在实数的顺序下和第一种顺序下,全体实数或复数中是没有最小数的.

既然我们可以给复数规定适当的顺序,那为什么又不给复数定义一种顺序呢?这里的关键问题在于,不管你怎样规定复数的顺序,这种顺序都不可能完全和原来的实数中的顺序协调起来.

定理 1.1.7 复数的任何一种顺序关系都不可能同时满足以下实数原来具有的性质:

(1) 对任意两个复数 α,β,在三个关系式 $\alpha>\beta,\alpha=\beta,\alpha<\beta$ 之中,必有一个且仅有一个成立;

(2) 如果 $\alpha > \beta, \beta > \gamma$,那么 $\alpha > \gamma$;

(3) 如果 $\alpha > 0, \beta > 0$,那么 $\alpha + \beta > 0, \alpha\beta > 0$.

证明 根据(1)i 和 0 这两个数,必在 i>0,i=0,i<0 这三个关系中成立一种,且仅成立一种.显然 i≠0,否则我们将得出 $-1 = i^2 = 0$,这显然是一个矛盾.

现在假设 i>0,那么根据(3)就将有 $-1 = i^2 > 0$,得出矛盾.

最后如果 i<0,那么 $-i = 0 - i > 0$,因此根据(3)就将有 $-1 = (-i)^2 > 0$,我们仍然得出矛盾.

因此无论我们如何规定复数之间的顺序,首先 i 和 0 这两个数之间就无法规定顺序,这又和(1)矛盾.

不过虽然我们不给复数本身规定顺序,复数的模之间却是可以比较大小的.我们有

定理 1.1.8

(1) $||\alpha| - |\beta|| \leqslant |\alpha \pm \beta| \leqslant |\alpha| + |\beta|$(三角不等式);

(2) $|e^\alpha| \leqslant e^{|\alpha|}$.

证明 (1)如图 1.1.3,利用复数的几何意义,把表示 **β** 的向量的起点放在表示 **α** 的向量的终点上,那么从 **α** 的起点指向 **β** 终点的向量就表示复数 $\alpha + \beta$.而 $|\alpha|, |\beta|$ 和 $|\alpha + \beta|$ 就分别表示向量 **α**,**β** 和 **α** + **β** 的长度.因此由图 1.1.3 并利用三角形两边之和必不小于第三边的事实就得到

$$|\alpha + \beta| \leqslant |\alpha| + |\beta|$$

当然你也可以利用复数的定义给出一个代数的证明,这项工作就留给读者自己去做了.

在上面的式子中把 β 换成 $-\beta$ 就得到

$$|\alpha - \beta| = |\alpha + (-\beta)| \leqslant |\alpha| + |-\beta| = |\alpha| + |\beta|$$

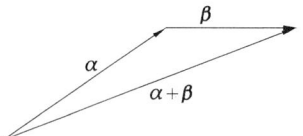

图 1.1.3　三角不等式的几何意义

由已证的不等式又可得到
$$|\alpha|=|\alpha-\beta+\beta|\leqslant|\alpha-\beta|+|\beta|$$
因而
$$|\alpha|-|\beta|\leqslant|\alpha-\beta|$$
同理可以得出
$$-(|\alpha|-|\beta|)=|\beta|-|\alpha|\leqslant|\beta-\alpha|=|\alpha-\beta|$$
因而
$$||\alpha|-|\beta||\leqslant|\alpha\pm\beta|\leqslant|\alpha|+|\beta|$$

(2) 设 $\alpha=a+b\mathrm{i}$，则 $\mathrm{e}^{|\alpha|}=\mathrm{e}^{\sqrt{a^2+b^2}}\geqslant \mathrm{e}^{|a|}\geqslant \mathrm{e}^a=|\mathrm{e}^a\mathrm{e}^{b\mathrm{i}}|=|\mathrm{e}^{a+b\mathrm{i}}|=|\mathrm{e}^\alpha|$.

下面我们来看几个例子，从这几个例子中你可以体会到，用复数的"眼睛"看问题，确实会看出一些用实数这个"凡眼"难以看出的联系和方法.

例 1.1.1　如图 1.1.4，证明：$\angle 1=\angle 2+\angle 3$.

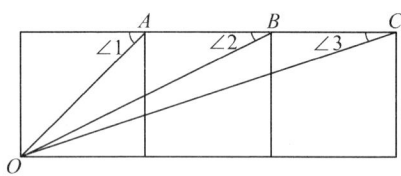

图 1.1.4

证明　以图 1.1.4 中矩形的底边和左边作为坐标轴，以 O 为原点建立坐标系，那么在此坐标系中，向量 $\overrightarrow{OA},\overrightarrow{OB}$ 和 $\overrightarrow{OC}$ 可以分别用 $\alpha=1+\mathrm{i},\beta=2+\mathrm{i}$ 和 $\gamma=$

3+i 来表示. 并且从图中可以看出 $\angle 1, \angle 2, \angle 3$ 分别就是复数 α, β, γ 的辐角. 根据复数的几何意义, 我们只须证明 $\beta\gamma$(其辐角为 $\angle 2 + \angle 3$) 的辐角等于 α(其辐角为 $\angle 1$) 的辐角即可.

由于
$$\beta\gamma = (2+\mathrm{i})(3+\mathrm{i}) = 5(1+\mathrm{i})$$
所以
$$\angle 2 + \angle 3 = \arg \beta + \arg \gamma = \arg \beta\gamma = \arg 5(1+\mathrm{i}) = \arg(1+\mathrm{i}) = \arg \alpha = \angle 1$$

这个问题你当然不用复数也可以做出来. 那样的路线无非是先要求出
$$\tan \angle 1 = 1, \tan \angle 2 = \frac{1}{2}, \tan \angle 3 = \frac{1}{3}$$
然后再得出
$$\angle 2 = \arctan \frac{1}{2}, \angle 3 = \arctan \frac{1}{3}$$

再去算 $\tan(\angle 2 + \angle 3)$ 并证明它就等于 $\tan \angle 1$, 然后还要说明 $\angle 1$ 以及 $\angle 2 + \angle 3$ 都是锐角, 最后才能得出 $\angle 1 = \angle 2 + \angle 3$. 其路线的曲折、手段的繁琐程度显然要高于上面的方法, 而且这还只是要证明两个角之和等于另一个角, 如果要证 3 个角、4 个角之类的问题, 其繁琐程度就可想而知了.

例 1.1.2 求和: $\sin \theta + \sin 2\theta + \cdots + \sin n\theta$.

解 令
$$P = \cos \theta + \cos 2\theta + \cdots + \cos n\theta$$
$$Q = \sin \theta + \sin 2\theta + \cdots + \sin n\theta$$
$$r = \cos \theta + \mathrm{i}\sin \theta$$
则
$$P + Q\mathrm{i} = r + r^2 + \cdots + r^n =$$

$$r(1+r+\cdots+r^{n-1}) = \frac{r(1-r^n)}{1-r} =$$

$$\frac{(\cos\theta + i\sin\theta)(1 - \cos n\theta - i\sin n\theta)}{1 - \cos\theta - i\sin\theta} =$$

$$\frac{(\cos\theta + i\sin\theta)\left(2\sin^2\frac{n\theta}{2} - 2i\sin\frac{n\theta}{2}\cos\frac{n\theta}{2}\right)}{\left(2\sin^2\frac{\theta}{2} - 2i\sin\frac{\theta}{2}\cos\frac{\theta}{2}\right)} =$$

$$\frac{\sin\frac{n\theta}{2}}{\sin\frac{\theta}{2}}(\cos\theta + i\sin\theta)\frac{\left(\sin\frac{n\theta}{2} - i\cos\frac{n\theta}{2}\right)}{\sin\frac{\theta}{2} - i\cos\frac{\theta}{2}} =$$

$$\frac{\sin\frac{n\theta}{2}}{\sin\frac{\theta}{2}}(\cos\theta + i\sin\theta)\left(\sin\frac{n\theta}{2} - i\cos\frac{n\theta}{2}\right) \cdot$$

$$\left(\sin\frac{\theta}{2} + i\cos\frac{\theta}{2}\right) =$$

$$\frac{\sin\frac{n\theta}{2}}{\sin\frac{\theta}{2}}(\cos\theta + i\sin\theta)\left(\sin\frac{n\theta}{2}\sin\frac{\theta}{2} + \cos\frac{n\theta}{2}\cos\frac{\theta}{2} + \right.$$

$$\left. i\left(\sin\frac{n\theta}{2}\cos\frac{\theta}{2} - \sin\frac{\theta}{2}\cos\frac{n\theta}{2}\right)\right) =$$

$$\frac{\sin\frac{n\theta}{2}}{\sin\frac{\theta}{2}}(\cos\theta + i\sin\theta)\left(\cos\frac{n-1}{2}\theta + i\sin\frac{n-1}{2}\theta\right) =$$

$$\frac{\sin\frac{n\theta}{2}}{\sin\frac{\theta}{2}}\left(\cos\frac{n+1}{2}\theta + i\sin\frac{n+1}{2}\theta\right)$$

对照等式两边的实部和虚部就得到

$$P = \cos\theta + \cos 2\theta + \cdots + \cos n\theta = \frac{\sin\dfrac{n\theta}{2}\cos\dfrac{n+1}{2}\theta}{\sin\dfrac{\theta}{2}} =$$

$$\frac{\dfrac{1}{2}\left(\sin\left(\dfrac{n\theta}{2} + \dfrac{n+1}{2}\theta\right) + \sin\left(\dfrac{n\theta}{2} - \dfrac{n+1}{2}\theta\right)\right)}{\sin\dfrac{\theta}{2}} =$$

$$\frac{\sin\left(n+\dfrac{1}{2}\right)\theta - \sin\dfrac{\theta}{2}}{2\sin\dfrac{\theta}{2}} = \frac{\sin\left(n+\dfrac{1}{2}\right)\theta}{2\sin\dfrac{\theta}{2}} - \frac{1}{2}$$

$$Q = \sin\theta + \sin 2\theta + \cdots + \sin n\theta = \frac{\sin\dfrac{n\theta}{2}\sin\dfrac{n+1}{2}\theta}{\sin\dfrac{\theta}{2}}$$

例 1.1.3 证明：三角形两边中点的连线平行于第三边，且是它长度的一半．

证明 如图 1.1.5.

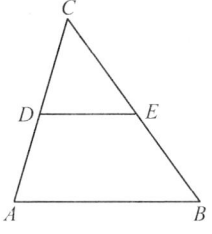

图 1.1.5

$$\overrightarrow{DE} = \overrightarrow{DC} + \overrightarrow{CE} = \frac{1}{2}\overrightarrow{AC} + \frac{1}{2}\overrightarrow{CB} =$$

$$\frac{1}{2}(\overrightarrow{AC} + \overrightarrow{CB}) = \frac{1}{2}\overrightarrow{AB}$$

因此 $\overrightarrow{DE} \mathbin{/\mkern-6mu/} \overrightarrow{AB}$，且 $|\overrightarrow{DE}| = \dfrac{1}{2}|\overrightarrow{AB}|$．

例 1.1.4 证明:平行四边形的对角线互相平分.

证明 如图 1.1.6,以下的线段都是向量,其起点和终点就是线段的起点和终点.

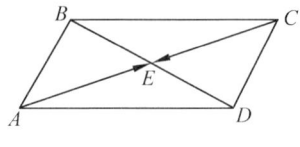

图 1.1.6

设平行四边形的对角线 AC 的中点为 E. 只需证明 E 也是 BD 的中点或 $\overrightarrow{BE} \,/\!/\, \overrightarrow{ED}$,$|\overrightarrow{BE}|=|\overrightarrow{ED}|$ 或 $\overrightarrow{BE}=-\overrightarrow{DE}$ 或 $\overrightarrow{BE}+\overrightarrow{DE}=\mathbf{0}$ 即可. 则
$$\overrightarrow{BE}+\overrightarrow{DE}=\overrightarrow{BC}+\overrightarrow{CE}+\overrightarrow{DA}+\overrightarrow{AE}=$$
$$(\overrightarrow{BC}+\overrightarrow{DA})+(\overrightarrow{CE}+\overrightarrow{AE})$$

由于 $ABCD$ 是平行四边形,故 $BC \,/\!/\, AD$,且 $|BC|=|AD|$,因此 $\overrightarrow{DA}=-\overrightarrow{AD}=-\overrightarrow{BC}$,故 $\overrightarrow{BC}+\overrightarrow{DA}=\mathbf{0}$. 又根据假设,$E$ 是 AC 的中点,因此 $\overrightarrow{AE}=\overrightarrow{EC}=-\overrightarrow{CE}$,由此又得 $\overrightarrow{CE}+\overrightarrow{AE}=\mathbf{0}$. 因此
$$\overrightarrow{BE}+\overrightarrow{DE}=(\overrightarrow{BC}+\overrightarrow{DA})+(\overrightarrow{CE}+\overrightarrow{AE})=\mathbf{0}$$
这就证明了 E 也是 BD 的中点.

习题 1.1

1. 证明:恒等式 $|\alpha+\beta|^2+|\alpha-\beta|^2=2(|\alpha|^2+|\beta|^2)$.

2. 设 α,β,γ 都是复数,证明:$|\sqrt{\alpha^2+\beta^2+\gamma^2}| \leqslant \max\{|\alpha|+|\beta|,|\beta|+|\gamma|,|\gamma|+|\alpha|\}$.

3. 求证:当 $|\alpha|=1$ 或 $|\beta|=1$,但是 $\alpha \neq \beta$ 时,成立 $\left|\dfrac{\alpha-\beta}{1-\overline{\alpha}\beta}\right|=1$.

第 1 章　复数

4. 计算：$\dfrac{(1+i)^n}{(1-i)^{n-2}}$.

5. 证明：如果 $|z|<\dfrac{1}{2}$，则 $|(1+i)z^3+iz|<\dfrac{3}{4}$.

6. 在复数平面上，以原点 O 为圆心作单位圆. 设 z 是单位圆外一点，过 z 作圆的切线，设切点为 T. 过 T 引 Oz 的垂线，设此垂线与 Oz 交于点 z_1，那么点 z_1 称为点 z 关于单位圆周的反演点，证明：$z_1=\dfrac{1}{\bar{z}}$.

7. 解方程：$|x|-x=1+2i$.

8. 设 3 个复数 z_1,z_2,z_3 满足条件 $|z_1|=|z_2|=|z_3|=1$，$z_1+z_2+z_3=0$，证明：它们是一个正三角形的三个顶点.

9. 设 $\omega=-\dfrac{1}{2}+\dfrac{\sqrt{3}}{2}i$，$a,b,c$ 代表三角形的三个顶点，证明：a,b,c 是逆时针绕行的正三角形的充分必要条件是 $a+b\omega+c\omega^2=0$.

10. 设 A,B,C,D 为平面上任意四点，证明：$AC\cdot BD \leqslant AB\cdot CD+AD\cdot BC$.

11. 设 $\omega=-\dfrac{1}{2}+\dfrac{\sqrt{3}}{2}i$，证明

$(x+y+z)(x+\omega y+\omega^2 z)(x+\omega^2 y+\omega z)=x^3+y^3+z^3-3xyz$

12. 证明：

(1) $\arctan\dfrac{2}{11}+\arctan\dfrac{24}{7}=\arctan\dfrac{1}{2}$；

(2) $\arccos\dfrac{2\sqrt{5}}{5}+\arcsin\dfrac{\sqrt{10}}{10}=\dfrac{\pi}{4}$；

(3) $\arctan n+\operatorname{arccot}(n+1)=\arctan(n^2+n+1)$.

13. 计算:$\arctan\dfrac{4}{3}+\arctan\dfrac{5}{12}+\arctan\dfrac{16}{63}$.

14. 从前有个富于冒险精神的年轻人,在他曾祖父的遗物中发现了一张羊皮纸,上面指出了一笔财富藏于何处.路线如下:

　　乘船至北纬_____,西经_____,即可找到一座荒岛.岛的北岸有一大片草地.草地上有一株橡树和一株松树,还有一座绞架,那是我们过去用来吊死叛变者的.从绞架走到橡树,并记住走了多少步;到了橡树向右拐个直角再走这么多步,在这里打个桩.然后回到绞架那里,朝松树走去,同时记住所走的步数;到了松树向左拐个直角再走这么多步.在这里也打个桩.在两个桩的正中挖掘,就可找到宝藏.(为了保密,这里已删去了文件中的经度和纬度)

　　曾祖父的指示是够清楚的,于是这位年轻人就租了一条船前往.最后他找到了这座岛,也找到了橡树和松树.但使他大失所望的是绞架却不见了.因为经过长时间的风吹日晒雨淋,那座绞架早已腐烂,一点痕迹也没有了.

　　这一下年轻人陷入了绝望.他疯狂地在岛上乱挖起来.但是由于地方太大,所以一切都只是白费力气,最后只好两手空空十分扫兴地回家了.

　　其实,这位年轻人如果懂得点数学,特别是复数,他本来是可以找到宝藏的,现在请你来解答这笔宝藏藏于何处.

15. 一个人先向正东方向走了 r km,然后按逆时针方向与原来的方向偏转 θ 角,再向前走了 r km,然后按逆时针方向与原来的方向偏转 θ 角,再向前走了

r km$\cdots$,问他向前走了 n 次后,离原来的出发点有多远.

16. 设 $\boldsymbol{\alpha}_1=(a_1,b_1)$,$\boldsymbol{\alpha}_2=(a_2,b_2)$ 表示平面中的向量,定义向量的加法法则为 $\boldsymbol{\alpha}_1+\boldsymbol{\alpha}_2=(a_1+a_2,b_1+b_2)$,并定义任意一个向量 $\boldsymbol{\alpha}=(a,b)$ 的模为 $N(\boldsymbol{\alpha})=\sqrt{a^2+b^2}$.现假设在平面向量间定义了一种乘法 $*$ 满足以下性质:

(1) 全体平面向量在 $*$ 乘法下是自封的;

(2) $\boldsymbol{\alpha}*\boldsymbol{\beta}=\boldsymbol{\beta}*\boldsymbol{\alpha}$(乘法交换律);

(3) $(\boldsymbol{\alpha}*\boldsymbol{\beta})*\boldsymbol{\gamma}=\boldsymbol{\alpha}*(\boldsymbol{\beta}*\boldsymbol{\gamma})$(乘法结合律);

(4) $\boldsymbol{\alpha}*(\boldsymbol{\beta}+\boldsymbol{\gamma})=\boldsymbol{\alpha}*\boldsymbol{\beta}+\boldsymbol{\alpha}*\boldsymbol{\gamma}$,$(\boldsymbol{\alpha}+\boldsymbol{\beta})*\boldsymbol{\gamma}=\boldsymbol{\alpha}*\boldsymbol{\gamma}+\boldsymbol{\beta}*\boldsymbol{\gamma}$(乘法对于加法的分配率);

(5) $(k,0)*(a,b)=(ka,kb)$;

(6) $N(\boldsymbol{\alpha}*\boldsymbol{\beta})=N(\boldsymbol{\alpha})N(\boldsymbol{\beta})$(模与乘法的相容性).

证明:

(1) 存在实数 u,v 使得 $(0,1)*(0,1)=(u,v)$;

(2) $(0,b)=(b,0)*(0,1)$;

(3) $(1,1)*(-1,1)=(u-1,v)$;

(4) $u=-1,v=0$;

(5) $(a_1,b_1)*(a_2,b_2)=(a_1a_2-b_1b_2,a_1b_2+a_2b_1)$.

17. 设 $\boldsymbol{a},\boldsymbol{b}$ 是平面上两个不共线的向量,那么如果 $\lambda\boldsymbol{a}+\mu\boldsymbol{b}=\boldsymbol{0}$,则必有 $\lambda=0,\mu=0$,这里 λ,μ 是两个实数.

18. 设 M 把线段 AB 分成 $\lambda:\mu$ 的比例,O 是任意一点,$OA=\boldsymbol{a}$,$OB=\boldsymbol{b}$,用 $\boldsymbol{a},\boldsymbol{b}$ 来表出 OM.(这里的线段都是向量,其起点和终点就是线段的起点和终点)

19. 如图 1.1.7,在 $\triangle ABC$ 中,D 是 BC 的中点,E 是 AC 的中点.AD,BE 交于 G.

(1) 设 $BC=\boldsymbol{a}$,$BA=\boldsymbol{b}$.(以下的线段都是向量,其

起点和终点就是线段的起点和终点）用 a,b 表示 AC，AD 和 BE．

（2）设 G 分 AD 为 $x:1$ 的比例，分 BE 为 $y:1$ 的比例，求 x,y．

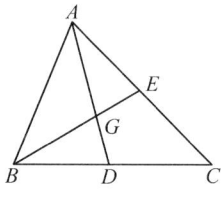

图 1.1.7

（提示：利用 G 分 AD 为 $x:1$ 的假设，可用 AD 表出 AG，再利用（1）的结果可用 a,b,x 表示 AG．另一方面，利用 14 题的结果和 G 分 BE 为 $y:1$ 的假设又可用 a,b,y 来表示 AG．由此再利用 13 题就可列出 x,y 的方程解出 x,y．）

（3）证明：$GD=\dfrac{1}{3}AD$，$GE=\dfrac{1}{3}BE$．

（4）设 $BD=\dfrac{1}{3}BC$，$CE=\dfrac{1}{3}CA$，证明：$GD=\dfrac{1}{7}AD$，$GE=\dfrac{1}{7}BE$．

1.2 复数的方根

虽然我们在 1.1 中已经复习了复数的运算，但是还有一个概念或"运算"还是值得单独拿出来复习一下的．这就是复数的方根的概念．

定义 1.2.1 设 β 表示一个复数，如果复数 α 适合

第 1 章 复数

关系式 $\alpha^n = \beta$,则称 α 是 β 的一个 n 次方根.

定义了复数的方根的概念以后,首先发生的问题就是对于任意的复数 β 和正整数 n,是否总存在 β 的 n 次方根(因为对于实数来说,并不是任意一个实数都一定存在某个指定次数的方根的)? 如果存在,又有几个? 并且如何把它们计算出来? 对这些问题的回答是:

定理 1.2.1 对于任意的复数 β 和正整数 n,总存在 β 的 n 次方根. 一个不等于 0 的复数的 n 次方根恰有 n 个.

证明 设 β 的三角表示为
$$\beta = r(\cos\theta + i\sin\theta), r \geqslant 0, 0 \leqslant \theta < 2\pi$$
如果
$$\alpha = \rho(\cos\varphi + i\sin\varphi), \rho \geqslant 0, 0 \leqslant \varphi < 2\pi$$
是 β 的 n 次方根,按照定义,就应该有
$$\alpha^n = \beta$$
或者
$$\alpha^n = (\rho(\cos\varphi + i\sin\varphi))^n = \rho^n(\cos n\varphi + i\sin n\varphi) = r(\cos\theta + i\sin\theta) = \beta$$
由此得到
$$\rho^n = r, n\varphi = \theta + 2k\pi, \text{其中 } k \text{ 是任意整数}$$
由此得出
$$\rho = \sqrt[n]{r}, \varphi = \frac{\theta + 2k\pi}{n}, k = 0, \pm 1, \pm 2, \cdots$$

当 k 取不同的整数时,我们就得到 β 的所有可能的 n 次方根的表达式如下
$$\alpha_k = \sqrt[n]{r}\left(\cos\frac{\theta + 2k\pi}{n} + i\sin\frac{\theta + 2k\pi}{n}\right)$$
$$k = 0, \pm 1, \pm 2, \cdots$$

21

因此 β 的 n 次方根的存在性是没有问题的. 现在的问题是 β 能有多少个不同的 n 次方根呢？这时要注意,上面公式中的 k 虽然可以取无穷多个整数值,但这并不表示 β 有无穷多个不同的 n 次方根. 因为当 k 取不同的整数值时,我们可能得到相同的 α_k. 由于每当 k 增加或减少 1 时,α_k 的辐角就相应地增加或减少 $\dfrac{2\pi}{n}$,而一个圆周角的值为 2π,用除法可以算出一个圆周角共包含 $\dfrac{2\pi}{\frac{2\pi}{n}} = n$ 个 $\dfrac{2\pi}{n}$ 角,所以每当增加或减少 n 时,α_k 的值就会产生重复循环. 所以我们只能得到 n 个不同的 n 次根

$$\alpha_0, \alpha_1, \cdots, \alpha_{n-1}$$

而其余的 α_k 一定和上面的这 n 个不同的 n 次根中的某一个相等. 至于 α_k 究竟与上面的 n 个根中的哪一个相等,则可用带余数除法来决定.

设 $k = qn + h, 0 \leqslant h < n$,那么
$$\alpha_k = \sqrt[n]{r}\left(\cos\frac{\theta + 2k\pi}{n} + \mathrm{i}\sin\frac{\theta + 2k\pi}{n}\right) =$$
$$\sqrt[n]{r}\left(\cos\frac{\theta + 2(qn+h)\pi}{n} + \mathrm{i}\sin\frac{\theta + 2(qn+h)\pi}{n}\right) =$$
$$\sqrt[n]{r}\left(\cos\left(\frac{\theta + 2h\pi}{n} + 2q\pi\right) + \mathrm{i}\sin\left(\frac{\theta + 2h\pi}{n} + 2q\pi\right)\right) =$$
$$\sqrt[n]{r}\left(\cos\frac{\theta + 2h\pi}{n} + \mathrm{i}\sin\frac{\theta + 2h\pi}{n}\right) = \alpha_h$$

因此,我们就证明了:每一个复数 $\beta \neq 0$,都恰有 n 个不同的 n 次方根.

设 $\beta \neq 0$,那么根据 β 的 n 个不同的 n 次方根的表达式和复数的几何意义就可看出,这 n 个 n 次方根都

第 1 章　复数

分布在同一个半径为 $\sqrt[n]{r} = \sqrt[n]{|\beta|}$ 的圆上,并且构成一个正 n 边形的 n 个顶点. 图 1.2.1 中画出了 1 的 8 个 8 次方根. 图 1.2.1 中所示的方根给出了一种特别的情形,即

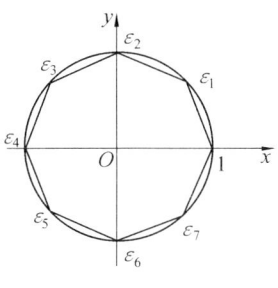

图 1.2.1

定义 1.2.2　1 的任何一个 n 次方根称为 n 次单位根.

由于 1 的辐角是 0,所以在复数的方根的一般表达式中(见定理 1.2.1)令 $\theta=0$ 就得到 n 个 n 次单位根的表达式如下

$$\varepsilon_k = \cos\frac{2k\pi}{n} + i\sin\frac{2k\pi}{n}, k=0,1,\cdots,n-1$$

这些根都分布在以原点为圆心的单位圆周上,并且把它 n 等分. 1 是其中的一个分点,当 n 是偶数时,-1 也是一个分点,当 n 是奇数时,-1 就不是分点了. 除了 ± 1 外,其余的 n 次单位根都不是实数,因而都不在实轴上,这些不在实轴上的 n 次单位根对于实轴是对称的,也就是说,不在实轴上的 n 次单位根是两两共轭的.

用 n 次单位根可以表出任意复数的 n 次方根. 设 α 是复数 β 的任一个 n 次方根,那么

23

$$\alpha = \alpha\varepsilon_0, \alpha\varepsilon_1, \cdots, \alpha\varepsilon_{n-1}$$

显然是 n 个两两不同的复数. 而且由于 $(\alpha\varepsilon_k)^n = \alpha^n\varepsilon_k^n = \beta$, 所以它们又都是 β 的 n 次方根, 因而恰好是 β 的 n 个 n 次方根. 单位根有以下性质:

定理 1.2.2

(1) 两个 n 次单位根的乘积还是一个 n 次单位根;

(2) 一个 n 次单位根的倒数还是 n 次单位根;

(3) 两个 n 次单位根的商还是一个 n 次单位根;

(4) 一个 n 次单位根的共轭还是 n 次单位根;

(5) $(\varepsilon_k)^l = (\varepsilon_l)^k$;

(6) $\varepsilon_k = \varepsilon_l$ 的充分必要条件是 $k - l \equiv 0 \pmod{n}$ 或 k 和 l 相差一个 n 的倍数;

(7) 当 m 不是 n 的倍数时, $1 + \varepsilon_1^m + \varepsilon_2^m + \cdots + \varepsilon_{n-1}^m = 0$;

(8) $1 + \varepsilon_1 + \varepsilon_2 + \cdots + \varepsilon_{n-1} = 0$;

(9) 设 $\varepsilon_k \neq 0$, 则 $1 + \varepsilon_k + (\varepsilon_k)^2 + \cdots + (\varepsilon_k)^{n-1} = 0$.

证明 由 n 次单位根的表达式 $\varepsilon_k = \cos\frac{2k\pi}{n} + i\sin\frac{2k\pi}{n}$ 可以看出

$$\varepsilon_k\varepsilon_l = \varepsilon_{k+l}, \varepsilon_k^{-1} = \varepsilon_{-k}, \frac{\varepsilon_k}{\varepsilon_l} = \varepsilon_k\varepsilon_l^{-1} = \varepsilon_k\varepsilon_{-l} = \varepsilon_{k-l}$$

这就证明了 (1)(2)(3).

又

$$\overline{\varepsilon_k} = \frac{\varepsilon_k\overline{\varepsilon_k}}{\varepsilon_k} = \frac{|\varepsilon_k|}{\varepsilon_k} = \frac{1}{\varepsilon_k} = \varepsilon_{-k}, (\varepsilon_k)^l = \varepsilon_{kl} = (\varepsilon_l)^k$$

这就证明了 (4)(5).

(6) 在定理 1.2.1 的证明中已经证明了 $\varepsilon_k = \varepsilon_h$, $0 \leq h \leq n - 1$ 的充分必要条件是

$$k = qn + h, 0 \leqslant h \leqslant n-1$$

因此 $\varepsilon_k = \varepsilon_l$ 的充分必要条件是存在 $0 \leqslant h \leqslant n-1$ 使得

$$k = q_1 n + h, l = q_2 n + h$$

由此易得 $k - l \equiv 0 (\bmod n)$. 反之如果 $k - l \equiv 0 (\bmod n)$，又设 $k = q_1 n + h, 0 \leqslant h \leqslant n-1$，那么显然就有 $l = q_2 n + h$，因而 $\varepsilon_k = \varepsilon_l$. 这就证明了 (6).

(7) 当 m 不是 n 的倍数时，$\varepsilon_1^m = \varepsilon_m \neq 1$，故

$$1 + \varepsilon_1^m + \varepsilon_2^m + \cdots + \varepsilon_{n-1}^m =$$
$$1 + \varepsilon_1^m + (\varepsilon_1^2)^m + \cdots + (\varepsilon_1^{n-1})^m =$$
$$1 + \varepsilon_1^m + (\varepsilon_1^m)^2 + \cdots + (\varepsilon_1^m)^{n-1} =$$
$$\frac{1 - (\varepsilon_1^m)^n}{1 - \varepsilon_1^m} = \frac{1 - (\varepsilon_1^n)^m}{1 - \varepsilon_1^m} =$$
$$\frac{1 - 1}{1 - \varepsilon_1^m} = 0$$

在 (7) 中令 $m = 1$ 就得到 (8), 在 (7) 中令 $m = k$ 就得到 (9).

由定理 1.2.2 可以看出 ε_1 这个 n 次单位根有一个特别好的性质，那就是

$$\varepsilon_k = \varepsilon_1 \varepsilon_1 \cdots \varepsilon_1 = \varepsilon_1^k, k = 0, 1, \cdots, n-1$$

因此 1 的 n 个 n 次单位根就可以写成 $1 = \varepsilon_1^0, \varepsilon_1, \varepsilon_1^2, \cdots, \varepsilon_1^{n-1}$，这是一种多么好的表达式啊！那么，是不是所有的 n 次单位根都具有这种性质呢？答案是否定的. 因此有必要单独抽出一种新的概念来，即：

定义 1.2.3 设 ε 是一个 n 次单位根，如果

$$1, \varepsilon, \varepsilon^2, \cdots, \varepsilon^{n-1}$$

恰好是 1 的 n 个 n 次单位根，则称 ε 是一个 n 次单位原根.

下面的定理给出了一个 n 次单位根是否是 n 次单

位原根的判别条件,利用它就可得到所有的 n 次单位原根.

定理 1.2.3 $\varepsilon = \varepsilon_k$ 是一个 n 次单位原根的充分必要条件是 $(k,n)=1$,即 k 与 n 是互素的整数.

证明 必要性:设 $\varepsilon = \varepsilon_k$ 是一个 n 次单位原根,那么按照 n 次单位原根的定义可知,必存在某一个整数 $0 \leqslant m \leqslant n-1$,使得 $(\varepsilon_k)^m = \varepsilon_1$,由定理 1.2.2 知这就是 $\varepsilon_{km} = \varepsilon_1$,或者

$$\varepsilon_{km} = \cos\frac{2km\pi}{n} + i\sin\frac{2km\pi}{n} = \cos\frac{2\pi}{n} + i\sin\frac{2\pi}{n} = \varepsilon_1$$

由此可知

$$\frac{2km\pi}{n} = \frac{2\pi}{n} + 2q\pi,\text{其中 } q \text{ 是一个整数}$$

由此得出 $km - qn = 1$,因而 $(k,n) \mid km - qn = 1$,故必有 $(k,n) = 1$.

充分性:设 k 与 n 互素,则 $1, \varepsilon_k, \varepsilon_k^2, \cdots, \varepsilon_k^{n-1}$ 必是两两不同的. 否则假设有 $0 \leqslant m_1 < m_2 \leqslant n-1$,使得 $\varepsilon_k^{m_1} = \varepsilon_k^{m_2}$ 或者 $\varepsilon_{km_1} = \varepsilon_{km_2}$. 那么比较 $\varepsilon_{km_1} = \varepsilon_{km_2}$ 两边的辐角可知

$$\frac{2km_1\pi}{n} = \frac{2km_2\pi}{n} + 2q\pi,\text{其中 } q \text{ 是一个整数}$$

由此得出 $\qquad k(m_1 - m_2) = qn$

故 $n \mid k(m_1 - m_2)$,由于 $(k,n)=1$,因此 $n \nmid k$,这就得出必有 $n \mid (m_1 - m_2)$,故 $|m_1 - m_2| \geqslant n$,但是由于 $0 \leqslant m_1 < m_2 \leqslant n-1$,所以又有 $|m_1 - m_2| < n$. 这是一个矛盾,所得的矛盾就说明了 $1, \varepsilon_k, \varepsilon_k^2, \cdots, \varepsilon_k^{n-1}$ 必是两两不同的. 按照定义,这就意味着 $\varepsilon = \varepsilon_k$ 是一个 n 次单位原根.

1 的 3 次单位根是一个经常要用到的符号,不难算

第 1 章 复数

出 1 的 3 个 3 次单位根是

$$1, -\frac{1}{2}+\frac{\sqrt{3}}{2}i \text{ 和 } -\frac{1}{2}-\frac{\sqrt{3}}{2}i.$$

习惯上，一般记 $\omega=-\frac{1}{2}+\frac{\sqrt{3}}{2}i$，因此 $\omega^2=-\frac{1}{2}-\frac{\sqrt{3}}{2}i$. 它们满足关系

$$1+\omega+\omega^2=0$$
$$(\overline{\omega})^2=\omega^2,(\overline{\omega^2})^2=\omega,\overline{\omega}=\omega^2,\overline{\omega^2}=\omega$$

当 n 是 3 的倍数时，$1^n+\omega^n+(\omega^2)^n=3$，当 n 不是 3 的倍数时，$1^n+\omega^n+(\omega^2)^n=0$.

习题 1.2

1. 计算下列方根

(1) $\sqrt[3]{i}$　　(2) $\sqrt[4]{-4}$　　(3) $\sqrt[6]{-27}$

2. 计算

(1) $\sqrt[6]{\dfrac{1-i}{\sqrt{3}+i}}$　　　　(2) $\sqrt[8]{\dfrac{1+i}{\sqrt{3}-i}}$

3. 证明：如果 $z+\dfrac{1}{z}=2\cos\theta$，则 $z^n+\dfrac{1}{z^n}=2\cos n\theta$.

4. 求所有满足条件 $\overline{x}=x^{n-1}(n>1)$ 的复数.

5. 解方程：$(x+1)^n-(x-1)^n=0$.

6. 设 ε 是一个 $2n$ 次单位原根，计算：$1+\varepsilon+\varepsilon^2+\cdots+\varepsilon^{n-1}$.

7. 设 ε 是一个 n 次单位根，计算：$1+2\varepsilon+3\varepsilon^2+\cdots+n\varepsilon^{n-1}$.

8. 设 $\omega=-\dfrac{1}{2}+\dfrac{\sqrt{3}}{2}i$，证明：

(1) 当 n 是 3 的倍数时，$1^n+\omega^n+(\omega^2)^n=3$；

当 n 不是 3 的倍数时,$1^n + \omega^n + (\omega^2)^n = 0$.

(2) 求 $1 + C_n^3 + C_n^6 + \cdots + C_n^{3k-3} + C_n^{3k}$,$k = \left[\dfrac{n}{3}\right]$.

1.3 群、环和域

在上一节中,我们引入了单位根的概念,n 次单位根的全体作为一个集合,已经表现出一些一般的性质,这些性质如果不特别点出,光局限于单位根这个概念的本身,可能不被注意到,但是一旦把这些性质抽象为更一般的概念,再回过头去看像单位根的集合这样的具体对象,就会感到格外清晰. 用这样的方式去看后面的一些内容时也是如此. 因此,在本节中,我们将先引进一些近世代数中的基本概念.

首先我们要比较确切地说明运算的含义. 虽然这一概念我们从小学起就开始接触,但却不一定认真思考过它的确切意义.

定义 1.3.1 设 A, B 是任意两个集合,那么全体有序的元素对 (a, b),$a \in A$,$b \in B$ 的集合 $\{(a, b) \mid a \in A, b \in B\}$ 称为 A, B 的乘积集合,记为 $A \times B$.

定义 1.3.2 设 A 是一个非空集合,那么一个 A 中的代数运算意为一个从集合 $A \times A$ 到 A 的映射.

例如通常实数的加法就是映射 $(x, y) \to x + y$,乘法就是映射 $(x, y) \to xy$. 当所考虑的集合就是全体实数 $\mathbf{R}$ 时,从 $\mathbf{R} \times \mathbf{R}$ 到 $\mathbf{R}$ 的映射实际上就是大学数学分析中的所谓二元函数 $f(x, y)$,显然 $x + y$ 和 xy 都是特殊的二元函数.

定义 1.3.3 如果对非空的集合 G 中的元素可以定义一个称为乘法或加法的运算,且此运算满足以下性质,则称集合 G 是一个群.

(1) 封闭性. 如果 $a \in G, b \in G$,那么 $ab \in G$.

(2) 结合律. 对 G 中任意元素 a,b,c 成立 $a(bc)=(ab)c$.

(3) 单位元的存在性. 在 G 中存在一个称为单位元的元素 e,它具有性质:对 G 中任意元素 a 都成立 $ea=ae=a$.

(4) 逆元的存在性. 对 G 中任意元素 a,存在一个称为 a 的逆元的元素 a^{-1},它具有性质:$aa^{-1}=a^{-1}a=e$.

当群中的运算称为加法时,定义 1.3.3 中的条件 (2)~(4) 就成为

(2)′ 结合律. 对 G 中任意元素 a,b,c 成立 $a+(b+c)=(a+b)+c$.

(3)′ 单位元的存在性. 在 G 中存在一个称为单位元的元素 0,它具有性质:对 G 中任意元素 a 都成立 $0+a=a+0=a$.

(4)′ 逆元的存在性. 对 G 中任意元素 a,存在一个称为 a 的逆元的元素 $-a$,使得 $a+(-a)=(-a)+a=0$.

另外,在运算的定义中,已含有了封闭性的要求,但是为了强调群的定义中对运算封闭性的要求,我们还是把它作为一个条件明确提出来以引起注意.

下面来看几个例子:

例 1.3.1 全体整数 **Z** 对于加法构成一个群,同样全体有理数 **Q**,全体实数 **R**,全体复数 **C** 对于加法也构成一个群.

例 1.3.2 全体非零的实数 $\mathbf{R}^*$,全体正实数 $\mathbf{R}_+$ 对于乘法也构成一个群.

例 1.3.3 设 n 是一个正整数,那么全体 n 次单位根对于复数的乘法构成一个群,这个群有一个特别的记号 U_n. 特别 $U_2 = \{1, -1\}$ 是仅有两个元素,而且都是实数组成的集合,这是 U_n 中唯一一个具有这种性质的集合.

例 1.3.4 设 F 是平面上的一个图形. 考虑 F 在空间中的所有运动,这些运动可以看成是对 F 所作的变换. 设 G_F 表示所有使 F 保持不动的运动所造成的变换. 显然,在 G_F 中变换的乘法是封闭的,满足结合律;G_F 中存在单位元,就是恒等变换;且 G_F 中每个变换的逆变换仍在 G_F 中. 因此 G_F 构成一个群. 这个群通常称为图形 F 的对称群,它反映了图形 F 的对称性质.

例如,设 F 是平面上的一个正方形,如图 1.3.1 所示.

那么可以看出保持正方形不变的运动有:绕点 O 作 $90°$,$180°$,$270°$,$360°$ 的旋转和对直线 $1,2,3,4$ 的镜面反射. 因此 G_F 由 8 个元素组成. 如果用 T 代表绕点 O 作 $90°$ 的旋转,用 R

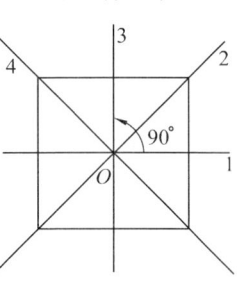

图 1.3.1

代表对直线 1 的镜面反射,那么利用变换的乘法,就可以把 G_F 的 8 个元素用 T,R 表示出来,即

$$G_F = \{T, T^2, T^3, T^4, R, RT, RT^2, RT^3\}$$

其中,T^4 就是恒等变换,也就是 G_F 的单位元. T,R 称为 G_F 的生成元. 所以 G_F 是一个只有两个生成元的 8 元群.

为了看下一个例子,我们首先引进几个概念:

定义 1.3.4 集合 $\{1,2,\cdots,n\}$ 到自身的一个 1—1 映射称为一个 n 元置换. 通常记为

$$\tau = \begin{pmatrix} 1, & 2, & \cdots, & n \\ \tau(1), & \tau(2), & \cdots, & \tau(n) \end{pmatrix}$$

定义 1.3.5 如果一个 n 元置换 σ 将 $1,2,\cdots,n$ 中某 m 个数 $\alpha_1,\alpha_2,\cdots,\alpha_m$ 轮换,即

$$\sigma(\alpha_1)=\alpha_2, \sigma(\alpha_2)=\alpha_3, \cdots, \sigma(\alpha_{m-1})=\alpha_m, \sigma(\alpha_m)=\alpha_1$$

而保持其余各个数不变,则称 σ 为一个轮换,记为

$$\sigma = (\alpha_1 \alpha_2 \cdots \alpha_m)$$

特别,当 $m=2$ 时,σ 称为对换.

定义 1.3.6 如果轮换 σ_1 和 σ_2 没有相同的元素,则称 σ_1 和 σ_2 是不相交的轮换.

例 1.3.5 设所有的 n 元置换组成的集合为 S_n,那么可以看出 S_n 中变换的乘积是封闭的、结合的. S_n 中有单位元,就是恒同变换,又设

$$\tau = \begin{pmatrix} 1, & 2, & \cdots, & n \\ \tau(1), & \tau(2), & \cdots, & \tau(n) \end{pmatrix}$$

是 S_n 中任一元素,那么显然 S_n 中的元素

$$\tau = \begin{pmatrix} \tau(1), & \tau(2), & \cdots, & \tau(n) \\ 1, & 2, & \cdots, & n \end{pmatrix}$$

就是 τ 的逆元,因此 S_n 中每一个变换存在逆元,这就说明 S_n 构成一个群,称为 n 元置换群.

由于 n 元置换群是一个很重要也很典型的可以看得见摸得着的群,因此我们给出它的一些重要性质如下:

定理 1.3.1 设 S_n 表示 n 元置换群,那么

(1) S_n 共有 $n!$ 个元素;

(2) 任何一个置换都能表示成为一些不相交的轮换的乘积.

证明 (1) 既然置换是一个 1—1 的变换,所以对任何置换 τ 来说
$$\tau(1)\tau(2)\cdots\tau(n)$$
都是 $\{1,2,\cdots,n\}$ 的一个排列. 因此 S_n 共有 $n!$ 个元素.

(2) 设 τ 表示任一置换, h 是在 τ 下保持不变的数的个数. 我们对 $n-h$ 作数学归纳法.

当 $n-h=0$ 时, τ 就是单位置换 I,显然 $I=(1)(2)-(n)$ 是 n 个不相交的轮换的乘积,故(2)的结论成立.

假设当 $n-h<k$ 时,结论成立. 那么当 $n-h=k$ 时,根据 h 的定义可知,有 k 个元素在 τ 的作用下要变成和它自身不同的元素. 任取其中一个,比如说 α_1,考虑序列
$$\alpha_1, \tau(\alpha_1), \tau^2(\alpha_1), \cdots$$
那么因为 n 是一个有限数,所以上述序列中必有重复出现的数. 设 $\tau^t(\alpha_1)$ 是第一个这样的数. 于是根据 $\tau^t(\alpha_1)$ 的意义,必有
$$\tau^t(\alpha_1)=\tau^s(\alpha_1), s<t$$
如果 $s\geqslant 1$,那么根据 τ 是 1—1 的即得
$$\tau^{t-1}(\alpha_1)=\tau^{s-1}(\alpha_1), s<t$$
(否则用 τ 对 $\tau^{t-1}(\alpha_1)$ 和 $\tau^{s-1}(\alpha_1)$ 各作用一次将得出矛盾). 而这与 $\tau^t(\alpha_1)$ 是第一个与前面重复的数的定义相矛盾,因此不可能. 故必须有 $\tau^t(\alpha_1)=\alpha_1$. 设
$$\tau(\alpha_1)=\alpha_2, \tau(\alpha_2)=\alpha_3, \cdots, \tau(\alpha_{t-1})=\alpha_t$$
于是
$$\tau(\alpha_t)=\tau^t(\alpha_1)=\alpha_1$$

这就说明 τ 与轮换 $\sigma=(\alpha_1\alpha_2\cdots\alpha_t)$ 对 $\alpha_1,\alpha_2,\cdots,\alpha_t$ 这 t 个数的作用是相同的. 显然, 对于置换 $\tau\sigma^{-1}$ 来说保持不变的数的个数比 τ 增加了 t 个, 因而 $n-h$ 减少了 t 个, 根据归纳法假设可知 $\tau\sigma^{-1}=\sigma_1\sigma_2\cdots\sigma_l$, 其中 σ_1, $\sigma_2,\cdots,\sigma_l$ 是一些不相交的轮换, 而且显然这些轮换与 σ 也是不相交的(否则将和 τ 是 1—1 的变换相矛盾), 因此

$$\tau=\sigma_1\sigma_2\cdots\sigma_l\sigma$$

已表示成一些不相交的轮换的乘积, 故对 $n-h=k$ 的情况结论也成立. 因此由数学归纳法就证明了(2)的结论.

唯一性也可以用数学归纳法证明.

从群的定义和上面的例子可以看出, 群是一种几乎简单得不能再简单的代数结构, 然而它又能包含相当广泛的内容. 这就决定了群和数一样可以得到很广泛的应用, 而且就是这么一个初看起来很简单的结构实际上却可以发展出很丰富的理论, 例如子群、有限群、交换群等.

在群的定义里并没有包含运算的交换性, 却要求运算的结合性. 由此看来, 结合性是比交换性更基础的性质.

定义 1.3.7 如果群 G 中的运算是可交换的, 即对任意 $a\in G, b\in G$

$$ab=ba$$

都成立, 那么 G 就称为交换群或阿贝尔群. 交换群的运算常用加法表示.

定义 1.3.8 如果群 G 的元素个数是有限的, G 就称为有限群, 否则称为无限群. 有限群所含元素的个数称为群的阶,记为$[G:1]$.

定义 1.3.9 群 G 中所有与 G 中任意元素都能交换的元素组成的集合称为 G 的中心,记为 $C(G)$.

可以证明(见习题 1.3)任何一个群的中心本身也构成一个群,这就很有意思. 像中心这种概念,把它提出来本身就已经是抓住了群的某种特性. 在代数中,概念起了很重要的作用. 在提出某种概念之前,如果后来表明这一概念是很有用的,那就表明,研究者已经注意到了研究对象的某种值得注意的性质,概念的提出是研究者拥有了一种新的观察角度. 在数学的大多数领域,我们经常离不开公式的推导以及计算. 但是在有些领域,你几乎见不到多少式子,而是从一开始就会遇到一连串的概念,依靠这些概念和推理,最后也能得出许多很深刻的结果.

下面我们来看一下群有什么一般的性质.

定理 1.3.2 设 G 是一个群,那么

(1) 对任意 $a \in G, b \in G$,方程 $ax = b$ 和 $ya = b$ 有解;

(2) 成立消去律,即由 $ax = ay$ 以及 $xa = ya$ 可以得出 $x = y$;

(3) 群中的元素相乘时可以任意结合;特别 $a \cdot a \cdots a (n 个)$ 和相乘的结合方式无关,因此记号 a^n 是有意义的,如果定义 $a^0 = e, a^{-n} = (a^{-1})^n (n > 0)$,那么对于任意整数都成立

$$a^m \cdot a^n = a^{m+n}, (a^m)^n = a^{mn}$$

如果群中的运算用加法表示,那么上面的指数律就成为

$$ma + na = (m+n)a, m(na) = (mn)a$$

第 1 章　复数

（4）如果 G 是交换群，那么 G 中运算的交换性对任意多个元素的乘积也成立，即可以任意方式将相邻的两项乘积交换．

证明　（1）由 $a(a^{-1}b) = (aa^{-1})b = eb = b$ 和 $(ba^{-1})a = b(a^{-1}a) = be = b$ 即可知（1）的结论成立．

（2）设 $ax = ay$，那么在此式两边用 a^{-1} 左乘，即可得出 $x = y$，同理可证右边的消去律成立．

（3）设 n 是任意自然数，$a_1, a_2, \cdots, a_n$ 是群中的元素．对命题："群中 k 个元素可以任意结合"中的 k 做第二数学归纳法可证 $a_1, a_2, \cdots, a_n$ 在任意的结合下相乘所得的乘积都等于

$$a_1 a_2 \cdots a_n$$

就可证明（3）．所谓第二数学归纳法就是不仅假设当自然数等于 k 时命题成立，由此推出命题对 $k+1$ 也成立；而是假设对一切小于或等于 k 的自然数命题成立，在此前提下推出命题对 $k+1$ 也成立．可以证明普通的数学归纳法和第二数学归纳法是等价的．

（4）与（3）类似可用数学归纳法证明．

群的一个子集也可能本身仍构成一个群，这时我们称这个子集为群的子群．

定义 1.3.10　如果群 G 的非空子集 H 对于群 G 的运算也构成一个群，则称 H 为 G 的子群．

在这个定义中，值得注意的一点是 H 中的运算必须和 G 中的运算相一致，也就是说，如果在 H 中定义了另一种与 G 中不同的运算，而且即使 H 在这种运算下也构成群，H 也不能称为 G 的子群．这时你只能把 H 看成与 G 毫无关系的另一个群．

紧接着这个定义发生的问题是 G 的非空子集 H

要适合什么条件才能成为 G 的子群呢？

首先，如果 H 包含元素 a,b，那么它也必须包含 ab，否则 H 中的运算就不封闭了（再次强调 H 中的运算继承了 G 中的运算）. 另外 H 必须有单位元 e'，由 $e'e' = e' = ee'$ 及群的消去律可知 $e' = e$. 换句话说，单位元 e 也必须属于 H，最后 H 要能够成群，还必须包含它本身元素的逆元，由此就得出 H 是 G 的子群的 3 个必要条件，可以证明，这 3 个条件也是充分的. 这就是

定理 1.3.3 群 G 的子集 H 是 G 的子群的充分必要条件是：

(1) $a \in H, b \in H$ 蕴含 $ab \in H$；

(2) $e \in H$；

(3) $a \in H$ 蕴含 $a^{-1} \in H$.

证明 条件的必要性上面已经证明，这些条件的充分性是显然的.

定理 1.3.4 任意个子群的交还是子群.

证明 由定理 1.3.3 知，任意子群都包含单位元，因此任意子群的交都不空且包含单位元. 又设 a,b 属于它们的交，那么 a,b 就属于每一个子群，因此由定理 1.3.3 可知 ab 和 a^{-1} 也属于每一个子群，因而属于它们的交. 再由定理 1.3.3 就得出任意个子群的交还是子群.

设 M 是 G 的非空子集，考虑所有包含 M 的 G 的子群，这种子群不可能组成空集，因为 G 本身就是一个这样的子群. 根据定理 1.3.4 所有这种子群的交仍然是一个包含 M 的子群，并且是包含 M 的最小子群.

定义 1.3.11 设 M 是 G 的非空子集，称所有包含 M 的 G 的子群的交是由 M 生成的子群，记为 (M).

36

定理 1.3.5 设 $\text{span}\, M$ 是由 M 中的元素以及它们的逆所得出的所有可能的乘积组成的集合,则
$$\text{span}\, M = (M)$$

证明 容易由定义证明
$$\text{span}\, M \subset (M) \subset \text{span}\, M$$
因此 $\text{span}\, M = (M)$

定义 1.3.12 设 M 是 G 的非空子集,如果 $(M) = G$,则称 M 是 G 的一组生成元. 如果 M 是有限集,那么 G 就称为是有限生成的.

下面考虑一种最简单的群,即

定义 1.3.13 由一个元素生成的群称为循环群.

定理 1.3.6

(1) 设 G 是循环群,那么必存在 $a \in G$,使得 G 中任意一个元素都可写成 a^n 的形式,其中 n 是一个整数.

(2) 循环群一定是交换的.

(3) 循环群的子群仍是循环群.

证明 (1) 由循环群的定义即得.

(2) 由(1)的结论和定理 1.3.2(3) 中的指数律即知 G 中任意两个元素可写成 a^m 和 a^n,而 $a^m \cdot a^n = a^{m+n} = a^n \cdot a^m$,因而是可交换的.

(3) 设 G 是循环群,H 是 G 的子群. 当 $H = \{e\}$ 时,结论显然. 以下设 $H \neq \{e\}$,因此必有不是单位元的元素 a 使得 $G = (a)$. 因而 G 中的元素和 H 中的元素都具有 a^n 的形式. 由于如果 $a^n \in H$,那么必有 $(a^n)^{-1} = a^{-n} \in H$,而 n 和 $-n$ 二者之中必有一个是正整数,因此 H 中必含有 a 的正整数方幂 a^n. 由自然数的最小数原理. 可设 k 是使得 $a^n \in H$ 的最小正整数.

任取 H 中元素 a^n. 设 $n = qk + r, 0 \leqslant r < k$,于是

$$a^r = a^{n-qk} = a^n \cdot (a^k)^{-q} \in H$$

而由 k 的最小性的定义就可得出 r 必须为 0,因此 $n=qk$,故 H 中任意元素都是 a^k 的方幂,即 $H=(a^k)$. 这就证明了 H 仍是循环群.

有些群表面上看起来具体的元素和运算都不相同,但是其实它们的结构是相同的,这时我们可把它们看成本质上相同的群.

定义 1.3.14 设 G_1 和 G_2 是两个群. 如果存在 G_1 和 G_2 之间的 1—1 映射 σ 使得对于所有的 $x \in G_1, y \in G_1$ 都有

$$\sigma(xy) = \sigma(x)\sigma(y)$$

那么就称 G_1 同构于 G_2,记为 $G_1 \cong G_2$.

称 σ 是 G_1 和 G_2 之间的同构映射.

注意在同构的定义中 xy 中间的乘法是 G_1 中的运算,$\sigma(x)$ 和 $\sigma(y)$ 之间的运算是 G_2 中的运算,在定义中这两种运算都写成乘法,但是在具体的例子当中,这些运算可能用其他符号表示.

容易证明群之间的同构是一种等价关系.

定理 1.3.7 任何一个循环群或同构于整数加群或同构于某个正整数 m 的剩余类组成的加群.

证明 设 $G=(a)$ 是循环群,Z 是整数加群. 如果 G 是无限的,那么 $G = \{a^n \mid n = 0, \pm 1, \pm 2, \cdots\}$,令 $\sigma(a^n) = n$,那么易证 σ 是 G 和 Z 之间的 1—1 对应,且

$$\sigma(a^m \cdot a^n) = \sigma(a^{m+n}) = m+n = \sigma(a^m) + \sigma(a^n)$$

因此 σ 是 G 和 Z 之间的同构,而 $G \cong Z$.

如果 G 是有限的. 那么 $a, a^2, a^3, \cdots, a^i, \cdots$ 中必有重复者,因而存在一个正整数 n,使得 $a^n = e$. 设 m 是使得 $a^n = e$ 成立的最小的非负整数,称为 a 的阶. 那么

$a^m = e$. 且仿照定理 1.3.6(3) 中的方法易证当且仅当 $h \equiv k \pmod{m}$ 时,成立 $a^h = a^m$,因此 $\sigma(a^n) = n$ 是 G 与 m 的剩余类组成的加群 $Z(m)$ 之间的 1—1 对应. 与无限循环群的情况相同,可证 σ 是 G 和 $Z(m)$ 之间的同构,因而 $G \cong Z(m)$.

由定理 1.3.7 的证明可知,如果 G 是一个有限群,那么对 G 中任意元素 a,都存在一个使得 $a^n = e$ 成立的最小的非负整数,这引出如下的定义.

定义 1.3.15 设 G 是任意一个群,a 是 G 中任意一个元素. 如果对于 a,存在一个使得 $a^n = e$ 成立的最小的非负整数 k,就称 a 的阶为 k,否则就称 a 的阶是无穷大.

定理 1.3.8(拉格朗日定理) 设 G 是一个有限群,H 是 G 的子群,那么 H 的阶必是 G 的阶的因子.

证明 对 G 中任意两个元素 a,b 定义如果 $ba^{-1} \in H$,则称 a,b 对 H 左同余,记为
$$a \equiv b(\mathrm{mod}_l H)$$
换句话说,$a \equiv b(\mathrm{mod}_l H)$ 就等价于 $b = ha$,其中 h 是 H 中的某个元素.

同样可以定义右同余为 $b = ah$ 或者 $a^{-1}b \in H$,记为 $a \equiv b(\mathrm{mod}_r H)$.

容易证明左右同余都是一种等价关系.

因此用左同余或右同余可以把 G 中互相同余的元素分成一类,称为左同余类或右同余类. 称与 a 左同余的所有元素组成的集合为 a 的左同余类或左陪集,记为 Ha. 称与 a 右同余的所有元素组成的集合为 a 的右同余类或右陪集,记为 aH.

我们证明 $Ha = Hb$ 的充分必要条件是 $a \equiv$

拉格朗日(Lagrange, Joseph Louis, 1736—1813), 法国数学家、力学家、天文学家, 生于意大利都灵, 卒于法国巴黎.

$b(\bmod_l H)$. 当 $a \not\equiv b(\bmod_l H)$ 时, $Ha \cap Hb = \emptyset$.

先证上面命题的前半部分. 设 $Ha = Hb$, 那么由于显然 $a \in Ha$, 故 $a \in Hb$, 因而 $a \equiv b(\bmod_l H)$.

反之, 如果 $a \equiv b(\bmod_l H)$, 设 $x \in Ha$, 那么 $x \equiv a(\bmod_l H)$, 由于左同余是等价关系, 因此 $x \equiv b(\bmod_l H)$, 因而 $x \in Hb$, 这就说明 $Ha \subset Hb$, 同理可证 $Hb \subset Ha$, 因此 $Ha = Hb$.

现在证明上面命题的后半部分. 设 $a \not\equiv b(\bmod_l H)$, 如果 $Ha \cap Hb \neq \emptyset$, 那么存在 $c \in Ha \cap Hb$, 因而由上面的证明可知 $a \equiv c \equiv b(\bmod_l H)$, 因而 $Ha = Hc = Hb$, 这与 $Ha \cap Hb \neq \emptyset$ 矛盾, 这就证明了上面命题的后半部分.

由上面的证明可知任意两个左陪集 Ha, Hb 或者重合, 或者不相交.

下面我们再证明, 所有的左陪集所包含的元素个数都是相同的. 它们所包含的元素的个数就是 H 的阶.

首先证明 $Ha = \{ha \mid h \in H\}$. 事实上, 如果 $x \in Ha$, 那么按照 Ha 的定义, 就有 $x \equiv a(\bmod_l H)$, 因此 $x = ha$, 因而 $Ha \subset \{ha \mid h \in H\}$; 反之如果 $x \in \{ha \mid h \in H\}$, 那么 $x = ha$, 因而 $x \equiv a(\bmod_l H)$, 按照 Ha 的定义, 就有 $x \in Ha$, 这就说明 $\{ha \mid h \in H\} \subset Ha$.

现在考虑 H 与 Ha 之间的一个映射 $\varphi: h \to ha$. 如果 $h = k \in H$, 那么显然 $ha = ka \in Ha$, 反之如果 $ha = ka \in Ha$, 那么由群的消去律可知 $h = k \in H$. 由此可知 $h = k \in H$ 的充分必要条件是 $ha = ka \in Ha$. 这就说明 $\varphi: h \to ha$ 是 H 与 Ha 之间的一个 1—1 映射. 因而 H 与

Ha 所含的元素个数一定是相同的,而且就等于 H 的阶.

由于 G 中任意一个元素 x 必定属于某一个左陪集(至少它属于 Hx),所以我们可以把 G 分解成为两两互不相交的左陪集的并

$$G = \bigcup_{a \in G} Ha$$

(并号下面的脚标取得使得参与并的元素两两互不同余),由于 G 是有限集,所以上式并号中的左陪集的个数也是有限的,设共有 k 个,那么分别计算上式两边的元素个数就得到

$$[G:1] = k[H:1]$$

这就证明了 $[H:1] \mid [G:1]$,即子群的阶一定是有限群的阶的因子.上式中的 k 就称为子群 H 在 G 中的指数,记为 $[G:H]$. 由此得到指数公式

$$[G:H] = \frac{[G:1]}{[H:1]}$$

它说明,H 的左陪集的指数就是 k,同理可证 H 的右陪集的指数就是 k. 因此我们又得到 H 的左陪集和右陪集的数目是相等的.

在群的定义中只包含一种运算. 现在我们提出一种比群更复杂一点的代数结构,这就是所谓的环. 它包含两种运算.

定义 1.3.16 设在非空的集合 R 中定义了两种代数运算,其中一种称为加法,记为 $a+b$,另一种称为乘法,记为 ab. 使得

(1) R 中的元素对于加法构成群,其单位元记为 0;

(2) R 中的元素对于乘法满足结合律: $a(bc) = (ab)c$;

（3）R 中的元素满足乘法关于加法的分配率
$$a(b+c) = ab + ac$$
$$(b+c)a = ba + ca$$
则 R 称为一个环.

定义 1.3.17　设 R 是一个环,如果 R 中存在一个元素 e 使得对环中任意元素 a 都有
$$ea = ae = a$$
则称 e 是 R 的单位元. 如果 R 有单位元,就称 R 是有单位元的环.

定义 1.3.18　在有单位元 e 的环中,如果对元素 a 存在元素 b 使得
$$ab = ba = e$$
则称元素 a 是可逆的.

定义 1.3.19　设 a 是环 R 中的非零元,如果有非零元 b 使得 $ab=0$,则称 a 是左零因子,如果有非零元 b 使得 $ba=0$,则称 a 是右零因子. 既没有左零因子又没有右零因子的环称为整环.

定义 1.3.20　如果环 R 的乘法是交换的,即对所有的 $a \in G, b \in G$ 都有 $ab = ba$,则称 R 为交换环.

定义 1.3.21　设环 R 具有单位元,至少含有两个元素并且每个非零元都是可逆的,那么 R 就称为体或除环. 交换的体或除环称为域.

环有以下简单性质:

定理 1.3.9

（1）设 a 是可逆元,那么适合 $ab = ba = e$ 的元素 b 是唯一的,因此可定义此唯一的元素为 a 的逆元;

（2）在整环中成立消去律;

（3）体一定是整环,因而在体中成立消去律.

证明 (1) $ab_1 = b_1 a, ab_2 = b_2 a$, 那么 $b_1 = b_1 e = b_1(ab_2) = (b_1 a)b_2 = eb_2 = b_2$. 这就证明了(1).

(2) 设 $a \neq 0, ab = ac$, 那么 $ab - ac = 0, a(b-c) = 0$. 因为 $a \neq 0$ 且环中没有零因子, 所以 $b - c = 0, b = c$. 同理可证如果 $a \neq 0, ba = ca$, 那么 $b = c$. 这就证明了(2).

(3) 设 R 是体, $a \neq 0, ab = ac$, 那么由 R 是体, $a \neq 0$ 知 a 可逆. 因此 $b = a^{-1}(ab) = 0$, 这就说明 R 中没有零因子, 因此在 R 中成立消去律.

例 1.3.6 所有的偶数组成一个环, 因为两个偶数的和、差与积仍是一个偶数. 更一般的, 整数 m 的所有倍数组成一个环, 通常记为 mZ, 但是 mZ 不是域.

例 1.3.7 所有形式为 $a + b\sqrt{2}$ 的数(其中 a, b 都是整数)构成一个环.

例 1.3.8 所有形式为 $a + b\sqrt{2}$ 的数(其中 a, b 都是有理数)构成一个域, 通常记为 $R(\sqrt{2})$. $R(\sqrt{2})$ 对于加减法显然是封闭的. 现在证明它对乘除法也是封闭的. 事实上

$$(a + b\sqrt{2})(c + d\sqrt{2}) = (ac + 2bd) + (ad + bc)\sqrt{2}$$

由 a, b, c, d 都是有理数, 显然可以得出 $ac + 2bd, ad + bc$ 也是有理数. 这就说明 $R(\sqrt{2})$ 对于乘法是封闭的.

又设 $a + b\sqrt{2} \in R(\sqrt{2})$, 那么因为 $\sqrt{2}$ 是无理数, 而 a, b 都是有理数, 因此 $a + b\sqrt{2} \neq 0, a - b\sqrt{2} \neq 0, a^2 - 2b^2 \neq 0$, 而

$$\frac{c + d\sqrt{2}}{a + b\sqrt{2}} = \frac{(a - b\sqrt{2})(c + d\sqrt{2})}{(a - b\sqrt{2})(a + b\sqrt{2})} =$$

$$\frac{ac-2bd}{a^2-2b^2}+\frac{ad-bc}{a^2-2b^2}\sqrt{2}$$

由 a,b,c,d 都是有理数,显然可以得出 $\frac{ac-2bd}{a^2-2b^2}$,$\frac{ad-bc}{a^2-2b^2}$ 也是有理数.这就说明 $R(\sqrt{2})$ 对于除法是封闭的.

由各种类型的数组成的环和域称为数环和数域.所有的数环必包含零,因为一切数环的加群的单位元就是零.所有的数域都必包含有理数域.换句话说,有理数域是最小的数域.事实上,设 P 是一个数域.因为 P 中至少包含两个数,所以 P 中除了 0 之外,还一定包含一个不为 0 的数 a,因为 $a\neq 0$,所以 a 有逆,但是 a 是一个数,所以 a 的逆就是 $\frac{1}{a}$,这就是说,对一切 $a\in P$,$a\neq 0$,必有 $\frac{1}{a}\in P$. 因此 $a\cdot\frac{1}{a}=1\in P$. 于是由加法的封闭性可以得出所有的整数都在 P 中,然后由 $a\cdot b^{-1}=\frac{a}{b}$ 又可以得出所有的有理数也都在 P 中.

为了给出一个不交换的环和有零因子的环的例子,我们下面引入矩阵的概念,至于矩阵的用途,在本书中就不讨论了.

定义 1.3.22　一个 n 元的有序的数组称为一个 n 维向量.以行的形式排列的 n 元有序数组称为行向量,记为 $(a_1 a_2 \cdots a_n)$,以列的形式排列的 n 元有序数组称为列向量,记为

$$b = \begin{pmatrix} a_1 \\ a_2 \\ \vdots \\ a_n \end{pmatrix}$$

定义 1.3.23 设 a 是一个 n 维行向量，b 是一个 n 维列向量，那么

$$a_1 b_1 + a_2 b_2 + \cdots + a_n b_n$$

称为 a, b 的内积，记为 $a \cdot b$．

定义 1.3.24 把 mn 个数排成如下的 m 行，n 列的表

$$A = \begin{pmatrix} a_{11} & a_{12} & \cdots & a_{1n} \\ a_{21} & a_{22} & \cdots & a_{2n} \\ \vdots & \vdots & & \vdots \\ a_{m1} & a_{m2} & \cdots & a_{mn} \end{pmatrix}$$

称为一个 $m \times n$ 阶的矩阵．上面这个矩阵也可以用行向量和列向量写成

$$A = \begin{pmatrix} \boldsymbol{A}_1 \\ \boldsymbol{A}_2 \\ \vdots \\ \boldsymbol{A}_m \end{pmatrix}$$

或

$$A = (\boldsymbol{B}_1 \boldsymbol{B}_2 \cdots \boldsymbol{B}_n)$$

其中

$$\boldsymbol{A}_i = (a_{i1} a_{i2} \cdots a_{in}), \boldsymbol{B}_j = \begin{pmatrix} a_{1j} \\ a_{2j} \\ \vdots \\ a_{mj} \end{pmatrix}$$

定义 1.3.25 设 A 和 B 都是 $m \times n$ 阶的矩阵，且

$$A = \begin{pmatrix} a_{11} & a_{12} & \cdots & a_{1n} \\ a_{21} & a_{22} & \cdots & a_{2n} \\ \vdots & \vdots & & \vdots \\ a_{m1} & a_{m2} & \cdots & a_{mn} \end{pmatrix}, B = \begin{pmatrix} b_{11} & b_{12} & \cdots & b_{1n} \\ b_{21} & b_{22} & \cdots & b_{2n} \\ \vdots & \vdots & & \vdots \\ b_{m1} & b_{m2} & \cdots & b_{mn} \end{pmatrix}$$

那么 $m \times n$ 阶的矩阵

$$C = \begin{pmatrix} a_{11}+b_{11} & a_{12}+b_{12} & \cdots & a_{1n}+b_{1n} \\ a_{21}+b_{21} & a_{22}+b_{22} & \cdots & a_{2n}+b_{2n} \\ \vdots & \vdots & & \vdots \\ a_{m1}+b_{m1} & a_{m2}+b_{m2} & \cdots & a_{mn}+b_{mn} \end{pmatrix}$$

称为 A 和 B 的和,记为 $C = A + B$.

定义 1.3.26 设矩阵 A 的行向量的维数与矩阵 B 的列向量的维数相等(都等于 s)

$$A = \begin{pmatrix} A_1 \\ A_2 \\ \vdots \\ A_m \end{pmatrix} = \begin{pmatrix} a_{11} & a_{12} & \cdots & a_{1s} \\ a_{21} & a_{22} & \cdots & a_{2s} \\ \vdots & \vdots & & \vdots \\ a_{m1} & a_{m2} & \cdots & a_{ms} \end{pmatrix}$$

$$B = (B_1 \, B_2 \cdots B_n) = \begin{pmatrix} b_{11} & b_{12} & \cdots & b_{1n} \\ b_{21} & b_{22} & \cdots & b_{2n} \\ \vdots & \vdots & & \vdots \\ b_{s1} & b_{s2} & \cdots & b_{sn} \end{pmatrix}$$

那么 $m \times n$ 阶的矩阵

$$C = \begin{pmatrix} A_1 \cdot B_1 & A_1 \cdot B_2 & \cdots & A_1 \cdot B_n \\ A_2 \cdot B_1 & A_2 \cdot B_2 & \cdots & A_2 \cdot B_n \\ \vdots & \vdots & & \vdots \\ A_m \cdot B_1 & A_m \cdot B_2 & \cdots & A_m \cdot B_n \end{pmatrix}$$

称为 A 与 B 的乘积,记为 $C = AB$. 把 C 的第 i 行第 j 列处的元素 c_{ij} 明确写出来就是

$$c_{ij} = A_i \cdot B_j = a_{i1}b_{1j} + a_{i2}b_{2j} + \cdots + a_{in}b_{nj}$$

为了今后书写方便,我们再定义一个概念:

定义 1.3.27 设 A 是一个矩阵,k 是一个实数.那么符号 kA 表示将 A 中所有元素都乘以 k 所得的矩阵.

定义 1.3.28 设 A 是一个 $m \times n$ 阶矩阵.

$$A = \begin{bmatrix} a_{11} & a_{12} & \cdots & a_{1n} \\ a_{21} & a_{22} & \cdots & a_{2n} \\ \vdots & \vdots & & \vdots \\ a_{m1} & a_{m2} & \cdots & a_{mn} \end{bmatrix}$$

那么 $n \times m$ 阶矩阵

$$\begin{bmatrix} a_{11} & a_{21} & \cdots & a_{m1} \\ a_{12} & a_{22} & \cdots & a_{m2} \\ \vdots & \vdots & & \vdots \\ a_{1n} & a_{2n} & \cdots & a_{mn} \end{bmatrix}$$

称为 A 的转置矩阵,记为 A' 或 A^{T}.

利用转置矩阵的符号,我们今后可把向量都写成行向量,当需要用到列向量时,只须把它写成行向量的转置即可.

下面我们给出几个矩阵的性质.

定理 1.3.10

(1) 设 k,h 表示数量,A,B 表示矩阵,那么数量和矩阵的乘法满足以下规律

$$(k+h)A = kA + hA$$
$$k(A+B) = kA + kB$$
$$k(hA) = (kh)A$$
$$1 \cdot A = A$$
$$k(AB) = (kA)B = A(kB)$$

(2) 设 k,h 表示数量

$$E_n = \begin{pmatrix} 1 & 0 & \cdots & 0 \\ 0 & 1 & \cdots & 0 \\ \vdots & \vdots & & \vdots \\ 0 & 0 & \cdots & 1 \end{pmatrix}$$

那么 E_n 满足以下等式

$$A_{mn}E_n = A_{mn}$$
$$E_nA_{mn} = A_{mn}$$
$$kA = (kE)A = A(kE)$$
$$kE + hE = (k+h)E$$
$$(kE)(hE) = (kh)E$$

其中 E,A,B 的阶数只须使得以上各式均有意义即可.

(3) 矩阵的加法和乘法满足以下规律.

加法结合律:$A + (B + C) = (A + B) + C$.

加法交换律:$A + B = B + A$.

存在加法单位元:$A + 0 = A = 0 + A$,其中 0 表示一个与 A 的阶数相同,而元素全为 0 的矩阵.

任一矩阵对加法运算存在逆元:设 $-A = (-1) \cdot A$,那么

$$A + (-A) = (-A) + A = 0$$

乘法对于加法的分配律:$A(B+C) = AB + AC$;$(B+C)A = BA + BC$.

乘法结合律:$(AB)C = A(BC)$.

证明　我们只证明乘法结合律,其余规律都很显然或容易证明.

设 $A = [a_{ij}]_{sn}$,$B = [b_{jk}]_{mn}$,$C = [c_{kh}]_{nr}$,$V = AB = [v_{ik}]_{sn}$,$W = BC = [w_{jh}]_{mr}$. 其中

$$v_{ik} = a_{i1}b_{1k} + a_{i2}b_{2k} + \cdots + a_{im}b_{mk}$$
$$i = 1, 2, \cdots, s; k = 1, 2, \cdots, n$$

第1章 复数

$$w_{jh} = b_{j1}c_{1h} + b_{j2}c_{2h} + \cdots + b_{jn}c_{nh}$$
$$j = 1, 2, \cdots, m; h = 1, 2, \cdots, r$$

由于 $(AB)C = VC$，而 VC 中第 i 行第 h 列处的元素为

$$\sum_{k=1}^{n} v_{ik} c_{kh} = \sum_{k=1}^{n} \left(\sum_{j=1}^{m} a_{ij} b_{jk} \right) c_{kh} = \sum_{k=1}^{n} \sum_{j=1}^{m} a_{ij} b_{jk} c_{kh}$$

另一方面由于 $A(BC) = AW$，而 AW 中第 i 行第 h 列处的元素为

$$\sum_{j=1}^{m} a_{ij} w_{jh} = \sum_{j=1}^{m} a_{ij} \left(\sum_{k=1}^{n} b_{jk} c_{kh} \right) = \sum_{j=1}^{m} \sum_{k=1}^{n} a_{ij} b_{jk} c_{kh}$$

由于上面的两个和都是有限项的和，所以可以交换求和的顺序，也就是

$$\sum_{k=1}^{n} \sum_{j=1}^{m} a_{ij} b_{jk} c_{kh} = \sum_{j=1}^{m} \sum_{k=1}^{n} a_{ij} b_{jk} c_{kh}$$

这说明 $(AB)C$ 和 $A(BC)$ 相应处的元素是完全相同的，因而 $(AB)C = A(BC)$. 这就证明了结合律.

例 1.3.9 全体 $n \times n$ 矩阵的集合 M_n 构成一个有单位元的，不可交换的，含有（左右）零因子的环.

由定理 1.3.10 知矩阵对于加法构成一个群，满足乘法结合律和乘法对于加法的分配律，而且对于这两种运算都封闭，因此 M_n 是一个环. 在此环中，E_n 显然是乘法单位元.

设 A 是左下角为 1，其余元素全为 0 的矩阵，B 是右上角为 1，其余元素全为 0 的矩阵.

$$A = \begin{pmatrix} 0 & 0 & \cdots & 0 \\ 0 & 0 & \cdots & 0 \\ \vdots & \vdots & & \vdots \\ 1 & 0 & \cdots & 0 \end{pmatrix}, B = \begin{pmatrix} 0 & 0 & \cdots & 1 \\ 0 & 0 & \cdots & 0 \\ \vdots & \vdots & & \vdots \\ 0 & 0 & \cdots & 0 \end{pmatrix}$$

那么易证

$$AB = \begin{pmatrix} 0 & 0 & \cdots & 0 \\ 0 & 0 & \cdots & 0 \\ \vdots & \vdots & & \vdots \\ 0 & 0 & \cdots & 1 \end{pmatrix}, BA = \begin{pmatrix} 1 & 0 & \cdots & 0 \\ 0 & 0 & \cdots & 0 \\ \vdots & \vdots & & \vdots \\ 0 & 0 & \cdots & 0 \end{pmatrix}$$

因此 M_n 是不可交换的.

另外易证 $A^2 = B^2 = 0$(这里的 0 表示元素全为 0 的矩阵),因此 M_n 中存在着(左右)零因子.

习题 1.3

1. 设 **R** 是全体实数的集合,$M = \{(a,b) \mid a \in \mathbf{R}, b \in \mathbf{R}, a \neq 0\}$. 在 M 上定义运算如下

$$(a,b) \cdot (c,d) = (ac, ad + b)$$

证明:M 在上述运算下构成一个群.

2. (1) 写出正六边形的对称群;

(2) 写出正四面体的对称群.

3. 设

$$A = \begin{pmatrix} 1 & 2 & 3 & 4 & 5 \\ 2 & 3 & 1 & 5 & 4 \end{pmatrix}, B = \begin{pmatrix} 1 & 2 & 3 & 4 & 5 \\ 3 & 4 & 1 & 5 & 2 \end{pmatrix}$$

(1) 把 A, B 分解成轮换的乘积;

(2) 求 $AB, A^{-1}BA, A^2, A^3$.

4. 证明:任何一个置换都能分解成一些对换的乘积,而分解式中对换的个数的奇偶性与分解式无关. 因此可把全体置换分为两类:分解式中含有偶数个对换的置换称为偶置换,分解式中含有奇数个对换的置换称为奇置换.

5. 证明:全体奇置换的集合 A_n 构成一个群,但是全体偶置换的集合不构成群.

6. 证明:$[A_n : 1] = \dfrac{n!}{2}$. ($A_n$ 的意义见 1.4, 1.5)

7. 设 $\sigma=(1\ 2\ 3\ 4)(5\ 6\ 7\ 8), \tau=(1\ 6\ 3\ 8)(5\ 2\ 7\ 4)$，证明：$\sigma\tau=\tau\sigma$ 并证明它们在 S_8 中生成一个 8 阶的子群．

8. 证明置换群中元素 aba^{-1} 可以这样得出：把 b 分解成不相交的轮换的乘积，然后把其中出现的号码全换成他们在 a 下的象．利用这一事实对
$$a=(2\ 3\ 4\ 5), b=(1\ 2)(3\ 4\ 5)$$
计算 aba^{-1}．

9. 证明：

(1) $S_n(n>1)$ 可由 $(1\ 2),(1\ 3),\cdots,(1\ n)$ 生成；

(2) $A_n(n>2)$ 可由 $(1\ 2\ 3),(1\ 2\ 4),\cdots,(1\ 2\ n)$ 生成．

10. 设 G 是一非空集合，在 G 中可定义一种称为乘法的运算，具有以下性质：

(1) 满足乘法结合律；

(2) 对所有的 $a\in G, b\in G$，方程 $ax=b$ 和方程 $ya=b$ 都有解．

证明：G 是一个群．

11. 设 G 是一非空集合，在 G 中可定义一种称为乘法的运算，具有以下性质：

(1) 满足乘法结合律；

(2) 成立左消去律和右消去律．

证明：G 是一个群．

12. 证明：阶小于 6 的群必定是交换群．并举例说明存在 6 阶的非交换群．

13. 证明：如果群 G 中每个元素 x 都适合 $x^2=e$，则 G 是交换群．

14. 证明：群 G 的中心 $C(G)$ 也是一个群．

15. 设 a 是群 G 中的一个任意元素,$G(a) = \{b \mid ab = ba, b \in G\}$(即 $G(a)$ 是由 G 中所有与 a 可交换的元素组成的集合). 证明:$G(a)$ 也是一个群.

16. 写出 12 阶循环群的全部子群.

17. 证明:有理数加群不是有限生成的.

18. 设 G 为一交换群,$a \in G, b \in G, a, b$ 的阶分别为 m, n 且 $(m, n) = 1$. 证明:ab 的阶为 mn.

19. 设 $G = (a)$ 是 n 阶循环群,证明:$G_1 = (a^m)$ 的阶是 $\dfrac{n}{(m, n)}$.

20. 证明:阶为素数的群一定是循环群.

21. 如果群 G 中元素 a, b 满足关系 $b = c^{-1}ac$,其中 c 为 G 中某一元素,则称 b 共轭于 a. 证明:共轭关系是等价关系,即共轭满足以下 3 条性质:

(1) 反身性:$a \sim a$;

(2) 对称性:如果 $a \sim b$,那么 $b \sim a$;

(3) 传递性:如果 $a \sim b, b \sim c$,那么 $a \sim c$.

因此可用共轭关系将 G 中元素分成互相等价的类,群 G 中与元素 a 共轭的所有元素组成的集合称为由 a 决定的共轭类.

22. 设 G 是有限群,$a \in G$,则由 a 决定的共轭类(见 21 题)中所含有的元素的个数就等于 $G(a)$(见 15 题)在 G 中的指数,因而是 G 的阶的因子.

23. 证明:阶为素数方幂 $p^n (n > 0)$ 的群的中心除了单位元外,必还含有不是单位元的元素.

24. 证明:15 阶群必定是可交换的.

25. 证明:有理数加群与整数加群不同构.

26. 如果环中有一个元素 $e \neq 0$ 使得 $e^2 = e$,则称 e

是幂等元. 证明:整环中的幂等元必为单位元.

27. 如果环中有一个元素 a 使得对于任意 $x \in \mathbf{R}$ 都有 $ax=x$,则称 a 是 $\mathbf{R}$ 的左单位元. 证明:如果在 $\mathbf{R}$ 中左单位元是唯一的,那么左单位元就是单位元.

28. 证明:零因子不可能是可逆的.

29. 证明:任一含有非零元的有限整环是体.

30. 证明:有理数的自同构只能是恒同映射,实数域的自同构也只能是恒同映射.

31. 设 R 是有单位元的环,证明:如果 R 中元素 u 拥有不止一个右逆元,则它就有无数个右逆元.

32. 设环 R 中的任意元素 x 满足 $x^3=x$,证明:R 一定是可交换的.

1.4　整数的推广:各种复整数

我们已经知道,整数有很多独特的性质,并且通过研究这些性质,可以得出很多有意思的结果. 现在我们来考虑整数是否能够推广的问题. 在历史上,推广整数的意义是和一些非常著名的问题例如费马问题联系在一起的.

最自然的推广是首先考虑所有形如 $a+bi$ 的数,其中 a,b 都是普通的整数. 我们称这种数为复整数或高斯整数. 复整数的全体记为 G. 为避免混淆,以后我们将称普通的整数为有理整数.

普通的整数的一切讨论是从整除这个概念开始的. 因此我们也首先来看看在 G 中是否也能定义这一概念. 显然 G 是一个整环,所以我们可以把整环看成是

53

整数的推广. 以下的许多定义对任意整环也有意义,因此在以下的讨论中,如果讨论的内容可以适合任意整环,我们就用整环 M 来代替 G,这时所做的讨论当然也适用于 G,如果讨论的内容只适合 G,我们就在讨论中使用 G 这个符号.

定义 1.4.1 设 $\alpha \in M, \beta \in M$,如果存在 $\gamma \in M$,使得 $\beta = \alpha\gamma$,则称 α 整除 β,记为 $\alpha \mid \beta$. α 称为 β 的因数(也称约数或除数),β 称为 α 的倍数. 如果不存在这样的 γ,则称 α 不能整除 β,记为 $\alpha \nmid \beta$.

在有理整数中,接下去的事情是,只讨论正整数,并且在正整数中,首先区分出 1、素数与合数三个范畴. 所有这些事都和单位数有关. 在有理整数中,单位数的概念比较简单,只有 1 和 -1. 在 G 以及其他广义的整数中单位数就不这么简单了,由此将首先引出以下一些新的概念.

定义 1.4.2 如果 ε 和 ε^{-1} 都是 M 中的元素,则称 ε 是 M 中的单位数.

显然,单位数不等于 0,并且单位数的乘积和倒数仍是单位数.

下面出现了一个在普通整数中没有的概念.

定义 1.4.3 设 $\alpha \in M, \beta \in M, \varepsilon$ 是 M 中的单位数. 如果 $\beta = \varepsilon\alpha$,则称 α, β 是 M 中的相伴数(简称相伴数),或 β 与 α 相伴.

显然,相伴数是对称的,即如果 β 与 α 相伴,那么 α 也与 β 相伴.

原来有理整数中的素数概念现在分化成两个概念:

定义 1.4.4 设 $\alpha \in M, \alpha$ 不等于 0 也不是单位数,

ε 是 M 中的单位数. 如果 α 除了单位数和本身的相伴数之外没有其他因数, 则称 α 是不可约数.

定义 1.4.5 设 $\pi \in M, \pi$ 不等于 0 也不是单位数. 如果对任意的 $\alpha \in M, \beta \in M$, 从 $\pi \mid \alpha\beta$ 可以得出 $\pi \mid \alpha$ 或 $\pi \mid \beta$, 则称 π 是一个素数.

原来有理整数中的互素这个概念, 现在也分化为两个概念:

定义 1.4.6 设 $\alpha, \beta, \cdots, \gamma \in M$, 如果 $\alpha, \beta, \cdots, \gamma$ 除了单位元外, 没有其他公因数, 就称 $\alpha, \beta, \cdots, \gamma$ 是既约的.

定义 1.4.7 设 $\alpha, \beta, \cdots, \gamma \in M$, 如果存在 $x, y, \cdots, z \in M$ 使得
$$x\alpha + y\beta + \cdots + z\gamma = 1$$
则称 $\alpha, \beta, \cdots, \gamma$ 是互素的.

从整除的概念又可以导出公因数和公倍数的概念.

定义 1.4.8 设 $\alpha \in M, \beta \in M$, 如果有 $\delta \in M$ 使得 $\delta \mid \alpha, \delta \mid \beta$, 则称 δ 是 α, β 的公因(约)数. 一般地, 如果 $\alpha, \beta, \cdots, \gamma \in M, \delta \in M$, 而 $\delta \mid \alpha, \delta \mid \beta, \cdots, \delta \mid \gamma$, 则称 δ 是 $\alpha, \beta, \cdots, \gamma$ 的公因(约)数.

定义 1.4.9 设 $\alpha, \beta, \cdots, \gamma \in M$, 且均不为 0, 如果存在 $\lambda \in M$, 使得 $\alpha \mid \lambda, \beta \mid \lambda, \cdots, \gamma \mid \lambda$, 则称 λ 是 $\alpha, \beta, \cdots, \gamma$ 的公倍数.

在有理整数中, 有了以上这些概念后, 下边就该定义我们很熟悉的"最大公因数"和"最小公倍数"这两个概念了, 这是两个非常重要的概念, 在有理整数中, 接下去的许多讨论都可借助这两个概念进行.

这里, 我们遇到了推广整数工作时的第一个障碍.

这是由于在有理整数中,存在着"大小"这一概念,而在 G 乃至一般的整环 M 中并没有这一概念. 不过这一障碍还是可以克服的. 克服的方法就是仿照集合论中最大、最小的概念,用包含来刻画大小. 具体的办法是:

定义 1.4.10 设 $\alpha, \beta, \cdots, \gamma \in M$ 是不全为 0 的元素,如果存在 $\Delta \in M$ 满足

(1) Δ 本身是 $\alpha, \beta, \cdots, \gamma$ 的公因(约)数: $\Delta \mid \alpha$, $\Delta \mid \beta, \cdots, \Delta \mid \gamma$;

(2) $\alpha, \beta, \cdots, \gamma$ 的任意公因(约)数 δ 都是 Δ 的因数.

那么就称 Δ 是 $\alpha, \beta, \cdots, \gamma$ 的最大公因(约)数,记为 $(\alpha, \beta, \cdots, \gamma)$.

定义 1.4.11 设 $\alpha, \beta, \cdots, \gamma \in M$,且均不为 0,如果存在 $\Lambda \in M$ 使得

(1) Λ 本身是 $\alpha, \beta, \cdots, \gamma$ 的公倍数: $\alpha \mid \Lambda, \beta \mid \Lambda, \cdots, \gamma \mid \Lambda$;

(2) Λ 整除 $\alpha, \beta, \cdots, \gamma$ 的任何公倍数 λ.

那么就称 Λ 是 $\alpha, \beta, \cdots, \gamma$ 的最小公倍数,记为 $[\alpha, \beta, \cdots, \gamma]$.

由于在下面这个定理中,要列举的性质太多,所以我们改变以往叙述完定理之后再加以证明的方式,而采取随时加以说明或证明的方式.

定理 1.4.1 整环有以下性质:

(1) $\alpha \mid \beta \Leftrightarrow \varepsilon_1 \alpha \mid \varepsilon_2 \beta$,其中 $\varepsilon_1, \varepsilon_2$ 都是单位数.

(2) $\alpha \mid \beta, \beta \mid \gamma \Rightarrow \alpha \mid \gamma$.

(3) $\delta \mid \alpha, \delta \mid \beta, \cdots, \delta \mid \gamma$,对任意 $x, y, \cdots, z \in M$, $\delta \mid x\alpha + y\beta + \cdots + z\gamma$.

(4) 设 $\mu \neq 0$,则 $\alpha \mid \beta \Leftrightarrow \mu\alpha \mid \mu\beta, \alpha = \beta \Leftrightarrow \mu\alpha = \mu\beta$.

(5) 设 $\alpha \neq 0, \beta \neq 0$,那么 $\alpha \mid \beta, \beta \mid \alpha \Leftrightarrow \beta = \varepsilon\alpha$,其中

第1章 复数

ε 是单位数.

以上几条性质的证明都十分简单容易,故略去.

下面一些性质涉及最大公因数与最小公倍数的概念,在普通整数中,因为只有两个单位数,我们可以把讨论只限于正整数范围内,这时单位数、最大公因数与最小公倍数都是唯一的. 而在一般整环中,并无法一般地把整环作类似于普通整数那样的划分的方法,因此单位数、最大公因数与最小公倍数都不是唯一的,而是一个集合,因此下面的单位数、最大公因数与最小公倍数的符号都表示一个集合. 而性质中所说的不变,也是表示这些集合不变.

另外,在普通整数中最大公因数与最小公倍数都是一定存在的,而且可以证明对于普通整数来说最大公因数与最小公倍数的老的定义与新的定义是一致的. 而在一般的整环中,有可能发生一些元素的最大公因数或最小公倍数在新的定义下不存在的情况,因此下面含有最大公因数与最小公倍数的等式时只在式中这些概念都存在时才有意义,否则就没有意义.

(6) 把 $\alpha_1, \alpha_2, \cdots, \alpha_n$ 中的任意数换成其相伴数,它们的最大公因数不变;$\alpha_1, \alpha_2, \cdots, \alpha_n$ 的最大公因数与 $\alpha_1, \alpha_2, \cdots, \alpha_n$ 的排列次序及分组形式(只要在所作的分组下,最大公因数存在)无关.

在 $\alpha_1, \alpha_2, \cdots, \alpha_n$ 中任何一个数上加上 $\alpha_1, \alpha_2, \cdots, \alpha_n$ 的任意线性组合后,最大公因数不变,即对任意 $x_1, x_2, \cdots, x_n \in M$ 有

$(\alpha_1, \alpha_2, \cdots, \alpha_i, \cdots, \alpha_n) =$
$(\alpha_1, \alpha_2, \cdots, \alpha_i + x_1\alpha_1 + x_2\alpha_2 + \cdots + x_n\alpha_n, \cdots, \alpha_n)$

我们只证明 $\alpha_1, \alpha_2, \cdots, \alpha_n$ 的最大公因数与分组形

式无关.

设 $(\alpha_1,\alpha_2,\cdots,\alpha_r),(\alpha_{r+1},\alpha_{r+2},\cdots,\alpha_n)$ 存在,于是可设 $(\alpha_1,\alpha_2,\cdots,\alpha_r)=\Delta_1$, $(\alpha_{r+1},\alpha_{r+2},\cdots,\alpha_n)=\Delta_2$. 如果 (Δ_1,Δ_2) 存在,则可设 $(\Delta_1,\Delta_2)=\Delta$. 那么由 $\Delta\mid\Delta_1$, $\Delta\mid\Delta_2$ 得出 $\Delta\mid\alpha_1,\Delta\mid\alpha_2,\cdots,\Delta\mid\alpha_n$,另一方面,对任意 $\delta\mid\alpha_1,\delta\mid\alpha_2,\cdots,\delta\mid\alpha_n$ 必有 $\delta\mid\Delta_1,\delta\mid\Delta_2$,因而有 $\delta\mid\Delta$,这就说明 $(\alpha_1,\alpha_2,\cdots,\alpha_n)$ 存在,且 $(\alpha_1,\alpha_2,\cdots,\alpha_n)=\Delta$,即

$$((\alpha_1,\alpha_2,\cdots,\alpha_r),(\alpha_{r+1},\alpha_{r+2},\cdots,\alpha_n))=(\alpha_1,\alpha_2,\cdots,\alpha_n)$$

不过要注意,可能在某种分组下,这种分组的最大公因数不存在,那么此时,上式就无意义.

(7) $\alpha,\beta,\cdots,\gamma$ 既约的充分必要条件是 $(\alpha,\beta,\cdots,\gamma)=\varepsilon$,其中 ε 是单位数.

这一性质的证明也十分简单,故略去.

(8) 设 $\alpha_1,\alpha_2,\cdots,\alpha_n$ 不全为 0,$(\alpha_1,\alpha_2,\cdots,\alpha_n)$ 存在,δ 是 $\alpha_1,\alpha_2,\cdots,\alpha_n$ 的任一公因数,μ 是 M 中任意元素,那么

$$\left(\frac{\alpha_1}{\delta},\frac{\alpha_2}{\delta},\cdots,\frac{\alpha_n}{\delta}\right)=\frac{(\alpha_1,\alpha_2,\cdots,\alpha_n)}{\delta}$$

$$\mu(\alpha_1,\alpha_2,\cdots,\alpha_n)=(\mu\alpha_1,\mu\alpha_2,\cdots,\mu\alpha_n)$$

特别

$$\left(\frac{\alpha_1}{(\alpha_1,\alpha_2,\cdots,\alpha_n)},\frac{\alpha_2}{(\alpha_1,\alpha_2,\cdots,\alpha_n)},\cdots,\frac{\alpha_n}{(\alpha_1,\alpha_2,\cdots,\alpha_n)}\right)=\varepsilon$$

我们以 $n=2$ 时的情况为例加以证明,一般情况可以类似证明.

设 $(\alpha_1,\alpha_2)=\Delta$,那么由最大公因数的定义可知,

第1章 复数

$\delta \mid \Delta$. 于是可设 $\Delta_1 = \dfrac{\Delta}{\delta}$. 由 $\Delta \mid a_1, \Delta \mid a_2$ 得出 $\Delta_1 = \dfrac{\Delta}{\delta} \left| \dfrac{a_1}{\delta} \right., \Delta_1 = \dfrac{\Delta}{\delta} \left| \dfrac{a_2}{\delta} \right.$. 另一方面对 $\dfrac{\alpha_1}{\delta}, \dfrac{\alpha_2}{\delta}$ 的任意公因数 δ_1, 由 $\delta_1 \left| \dfrac{a_1}{\delta} \right., \delta_1 \left| \dfrac{a_2}{\delta} \right.$ 得出 $\delta_1 \delta \mid \alpha_1, \delta_1 \delta \mid \alpha_2$, 再由 Δ 是 α_1, α_2 的最大公因数的定义可知 $\delta_1 \delta \mid \Delta$, 因而有 $\delta_1 \mid \Delta_1$. 因此由最大公因数的定义就得出

$$\left(\dfrac{\alpha_1}{\delta}, \dfrac{\alpha_2}{\delta}\right) = \Delta_1 = \dfrac{\Delta}{\delta} = \dfrac{(\alpha_1, \alpha_2)}{\delta}$$

如果 $\mu = 0, \mu(\beta_1, \beta_2, \cdots, \beta_n) = (\mu\beta_1, \mu\beta_2, \cdots, \mu\beta_n)$ 显然成立. 因此以下可设 $\mu \neq 0$, 在

$$\left(\dfrac{\beta_1}{\mu}, \dfrac{\beta_2}{\mu}, \cdots, \dfrac{\beta_n}{\mu}\right) = \dfrac{(\beta_1, \beta_2, \cdots, \beta a_n)}{\mu}$$

中令 $\beta_i = \mu\alpha_i$ 就得出

$$\mu \mid (\beta_1, \beta_2, \cdots, \beta_n)$$

以及 $(\alpha_1, \alpha_2, \cdots, \alpha_n) = \dfrac{(\mu\alpha_1, \mu\alpha_2, \cdots, \mu\alpha_n)}{\mu}$

因而 $\mu(\alpha_1, \alpha_2, \cdots, \alpha_n) = (\mu\alpha_1, \mu\alpha_2, \cdots, \mu\alpha_n)$

注意这一性质虽然与普通整数的相应性质在形式上很类似,但是有一点实质性的不同之处在于,对于普通的整数,无论 $\left(\dfrac{\alpha_1}{\delta}, \dfrac{\alpha_2}{\delta}, \cdots, \dfrac{\alpha_n}{\delta}\right)$ 还是 $(\alpha_1, \alpha_2, \cdots, \alpha_n)$ 都一定存在. 而在一般的整环中,有可能发生一些元素的最大公因数不存在的情况. 因此必须首先假定 $(\alpha_1, \alpha_2, \cdots, \alpha_n)$ 的存在性.

(9) 把 $\alpha_1, \alpha_2, \cdots, \alpha_n$ 中的任意数换成其相伴数,它们的最小公倍数不变; $\alpha_1, \alpha_2, \cdots, \alpha_n$ 的最小公倍数与 $\alpha_1, \alpha_2, \cdots, \alpha_n$ 的排列次序及分组形式(只要在所作的分组下,最小公倍数存在)无关.

证明与性质(6)类似.

(10) 设 $\alpha_1, \alpha_2, \cdots, \alpha_n$ 都不为 0,$\mu \neq 0$ 是一个实数,则
$$[\mu a_1, \mu a_2, \cdots, \mu a_n] = \mu[\alpha_1, \alpha_2, \cdots, \alpha_n]$$

我们只证 $n = 2$ 时的情况,一般情况可以类似证明.

设 $[\mu a_1, \mu a_2]$ 存在,于是可设 $[\mu a_1, \mu a_2] = \Lambda$. 根据最小公倍数的定义可知 $\mu a_1 \mid \Lambda$,因此 $\mu \mid \Lambda$. 于是可设 $\Lambda_1 = \dfrac{\Lambda}{\mu}$. 由 $\mu a_1 \mid \Lambda, \mu a_2 \mid \Lambda$ 得出 $a_1 \mid \Lambda_1, a_2 \mid \Lambda_1$,另一方面,对任意 a_1, a_2 的公倍数 λ,由 $a_1 \mid \lambda, a_2 \mid \lambda$ 可以得出 $\mu a_1 \mid \mu\lambda, \mu a_2 \mid \mu\lambda$,因而由 Λ 是 $\mu a_1, \mu a_2$ 的最小公倍数的定义有 $\Lambda \mid \mu\lambda$,因而
$$\Lambda_1 = \dfrac{\Lambda}{\mu} \left| \dfrac{\mu\lambda}{\mu} = \lambda \right.$$

再由最小公倍数的定义就得出
$$[a_1, a_2] = \lambda = \dfrac{\Lambda}{\mu} = \dfrac{[\mu a_1, \mu a_2]}{\mu}$$

因此 $\mu[a_1, a_2] = [\mu a_1, \mu a_2]$

(11) 设 $\alpha, \beta \in M$,如果 $[\alpha, \beta]$ 存在,则 (α, β) 也存在,且 $(\alpha, \beta) = \dfrac{\alpha\beta}{[\alpha, \beta]}$.

由 $[\alpha, \beta]$ 存在可设 $\Delta = \dfrac{\alpha\beta}{[\alpha, \beta]}$. 由 $\beta \mid [\alpha, \beta], \alpha \mid [\alpha, \beta]$ 可以得出 $\alpha\beta \mid \alpha[\alpha, \beta], \alpha\beta \mid \beta[\alpha, \beta]$,由此得出
$$\Delta = \dfrac{\alpha\beta}{[\alpha, \beta]} \left| \alpha, \Delta = \dfrac{\alpha\beta}{[\alpha, \beta]} \right| \beta$$

另一方面,对于 α, β 的任意公因数 δ 又有
$$\delta \left(\dfrac{\alpha}{\delta}\right)\left(\dfrac{\beta}{\delta}\right) = \dfrac{\alpha\beta}{\delta} = \dfrac{\Delta[\alpha, \beta]}{\delta} = \Delta\left[\dfrac{\alpha}{\delta}, \dfrac{\beta}{\delta}\right]$$

因此
$$\frac{\Delta}{\delta} = \frac{\left(\frac{\alpha}{\delta}\right)\left(\frac{\beta}{\delta}\right)}{\left[\frac{\alpha}{\delta}, \frac{\beta}{\delta}\right]}$$

由最小公倍数的定义即得 $\delta \mid \Delta$. 因此再由最大公约数的定义就得出
$$\frac{\alpha\beta}{[\alpha,\beta]} = \Delta = (\alpha,\beta)$$

(12) 如果 $\alpha,\beta,\cdots,\gamma$ 互素, 则 $\alpha,\beta,\cdots,\gamma$ 既约.

(13) 素数一定是不可约数.

(14) 如果 α,β 互素, $\alpha \mid \beta\gamma$, 则 $\alpha \mid \gamma$.

(15) 设 α,β 互素, 则 α,γ 互素(或既约)的充分必要条件是 $\alpha,\beta\gamma$ 互素(或既约).

(16) 如果 α,β 互素, 则 $[\alpha,\beta] = \varepsilon\alpha\beta$.

(17) 设 π 是素数, π,α 既约, π,β 既约, 则 $\pi,\alpha\beta$ 既约.

(18) 设 α 可表示为素数的乘积, 则这个表示式在不计次序和相伴的意义下是唯一的.

以上 7 条性质(12)~(18)或者从定义本身容易推出, 或者可以仿照第 3 章中相应命题的证明来证明, 因此省略.

上面这 18 条性质是对一般的整环都成立的, 下面的一些性质则不是这样. 因此, 我们从现在开始, 需要研究一些 G 中特有的性质, 在这些性质中, 最重要的是下面两条定理. 为此, 我们需先给出以下定义:

定义 1.4.12 设 $\alpha = x + yi$ 是 G 中任意元素, 则称 $\alpha\bar{\alpha} = x^2 + y^2$ 为 α 在 G 中的模或范数, 记为 $N(\alpha)$.

注意, α 在 G 中的模与 α 作为一个复数的模稍有不同. 作为复数, α 的模是 $|\alpha| = \sqrt{x^2 + y^2}$, 而作为 G 中

的元素，α 的模 $N(\alpha)$ 总是一个整数.易证模有下面的性质：

引理 1.4.1　在 G 中，模有如下性质：

(1) α 的模 $N(\alpha)$ 总是一个整数；

(2) $N(\alpha) = \alpha\bar{\alpha}$；

(3) $N(\alpha\beta) = N(\alpha)N(\beta)$；

(4) $N(\alpha) = 0$ 的充分必要条件是 $\alpha = 0$；

(5) $N(\alpha) = 1$ 的充分必要条件是 α 单位数；

(6) α, β 是相伴数的充分必要条件是 $N(\alpha) = N(\beta)$.

定义 1.4.13　设 M 是整环，如果 M 中任意既不是 0 也不是单位数的元素 α 一定可以分解成有限个不可约元的乘积，则称 M 是可分解整环.

定理 1.4.2　G 是可分解整环.

证明　如果 α 本身就是不可约元，那么定理已经成立.如果 α 不是不可约元，那么必有 $\alpha_1 \in G, \alpha_1 \neq 0$ 使得 $\alpha_1 \mid \alpha$，因此 $N(\alpha_1) \mid N(\alpha)$.由此得出 $1 < N(\alpha_1) < N(\alpha)$，如果 α_1 本身就是不可约元，那么定理又已经成立.如果 α_1 不是不可约元，那么必有 $\alpha_2 \in G$，$\alpha_2 \neq 0$ 使得 $\alpha_2 \mid \alpha_1$，因此 $N(\alpha_2) \mid N(\alpha_1)$.由此得出 $1 < N(\alpha_2) < N(\alpha_1) < N(\alpha), \cdots$，如此进行下去，由于 $N(\alpha)$ 是有限的自然数，而上述步骤每进行一次，模至少要减小 1，因此应用上述步骤有限次后，必存在一个自然数 n，使得 $\alpha_n \mid \alpha_{n-1}$，而 α_n 已是不可约元.令 $\beta_1 = \alpha_n$，则 β_1 已是不可约元.且 $N\left(\dfrac{\alpha}{\beta_1}\right) < N(\alpha)$，对 $N\left(\dfrac{\alpha}{\beta_1}\right)$ 继续应用上述步骤，又可经有限步分出 α 的第二个不可约因子 β_2，如此经过有限步后，就把 α 分解成

了有限个不可约因子的乘积.

定理 1.4.3 G 中成立第二带余数除法,即对任意 $\alpha,\beta \in G, \alpha \neq 0$,一定存在 $\eta,\gamma \in G$,使得
$$\beta = \eta\alpha + \gamma, 0 \leqslant N(\gamma) < N(\alpha)$$

证明 设 $\dfrac{\beta}{\alpha} = r + si$,其中 r,s 都是有理数. 设 u,v 分别是距离 r,s 最近的有理整数. 那么显然就有
$$\mid u - r \mid \leqslant \frac{1}{2}, \mid v - s \mid \leqslant \frac{1}{2}$$

现在令 $\eta = u + vi, \gamma = \beta - \alpha\eta$,因此 $\beta = \eta\alpha + \gamma$,则
$$N(\gamma) = N(\beta - \alpha\eta) = N(\alpha)N\left(\frac{\beta}{\alpha} - \eta\right) =$$
$$N(\alpha)N(r + si - u - vi) =$$
$$N(\alpha)N((r-u) + (s-v)i) =$$
$$((r-u)^2 + (s-v)^2)N(\alpha) \leqslant$$
$$\left(\left(\frac{1}{2}\right)^2 + \left(\frac{1}{2}\right)^2\right)N(\alpha) \leqslant$$
$$\frac{1}{2}N(\alpha) < N(\alpha)$$

这就证明了定理.

由定理 1.4.3 可证下面的

定理 1.4.4(欧几里得算法) 任给 $\beta_0, \beta_1 \in G$, $\beta_1 \neq 0$ 一定可得如下的一组等式:
$$\beta_0 = \eta_1\beta_1 + \beta_2, 0 < N(\beta_2) < N(\beta_1), \eta_1,\beta_2 \in G$$
$$\beta_1 = \eta_2\beta_2 + \beta_3, 0 < N(\beta_3) < N(\beta_2), \eta_2,\beta_3 \in G$$
$$\vdots$$
$$\beta_{n-1} = \eta_n\beta_n + \beta_{n+1}, 0 < N(\beta_{n+1}) < N(\beta_n), \eta_n,\beta_{n+1} \in G$$
$$\beta_n = \eta_{n+1}\beta_n, \eta_{n+1} \in G$$

证明 由定理 1.4.3 知,我们可依次进行定理中

所示的除法,且有
$$N(\beta_1) > N(\beta_2) > \cdots \geqslant 1$$
(注意,如果在某一步中有 $\beta_i = 0$,则上述算法自动停止,因此,只要上述算法不停止,算式中的除数就始终不为 0,因而下一步的算式就是有意义的),所以,β_1,β_2,… 的范数是严格递减的. 但是这些范数都是正整数,因此,或者在某一步有 $N(\beta_{i+1}) > 1$,$\beta_{i+1} | \beta_i$,因而算法到此结束,$n = i$;或者一直到最后出现 $N(\beta_{i+1}) = 1$,因而 β_{i+1} 是 G 中的单位数,这时显然也有 $\beta_{i+1} | \beta_i$,因而算法还是结束. 总之,上述算法将在有限步内结束. 这就证明了定理.

由此引出以下定义:

定义 1.4.14 如果在整环 M 中可定义一种范数 N,使得对此范数成立欧几里得算法,即对任意 β_0,$\beta_1 \in M$,$\beta_1 \neq 0$,一定可得如下的一组等式
$$\beta_0 = \eta_1 \beta_1 + \beta_2, 0 < N(\beta_2) < N(\beta_1), \eta_1, \beta_2 \in M$$
$$\beta_1 = \eta_2 \beta_2 + \beta_3, 0 < N(\beta_3) < N(\beta_2), \eta_2, \beta_3 \in M$$
$$\vdots$$
$$\beta_{n-1} = \eta_n \beta_n + \beta_{n+1}, 0 < N(\beta_{n+1}) < N(\beta_n), \eta_n, \beta_{n+1} \in M$$
$$\beta_n = \eta_{n+1} \beta_{n+1}, \eta_{n+1} \in M$$
则称 M 是欧几里得环.

由此得出

定理 1.4.5 G 是欧几里得环.

下面这个定理中所涉及的性质较多,因此我们仍采取定理 1.4.1 中的方法,对这些性质随时加以证明或说明.

定理 1.4.6 如果整环 M 是欧几里得环,则以下性质成立:

(1) 任给不全为 0 的 $\alpha_1, \alpha_2, \cdots, \alpha_n \in M$，$(\alpha_1, \alpha_2, \cdots, \alpha_n)$ 存在.

首先对 $n=2$ 的情况证明这一性质成立.

不妨设 $\alpha_2 \neq 0$，在定理 1.4.4 中令 $\alpha_1 = \beta_0, \alpha_2 = \beta_1$，那么从算法中的等式中可以得出
$$\beta_{n+1} \mid \beta_n \mid \beta_{n-1} \mid \cdots \mid \beta_1 = \alpha_2 \mid \beta_0 = \alpha_1$$
因此 β_{n+1} 是 α_1, α_2 的公因数. 另一方面，设 δ 是 α_1, α_2 的任意公因数，那么从 $\delta \mid \alpha_1 = \beta_0, \delta \mid \alpha_2 = \beta_1$ 和算法中的等式又可得出
$$\delta \mid \beta_1 \mid \beta_2 \mid \cdots \mid \beta_n \mid \beta_{n+1}$$
因而由最大公因数的定义就得出
$$(\alpha_1, \alpha_2) = \beta_{n+1}$$

对于一般的情况，不妨设 $\alpha_1 \neq 0$，于是由对 $n=2$ 已证的结论知 (α_1, α_2) 存在，且 $(\alpha_1, \alpha_2) \neq 0$，因而 $\Delta = ((\alpha_1, \alpha_2), \alpha_3)$ 存在，且 $\Delta \neq 0$. Δ 显然是 $\alpha_1, \alpha_2, \alpha_3$ 的公因数. 现设 δ 是 $\alpha_1, \alpha_2, \alpha_3$ 的任意公因数，那么根据最大公因数的定义就得出 δ 是 (α_1, α_2) 的因数，因而是 Δ 的因数，再根据最大公因数的定义就得出 $\Delta = (\alpha_1, \alpha_2, \alpha_3)$，之后由数学归纳法就可得出 (4).

(2) 对任意不全为 0 的 $\alpha_1, \alpha_2, \cdots, \alpha_n \in M$，存在 $\lambda_1, \lambda_2, \cdots, \lambda_n \in M$，使得
$$(\alpha_1, \alpha_2, \cdots, \alpha_n) = \lambda_1 \alpha_1 + \lambda_2 \alpha_2 + \cdots + \lambda_n \alpha_n$$

在定理 1.4.4 中倒退回去，就可把 β_{n+1} 表为 β_0 和 β_1 的也就是 α_1 和 α_2 的线性组合，因而由性质 (1) 就得出 (2) 对于 $n=2$ 的情况成立.

因而根据 (1) 中的证明和已证的结论知存在 $\mu_1, \mu_2 \in M$ 及 $v_1, v_2 \in M$ 使得
$$(\alpha_1, \alpha_2, \alpha_3) = ((\alpha_1, \alpha_2), \alpha_3) = \mu_1(\alpha_1, \alpha_2) + \mu_2 \alpha_3 =$$

$$\mu_1(v_1\alpha_1 + v_2\alpha_2) + \mu_2\alpha_3 =$$
$$\mu_1 v_1\alpha_1 + \mu_1 v_2\alpha_2 + \mu_2\alpha_3 =$$
$$\lambda_1\alpha_1 + \lambda_2\alpha_2 + \lambda_3\alpha_3.$$

然后再由数学归纳法即可证明(2)成立.

由(2)和定义立刻得出：

(3) 如果 $\alpha_1, \alpha_2, \cdots, \alpha_n \in M$ 既约,则 $\alpha_1, \alpha_2, \cdots, \alpha_n$ 互素.

(4) 设 ε 是环 M 中的单位数,$(\delta, \alpha) = \varepsilon$,则 $(\delta, \alpha\beta) = (\delta, \beta)$.

当 $\delta = 0$ 时,$\alpha = \varepsilon$,结论显然成立.当 $\delta \neq 0$ 时,利用定理 1.4.1(8) 可以得出

$$(\delta, \beta) = (\delta, (\delta, \alpha)\beta) = (\delta, (\delta\beta, \alpha\beta)) =$$
$$(\delta, \delta\beta, \alpha\beta) = ((\delta, \delta\beta), \alpha\beta) =$$
$$(\delta(1, \beta), \alpha\beta) = (\delta, \alpha\beta)$$

特别,如果 $(\delta, \alpha) = \varepsilon$,$(\delta, \beta) = \varepsilon$,则 $(\delta, \alpha\beta) = \varepsilon$.

(5) 设 ε 是环 M 中的单位数,$(\delta, \alpha) = \varepsilon$,$\delta \mid \alpha\beta$,则 $\delta \mid \beta$.

从(4),最大公因数的定义和 $\delta \mid \alpha\beta$ 得出 $\delta = (\delta, \alpha\beta) = (\delta, \beta)$,再由最大公因数的定义就得出 $\delta \mid \beta$.

(6) 设 π 是 M 中不可约元,$\pi \mid \alpha_1, \alpha_2, \cdots, \alpha_n$,则存在一个 $\alpha_i, 1 \leqslant i \leqslant n$ 使得 $\pi \mid \alpha_i$.

只证 $n = 2$ 的情况,一般情况类似可证.

设 π 是 M 中的不可约元,且 $\pi \mid \alpha\beta$,我们要证明必有 $\pi \mid \alpha$ 或 $\pi \mid \beta$.

由于 π 是 M 中不可约元,因此必有 $(\pi, \alpha) = \varepsilon$ 或 π(因为根据不可约元的定义,π 的因数只有 ε 和 π),而 $(\pi, \alpha) = \pi$ 的充分必要条件是 $\pi \mid \alpha$.因此如果 π 既不能整除 α 又不能整除 β,就必有 $(\pi, \alpha) = \varepsilon$,$(\pi, \beta) = \varepsilon$,因而

由(4)得出$(\pi, \alpha\beta) = \varepsilon$. 但是已知$\pi \mid \alpha\beta$, 因此$(\pi, \alpha\beta) = \pi$. 这与$(\pi, \alpha\beta) = \varepsilon$矛盾. 因此必有$\pi \mid \alpha$或$\pi \mid \beta$. 根据素数的定义, 这就证明了$\pi$一定是素数.

由(6)立刻得出

(7) M中的不可约元一定是素数.

(8) 设$\alpha_1, \alpha_2, \cdots, \alpha_n$是$M$中全不为0的数, 则$[\alpha_1, \alpha_2, \cdots, \alpha_n]$存在.

首先对$n = 2$的情况证明这一性质成立.

由(1)可知(α_1, α_2)存在. 先设$(\alpha_1, \alpha_2) = 1$. 令$\Lambda = \alpha_1\alpha_2$, 那么显然有$\alpha_1 \mid \Lambda$, $\alpha_2 \mid \Lambda$. 现在设λ是α_1, α_2的任意一个公倍数, 则$\alpha_1 \mid \lambda$, 因此$\lambda = \alpha_1\gamma$. 再由λ是α_1, α_2的公倍数得出$\alpha_2 \mid \alpha_1\gamma$, 因而由$(\alpha_1, \alpha_2) = 1$, $\alpha_2 \mid \alpha_1\gamma$和(5)得出$\alpha_2 \mid \gamma$, 因而$\Lambda = \alpha_1\alpha_2 \mid \alpha_1\gamma = \lambda$. 因此根据最小公倍数的定义就得出$[\alpha_1, \alpha_2] = \Lambda = \alpha_1\alpha_2$, 因而$[\alpha_1, \alpha_2]$存在.

对一般情况, 由$\left(\dfrac{\alpha_1}{(\alpha_1, \alpha_2)}, \dfrac{\alpha_2}{(\alpha_1, \alpha_2)}\right) = 1$和上面已证明的结论就得出

$$\left(\dfrac{\alpha_1}{(\alpha_1, \alpha_2)}, \dfrac{\alpha_2}{(\alpha_1, \alpha_2)}\right) = \dfrac{\alpha_1\alpha_2}{(\alpha_1, \alpha_2)^2}$$

因此$\left(\dfrac{\alpha_1}{(\alpha_1, \alpha_2)}, \dfrac{\alpha_2}{(\alpha_1, \alpha_2)}\right)$存在, 再由定理1.4.1(10), (11)就得出

$$[\alpha_1, \alpha_2] = (\alpha_1, \alpha_2)\left(\dfrac{\alpha_1}{(\alpha_1, \alpha_2)}, \dfrac{\alpha_2}{(\alpha_1, \alpha_2)}\right) = \dfrac{\alpha_1\alpha_2}{(\alpha_1, \alpha_2)}$$

因而$[\alpha_1, \alpha_2]$存在.

对$n = 3$的情况. 由对$n = 2$已证的结论知$\Lambda = [[\alpha_1, \alpha_2], \alpha_3]$有意义. 显然$\Lambda$是$\alpha_1, \alpha_2, \alpha_3$的公倍数. 现在设$\lambda$是$\alpha_1, \alpha_2, \alpha_3$的任意公倍数, 则由最小公倍数的

定义知 $[\alpha_1,\alpha_2] \mid \lambda, \alpha_3 \mid \lambda$，因此 λ 也是 $[\alpha_1,\alpha_2]$ 和 α_3 的公倍数. 再次由最小公倍数的定义知 $\Lambda \mid \lambda$，于是仍由最小公倍数的定义就得出 $\Lambda = [\alpha_1,\alpha_2,\alpha_3]$，因而 $[\alpha_1,\alpha_2,\alpha_3]$ 存在. 以后用数学归纳法即可证明 $[\alpha_1,\alpha_2,\cdots,\alpha_n]$ 存在.

定理 1.4.7(唯一分解式定理) 设环 M 是可分解整环，同时又是欧几里得环，则 M 中任意既不是 0 也不是单位数的元素 α 一定可以分解成有限个不可约元的乘积

$$\alpha = \xi_1 \xi_2, \cdots, \xi_r$$

且此分解式在不计次序和相伴时是唯一的. 这就是说在不计次序时 α 一定可以唯一地表为

$$\alpha = \varepsilon \eta_1^{n_1} \eta_2^{n_2} \cdots \eta_s^{n_s}$$

其中 $\eta_1,\eta_2,\cdots,\eta_s$ 是两两互不相伴的不可约元，ε 是单位数.

证明 由于 M 是可分解整环，因此分解式 $\alpha = \xi_1 \xi_2 \cdots \xi_r$ 存在. 设 α 还有分解式 $\alpha = \eta_1 \eta_2 \cdots \eta_s$. 不妨设 $r \geqslant s$. 由定理 1.4.6(7) 知 $\xi_1,\xi_2,\cdots,\xi_r,\eta_1,\eta_2,\cdots,\eta_s$ 都是素数，由素数的定义知，从 $\eta_1 \mid \alpha = \xi_1 \xi_2,\cdots,\xi_r$ 可以得出必有一个 ξ_i 使得 $\eta_1 \mid \xi_i$. 不妨设 $i = 1$. 由此及不可约元的定义就有 $\eta_1 = \varepsilon_1 \xi_1$，其中 ε_1 是单位数，因而 $\eta_2 \cdots \eta_s = \varepsilon_1 \xi_2 \cdots \xi_r$. 同理又可得出 $\eta_2 = \varepsilon_2 \xi_2,\cdots$，依此类推，最后即得出 $r = s, \eta_i = \varepsilon_i \xi_i, i = 1,2,\cdots,s$，这就证明了定理.

上面，我们已经一般地讨论了对一般的整环都成立的性质和只在 G 中成立的性质. 但是为了能够具体地应用这些性质，我们还必须具体地确定 G 中的单位数是什么？不可约元或素数（上面已证，在 G 中，这两

第 1 章 复数

个概念是一致的)又是什么？第一个问题比较简单．

引理 1.4.2 G 中只有 4 个单位数：$\pm 1, \pm i$．

证明 设 $\varepsilon = a + bi$ 是 G 中的单位数，那么 $\varepsilon = a + bi$ 是 G 中的整数，因此 a,b 都是有理整数．由 ε^{-1} 也是 G 中整数和 $\varepsilon \cdot \varepsilon^{-1} = 1$ 得出 $N(\varepsilon)N(\varepsilon^{-1}) = N(\varepsilon\varepsilon^{-1}) = N(1) = 1$，由此得出
$$a^2 + b^2 = 1$$
从上面的式子容易得出只能有 $a^2 = 1, b = 0$ 或 $a = 0, b^2 = 1$，由此即可得出引理．

为了说明 G 中的素数是什么，我们需要下面的引理：

引理 1.4.3 设 p 是形如 $4m+1$ 的有理素数，则存在自然数 n，使 $p \mid n^2 + 1$．

证明 由条件得出 $p \equiv 1 \pmod 4$，因此
$$\left(\frac{-1}{p}\right) = (-1)^{\frac{p-1}{2}} = 1$$
因此同余式方程
$$x^2 \equiv -1 \pmod p$$
有解，这就证明了引理．

不过这种方法，只能证明存在自然数 n，使 $p \mid n^2 + 1$，而不能得出 n 的奇偶性，用下面的方法可进一步证明 n 一定是偶数，还不止如此，可以证明 n 一定可以表示成 $(2m)!$ 的形式．

考虑下面两个集合：$-1, -2, \cdots, -2m$ 和 $4m, 4m-1, \cdots, 2m+1$，由于上、下两个集合中对应的元素之差都是 p，因此
$$4m(4m-1)\cdots(2m+1) \equiv (-1)(-2)\cdots(-2m) \equiv (2m)! \pmod p$$

在上式两边各乘以 $(2m)!$ 得
$$(4m)! \equiv ((2m)!)^2 (\mathrm{mod}\ p)$$
令 $n=(2m)!$,那么由威尔逊定理就得出(见《Gauss 的遗产——从等式到同余式》第 3 章定理 3.9.13)
$$n^2 \equiv ((2m)!)^2 \equiv (4m)! \equiv (p-1)! \equiv -1(\mathrm{mod}\ p)$$
由此就得出 $p \mid n^2+1$.

引理 1.4.4 设 M 是欧几里得环,$\alpha \in M$,则如果 $N(\alpha)$ 是有理素数,那么 α 必是 M 中的素数.

证明 首先由 $N(\alpha)$ 是有理素数可知 $\alpha \neq 0$(否则 $N(\alpha)=0$ 不是有理素数,与假设矛盾). 我们证 α 必是 M 中的不可约元. 假设不然,则 $\alpha=\beta\gamma$,其中 β,γ 都不是单位数,因此 $N(\beta)>1,N(\gamma)>1$,这就得出 $N(\alpha)=N(\beta)N(\gamma)$ 不是有理素数,与假设矛盾,因此 α 必是 M 中的不可约元. 由于 M 是欧几里得环,因此由定理 1.4.6(7) 就得出 α 是 M 中的素数.

引理 1.4.5 任给 $\alpha \in G$,则 $\alpha \mid N(\alpha)$.

证明 由于在 G 中,$N(\alpha)=\alpha\bar{\alpha}$,故显然有 $\alpha \mid N(\alpha)$.

引理 1.4.6 设在 G 中 $N(\pi)=p$ 是一个有理素数,则必有 $p=2$ 或 $p \equiv 1(\mathrm{mod}\ 4)$.

证明 由于在 G 中,$N(\pi)$ 是一个平方和,故有理素数 p 可以表示成两个有理整数的平方和,因此由《Gauss 的遗产——从等式到同余式》第 6 章定理 6.7.1 即得 $p=2$ 或 $p \equiv 1(\mathrm{mod}\ 4)$.

定理 1.4.8 π 是 G 中的素数的充分必要条件是

(1) π 是 $1+\mathrm{i}$ 或其相伴数;

第 1 章　复数

(2) $N(\pi)$ 是 $4m+1$ 形式的有理素数;

(3) π 是 $4m+3$ 形式的正有理素数或其相伴数.

证明　为了看出我们是如何找出 G 中的所有素数的,我们先证必要性.

设 π 是 G 中的素数,那么由通常整数中的唯一分解定理知 $N(\pi)$ 可分解成有限个有理素数的乘积: $N(\pi)=p_1 p_2 \cdots p_r$. 又由引理 1.4.5 知 $\pi \mid N(\pi) = p_1 p_2 \cdots p_r$. 由于 π 是 G 中的素数,因此由素数的定义就得出 π 必整除某一个有理素数 p,或等价的 $\pi \mid p$. 因而又有 $N(\pi) \mid N(P)=p^2$, 由此就得出 $N(\pi)=p$ 或 $N(\pi)=p^2$ ($N(\pi)$ 不可能等于 1, 否则就得出 π 是 G 中的单位数, 这与 π 是 G 中的素数的假设矛盾).

如果 $N(\pi)=p$, 那么由引理 1.4.6 就得出 $p=2$ 或 $p \equiv 1 (\bmod 4)$. 而从 $p=2$ 易于得出 π 是 $1+i$ 或其相伴数, 因此这就得出条件(1)或(2).

如果 $N(\pi)=p^2$, 那么由 $\pi \mid p$ 就得出 $p=\pi\alpha$, 因而
$$p^2 = N(p) = N(\pi)N(\alpha) = p^2 N(\alpha)$$
由此得出 $N(\alpha)=1$, 这就说明 α 是单位数, 由此得出 π 是 p 的相伴数.

p 不可能等于 2, 否则有 $N(\pi)=4$, 由此易于得出 $\pi=2$ 或 $\pi=2i$. 但是在 G 中
$$2=(1+i)(1-i)$$
因此 2 不是 G 中的不可约元或素数, 这与 π 是 G 中的素数的假设矛盾.

p 也不可能是形如 $4m+1$ 的有理素数, 否则由引理 1.4.3 知必存在自然数 n, 使得
$$p \mid n^2+1 = (n+i)(n-i)$$
由于 p 是 π 的相伴数, 因而由 π 是 G 中素数就得出 p 是

G 中素数,因此必有 $p \mid n+\mathrm{i}$ 或 $p \mid n-\mathrm{i}$,由此得出
$$p^2 = N(p) \mid N(n+\mathrm{i}) = n^2+1 = p$$
或
$$p^2 = N(p) \mid N(n-\mathrm{i}) = n^2+1 = p$$
总之我们得出 $p^2 \mid p$,因而 $p=1$,这与 p 是有理素数的假设矛盾.

综合以上论述就得出必有 π 是 p 的相伴数,而 p 是 $4m+3$ 形式的正有理素数. 这就是条件(3).

下面证明充分性,如果条件(1),(2)成立,那么 $N(\pi)$ 必是通常整数中的素数,因此由引理 1.4.4 就得出 π 是 G 中的素数.

如果条件(3)成立,那么 π 是 p 的相伴数,并且 p 是形如 $4m+3$ 的正有理素数.

我们证 π 一定是 G 中的不可约元. 假设不然,则 $\pi = \alpha\beta$,其中 α 和 β 都不是单位数. 因此
$$N(\pi) = N(\varepsilon p) = p^2 = N(\alpha)N(\beta)$$
由于 $N(\alpha)$ 既不能等于 1(否则 α 是单位数)又不能等于 p^2(否则 β 是单位数),同样 $N(\beta)$ 既不能等于 1 又不能等于 p^2,故只能有
$$N(\alpha) = N(p) = p$$
这表明 p 可以表示成两个有理整数的平方和,因此由《Gauss 的遗产——从等式到同余式》第 6 章定理 6.7.1 即得 $p=2$ 或 $p \equiv 1 \pmod{4}$. 而这与 p 是形如 $4m+3$ 的正有理素数的条件相矛盾.

因此 π 一定是 G 中的不可约元,由于在 G 中,不可约元就是素数,所以 π 一定是 G 中的素数. 这就证明了充分性.

至此为止,可以说,我们已经弄清了 G 中素数的基

本性质.

下面我们再来看一个环.

定义 1.4.15 用 $k(\omega)$ 表示所有形如 $a+b\omega$ 的数的集合,其中 $\omega=\dfrac{-1+\mathrm{i}\sqrt{3}}{2}$, a,b 都是有理整数.

不难验证有

引理 1.4.7 $k(\omega)$ 是一个有单位元的整环.

有了对 G 的讨论作为基础. 我们下面对 $k(\omega)$ 的讨论就可以比较简单,其主要目的是想让读者注意到 $k(\omega)$ 中的元素作为一个复数,一般的并不具有我们上面已讨论过的复整数的形式,因为 $a+b\omega=a-\dfrac{b}{2}+\dfrac{b}{2}\mathrm{i}\sqrt{3}$ 中的 $a-\dfrac{b}{2}$ 和 $\dfrac{b}{2}$ 在一般情况下都不是整数. 既然如此,那为什么我们还把 $k(\omega)$ 看成整数的一种推广呢? 这是由于 $k(\omega)$ 中的任意元素 $a+b\omega$,一定满足方程

$$x^2-(2a-b)x+a^2-ab+b^2=0$$

因而 $a+b\omega$ 一定是一个代数整数. 所以从代数数的角度看来, $k(\omega)$ 仍是整数的一种推广.

在上面我们已经看到,从复数的模可以导出 G 中的模. 如果模仿这一手段,我们也可以从复数的模导出 $k(\omega)$ 中的模. 通过类比,这个模在数值上应该等于

$$\left(a-\dfrac{b}{2}\right)^2+\left(\dfrac{\sqrt{3}b}{2}\right)^2=a^2-ab+b^2=$$
$$\left(a-\dfrac{b}{2}\right)^2+\dfrac{3}{4}b^2$$

我们就以此作为 $k(\omega)$ 中的模.

定义 1.4.16 任给 $\alpha=a+b\omega\in k(\omega)$,定义 α 的

模为 $a^2 - ab + b^2$,记为 $N(\alpha)$.

容易验证,$k(\omega)$ 中的模有和 G 中的模类似的性质,即引理 1.4.1 在 $k(\omega)$ 中也成立.

引理 1.4.8 在 $k(\omega)$ 中,模有如下性质:

(1) $N(\alpha)$ 是一个整数;

(2) $N(\alpha) = \alpha\bar{\alpha}$;

(3) $N(\alpha\beta) = N(\alpha)N(\beta)$;

(4) $N(\alpha) = 0$ 的充分必要条件是 $\alpha = 0$;

(5) $N(\alpha) = 1$ 的充分必要条件是 α 是单位数;

(6) α, β 是相伴数的充分必要条件是 $N(\alpha) = N(\beta)$.

下面我们证明,在 $k(\omega)$ 中也成立第二带余数除法.

定理 1.4.9 在 $k(\omega)$ 中成立第二带余数除法,即对任意 $\alpha, \beta \in k(\omega), \alpha \neq 0$,一定存在 $\eta, \gamma \in k(\omega)$,使得
$$\beta = \eta\alpha + \gamma, 0 \leqslant N(\gamma) < N(\alpha)$$

证明 设 $\dfrac{\beta}{\alpha} = r + si$,其中 r, s 都是有理数. 设 u, v 分别是距离 r, s 最近的有理整数. 那么显然就有
$$|u - r| \leqslant \frac{1}{2}, |v - s| \leqslant \frac{1}{2}$$

现在令 $\eta = u + vi, \gamma = \beta - \alpha\eta$,因此 $\beta = \eta\alpha + \gamma$,则
$$N(\gamma) = N(\beta - \alpha\eta) = N(\alpha)N\left(\frac{\beta}{\alpha} - \eta\right) =$$
$$N(\alpha)N(r + si - u - vi) =$$
$$N(\alpha)N((r - u) + (s - v)i) =$$
$$((r - u)^2 - (r - u)(s - v) +$$
$$(s - v)^2)N(\alpha) \leqslant$$
$$(|r - u|^2 + |r - u||s - v| +$$

$|s-v|^2)N(\alpha) \leqslant$

$\left(\left(\dfrac{1}{2}\right)^2 + \left(\dfrac{1}{2}\right) + \left(\dfrac{1}{2}\right) + \left(\dfrac{1}{2}\right)^2\right) N(\alpha) \leqslant$

$\dfrac{3}{4} N(\alpha) < N(\alpha)$

这就证明了定理.

由引理 1.4.8 和定理 1.4.9 完全和对 G 所进行的讨论类似,我们可以证明:

定理 1.4.10 $k(\omega)$ 既是可分解整环同时又是欧几里得环,因而在 $k(\omega)$ 中,定理 1.4.1、定理 1.4.6、定理 1.4.7、引理 1.4.4 和引理 1.4.5 都成立.

于是与 G 类似,为了掌握 $k(\omega)$ 的基本算术性质,剩下的只是确定 $k(\omega)$ 中的单位数和素数是什么了.

与 G 类似,第一个问题不难解决,容易证明:

引理 1.4.9 $k(\omega)$ 共有 6 个单位数,它们是 ± 1, $\pm \omega$, $\pm \omega^2$.

为解决第二个问题,我们,需要以下引理:

引理 1.4.10 设 p 是有理奇素数,那么 $\left(\dfrac{-3}{p}\right) = 1$ 的充分必要条件是 $p \equiv 1 \pmod{3}$.

证明 由于 p 是有理奇素数,因此

$\left(\dfrac{-3}{p}\right) = \left(\dfrac{-1}{p}\right)\left(\dfrac{3}{p}\right) = (-1)^{\frac{p-1}{2}}\left(\dfrac{3}{p}\right) = \left(\dfrac{3}{p}\right) =$

$(-1)^{\frac{p-1}{2}}(-1)^{\frac{p-1}{2}}(-1)^{\frac{3-1}{2}}\left(\dfrac{p}{3}\right) =$

$(-1)^{p-1}\left(\dfrac{p}{3}\right) = \left(\dfrac{p}{3}\right)$

由此得出 $\left(\dfrac{-3}{p}\right) = \left(\dfrac{1}{3}\right)$ 的充分必要条件是 $p \equiv 1 \pmod{3}$, $\left(\dfrac{-3}{p}\right) = \left(\dfrac{2}{3}\right)$ 的充分必要条件是 $p \equiv$

$2(\bmod\ 3)$. 而由于 $\left(\dfrac{1}{3}\right)=1$, $\left(\dfrac{2}{3}\right)=(-1)^{\frac{3^2-1}{8}}=-1$, $\left(\dfrac{-3}{p}\right)=1$ 的充分必要条件就是 $p\equiv 1(\bmod\ 3)$.

引理 1.4.11 $1-\omega$ 是 $k(\omega)$ 中的素数.

证明 $N(1-\omega)=N\left(1-\left(-\dfrac{1}{2}+\dfrac{\mathrm{i}\sqrt{3}}{2}\right)\right)=$
$$N\left(\dfrac{3}{2}-\dfrac{\mathrm{i}\sqrt{3}}{2}\right)=$$
$$\left(\dfrac{3}{2}\right)^2+\left(\dfrac{\sqrt{3}}{2}\right)^2=3$$

是有理素数,因此由引理 1.4.4 即得 $1-\omega$ 是 $k(\omega)$ 中的素数.

定理 1.4.11 π 是 $k(\omega)$ 中的素数的充分必要条件是:

(1) π 是 $1-\omega$ 或其相伴数;

(2) $N(\pi)$ 是 $3m+1$ 形式的有理素数;

(3) π 是 $3m+2$ 形式的正有理素数或其相伴数;

证明 设 π 是 $k(\omega)$ 中的素数,那么由通常整数中的唯一分解定理知 $N(\pi)$ 可分解成有限个有理素数的乘积
$$N(\pi)=p_1 p_2\cdots p_r$$
又由引理 1.4.5 知 $\pi\mid N(\pi)=p_1 p_2\cdots p_r$. 由于 π 是 $k(\omega)$ 中的素数,因此由素数的定义就得出 π 必整除某一个有理素数 p,或等价的 $\pi\mid p$. 因而又有 $N(\pi)\mid N(p)=p^2$,由此就得出 $N(\pi)=p$ 或 $N(\pi)=p^2$($N(\pi)$ 不可能等于 1,否则就得出 π 是 G 中的单位数,这与 π 是 G 中的素数的假设矛盾).

现在以 3 为模,分成三种情况讨论.

(1) $p \equiv 3 \pmod{3}$. 这时 $p = 3 = -\omega^2(1-\omega)^2$, 由引理 1.4.9、引理 1.4.11 知 ω 是 $k(\omega)$ 中的单位数, $1-\omega$ 是 $k(\omega)$ 中的素数. 因此 p 的素因子分解式中只含有一个素因子. 因而由 $\pi \mid p$, π 是 $k(\omega)$ 中的素数就得出条件(1). 反之如果条件(1) 成立, 那么由引理 1.4.11 知 $1-\omega$ 是 $k(\omega)$ 中的素数.

(2) $p \equiv 1 \pmod 3$. 那么 $p \neq 2$, 因而 p 是有理奇素数, 因此由引理 1.4.10 知 $\left(\dfrac{-3}{p}\right) = 1$. 这就是说同余式方程 $x^2 \equiv -3 \pmod p$ 有解, 因此存在自然数 n 使 $p \mid n^2+3$, 或者 $p \mid (n+\mathrm{i}\sqrt{3})(n-\mathrm{i}\sqrt{3}) = (n+1+2\omega)(n-1-2\omega)$. 我们证 p 不能是 $k(\omega)$ 中的素数, 否则将由 $p \mid (n+\mathrm{i}\sqrt{3})(n-\mathrm{i}\sqrt{3}) = (n+1+2\omega) \cdot (n-1-2\omega)$ 得出 $p \mid n+1+2\omega$ 或 $p \mid n-1-2\omega$, 而这显然不可能. 这样一来, $p = \alpha\beta$, 其中 α 和 β 都不是单位数, 因而必有 $N(\alpha) = N(\beta) = p$, 由此得出 $\pi \mid \alpha$ 或 $\pi \mid \beta$, 而 $N(\pi) = p \equiv 1 \pmod 3$. 这就得出条件(2). 反之, 如果条件(2) 成立, 那么由引理 1.4.11 知一定是 $k(\omega)$ 中的素数.

(3) $p \equiv 2 \pmod 3$, 那么

$$4N(\pi) = (2a-b)^2 + 3b^2 \equiv (2a-b)^2 \pmod 3 \equiv (2a+b)^2 \pmod 3 \equiv 0,1 \pmod 3$$

因此 $N(\pi) \equiv 0,1 \pmod 3$, 这说明 $N(\pi) \neq p$, 因而必有 $N(\pi) = p^2 = N(p)$. 这就是说 π 是 p 的相伴数, 故我们得出条件(3). 反之如果条件(3) 成立, 我们就有 $N(\pi) = N(p) = p^2$. 设 $\pi = \alpha\beta$, 则 $N(\alpha) \mid N(\pi) = p^2$, 但是由于在这种情况下(即 $p \equiv 2 \pmod 3$ 时), 上面已

证,p 不可能是 $k(\omega)$ 中任何数的模,故必有 $N(\alpha)=1$ 或 $N(\alpha)=p^2$. 由此得出 α 是单位数或 π,因而 β 是 π 或单位数,这就证明了 π 一定是素数.

最后我们再来看一个集合 $Z[\sqrt{-5}]$,它是由所有形如 $a+b\sqrt{-5}$ 的数组成的,其中 a,b 都是有理整数. 不难证明 $Z[\sqrt{-5}]$ 是一个有单位元的整环.

看这个环的目的是好比我们去动物园一样,可以看到各种动物. 这个环具有许多和我们以前见过的环不一样的性质,初次见到这些性质,是很令人吃惊的,而且有些性质如果没有一个具体的例子,也是不太好凭空想象的. 而既然诸位读者都是对整数有些兴趣的,就应该也见识见识原来世界上还有这样的东西,也算是读万卷书,行万里路,增加了见识.

首先,类似于 G 和 $k(\omega)$,从复数的模可以诱导出 $Z[\sqrt{-5}]$ 的模,对任意 $\alpha=a+b\sqrt{-5}\in Z[\sqrt{-5}]$, $N(\alpha)=a^2+5b^2$,由于这些模都是从复数模诱导出来的,因此它们都具有引理 1.4.1 中所列举的几条性质.

我们依次证明下列命题或性质以观赏 $Z[\sqrt{-5}]$ 的奇特之处.

性质 1 $Z[\sqrt{-5}]$ 的单位元是 1 和 -1.

性质 2 $3,2+\sqrt{-5},2-\sqrt{-5}$ 都是 $Z[\sqrt{-5}]$ 中的不可约元.

证明 由于 $N(3)=N(2-\sqrt{-5})=N(2+\sqrt{-5})=9$,如果 $\pi=\alpha\beta$,这里 π 表示 $3,2+\sqrt{-5},2-\sqrt{-5}$ 中的任何一个数. 那么由于 3 不可能是 $Z[\sqrt{-5}]$ 中任何数的模,所以由 $N(\alpha)N(\beta)=N(\pi)=$

9只能得出 $N(\alpha)=1$ 或 $N(\alpha)=9$，因而 $N(\beta)=9$ 或 $N(\beta)=1$. 因而只可能 α 是单位数，β 与 π 相伴或 α 与 π 相伴，β 是单位数. 这就证明了 π 是不可约元.

性质 3 $Z[\sqrt{-5}]$ 不是唯一分解环.

例 1.4.1 $9=3\cdot 3=(2+\sqrt{-5})(2-\sqrt{-5})$ 是两个不同的分解式.

性质 4 $Z[\sqrt{-5}]$ 中的不可约元不一定是素数.

例 1.4.2 $3\mid(2+\sqrt{-5})(2-\sqrt{-5})$，但是 $3\nmid 2\pm\sqrt{5}$，因此 3 不是素数. 类似可证 $2\pm\sqrt{5}$ 也不是素数.

性质 5 在 $Z[\sqrt{-5}]$ 中，最大公因数不一定存在.

证明 我们证明 9 和 $3(2+\sqrt{-5})$ 没有最大公因数. 假设 $\Delta=a+b\sqrt{-5}$ 是它们的最大公因数. 其中 a,b 都是有理整数，那么由 3 和 $2+\sqrt{-5}$ 都是他们的公因数，因此按照最大公因数的定义就必有

$$3\mid\Delta, 2+\sqrt{-5}\mid\Delta$$

由 $3\mid\Delta$ 得出 $\Delta=3(c+d\sqrt{-5})$，其中 c,d 都是有理整数. 由 $\Delta\mid 9$ 得出 $c+d\sqrt{-5}\mid 3$. 由于在性质 2 中已证 3 是不可约数，因此必有 $c+d\sqrt{-5}=\pm 1$ 或 ± 3. 因此 $\Delta=\pm 3$ 或 ± 9. 但是当 $\Delta=\pm 3$ 时，$2+\sqrt{-5}\nmid\Delta$，当 $\Delta=\pm 9$ 时，$3(2+\sqrt{-5})\nmid\Delta$. 这就证明了 9 和 $3(2+\sqrt{-5})$ 没有最大公因数. 两个数的最大公因数尚且可能不存在，一般的情况就更不用说了. 既然最大公因数可能不存在，那有关最大公因数的种种公式在

最大公因数根本不存在时当然就更成了空话.

性质 6 在 $Z\sqrt{-5}$ 中,最小公倍数不一定存在.

证明 我们证明 9 和 $3(2+\sqrt{-5})$ 没有最小公倍数. 由定理 1.4.1(11) 知如果 9 和 $3(2+\sqrt{-5})$ 的最小公倍数存在,则它们的最大公约数也一定存在. 然而在性质(5)中,我们已证明 9 和 $3(2+\sqrt{-5})$ 不存在最大公约数. 因此它们不可能有最小公倍数. 与最大公约数的情况类似,既然两个数的最小公倍数尚且可能不存在,一般的情况就更不用说了. 在根本不存在最小公倍数的情况下,自然也谈不到涉及这一概念的公式之类.

性质 7 $Z[\sqrt{-5}]$ 不可能是欧几里得环.

证明 由定理 1.4.6 知在欧几里得环中最大公因数一定存在,而上面在性质 5 中已经证明在 $Z[\sqrt{-5}]$ 中最大公因数可能不存在,因此 $Z[\sqrt{-5}]$ 不可能是欧几里得环.

当然我们直接用 $Z[\sqrt{-5}]$ 的模也可以证明 $Z[\sqrt{-5}]$ 不是欧几里得环. 但是这样去证就会引出另一个问题,那就是你对这个模证明欧几里得算法不成立,那是否会存在一个你不知道的模,在那个模下,欧几里得算法可以成立呢?这是一个不好回答的问题. 而上面的证明说明,不管你怎样定义 $Z[\sqrt{-5}]$ 中的模,只要那个模具有引理 1.4.1 中的几条性质,那么对这个模就不可能成立欧几里得算法.

由此问题又可以引发出另一个比较细致的问题,那就是是否存在不是欧几里得环,但是最大公因数仍一定存在的环?老实说,这样的例子作者也没有见到过,如果有的读者感兴趣,可以去探讨一下,如果能回

1.5 $n=3$ 时的费马问题

在 1.4 中,我们已经游览了一个整数推广的小型花园.不过在游览之余,有些读者可能会感到,你花了这么多篇幅建立了各种复整数的基本性质,究竟有什么用呢?确实,大多数普通人对科学也会生出这种感想,如果科学研究的成果不会对他们的生活产生影响,大概大多数人都会对其采取敬而远之的态度吧!

本书的读者多少都对整数有些兴趣,因此,如果整数的推广不能对解决我们一直很熟悉的整数中的问题有作用,大概也就会感到对这种推广没什么兴趣了,毕竟离我们距离最近的还是我们已经熟悉的普通整数.在这一节中,我们将表明,推广的整数确实有助于解决普通整数中的问题.事实上,在历史上,讨论上一节的内容的动机正是为了解决普通整数中的一个很著名的问题,即费马问题.

在这一节中,我们要讨论的广义整数是所有形如 $a+b\sqrt{-3}$ 的数,其中 a,b 都是普通的整数.我们用 $Z[\sqrt{-3}]$ 表示所有这种数的集合.容易验证 $Z[\sqrt{-3}]$ 是一个有单位元的整环.从复数的模可以诱导出 $Z[\sqrt{-3}]$ 的模:对任意 $\alpha=a+b\sqrt{-3}$,$N(\alpha)=a^2+3b^2$.由此可确定其单位数为 ± 1.(注意:环中的单位元和有模的环中的单位数不是一回事.)

作为集合,$Z[\sqrt{-3}] \subset k(\omega)$,不过这两个环的性

质却差别很大,最主要的区别是 $k(\omega)$ 是欧几里得环,因此有许多好的性质. 而这个 $Z[\sqrt{-3}]$ 却类似于 $Z[\sqrt{-5}]$,有点怪怪的. 你只要注意到在 $Z[\sqrt{-3}]$ 中,2 不可能是任何数的模,然后把上一节中对 $Z[\sqrt{-5}]$ 中讨论时所用的 $9,3,2+\sqrt{-5}$ 和 $2-\sqrt{-5}$ 换成 $4,2,1+\sqrt{-3}$ 和 $1-\sqrt{-3}$,就可以像上一节那样一模一样地证明 $Z[\sqrt{-3}]$ 具有像上一节中 $Z[\sqrt{-5}]$ 的那些性质.

不过,尽管如此,在这一节中,我们还是要证明 $Z[\sqrt{-3}]$ 中的一种特殊元素,有类似于唯一分解式的性质,并利用此性质来解决 $n=3$ 时的费马问题.

引理 1.5.1 两个形如 a^2+3b^2 的整数的乘积仍是一个形如 a^2+3b^2 的整数.

证明 设 $\alpha=a+b\sqrt{-3}$,$\beta=c+d\sqrt{-3}$,那么由 $N(\alpha)N(\beta)=N(\alpha\beta)$ 就得出
$$(a^2+3b^2)(c^2+3d^2)=(ac-3bd)^2+3(ad+bc)^2$$
这就证明了引理.

引理 1.5.2 设 N 是形如 a^2+3b^2 的整数,那么

(1) 当 a,b 的奇偶性相反时,N 是奇数;

(2) 当 a,b 的奇偶性相同时,$4\mid N$,并且 $\dfrac{N}{4}$ 仍是形如 a^2+3b^2 的整数;

(3) 如果 $2\mid N$,那么 $4\mid N$,并且 $\dfrac{N}{4}$ 仍是形如 a^2+3b^2 的整数.

证明 (1) 显然.

(2) 当 a,b 都是偶数时,引理也显然成立. 以下设

第 1 章　复数

a,b 都是奇数.

这时可设 $a=4m\pm 1, b=4n\pm 1$，其中 a,b 中的正负号可以根据需要自由选择. 因此 $a+b$ 或者 $a-b$ 可以被 4 整除.

如果 $4\mid a+b$，那么由于 $a-3b=a+b-4b$ 可被 4 整除，所以 $4(a^2+3b^2)=(a-3b)^2+3(a+b)^2$ 可被 4^2 整除，这就得出 $4\mid N$，并且 $\dfrac{N}{4}$ 仍是形如 a^2+3b^2 的整数；如果 $4\mid a-b$，那么由于 $a+3b=a-b+4b$ 可被 4 整除，所以 $4(a^2+3b^2)=(a+3b)^2+3(a-b)^2$ 可被 4^2 整除，这就得出 $4\mid N$，并且 $\dfrac{N}{4}$ 仍是形如 a^2+3b^2 的整数.

（3）由于 $2\mid N$，因此由（1）得出 a,b 的奇偶性相同，因而再由（2）就得出（3）.

引理 1.5.3　设 N 是形如 a^2+3b^2 的整数，如果 N 可被一个形如 a^2+3b^2 的素数 p 整除，那么 $\dfrac{N}{p}$ 仍是形如 a^2+3b^2 的一个整数.

证明　设 $p=c^2+3d^2$，那么由
$$(bc-ad)(bc+ad)=$$
$$b^2(c^2+3d^2)-d^2(a^2+3b^2)=$$
$$b^2p-d^2N$$
得出　　　$p\mid (bc-ad)(bc+ad)$
由于 p 是素数，因此 $p\mid bc-ad$ 或 $p\mid bc+ad$. 再由
$$pN=(c^2+3d^2)(a^2+3b^2)=$$
$$(ac\mp 3bd)^2+3(bc\pm ad)^2$$
可知当 $p\mid bc-ad$ 时，$p\mid ac+3bd$，当 $p\mid bc+ad$ 时，$p\mid ac-3bd$，由此就得出

$$\frac{N}{p} = \frac{pN}{p^2} = \left(\frac{ac \mp 3bd}{p}\right)^2 + 3\left(\frac{bc \pm ad}{p}\right)^2$$

因而 $\frac{N}{p}$ 仍是形如 a^2+3b^2 的整数.

引理 1.5.4 设 N 是形如 a^2+3b^2 的整数. 如果 N 有一个不是这种形式的奇因数 h,那么 $\frac{N}{h}$ 也有一个不是这种形式的奇因数.

证明 设 $N=hy$,如果 y 是偶数,那么由引理 1.5.2(3) 可知 N 可被 4 整除,且 $h\frac{y}{4}$ 仍是一个形如 a^2+3b^2 的整数,如果 $\frac{y}{4}$ 仍是偶数,那么同理 $\frac{N}{4}$ 是形如 a^2+3b^2 的整数,可被 4 整除,因而 $\frac{N}{4^2}$ 仍是一个形如 a^2+3b^2 的整数,反复进行这一程序就得出,一定存在一个自然数 k,使得 $\frac{y}{4^k}$ 是异于 1 的奇数(否则由引理 1.5.2 得出 $h=\frac{N}{4^k}$ 也具有这种形式,与假设不符). 因此 $y=p_1 p_2 \cdots p_n$,其中 p_i 或者是 4,或者是一个奇素数. 如果在 y 的上述分解式中,所有的奇素数都具有形式 a^2+3b^2,那么由引理 1.5.1～引理 1.5.3 就得出

$$h = \frac{1}{p_1}\left(\frac{1}{p_2}\left(\cdots\left(\frac{m}{p_n}\right)\right)\right)$$

仍是一个形如 a^2+3b^2 的整数,而这与假设不符,因此在 y 的分解式中,必有一个奇因数不具有这种形式.

引理 1.5.5 设 N 是形如 a^2+3b^2 的整数,并且 a,b 互素,则 N 的奇因数仍是一个形如 a^2+3b^2 的整数.

第1章 复数

证明 设 x 是 N 的任意正的奇因数.

用 a 去除以 x,由带余数除法 $a=qx+r,0\leqslant r<x$,由于 x 是奇数,因此或者 $r<\dfrac{x}{2}$ 或者 $r>\dfrac{x}{2}$. 当 $r<\dfrac{x}{2}$ 时,令 $m=q$,这时 $|r|=r<\dfrac{x}{2}$;当 $r>\dfrac{x}{2}$ 时,$a=(q+1)x+r-x$,这时 $|r-x|=x-r<\dfrac{x}{2}$. 我们令 $m=q+1$,总之,我们可以把 a 写成 $mx+c$ 的形式,其中 $|c|<\dfrac{x}{2}$.

再用 $-a$ 去除以 x,利用上面已证的结果,可把 $-a$ 写成 $-mx+c$(这里的 m 与前面的 m 不一定代表同一个数字,只代表一种形式)的形式,其中 $|c|<\dfrac{x}{2}$,因此我们又可以把 a 写成 $mx-c$ 的形式,其中 $|c|<\dfrac{x}{2}$(在这两种形式中,m 和 c 不一定代表同样的数字,只代表 a 可以写成的形式).

因此我们可设 $a=mx\pm c,b=nx\pm d,|c|<\dfrac{x}{2}$,$|d|<\dfrac{x}{2}$. 因而 $c^2+3b^2<x^2$.

由于
$$c^2+3d^2=(a-mx)^2+3(b-nx)^2\equiv$$
$$a^2+3b^2\pmod{x}\equiv 0\pmod{x}$$
(因为 x 是 $N=a^2+3b^2$ 的奇因数)所以 c^2+3d^2 可被 x 整除. 因而可设 $c^2+3d^2=xy$,并且 $y<x$(由于 $c^2+3d^2<x^2$). 从 $c^2+3d^2=xy$ 两边约去 $(c,d)^2$ 后,我们得到 $e^2+3f^2=xz$,现在 e,f 已经是互素的了. 如果 x

不具有 a^2+3b^2 的形式,那么由引理 1.5.4 知 z 就有一个奇因数 x_1 也不具有 a^2+3b^2 的形式. 而 $x_1<x$, 如此反复进行下去, 就得出无穷多个正奇数 $x_1,x_2,\cdots,x_n,\cdots$ 使得 $0<\cdots<x_n<\cdots<x_2<x_1<x$, 这显然是一个矛盾, 所得的矛盾就证明了 x 一定具有 a^2+3b^2 的形式.

引理 1.5.6 N 是一个具有 a^2+3b^2 形式的正整数的充分必要条件是 $\dfrac{N}{M^2}$ 不含有形如 $3n+2$ 的素因数, 其中 M 是一个整数使得 $\dfrac{N}{M^2}$ 中不含任何平方因数.

证明 先证必要性.

$\dfrac{N}{M^2}$ 显然仍具有 a^2+3b^2 的形式, 并且这时 a,b 是互素的. 因此不妨设 $N=a^2+3b^2$, 并且 a,b 是互素的. 如果 $N\equiv 2(\bmod\ 3)$, 那么由 $N=a^2+3b^2$ 就得出 $a^2\equiv N\equiv 2(\bmod\ 3)$, 因此 $a\equiv 1(\bmod\ 3)$ 或 $a\equiv 2(\bmod\ 3)$, 但是无论哪种情况都得出 $a^2\equiv 1(\bmod\ 3)$, 这是一个矛盾, 所得的矛盾说明 $N\not\equiv 2(\bmod\ 3)$, 由 a,b 互素又得出 $N\not\equiv 0(\bmod\ 3)$, 因此只能有 $N\equiv 1(\bmod\ 3)$, 并且 $N>3$. 这样由引理 1.5.5 就得出 N 不可能含有形如 $3n+2$ 的素因数.

充分性就是要证明如果 $\dfrac{N}{M^2}$ 不含有形如 $3n+2$ 的素因数, 则 $\dfrac{N}{M^2}$ 必具有 a^2+3b^2 的形式. $\dfrac{N}{M^2}$ 的素因数 p 都是单的, 由假设 $p\neq 2$, 由于 $3=0^2+3\cdot 1^2$ 已具有 a^2+3b^2 的形式. 因此我们只须对大于 3 的素数 p 证明 p 必具有 a^2+3b^2 的形式, 那么由引理 1.5.1 即可知

道 $\dfrac{N}{M^2}$ 也具有这种形式.

当 $p>3$ 时,由于 p 是素数,故 $p\not\equiv 0(\bmod 3)$,又由假设 $p\not\equiv 2(\bmod 3)$,因此只能有 $p\equiv 1(\bmod 3)$,或 $p=3n+1$.这时由费马小定理知对任何整数 a 成立
$$a^{p-1}\equiv 1(\bmod p) \text{ 或 } a^{3n}\equiv 1(\bmod p)$$
令 $a=1,2,3,\cdots,p-1$ 就得出 $p-1$ 个同余式,再由这 $p-1$ 个同余式就得出
$$p\mid 1^{3n}-1,\ p\mid 2^{3n}-1$$
$$p\mid 3^{3n}-1,\cdots,p\mid (p-1)^{3n}-1$$
因而我们又可得出 $p-2$ 个整除关系如下
$$p\mid 2^{3n}-1^{3n},\ p\mid 3^{3n}-2^{3n},\cdots,p\mid (p-1)^{3n}-(p-2)^{3n}$$

上面的每一个整除关系的右边都具有形式
$$a^{3n}-b^{3n}=(a^n-b^n)(a^{2n}+a^nb^n+b^{2n})$$
由于 a,b 是相邻的整数,因此 a,b 必是一奇一偶,因而 a^n,b^n 也必是一奇一偶.这就是说,上面式子中右边的第二个括弧必可写成
$$A^2+A(2B)+(2B)^2=(A+B)^2+3B^2$$
的形式,因而上面式子中右边的第二个括弧都具有 a^2+3b^2 的形式.而且由
$$(A+B,B)=(A,B)=(a^n,b^n)=(a,b)=$$
$$1(\text{由于 }a,b\text{ 是相邻的整数})$$
可知,可设 a,b 是互素的.

在上面的 $p-2$ 个整除关系中,必有某一个关系使得 p 整除第二个括弧.否则我们将得出
$$p\mid 2^n-1,\ p\mid 3^n-1,\cdots,p\mid (p-1)^n-1$$
由此又得出
$$p\mid 2^n-1,\ p\mid 3^n-2^n,\cdots,p\mid (p-1)^n-(p-2)^n$$

现在我们从 $1^n, 2^n, \cdots, (p-1)^n$ 开始,构造以下的差分表

$$1^n \quad 2^n \quad 3^n \quad \cdots \quad \cdots \quad (p-1)^n$$
$$\Delta(2) \quad \Delta(3) \quad \cdots \quad \cdots \quad \Delta(p-1)$$
$$\Delta^2(3) \quad \Delta^2(4) \cdots \Delta^2(p-1)$$
$$\cdots \quad \cdots$$
$$\Delta^n(p-1)$$

其中 $\Delta(x) = x^n - x^{n-1}, \Delta^2(x) = \Delta(\Delta(x)), \cdots, \Delta^n(x) = \Delta(\Delta^{n-1}(x))$,由此可知:

(1) p 整除上表的第二行;

(2) 上表中,每一行的下一行中的数,如果看成 x 的多项式,它的次数都要比上一行低一次;

(3) 上表中,每一行的下一行中的数,都是其上一行中相邻的两个数的差;

由(1)和(3)又得出:

(4) p 整除上表的第二行,第三行,……,乃至第二行以后的任意一行;

由(2)得出:

(5) 上表中的第 n 行是一个常数.

至于这个常数到底是多少?我们可以通过观察具体的差分表而归纳出来就是 $n!$.(我们将在第3章插值多项式一节中严格地证明这一结果(见第3章定理3.3.5及以下的说明))

因而我们就得出 $p \mid n!$. 但是由于 p 是一个素数,所以由此就得出,$p \mid k$,其中 k 是某个小于或等于 n 的整数,然而由 $p = 3n+1$ 知 $k \leqslant n < p$,因此这是不可能的. 所得的矛盾说明在 $p-2$ 个整除关系

$$p \mid 2^{3n} - 1^{3n}, p \mid 3^{3n} - 2^{3n}, \cdots,$$

第 1 章　复数

$p\mid(p-1)^{3n}-(p-2)^{3n}$ 中,必有某一个使得 p 整除 $a^{3n}-b^{3n}=(a^n-b^n)(a^{2n}+a^nb^n+b^{2n})$ 中右边第二个括弧,因而 p 是一个形如 a^2+3b^2 的数的素因数,其中 a,b 是互素的. 这样,由引理 1.5.5 就得出 p 本身也具有 a^2+3b^2 的形式. 这就证明了充分性.

以上几个引理的意义在于在一定条件下在有理整数的范围内弄清了具有 $N=a^2+3b^2$ 形式的整数的因数,基本的结果是,如果 a,b 是互素的,那么 N 只可能有两种因数. 其偶因数只能是 4,其奇因数必仍具有 a^2+3b^2 的形式. 这里面还有一些细微的性质在有理整数范围内是看不出来的,而只有在 $Z[\sqrt{-3}]$ 中才能表现出来. 我们可把上面的几个引理几乎是逐字逐句地"翻译"成 $Z[\sqrt{-3}]$ 中的引理,这样,你就能看出同样的事实在有理整数中和在 $Z[\sqrt{-3}]$ 中表述上的差别了.

引理 1.5.7　设 a,b 是互素的且 $N=a^2+3b^2$ 是偶数,那么

(1) $4\mid a+b$ 或 $4\mid a-b$;

(2) $4\mid a+b$ 的充分必要条件是 $a+b\sqrt{-3}=(1-\sqrt{-3})(u+v\sqrt{-3})$,其中 u,v 是互素的有理整数;

(3) $4\mid a-b$ 的充分必要条件是 $a+b\sqrt{-3}=(1+\sqrt{-3})(u+v\sqrt{-3})$,其中 u,v 是互素的有理整数;

(4) $N=a^2+3b^2=4(u^2+3v^2)$.

证明　(1) 由于 N 是偶数,因此 a,b 必具有相同的奇偶性,而由于 a,b 是互素的,因此 a,b 必定同时是奇数. 因而或者 $4\mid a+b$,或者 $4\mid a-b$(考虑模 4 下 a,b 仅可能具有的两种形式及其搭配).

(2) 如果 $4 \mid a+b$,则
$$4 \mid (a+b) - 4b = a - 3b$$
因而
$$4(a^2 + 3b^2) = (a-3b)^2 + 3(a+b)^2$$
可被 4^2 整除. 这就说明
$$\frac{a^2 + 3b^2}{4} = \frac{4(a^2+3b^2)}{4^2} = \frac{(a-3b)^2 + 3(a+b)^2}{4^2} = u^2 + 3v^2$$
其中 $u = \dfrac{a-3b}{4}, v = \dfrac{a+b}{4}$ 都是有理整数. 由此得出
$$u + v\sqrt{-3} = \frac{a-3b}{4} + \frac{a+b}{4}\sqrt{-3} = (a + b\sqrt{-3})\left(\frac{1+\sqrt{-3}}{4}\right)$$
因而 $a + b\sqrt{-3} = (1 - \sqrt{-3})(u + v\sqrt{-3})$

反之,如果
$$a + b\sqrt{-3} = (1 - \sqrt{-3})(u + v\sqrt{-3})$$
那么
$$u + v\sqrt{-3} = \frac{a-3b}{4} + \frac{a+b}{4}\sqrt{-3} = (a + b\sqrt{-3})\left(\frac{1+\sqrt{-3}}{4}\right)$$

因而 $u = \dfrac{a-3b}{4}, v = \dfrac{a+b}{4}$,这就得出 $4 \mid a - 3b + 4b = a + b$. 因而 $4 \mid a+b$ 的充分必要条件是
$$a + b\sqrt{-3} = (1 - \sqrt{-3})(u + v\sqrt{-3})$$
其中 u, v 都是有理整数.

由 $u = \dfrac{a-3b}{4}, v = \dfrac{a+b}{4}$ 容易得出 $a = u + 3v, b =$

$u-v$,因此由 a,b 是互素的显然就得出 u,v 是互素的.

(3) 同理可证,$4\mid a-b$ 的充分必要条件是
$$a+b\sqrt{-3}=(1+\sqrt{-3})(u+v\sqrt{-3})$$
其中 u,v 是互素的有理整数.

(4) 显然有 $N=a^2+3b^2=4(u^2+3v^2)$.

引理 1.5.8 设 a,b 是互素的且 $N=a^2+3b^2$ 可被奇素数 P 整除,那么

(1) $P=p^2+3q^2$,其中 p,q 都是正整数;

(2) $P\mid pb+aq$ 或 $P\mid pb-aq$;

(3) $P\mid pb+aq$ 的充分必要条件是 $a+b\sqrt{-3}=(p-q\sqrt{-3})(u+v\sqrt{-3})$,其中 u,v 是互素的有理整数;

(4) $P\mid pb-aq$ 的充分必要条件是 $a+b\sqrt{-3}=(p+q\sqrt{-3})(u+v\sqrt{-3})$,其中 u,v 是互素的有理整数;

(5) $N=a^2+3b^2=P(u^2+3v^2)$.

证明 (1) 由引理 1.5.5 即得.

(2) 由 $P\mid N$ 和
$$(pb-aq)(pb+aq)=b^2(p^2+3q^2)-q^2(a^2+3b^2)=b^2P-d^2N$$
即可得出 $P\mid(pb-aq)(pb+aq)$

由于 P 是素数,所以必有 $P\mid pb+aq$ 或 $P\mid pb-aq$.

(3) 如果 $P\mid pb+aq$,则
$$P(a^2+3b^2)=(pa-3qb)^2+3(pb+aq)^2$$
可被 P^2 整除,因此
$$\frac{a^2+3b^2}{P}=\frac{P(a^2+3b^2)}{P^2}=u^2+3v^2$$

其中 $u=\dfrac{pa-3qb}{P}, v=\dfrac{pb+aq}{P}$ 都是有理整数. 这也就是

$$u+v\sqrt{-3}=\dfrac{(p+q\sqrt{-3})(a+b\sqrt{-3})}{P}$$

由此就得出

$$a+b\sqrt{-3}=(p-q\sqrt{-3})(u+v\sqrt{-3})$$

其中 u,v 都是有理整数.

由 $u=\dfrac{pa-3qb}{P}, v=\dfrac{pb+aq}{P}$ 得出 $a=pu+3qv$, $b=-qu+pv$. 因此由 a,b 是互素的显然就得出 u,v 是互素的.

(4) 同理可证 $P\mid pb-aq$ 的充分必要条件是

$$a+b\sqrt{-3}=(p+q\sqrt{-3})(u+v\sqrt{-3})$$

其中 u,v 是互素的有理整数.

(5) 显然有 $N=a^2+3b^2=P(u^2+3v^2)$.

引理 1.5.9 设 a,b 互素, 那么

$$a+b\sqrt{-3}=(p_1+\varepsilon_1 q_1\sqrt{-3})(p_2+\varepsilon_2 q_2\sqrt{-3})\cdots\\(p_n+\varepsilon_n q_n\sqrt{-3})$$

其中 p_i,q_i 都是有理整数, ε_i 等于 1 或 -1, 并且 $p_i^2+3q_i^2$ 或者是 4 或者是一个奇素数, 或

$$a+b\sqrt{-3}=\pm(p_1+\varepsilon_1 q_1\sqrt{-3})(p_2+\varepsilon_2 q_2\sqrt{-3})\cdots\\(p_n+\varepsilon_n q_n\sqrt{-3})$$

其中 p_i,q_i 都是正整数, ε_i 等于 1 或 -1, 并且 $p_i^2+3q_i^2$ 或者是 4 或者是一个奇素数.

证明 设 $\alpha=a+b\sqrt{-3}$. 如果 $N=a^2+3b^2$ 是偶数, 则它可被 4 整除, 如果 $N=a^2+3b^2$ 是不等于 1 的

第 1 章 复数

奇数,则它可被一个奇素数整除. 因此如果 $N = a^2 + 3b^2$ 是不等于 1 的正整数,那么它的因数 P 就或者是 4,或者是一个奇素数. 每当 $N = a^2 + 3b^2$ 分出一个因数时,由引理 1.5.7 和引理 1.5.8 可知 $\alpha = a + b\sqrt{-3}$ 就可相应地分出一个形如 $p + \varepsilon q\sqrt{-3}$ 的因数,其中 p, q 都是互素的有理整数. 在此过程中, $\alpha = a + b\sqrt{-3}$ 每分出一个因数,它的模就严格减小,因此不断地从 $\alpha = a + b\sqrt{-3}$ 中分出因数,就可在有限步后,使得 $N\left(\dfrac{\alpha}{P_1 P_2 \cdots P_n}\right) = 1$,这时

$$\frac{\alpha}{P_1 P_2 \cdots P_n} = u + v\sqrt{-3}, u^2 + 3v^2 = 1$$

因而 $u = \pm 1, v = 0$,从而过程到此停止. 因而 $\alpha = P_1 P_2 \cdots P_n$,其中每一个 P_i 都具有形式 $P_i = p + \varepsilon q\sqrt{-3}$,把所有 $p < 0$ 中的 -1 都提出来最后就得到

$$a + b\sqrt{-3} = \pm (p_1 + \varepsilon_1 q_1 \sqrt{-3})(p_2 + \varepsilon_2 q_2 \sqrt{-3}) \cdots \cdot$$
$$(p_n + \varepsilon_n q_n \sqrt{-3})$$

其中 p_i, q_i 都是正整数, ε_i 等于 1 或 -1,并且 $p_i^2 + 3q_i^2$ 或者是 4 或者是一个奇素数.

引理 1.5.10 设 a, b 互素,那么在不计符号时 $a + b\sqrt{-3}$ 的因数是唯一确定的.

证明 由引理 1.5.9 知析出 $a + b\sqrt{-3}$ 的因数的过程就是从 $a^2 + 3b^2$ 析出因数 4 或奇因数 P 的过程. 而由引理 1.5.7 和引理 1.5.8 可知如果在某一步析出因数 $p + q\sqrt{-3}$,则不可能析出因数 $p - q\sqrt{-3}$,并且反过来也是这样. 因此如果 P 是 4,则显然从 $P = p^2 + 3q^2$ 除了符号外,就唯一地确定了. 如果 P 是奇素数,并且

$a+b\sqrt{-3}$ 除了表示式
$$a+b\sqrt{-3}=(p+q\sqrt{-3})(u+v\sqrt{-3})$$
之外还有一个另外的表示式
$$a+b\sqrt{-3}=(p_1+q_1\sqrt{-3})(u_1+v_1\sqrt{-3})$$
那么由于
$$P^2=P(u^2+3v^2)=P(u_1^2+3v_1^2)$$
我们就得出
$$N(u+v\sqrt{-3})=N(u_1+v_1\sqrt{-3})$$
这说明 $u+v\sqrt{-3}$ 和 $u_1+v_1\sqrt{-3}$ 在 $Z[\sqrt{-3}]$ 中是相伴的,由此易证 $p+q\sqrt{-3}$ 和 $p_1+q_1\sqrt{-3}$ 也是相伴的,而 $Z[\sqrt{-3}]$ 中的单位数只有 1 或 -1,因此 $p+q\sqrt{-3}$ 和 $p_1+q_1\sqrt{-3}$ 至多相差一个符号.

由此就得出这一节的一个主要结果:

定理 1.5.1 设 a,b 是互素的,且 a^2+3b^2 是一个立方数,则存在互素的有理整数 p,q 使得
$$a+b\sqrt{-3}=(p+q\sqrt{-3})^3$$

证明 由引理 1.5.9 的证明可设 $a^2+3b^2=P_1P_2\cdots P_n$,其中 P_i 是 4 或者是一个奇素数.

如果因数中恰有 k 个 4,那么在 a^2+3b^2 的素因子分解式中,2 的幂就是 2^{2k},而由于 a^2+3b^2 是一个立方数,所以就得出 $2k$ 必须是 3 的倍数,从而 k 必须是 3 的倍数. 此外,任意奇素数的幂次也必须是 3 的倍数. 即因数 $P_1,P_2,\cdots,P_n$ 的个数必须是 3 的倍数,且可以安排成每 3 个一组使得在同一组中的因数都是相同的. 这也就是说可设
$$a^2+3b^2=(P_1^3)(P_2^3)\cdots(P_n^3)$$

第 1 章　复数

由于引理 1.5.10，在 $a+b\sqrt{-3}$ 的分解式中对应于 P_i 的因子 $p_i+q_i\sqrt{-3}$ 除符号外是唯一确定的，因此就得出

$$a+b\sqrt{-3} = (p_1+\varepsilon_1 q_1\sqrt{-3})^3(p_2+\varepsilon_2 q_2\sqrt{-3})^3 \cdots \cdot (p_n+\varepsilon_n q_n\sqrt{-3})^3 = (p+q\sqrt{-3})^3$$

由上式和 a,b 是互素的显然就得出 p,q 是互素的. 由于

$$a^2+3b^2 = \alpha\bar{\alpha} = (P_1 P_2 \cdots P_n)(\overline{P_1 P_2 \cdots P_n})$$

因此定理 1.5.1 是有理整数中命题.

设 $(a,b)=1, ab=c^k$，则 $a=u^k, b=v^k$，而且 $u=(a,c), v=(b,c)$ 的一种类似物，但是我们已经知道，$Z[\sqrt{-3}]$ 是一种性质和通常的整数很不相同的整环，例如在 $Z[\sqrt{-3}]$ 中并不成立素因数的唯一分解定理，一般来说不可约数和素数，既约和互素并不等价，甚至连最大公约数和最小公倍数都不存在. 所以在 $Z[\sqrt{-3}]$ 中并没有一般的理论来导出一个上面定理的类似物. 对具体的命题只能单独地给以具体证明，这就是我们上面讨论的内容，也正是这一形式上的类似显得有趣之处.

利用定理 1.5.1 就可解决 $n=3$ 时的费马问题，即

定理 1.5.2　设 $x>0, y>0, z>0, (x,y,z)=1$，则不定方程

$$x^3+y^3=z^3$$

不存在整数解.

为了证明这个定理，我们将证明一个比这个定理形式上更强的定理，即去掉 $x>0, y>0, z>0$ 的要

求. 也就是把 $x^3+y^3=z^3$ 的求解范围从原来的全体正整数扩大到全体整数. 这样做的目的是为了使证明中所要讨论的情况少一些,从而使证明变得更紧凑.

首先,利用 $((x,y),z)=(x,(y,z))=(y,(x,z))=(x,y,z)=1$ 可以得出
$$(x,y)=(y,z)=(x,z)=1$$
因而 x,y,z 之中必有两个是奇数,一个是偶数. 由于 $-x^3=(-x)^3$,因此在允许 x,y,z 可以取负值的情况下,我们可不妨假设 x,y 是奇数,z 是偶数.(这只要在方程中把偶数项移到方程右边,把奇数项移到左边即可.)

由于费马问题是一个很有名的问题,近年来,它的最终解决又是一件很轰动的事,所以有不少介绍这一问题的科普读物和文章,但是不少这种书和文章中对上述假设的来源都没有交代清楚,上来就说不妨设 z 是偶数,这就使不少读者为此困惑不已. 在此我可以十分肯定地说,如果没有允许 x,y,z 可以取负值的约定,而仅凭 $x^3+y^3=z^3$ 这一约束,是无法假设一定是偶数的. 虽然我们无法直接举出反例(因为 $x^3+y^3=z^3$ 根本就没有整数解),但是我们可以间接地相信这一点. 因为我们在作奇偶性讨论时,仅利用到奇数的乘方还是奇数,偶数的乘方还是偶数,而根本没有用到乘方的具体次数,所以这种奇偶性讨论无论对多少次方都是成立的,而当 $n=2$ 时,由著名的勾股数 $3^2+4^2=5^2$ 就可知道在逻辑上完全存在着 x 或 y 是偶数,而 z 是奇数的可能性.

定理 1.5.3 设 $xyz\neq 0,(x,y,z)=1$,则不定方程

第1章 复数

$$x^3 + y^3 = z^3$$

不存在整数解.

证明 利用 $((x,y),z) = (x,(y,z)) = (y,(x,z)) = (x,y,z) = 1$ 可以得出

$$(x,y) = (y,z) = (x,z) = 1$$

因而 x,y,z 之中必有两个是奇数,一个是偶数. 由于 $-x^3 = (-x)^3$,因此在把方程中的偶数项移到方程右边,把奇数项移到左边即可后. 我们可不妨假设 x,y 是奇数,z 是偶数. 如果 $z<0$,我们可在方程两边同乘以 -1 使 $z>0$,因此我们可进一步设 z 是正偶数. 于是 $\dfrac{x+y}{2}$,$\dfrac{x-y}{2}$ 都是整数,因而可设 $\dfrac{x+y}{2} = p$,$\dfrac{x-y}{2} = q$,于是有 $x = p+q, y = p-q$,其中 p,q 都是整数,并且从 x,y 互素和 $x = p+q, y = p-q$ 就得出 p,q 互素.

把 $x = p+q, y = p-q$ 代入方程就得到

$$x^3 + y^3 = 2p^3 + 6pq^2 = z^3$$

因而 $\dfrac{p}{4}(p^2 + 3q^2) = \left(\dfrac{z}{2}\right)^3, pq \neq 0$

由上式可以看出 p,z 的符号相同,因此 p 也是正整数.

由 x,y 是奇数和 $x = p+q, y = p-q$ 得出 p,q 之中一个是偶数,一个是奇数,因而 $p^2 + 3q^2$ 一定是奇数,由此得出一定有 $4 \mid p$.

以下分两种情况讨论:

(1) $3 \nmid z$.

由 $3 \nmid z$ 和 $\dfrac{p}{4}(p^2 + 3q^2) = \left(\dfrac{z}{2}\right)^3$ 首先得出 $3 \nmid p$.

假设存在正的素数是 $\frac{p}{4}$ 和 p^2+3q^2 的公因数，那么由 $3q^2=p^2+3q^2-16\left(\frac{p}{4}\right)^2$ 就得出 $\pi\mid 3q^2$，因此 $\pi=3$ 或 $\pi\mid q$.

但是由于 $3\nmid p$，所以 $\pi\neq 3$. 这样由 $\pi\mid\frac{p}{4}$ 因而 $\pi\mid p$ 和 $\pi\mid q$ 就得出 π 是 p,q 的公因数. 由于 p,q 互素就得出 $\pi=1$，因此 $\frac{p}{4}$ 和 p^2+3q^2 互素.

由《Gauss 的遗产——从等式到同余式》定理 3.4.6 和 $\frac{p}{4}(p^2+3q^2)=\left(\frac{z}{2}\right)^3$，$\frac{p}{4}$ 和 p^2+3q^2 互素就得出

$$\frac{p}{4}=r^3,\ p^2+3q^2=s^3$$

或

$$p=4r^3,\ p^2+3q^2=s^3$$

再由定理 1.5.1 就得出必存在互素的整数 u,v 使得

$$p=P_3(u,v)=u(u+3v)(u-3v)$$
$$q=Q_3(u,v)=3v(u^2-v^2)$$

因为 p 是偶数，而 p,q 是互素的，所以 q 是奇数，由此得出 v 是奇数，再由 u,v 互素就得出 u 是偶数. 因此在 P_3 中 $u+3v$ 和 $u-3v$ 都是奇数. 这样由 $4\mid p$ 就得出 $4\mid u$.

由于 $3\nmid p$，故 $3\nmid u$，由此得出 $(u,3)=1$，再由 $(u,v)=1$ 得出

$$(u,-3v)=(u,u-3v)=1$$

以及

$$(u,3v)=(u,u+3v)=1$$

又由 $u+3v$ 是奇数得出 $(u+3v,2)=1$，由 u,v 互素和 $(u,3)$ 得出

第 1 章 复数

$$(u+3v,u)=(3v,u)=1$$

得出 $(u+3v,u-3v)=(u+3v,2u)=1$

因此 $u,u+3v,u-3v$ 是两两互素的.

于是由

$$\frac{p}{4}=\frac{u}{4}(u+3v)(u-3v)=r^3$$

就得出 $\dfrac{u}{4},u+3v,u-3v$ 都是立方数,因而可设

$$\frac{u}{4}=a^3,u+3v=b^3,u-3v=c^3$$

从上式就得出

$$(-2a)^3+b^3+c^3=0$$

或 $$b^3+c^3=(2a)^3$$

不妨设 $a>0$,于是

$$a^3=\frac{u}{4}<r^3=\frac{p}{4}<\left(\frac{z}{2}\right)^3$$

这就得出 $(2a)^3<z^3$. 因此我们从方程 $x^3+y^3=z^3$ 的一组解 $(x,y,z),z>0$ 又得出了一组解 $(b,c,2a)$, $2a>0$,而 $2a<z$. 于是根据欧拉的无穷递降法就得出在情况(1)下,不定方程 $x^3+y^3=z^3$, $xyz\neq 0$, $(x,y,z)=1$ 不存在整数解.

(2) $3\mid z$.

由 $3\mid z$ 得出 $3\mid p$,而由 p,q 互素又得出 $3\nmid q$. 因此由 $\dfrac{p}{4}(p^2+3q^2)=\left(\dfrac{z}{2}\right)^3$ 就得出

$$\frac{p}{36}\left(q^2+3\left(\frac{p}{3}\right)^2\right)=\left(\frac{z}{6}\right)^3$$

设 π 是 $\dfrac{p}{36}$ 和 $q^2+3\left(\dfrac{p}{3}\right)^2$ 的公因数,则 $\pi\mid q^2+$

$3\left(\dfrac{p}{3}\right)^2 - 12 \cdot \dfrac{p}{36} = q^2$，因而 $\pi \mid q$，再由 $\pi \mid \dfrac{p}{36}$ 得出 $\pi \mid p$，因此 $\pi \mid (p,q) = 1$. 这就得出 $\pi = 1$，因此 $\dfrac{p}{36}$ 和 $q^2 + 3\left(\dfrac{p}{3}\right)^2$ 互素.

由《Gauss 的遗产——从等式到同余式》中定理 3.4.6 和 $\dfrac{p}{36}\left(q^2 + 3\left(\dfrac{p}{3}\right)^2\right) = \left(\dfrac{z}{6}\right)^3$，$\dfrac{p}{36}$ 和 $q^2 + 3\left(\dfrac{p}{3}\right)^2$ 互素就得出 $\dfrac{p}{36}$ 和 $q^2 + 3\left(\dfrac{p}{3}\right)^2$ 都是立方数. 再由定理 1.5.1 得出必存在互素的 u, v 使得
$$p = 36r^3, q = P_3(u,v) = u(u+3v)(u-3v)$$
$$\dfrac{p}{3} = 3v(u+v)(u-v)$$

由于 q 是奇数，故从上式得出 u 是偶数，再从 u, v 互素又得出 v 是奇数，此外，由上面的式子还得出
$$-8r^3 = 2v(v+u)(v-u)$$

设 π 是 $2v, v+u, v-u$ 的公因数，则由 $\pi \mid v+u$，$v+u$ 是奇数得出 $(\pi, 2) = 1$，因此 $\pi \mid v$，故 $\pi \mid (v, v+u) = (v, u) = 1$，$\pi = 1$，由此得出 $2v, v+u, v-u$ 是两两互素的. 于是由 $-8r^3 = 2v(v+u)(v-u)$ 就得出 $2v, v+u, v-u$ 都是立方数，因而可设
$$2v = a^3, v+u = b^3, v-u = c^3$$
$$b^3 + c^3 = a^3$$

不妨设 $a > 0$，于是 $a^3 = 2v < 8r^3 < 9r^3 = \dfrac{p}{4}\left(\dfrac{z}{2}\right)^3 < z^3$. 因此我们从方程 $x^3 + y^3 = z^3$ 的一组解 (x, y, z)，$z > 0$ 又得出了一组解 (b, c, a)，$a > 0$，而 $a < z$. 于是再次根据欧拉的无穷递降法就得出在情况 (2) 下，不

定方程 $x^3+y^3=z^3, xyz\neq 0, (x,y,z)=1$ 不存在整数解.

综合上述两种情况就证明了定理.

我们上面的证明几乎是逐字逐句按照欧拉的原著而做出的,但是欧拉虽然天才地给出了这一证明的思想,却并没有证明定理 1.5.1,他认为这是当然成立的,幸运的是,尽管在手续上不够严格,但是不管怎么说,结论却是对的,所以幸运之星再一次照耀到了欧拉头上(我们说再一次是由于欧拉不只一次地使用现在看来不严格的手段去得出一些结果,例如在级数求和中,但是他不只一次幸运地得出了正确的结果,所以欧拉的运气真是好,幸运之星不只一次地眷顾过他).

我认为即使欧拉在得出定理 1.5.3 时有不够严格之处,我们仍能从欧拉那里学到许多有益的东西.那就是在我们思考问题时,可以先不管严格性,而让我们的思想大胆地飞驰,以致能够看出一些问题的本质乃至猜出结论,然后再研究严格性,看看这些结论是否能严格地证明出来.说老实话,严格性只是一种技术手段,但是最宝贵的是解题的思想.当然在你把东西写出来时,这二者缺一不可.

习题 1.5

1. 设 a,b 互素,证明:形如 a^2-2b^2 的整数的任一因数仍具有 a^2-2b^2 的形式.

2. 设 $p=8n+3$ 是素数,$x=\dfrac{p+1}{2}$.证明:

(1) $p \mid x^{8n+2}-1$;

(2) $p \mid x^{8n}(p+1)^2-4$;

(3) $p \mid (x^{4n}-2)(x^{4n}+2)$;

(4) 利用第(1)题证明 $p \nmid x^{4n}-2$,因此 $p \mid x^{4n}+2$;

(5) 证明:p 必可表示成 a^2+2b^2 的形式.

3. 从 $1^{8n},2^{8n},\cdots,m^{8m},\cdots$ 开始做各级差分,证明:

(1) 上述差分表的第一行的每一项都具有形式 $a^{8n}-b^{8n}=(a^{4n}-b^{4n})(a^{4n}+b^{4n})$;

(2) $a^{4n}+b^{4n}$ 可以写成 a^2+2b^2 的形式;

(3) 每个形如 $8n+1$ 的素数 p 都可写成 a^2+2b^2 的形式.

4. 设 a,b 互素,a^2+2b^2 是一个立方数,证明:必存在互素的整数 p,q 使得

$$a+b\sqrt{-2}=(p+q\sqrt{-2})^3$$

5. 设 a,b 互素,a^2+b^2 是一个立方数,证明:必存在互素的整数 p,q 使得

$$a+b\sqrt{-1}=(p+q\sqrt{-1})^3$$

6. 证明:不定方程 $x^2+4=y^3$,x 是奇数的唯一解是 $11^2+4=5^3$.

7. 证明:

(1) 如果 $x^2+4=y^3$,x 是偶数,则 $x=\pm 2$,因而 $2 \mid y$;

(2) 令 $u=\dfrac{x}{2},v=\dfrac{y}{2}$,将上述方程化为 $u^2+1=2v^3$;

(3) 证明:$v^3=\dfrac{u^2+1}{2}$ 是一个形如 a^2+b^2 的平方和,其中 $a-b=1$,因而 a,b 互素;($u^2+1=(u+i)(u-i),2=(1+i)(1-i)$)

(4) 利用(5)证明:$1=(p+q)(p^2-4pq+q^2)$,

第1章 复数

$u = (p-q)(p^2 + 4pq + q^2)$；

(5) 利用(4)得出 $p+q = p^2 - 4pq + q^2 = \pm 1$，因而 $pq = 0$，从而 $x = \pm 2$；

(6) 证明：不定方程 $x^2 + 4 = y^3$ 的唯一解是 $11^2 + 4 = 5^3$ 和 $2^2 + 4 = 2^3$。

8.(1) 设 a,b 是不同时等于 1 的互素的正整数，证明：$1+ab$ 不可能整除 $a^2 + b^2$；

(2) 证明：如果正整数 a,b 使得 $1+ab \mid a^2 + b^2$，则 $\dfrac{a^2+b^2}{1+ab}$ 必是一个完全平方数；

(3) 举出 $a > 1, b > 1$，且 $1+ab \mid a^2+b^2$ 的实际例子.

1.6 复数的推广

由于复数的建立获得了巨大的成功，因此在复数出现后，有人就在考虑是否能把复数推广到空间中去的问题，也就是考虑是否能建立一种与复数类似的三元数的问题。其中爱尔兰数学家哈密尔顿爵士对此问题做了长期的思考。从 19 世纪 20 年代后期开始，哈密尔顿便开始了对复数进行从二维到三维的扩展的研究。在 19 世纪 30 年代，哈密尔顿构想了多种三元数的方案，但都以失败而告终。1843 年，他再次挑战这一问题，并再次遭遇失败，但这一次，他没有空手而归，在失败后，他放弃了构造三元数的企图，并转而完成了四元数的构造。据他自己在日记中记载，1843 年 10 月 16 日，他和妻子沿着皇家运河散步，突然一个念头像闪电

哈密尔顿 (Hamilton, William Rowan, 1805—1865)，英国数学家，物理学家。生于爱尔兰的都柏林，卒于都柏林附近的邓辛克天文名.

般出现,即,怎么样处理四元数中 i,j,k 三者的乘积,他是那么的兴奋,于是用小刀在布尔罕桥上的石头刻上最初出现的公式.他自己把这一结果看成是他一生中最伟大的数学成就,并为此倾注了他后半生的全部时间和精力.

哈密尔顿是一个很有才能的人,但为什么哈密尔顿一直无法完成对三元数的构建呢? 现在看来,答案是很简单的,那就是由于这是一件不可能完成的事. 由于很多科普方面的书籍都讲到过哈密尔顿和四元数的故事,所以许多读者对此并不陌生. 但对于为什么不可能构建三元数,有些读者可能就不知道了,好像讲到这些内容的书也不太多.

要了解为什么不可能构建三元数,我们必须了解从已有的数系上再去构建一种新的数系需要遵守什么原则. 根据我们以往多次扩充数系的做法,可以总结出以下几条数系扩充原则:

(1) 集合继承性. 即作为集合,一般应有: 原有的数系属于新的数系.

(2) 性质继承性. 即要求新的数系及其中的运算尽可能地具有原有数系的性质.

(3) 封闭性. 即在一种数系中,数系中的数经过运算后仍然要属于这一数系.

(4) 新数与原有数的无关性. 即新数不可能表示成原有数的线性组合(组合的系数是原有的数).

继承性的要求的意义在于使得我们可以以最小的代价来获得新的工具. 从整数开始,我们已对数进行了多次扩充如下

正整数 → 整数 → 有理数 → 实数 → 复数

第1章 复数

设想如果没有继承性,那么每一次扩充后,我们将面临一种完全新的,我们所不熟悉的对象.那对我们将是一种多么大的负担啊.你只要想一下,仅仅一个正整数加正分数就用掉了小学 6 年的时间,又用了初中 3 年的时间去学习有理数和实数(老实说,初中学的那点关于实数的知识,只不过让你沾了点边,要真正了解实数,还要到大学),又用了高中 3 年的时间去学习复数.这还是在有继承性的情况下如此,如果没有继承性,我们的学习负担那就简直不可想象了.

至于封闭性的要求显然也是不可少的.如果没有这一条,那只能说明你建立的这个数系是不完善的.

无关性的要求也是不可少的.如果"新"的数可以表示成原有的数的线性组合(组合系数是原有的数),那么根据原有的数系的封闭性就可知道,你所定义的所谓"新"的数根本不新,它本来就是一种已知的对象.既然如此,也就没有扩充的必要了.

现在再来看,当初 i 这个东西,我们是为了使方程 $x^2=-1$ 有解而引入的,因此 i 天然的就具有性质 $i^2=-1$.下面我们要证明,按照继承性的要求,在二元数中,作为一种新的符号,i 必然具有性质 $i^2=-1$.

定义 1.6.1 称 $\alpha=a+bi$ 是二元数,其中 a,b 都是实数,i 是一个新的与实数无关的数.类似的,称 $\alpha=a+bi+cj$ 是三元数,其中 a,b,c 都是实数,i,j 是新的与实数无关的数,同时 i 与 j 也是无关的;称 $\alpha=a+bi+cj+dk$ 是四元数,其中 a,b,c,d 都是实数,i,j,k 是新的与实数无关的数,同时 i,j,k 本身也是两两无关的.

根据继承性的要求,当我们构建二元数时,有三方面的来源可供继承:

(1) 运算方面的来源. 即可以定义两种运算:加法和乘法,并且这两种运算满足加法交换律、加法结合律、乘法交换律、乘法结合律,以及乘法对于加法的分配律.

(2) 顺序方面的来源. 即实数顺序性的不等式性质.

(3) 几何方面的来源. 即对每个数 α 可定义一种被称为模的非负数 $N(\alpha)$,使得当把 α 看成向量时,$N(\alpha)$ 就是此向量的长度,并且 $N(\alpha)$ 具有性质 $N(\alpha\beta)=N(\alpha)N(\beta)$.

引理 1.6.1 如果在二元数中,符号 i 具有性质: $i^2=-\lambda$,其中 λ 是一个正实数,则这种二元数不可能与实数的顺序性质相容.

证明 我们证在 i 和 0 之间就不可能建立实数中的顺序关系.

由无关性,i 不可能等于 0,因此只可能 i>0 或 i<0.

如果 i>0,那么由实数的顺序性,应有 $i^2>0$,但是又有 $i^2=-\lambda<0$,矛盾.

如果 i<0,那么 $-i>0$,因此 $-i^2<0$,但是又有 $-i^2=\lambda>0$,矛盾.

这就说明,在这种二元数中,无法建立实数的顺序性质.

引理 1.6.2 仅由继承性的运算来源,不可能唯一地确定二元数.

证明 设 λ 是一个正实数. 那么由规定 $i^2=-\lambda$ 以及实数的运算性质就可以确定二元数的运算. 设 $\alpha=a+bi$,再规定 $N(\alpha)=a^2+\lambda b^2$,那么可以验证 $N(\alpha)$

具有性质 $N(\alpha\beta) = N(\alpha)N(\beta)$.

由于对每一个 λ 就确定了一种二元数，所以由继承性的运算来源可以确定无穷多种二元数，这就证明了引理.

当然，通过引入同构概念，你可以认为这无穷多种二元数的本质是一种，但是我们不准备如此讨论下去，至少从形式上看，仅由继承性的运算来源，不可能唯一地确定二元数.

引理 1.6.3 由继承性的运算来源和几何来源唯一地确定了二元数，在这种二元数中，符号 i 必然具有性质 $i^2 = -1$.

证明 首先由继承性的几何来源，对二元数 $\alpha = a + bi$，$N(\alpha)$ 必须具有形式
$$N(\alpha) = \sqrt{a^2 + b^2}$$
由此得出 $N(1) = N(i) = 1$. 再由模的性质
$$N(\alpha\beta) = N(\alpha)N(\beta)$$
得出
$$N(i^2) = N(i^3) = 1$$

由封闭性，i^2 仍是一个二元数，因此可设 $i^2 = a + bi$，这样
$$i^3 = i \cdot i^2 = i(a+bi) = ai + bi^2 =$$
$$ai + b(a+bi) = ab + (a+b^2)i$$
由 $N(i^2) = N(i^3) = 1$ 得出
$$a^2 + b^2 = 1$$
$$a^2 b^2 + (a+b^2)^2 = 1$$
由此得出
$$a^2 b^2 + (a+b^2)^2 - a^2 - b^2 =$$
$$(a^2 + 2a - 1 + b^2)b^2 = 0$$
因此 $b = 0$ 或 $a^2 + 2a - 1 + b^2 = 0$.

如果 $a^2+2a-1+b^2=0$,那么 $1=a^2+b^2=1-2a$,因此 $a=0,b=\pm 1$,因而 $i^2=\pm i$。由无关性 $i\neq 0$,因此 $i=\pm 1$。而这又与无关性矛盾。这就说明不可能有 $a^2+2a-1+b^2=0$。因而只能有 $b=0,a=\pm 1$。但是如果 $a=1$,那我们就得出 $i^2=1$,因此 $i=\pm 1$。再次与无关性矛盾。所以我们最后只能有 $a=-1$,即 $i^2=-1$。

由引理 1.6.1～引理 1.6.3 可知,在二元数中,继承性的三个来源不可能相容,所以要建立二元数就必须放弃其中某个来源。一般我们认为放弃运算来源和几何来源代价太大,因此我们只能放弃实数的顺序性质,这就是目前的复数。

因此如果承认继承性的运算来源和几何来源,我们就只能得出唯一的一种二元数,就是复数。

上面我们已经看到,当把通常的实数扩充到二元数时,我们必须牺牲顺序性,下面我们可以看到,当我们企图进一步扩充数系时,我们还要牺牲掉实数的更多特性。

首先是乘法的交换性在三元以上的数系中不可能成立。

引理 1.6.4 如果承认继承性的运算来源和几何来源,那么在三元以上的数系中不可能成立乘法交换律。

证明 由于三元数是 n 元数的子集(只要在 n 元数集合中,从第四个元之后的系数一律取 0 即可得到三元数集合),故只要对三元数证明即可。

在三元数中有两个二元数集合:$\{a+bi\}$ 和 $\{a+bj\}$,它们作为二元数系是封闭的,因此由引理 1.6.3 我们得出在三元以上的数系中必有 $i^2=j^2=k^2=-1$。

假设在这些数系中成立乘法交换律,那么就有
$$(i+j)(i-j)=i^2-j^2=0$$
因此 $i+j=0$ 或 $i-j=0$,但是无论发生哪种情况,这都与无关性矛盾.

此外,我们还可以证明在三元数系中,实数的模的性质不可能再保留.

引理 1.6.5 在三元数系中不可能继承模的几何意义和乘法性质,即设 $\alpha=a+bi+dj$,则不可能定义一个模 $N(\alpha)$ 使得 $N(\alpha)=\sqrt{a^2+b^2+c^2}$,并且 $N(\alpha\beta)=N(\alpha)N(\beta)$.

证明 设 $\alpha=1+i+j, \beta=1+2i+4j$,由于 α 和 β 都是三元整数,所以 $\alpha\beta$ 也应是 3 元整数(就像在复整数中那样). 因此可设 $\alpha\beta=a+bi+cj$,其中 a,b,c 都是有理整数. 则 $N(\alpha)=\sqrt{3}, N(\beta)=21$. 如果 $N(\alpha\beta)=N(\alpha)N(\beta)$ 成立,那么就应有
$$\sqrt{a^2+b^2+c^2}=\sqrt{3}\cdot\sqrt{21}=\sqrt{63}$$
因而应有
$$a^2+b^2+c^2=63$$
但是易于证明,对任意整数 $a,b,c, a^2+b^2+c^2 \not\equiv -1 \pmod 8, 63 \equiv -1 \pmod 8$,因此
$$a^2+b^2+c^2 \neq 63$$

这一矛盾就说明了在三元数系中不可能定义一个模 $N(\alpha)$ 使得 $N(\alpha)=\sqrt{a^2+b^2+c^2}$,并且 $N(\alpha\beta)=N(\alpha)N(\beta)$.

由引理 1.6.4 和引理 1.6.5 就得出

引理 1.6.6 不可能建立与继承性的运算来源和几何来源相容的三元数系.

引理 1.6.7 不可能有封闭的三元数系.

证明 假设三元数系可以封闭,那么由封闭性,ij 也是一个三元数,于是可设
$$ij = a + bi + cj$$
其中 a,b,c 都是实数,于是
$$\begin{aligned}1 = i^2 j^2 &= i(ij)j = i(a+bi+cj)j = aij - bj - ci = \\ &a(a+bi+cj) - bj - ci = \\ &a^2 + (ab-c)i + (ac-b)j\end{aligned}$$
在上式中比较等式两边的同类项就得到 $a=1, b=c$ 或 $a=-1, b=-c$. 因此 $ij = 1 + bi + bj$ 或者 $ij = -1 + bi - bj$.

如果 $ij = 1 + bi + bj$,则在等式两边乘以 i 后得到
$$\begin{aligned}-j &= i - b + bij = i - b + b(1 + bi + bj) = \\ &i + b^2 i + b^2 j\end{aligned}$$
因此得出 $b^2 = -1$,矛盾.

如果 $ij = -1 + bi - bj$,则在等式两边乘以 i 后得到
$$\begin{aligned}-j &= -i - b - bij = -i - b - b(-1 + bi - bj) = \\ &-i - b^2 i + b^2 j\end{aligned}$$
仍得出 $b^2 = -1$,矛盾.

在经过长时期的思考后,哈密尔顿也认识到必须放弃乘法交换律,并且三个元不够(因为 ij 要"出去"). 这以后,他又长时间地为如何定义四元数的乘法而苦恼. 直到终于有一天在桥上得到了顿悟. 我们已无法得知他是如何顿悟的,但是从他把四元数的乘法公式刻在桥上可以想象这一公式不会太长.

我们只能猜测一种可能的顿悟方式是既然 ij 要"出去",于是可设 ij = k,其中 k 是一个新的元,然而由对称性,jk,ki 也要"出去",但是我们现在已经有四个

元了,因此 jk,ki 的"出去"不能像 ij 那样靠设新的元的办法,因而只能"回来",而既然 ij=k 恰是另一个元,那么根据对称性,jk,ki 也应该有相同的形式.这样一种合乎逻辑的办法是让 ij=k,jk=i,ki=j,一旦悟到这一点,可以说建立四元数的工作就基本完成了.剩下的事就是证明下面的乘法反交换律.

引理 1.6.8 在四元数的基元 i,j,k 之间成立乘法反交换律,即

$$ij=-ji, ik=-ki, jk=-kj$$

证明 由于 i,j,k 是基元,故由引理 1.6.3 知必有 $i^2=j^2=k^2=-1$. 因此有

$$(ij)(ji)=i(j^2)i=-i^2=1=-k^2=-(ij)(ij)$$

由于 ij≠0(否则得出 i=0 或 j=0,与无关性矛盾),因而从上式就得出 ji=-ij. 同理可证其余几式.

可以验证,在规定

(1) $i^2=j^2=k^2=-1$;

(2) ij=k,jk=i,ki=j;

(3) ij=-ji,ik=-ki,jk=-kj.

下,就可按照多项式乘法的法则顺利地定义四元数的乘法,因而这个困扰哈密尔顿多年来的难题就获得了解决.

由直接计算可证下面的

定理 1.6.1

(1) 在规定

(i) $i^2=j^2=k^2=-1$;

(ii) ij=k,jk=i,ki=j;

(iii) ij=-ji,ik=-ki,jk=-kj.

下,四元数集合构成一个有单位元的不可交换的体或

除环,称为四元数体(除环)或哈密尔顿体或哈密尔顿除环. 其中的加法和乘法满足加法交换律、加法结合律、乘法结合律,以及乘法关于加法的分配律.

(2) 设 $\alpha = a + bi + cj + dk$,定义 α 的共轭 $\overline{\alpha}$,迹 $T(\alpha)$ 和 $N(\alpha)$ 模为

$$\overline{\alpha} = a - bi - cj - dk$$
$$T(\alpha) = \alpha + \overline{\alpha} = 2a$$
$$N(\alpha) = \sqrt{\alpha \overline{\alpha}} = \sqrt{a^2 + b^2 + c^2 + d^2}$$

则
$$N(\alpha\beta) = N(\alpha)N(\beta)$$

定义 1.6.2 设 V 是一个非空集合,P 是一个域,在集合 V 的元素之间定义了一种称为加法的运算,在 P 与集合 V 的元素之间定义了一种称为数量乘法的运算,如果这两种运算满足以下法则,则称 V 是 P 上的线性空间.

(1) 加法构成一个加群,即加法满足加法交换律和结合律,存在加法单位元(0 元素)以及加法的逆元(负元素).

(2) 数量乘法满足

(i) $1 \cdot \alpha = \alpha, 1 \in P, \alpha \in V$;

(ii) $k(h\alpha) = (kh)\alpha, k, h \in P, \alpha \in V$;

(iii) 数量乘法满足对于加法的分配律,即
$$(k + h)\alpha = k\alpha + h\alpha, k, h \in P, \alpha \in V$$
$$k(\alpha + \beta) = k\alpha + k\beta, k \in P, \alpha, \beta \in V$$

容易证明,线性空间具有以下性质:

引理 1.6.9 设 V 是 P 上的线性空间,则 V 有以下性质:

(1) 0 元素是唯一的;

(2) 负元素是唯一的;

第 1 章 复数

（3）$0 \cdot \alpha = 0; k \cdot 0 = 0; (-1) \cdot \alpha = -\alpha$；

（4）如果 $k \cdot \alpha = 0$，那么 $k = 0$ 或 $\alpha = 0$.

在线性空间的元素之间可以定义所谓线性相关的概念.

定义 1.6.3 线性空间 V 中的元素 $\alpha_1, \alpha_2, \cdots, \alpha_r$ ($r \geqslant 1$) 称为线性相关，如果 P 中存在 r 个不全为 0 的数 $k_1, k_2, \cdots, k_r$ 使得

$$k_1 \alpha_1 + k_2 \alpha_2 + \cdots + k_r \alpha_r = 0$$

如果 $\alpha_1, \alpha_2, \cdots, \alpha_r$ 不是线性相关的，则称它们是线性无关的. 也就是说 $\alpha_1, \alpha_2, \cdots, \alpha_r$ 线性无关的充分必要条件是从等式 $k_1 \alpha_1 + k_2 \alpha_2 + \cdots + k_r \alpha_r = 0$ 可以得出

$$k_1 = k_2 = \cdots = k_r = 0$$

定义 1.6.4 设 V 是 P 上的线性空间，则称 V 中线性无关元素的最大个数为 V 的维数.

定义 1.6.5 设 V 是 P 上的线性空间，如果 V 的维数是有限的，则称 V 是有限维空间，否则称 V 是无限维空间.

定义 1.6.6 设 P 上的线性空间 V 是 n 维的，那么 V 中任意 n 个线性无关的元素 $\alpha_1, \alpha_2, \cdots, \alpha_n$ 称为 V 的一组基.

定理 1.6.2 设 P 上的线性空间 V 是 n 维的，$\alpha_1, \alpha_2, \cdots, \alpha_n$ 是 V 的一组基，那么 V 中任意一个元素 α 可被 $\alpha_1, \alpha_2, \cdots, \alpha_n$ 线性表出，即

$$\alpha = k_1 \alpha_1 + k_2 \alpha_2 + \cdots + k_n \alpha_n, k_1, k_2, \cdots, k_n \in P$$

其中系数 $k_1, k_2, \cdots, k_n$ 由 α 和基 $\alpha_1, \alpha_2, \cdots, \alpha_n$ 唯一确定.

证明 由于 V 是 n 维的，根据维数的定义就知道 V 中线性无关元素的最大个数为 n. 于是 $n+1$ 个元素 α

和 $\alpha_1, \alpha_2, \cdots, \alpha_n$ 必然线性相关，因此 α 可被 α_1, $\alpha_2, \cdots, \alpha_n$ 线性表出，即存在 $k_1, k_2, \cdots, k_n \in P$ 使得 $\alpha = k_1\alpha_1 + k_2\alpha_2 + \cdots + k_n\alpha_n$.

假如 α 还有另一种表示方法为
$$\alpha = k'_1\alpha_1 + k'_2\alpha_2 + \cdots + k'_n\alpha_n$$
那么由
$$(k'_1 - k_1)\alpha_1 + (k'_2 - k_2)\alpha_2 + \cdots + (k'_n - k_n)\alpha_n = 0$$
和 $\alpha_1, \alpha_2, \cdots, \alpha_n$ 的线性无关性即可知道必有 $k'_1 = k_1$, $k'_2 = k_2, \cdots, k'_n = k_n$，因此上述表示法是唯一的.

定义 1.6.7 如果环 M 同时是 P 上的有限维线性空间，并且满足条件
$$(k\alpha)\beta = \alpha(k\beta) = k(\alpha\beta), k \in P, \alpha, \beta \in M$$
那么就称 M 是 P 上的一个超复系或结合代数.

如果 M 是除环，则称此代数是可除代数.

由上述定义可知，代数与环的区别在于，一个代数不仅是环，而且还具有线性空间的结构，而由于线性空间有基. 这就使得代数中的结构比环要更清楚，具体说来，你只要搞清了代数中基元素的性质，那么代数中任意元素的性质就确定了.

前面我们从继承性的几条要求确定了二元数只能是复数，同时得到了一个复数的推广 —— 四元数. 这样，我们就得到了实数、复数和四元数共三个有限维可除代数的例子. 这自然引出一个问题，即是否还有其他的例子？不过，由于我们用到了模这个概念，而这个概念是来自几何方面的，从代数本身并没有引入这一概念的必然性. 因此我们还想知道，在研究是否还有其他的有限维可除代数这个问题上，是不是能避开模这个概念. 下面我们就来回答这些问题.

第1章 复数

引理 1.6.10 一维的可除代数 K 同构于实数体 $\mathbf{R}$.

证明 设 e 是 K 中的单位元,$\alpha \in \mathbf{R}$ 是任意实数,那么映射 $\sigma(\alpha) = \alpha e$ 显然是 1—1 的,并且是 K 和 $\mathbf{R}$ 之间的同构,这就证明了引理.

引理 1.6.11 作为二维可除代数的二元数体 K 同构于复数体 $\mathbf{C}$.

证明 由于 K 是一元数的扩展,因此 K 中必有一个子空间是一维的可除代数. 由引理 1.6.10 知,此子空间同构于实数体 $\mathbf{R}$,于是我们不妨设这个子空间就是 $\mathbf{R}$.

由于 K 是二元数,所以 K 中必含有一个不是实数的元素 α,根据无关性的要求,$1, \alpha$ 是线性无关的,因此它们构成 K 的一组基. 再根据封闭性可知 $\alpha^2 \in K$,因此 α^2 必可被 $1, \alpha$ 线性表出,故可设 $\alpha^2 = p + q\alpha, p, q \in \mathbf{R}$. 因此 α 满足方程

$$\alpha^2 - q\alpha - p = 0$$

这个二次方程的判别式为 $\Delta = q^2 + 4p$. 由于 α 不是实数,因此必有 $\Delta < 0$. 设

$$\mathrm{i} = \frac{2\alpha - q}{\sqrt{-\Delta}}$$

则

$$\mathrm{i}^2 = -\frac{1}{\Delta}(2\alpha - q)^2 = -\frac{1}{\Delta}(4\alpha^2 - 4q\alpha + q^2) =$$
$$-\frac{1}{\Delta}(4p + q^2) = -\frac{1}{\Delta} \cdot \Delta = -1$$

显然 $1, \mathrm{i}$ 是线性无关的(否则 $1, \alpha$ 将是线性相关的). 于是 $1, \mathrm{i}$ 构成 K 的一组基,而 K 中任意元素可表示成 $a + b\mathrm{i}, a, b \in \mathbf{R}, \mathrm{i}^2 = -1$ 的形式,这就表明 K 就是

复数体 **C**.

引理 1.6.12　作为四维可除代数的四元数体 K 同构于四元数体 H.

证明　由 K 是四维的可知 K 中存在三个线性无关的元素 $1, i, u$. 并且由引理 1.6.11 的证明可知由 $1, i$ 生成的子空间同构于复数体，因而有 $i^2 = -1$，同理有 $u^2 = -1$.

由于 $1, i, u$ 是线性无关的，所以 $1, i+u$ 也是线性无关的，因而把 $i+u$ 像 i 或 u 那样看成引理 1.6.11 中的 α，由与前面同样的道理知可设 $(i+u)^2 = a(i+u) + b$，同理，可设 $(i-u)^2 = c(i-u) + d$. 于是把这两个式子相加就得到

$$-4 = b + d + (a+c)i + (a-c)u$$

由于 $1, i, u$ 线性无关，因此就得到 $a+c=0, a-c=0$，故 $a=c=0$. 由此得出

$$iu + ui = b + 2 = 2t, t \in \mathbf{R}$$

令 $v = u + ti$，则

$$iv + vi = i(u+ti) + (u+ti)i = iu + ui - 2t = 0$$

同时又有

$$v^2 = (u+ti)^2 = u^2 + uti + tui - t^2 =$$
$$-1 + t(ui + iu) - t^2 =$$
$$-1 + 2t^2 - t^2 = t^2 - 1$$

由于 v 显然不是实数，因此必有 $t^2 - 1 < 0$，于是可记 $v^2 = -s^2$，因而如果记 $j = \dfrac{v}{s}$，则 $j^2 = -1$，并且

$$ij + ji = \dfrac{iv + vi}{s} = 0$$

这就得出 $ij = -ji$.

再令 $ij = k$，那么

第 1 章 复数

$$k^2 = ijij = ij(-ji) = -ij^2i = i^2 = -1$$
$$ki = iji = -iij = -ik = j$$

同理可得 $jk = -kj = i$.

由于 $1, i, u$ 是线性无关的，因而易证 $1, i, u+ti$, $ui-t$ 无关，由此又得出 $1, i, u+ti, i(u+ti)$ 无关，因而 $1, i, v, iv$ 无关，由此再得出 $1, i, j, ij$ 无关，这也就是 $1, i, j, k$ 是线性无关的. 这就证明了 K 就是四元数体 H.

引理 1.6.13 不可能存在作为可除代数的元数大于 4 的多元数体 K.

证明 假设存在这样的数体 K，则由引理 1.6.13 的证明可知，K 中将存在 5 个线性无关的元素 $1, i, j, k, h$，使得 $h^2 = -1$，并且

$$ih + hi = a, jh + hj = b, kh + hk = c, a, b, c \in \mathbf{R}$$

但是我们又有

$$hk = (hi)j = (a-ih)j = aj - ihj = aj - i(b - jh) =$$
$$aj - bi + ijh = aj - bi + kh = aj - bi + c - hk$$

因而有 $$2hk = aj - bi + c$$

在上式两边右乘 k 就得出

$$ai + bj + ck = -2h$$

上式与 $1, i, j, k, h$ 是线性无关的矛盾. 所得的矛盾就证明了不可能存在引理中所说的多元数体.

由引理 1.6.10、引理 1.6.11、引理 1.6.12、引理 1.6.17 和引理 1.6.13 就得出

定理 1.6.3(弗罗贝尼乌斯定理) 除了实数域、复数域和四元数体三种代数外，不可能存在其他与此不同构的实数域上的有限维可除代数.

弗罗贝尼乌斯(Frobenius, Ferdinand Georg, 1849—1917)，德国数学家. 生于柏林，卒于柏林夏洛滕堡.

习题 1.6

1. 计算
   (1) $(-1+2i-3j+k)(2-i+3j-2k)$
   (2) $(a_1i+a_2j+a_3k)(b_1i+b_2j+b_3k)$

2. 设 α, β 表示四元数，证明：
   (1) $\overline{\alpha+\beta} = \bar{\alpha}+\bar{\beta}$；
   (2) $\overline{\alpha\beta} = \bar{\beta}\bar{\alpha}$；
   (3) $\bar{\bar{\alpha}} = \alpha$；
   (4) $N(\alpha\beta) = N(\alpha)N(\beta)$；
   (5) 证明：当 $\gamma \neq 0$ 时，$T(\gamma^{-1}\alpha\gamma) = T(\alpha)$，$N(\gamma^{-1}\alpha\gamma) = N(\alpha)$；
   (6) α 适合二次方程 $x^2 - T(\alpha)x + N^2(\alpha) = 0$.

3. 设 α, β 表示四元数，$\alpha \neq 0$，证明：
   (1) α 存在唯一的倒数 α^{-1}；
   (2) $(\alpha\beta)^{-1} = \beta^{-1}\alpha^{-1}$.

4. 设 $\alpha = a+bi+cj+dk, z_1 = a+bi, z_2 = c+di$，证明：
   (1) $\alpha = z_1 + z_2 j$；
   (2) $N(\alpha) = \sqrt{N^2(z_1)+N^2(z_2)}$，$\bar{\alpha} = \bar{z_1} - z_2 j$；
   (3) $\alpha^{-1} = \dfrac{\bar{z_1} - z_2 j}{N^2(\alpha)}$

5. 决定四元数体的中心.

6. 证明：
$(a_1^2+a_2^2+a_3^2+a_4^2+a_5^2+a_6^2+a_7^2+a_8^2) \cdot$
$(b_1^2+b_2^2+b_3^2+b_4^2+b_5^2+b_6^2+b_7^2+b_8^2) =$
$(a_1b_1+a_2b_2+a_3b_3+a_4b_4+a_5b_5+a_6b_6+a_7b_7+a_8b_8)^2 +$
$(a_1b_2-a_2b_1-a_3b_4+a_4b_3-a_5b_6+a_6b_5-a_7b_8+a_8b_7)^2 +$

$(a_1b_3+a_2b_4-a_3b_1-a_4b_2+a_5b_7-a_6b_8-a_7b_5+a_8b_6)^2+$
$(a_1b_4-a_2b_3+a_3b_2-a_4b_1-a_5b_8-a_6b_7+a_7b_6+a_8b_5)^2+$
$(a_1b_5+a_2b_6-a_3b_7+a_4b_8-a_5b_1-a_6b_2+a_7b_3-a_8b_4)^2+$
$(a_1b_6-a_2b_5+a_3b_8+a_4b_7+a_5b_2-a_6b_1-a_7b_4-a_8b_3)^2+$
$(a_1b_7+a_2b_8+a_3b_5-a_4b_6-a_5b_3+a_6b_4-a_7b_1-a_8b_2)^2+$
$(a_1b_8-a_2b_7-a_3b_6-a_4b_5+a_5b_4+a_6b_3+a_7b_2-a_8b_1)^2$

第 2 章 多 项 式

2.1 多项式及其基本性质

我们从中学起就已很熟悉什么是多项式了,并且也知道如何对多项式进行加、减、乘、除四则运算. 不过为了明确和统一符号起见,我们仍对某些重要概念和法则重新定义和理解,你如果已经很熟悉这些内容,可以把它看成是一种复习.

定义 2.1.1 一个多项式就是一个形如
$$P(x) = a_0 x^n + a_1 x^{n-1} + \cdots + a_{n-1} x + a_n$$
$$a_0 \neq 0$$
的单变量函数. 其中系数 $a_0, a_1, \cdots, a_n$ 可以取在全体整数 **Z**,全体有理数 **Q**,全体实数 **R** 或全体复数 **C** 所构成的集合中,$P(x)$ 的(自然)定义域可以是 **R** 或 **C**.

第 2 章　多项式

定义 2.1.2　所有系数在数（环）域 F 中的一元多项式的集合，连同多项式的加法和乘法，称为数（环）域 F 上的一元多项式环，记为 $F[x]$．

多项式具有许多良好的性质，例如多项式是连续的，无限次连续可微的，因此它具有"好"的单变量函数的一切性质，但是它还有比一般的单变量函数"更好"的地方，那就是对多项式可以定义一个叫作次数的概念．利用这一概念，又可以导出许多多项式特有的性质．

定义 2.1.3　设 $P(x) = a_0 x^n + a_1 x^{n-1} + \cdots + a_{n-1} x + a_n$ 是一个多项式，那么非负整数 n 就称为这个多项式的次数，记为 $\deg P$．常数多项式的次数是 0，但是为方便起见，规定恒等于 0 的多项式的次数是 -1．

次数有以下性质：

引理 2.1.1

(1) $\deg(P + Q) \leqslant \max(\deg P, \deg Q)$；

(2) $\deg PQ = \deg P + \deg Q$；

(3) $\deg P(Q(x)) = \deg Q(P(x)) = \deg P \cdot \deg Q$．

定义 2.1.4　设 $P(x) = a_0 x^n + a_1 x^{n-1} + \cdots + a_{n-1} x + a_n$ 是一个多项式，那么称非负整数 $\deg P + 1$ 是 P 的范数，记为 $N(P)$．

范数有以下性质：

引理 2.1.2

(1) $N(P)$ 是一个整数；

(2) $N(P) = 1$ 的充分必要条件是 P 是非 0 的常数多项式；

(3) $N(P) = 0$ 的充分必要条件是 P 是恒同于 0 的

多项式.

多项式又有许多类似于整数的地方,例如可以像整数那样定义整除的概念,因而可以定义因式、倍式、最大公因式、最小公倍式、不可约多项式等概念.

定理 2.1.1

(1) 对于域 F 上的多项式集合 $F[x]$ 中任意两个多项式 $f(x)$ 和 $g(x)$,其中 $g(x) \neq 0$,必存在 $F[x]$ 中的唯一的多项式 $q(x)$ 和 $r(x)$ 使得
$$f(x) = q(x)g(x) + r(x), \quad 0 \leqslant N(r) < N(g)$$

(2) $g(x) \mid f(x)$ 的充分必要条件是在 (1) 中 $r(x) = 0$.

证明 如果 $f(x) = 0$,那么只要取 $q(x) = r(x) = 0$ 即可. 因而以下可设 $f(x)$ 不恒为 0. 设 $\deg f = n$, $\deg g = m$.

当 $n < m$ 时,显然只要取 $q(x) = 0, r(x) = f(x)$ 即可.

当 $n \geqslant m$ 时,设 a, b 分别是 $f(x), g(x)$ 的首项系数(即最高项系数). 那么显然 $\dfrac{a}{b} x^{n-m} g(x)$ 与 $f(x)$ 的首项相同,因此多项式 $f_1(x) = f(x) - \dfrac{a}{b} x^{n-m} g(x)$ 的次数要小于 n.

由归纳法假设,对 $f_1(x)$ 和 $g(x)$ 存在 $q_1(x)$ 和 $r_1(x)$ 使得
$$f_1(x) = q_1(x) g(x) + r_1(x), \quad 0 \leqslant N(r_1) < N(g)$$
令 $q(x) = q_1(x) + \dfrac{a}{b} x^{n-m}, r(x) = r_1(x)$,则
$$f(x) - q(x) g(x) =$$
$$f(x) - \left(q_1(x) + \dfrac{a}{b} x^{n-m} \right) g(x) =$$

第 2 章 多项式

$$f(x) - q_1(x)g(x) - \frac{a}{b}x^{n-m}g(x) =$$
$$f(x) - \frac{a}{b}x^{n-m}g(x) - q_1(x)g(x) =$$
$$f_1(x) - q_1(x)g(x) = r_1(x) = r(x)$$

因此
$$f(x) = q(x)g(x) + r(x), \quad 0 \leqslant N(r) < N(g)$$
因而由数学归纳法就证明了 $q(x), r(x)$ 的存在性.

下面证明唯一性. 设还有多项式 $q_1(x) \neq q(x)$, $r_1(x) \neq r(x)$ 使得
$$f(x) = q_1(x)g(x) + r_1(x), \quad 0 \leqslant N(r_1) < N(g)$$
成立. 那么就有
$$q(x)g(x) + r(x) = q_1(x)g(x) + r_1(x)$$
或
$$(q(x) - q_1(x))g(x) = r_1(x) - r(x)$$
于是由引理 2.1.1 得出
$$\deg g \leqslant \deg(q - q_1) + \deg g = \deg(r_1 - r) \leqslant$$
$$\max(\deg r_1, \deg r) < \deg g$$
这是一个矛盾,所得的矛盾说明必须有 $q_1(x) = q(x)$, $r_1(x) = r(x)$.

特别,定理 2.1.1 中令 $g(x) = x - a$,并注意,由于这时 $g(x)$ 的首项系数是 1, $\frac{a}{b} = a$,因而在证明中就不须用到 F 是一个数域的条件,就可以得到

定理 2.1.2 (余式定理)

(1) 设 F 是一个数环, $f(x)$ 是数环 F 上的多项式, 那么 $f(x)$ 除以 $x - a$ 所得的余式就是 $f(a)$;

(2) 设 F 是一个数环, $f(x)$ 是数环 F 上的多项式, 那么 $x - a \mid f(x)$ 的充分必要条件是 $f(a) = 0$.

证明 （1）由多项式的带余数除法可设
$$f(x)=(x-a)q(x)+c$$
其中 c 是一个常数. 在上式中令 $x=a$ 就得出 $f(a)=c$.

（2）由（1）显然就得出 $x-a\mid f(x)$ 的充分必要条件就是 $c=f(a)=0$，这就证明了定理.

由此定理就得出

定理 2.1.3 设 F 是一个数环，$f(x)\in F[x]$，$x=a$，$a\in F$ 是 $f(x)$ 的根，那么
$$f(x)=(x-a)g(x), g(x)\in F[x]$$

证明 由于 $x=a$，$a\in F$ 是 $f(x)$ 的根，因此 $f(a)=0$，故由定理 2.1.2 即得
$$f(x)=(x-a)q(x), q(x)\in F[x]$$
令 $g(x)=q(x)$ 即得定理 2.1.3.

定理 2.1.4

（1）设 $f(x)$ 是一个 n 次的复系数多项式，那么 $f(x)$ 最多有 n 个复根；

（2）设 $f(x)$ 是一个不高于 n 次的复系数多项式，如果 $f(x)$ 在 $n+1$ 个不同的点处都取 0 值，则 $f(x)\equiv 0$；

（3）设 $f(x)$ 和 $g(x)$ 都是不高于 n 次的复系数多项式，如果 $f(x)$ 和 $g(x)$ 在 $n+1$ 个不同的点处都取到同样的值，则 $f(x)\equiv g(x)$.

证明 （1）假设 $f(x)$ 有 $n+1$ 个复根 $z_1,z_2,\cdots,z_n,z_{n+1}$，那么反复应用定理 2.1.3 即得
$$f(x)=(x-z_1)(x-z_2)\cdots(x-z_n)(x-z_{n+1})g(x)$$
由上式和引理 2.1.1 就得出
$$n=\deg f=1+1+\cdots+1+1+\deg g>$$
$$n+1 \quad (\text{式中共有 } n+1 \text{ 个 } 1)$$

第 2 章　多项式

这显然是一个矛盾,所得的矛盾说明 $f(x)$ 最多有 n 个复根.

(2) 如果 $f(x)$ 不恒同于 0,那么不高于 n 次的多项式 $f(x)$ 就有 $n+1$ 个根,由(1)已证,这是不可能的,因此必有 $f(x) \equiv 0$.

(3) 考虑 $h(x) = f(x) - g(x)$,则由引理 2.1.1 可知 $\deg h \leqslant n$,并且 $h(x)$ 在 $n+1$ 个不同的点处都取 0 值. 因此由(2)就得出 $h(x) \equiv 0$,因而有 $f(x) \equiv g(x)$.

习题 2.1

1. (1) 举例说明如果 $f(x)$ 是一个多项式,那么 $f(x)$ 的逆 $\dfrac{1}{f(x)}$ 不一定在整个实数域上有意义.

(2) 举例说明如果 $f(x)$ 是一个多项式,并且 $f(x)$ 的逆 $\dfrac{1}{f(x)}$ 在整个实数域上有意义,$\dfrac{1}{f(x)}$ 也不一定是一个多项式.

2. (1) 证明:$\sin x, \cos x$ 都不可能是多项式;

(2) 证明:2^x 不可能是多项式;

(3) 证明:$\log x$ 不可能是多项式;

(4) 证明:$\tan x$ 不可能是多项式;

(5) 证明:$\sqrt[3]{x}$ 不可能是多项式.

3. 证明:周期函数不可能是一个多项式.

4. 找出两个多项式 $p(x)$ 和 $q(x)$,使得 $p(q(x)) = q(p(x))$.

5. 设 f, g, h 都是非零多项式,证明:如果 $hf = hg$,那么 $f = g$.

6. (1) 设 $f(x) = ax^2 + bx + c$,证明

$$f(1) + f(4) + f(6) + f(7) =$$
$$f(2) + f(3) + f(5) + f(8)$$

(2) 设 $f(x)$ 是一个三次多项式,证明:可以把 $\{1,2,3,\cdots,15,16\}$ 分成两个集合 A 与 B 使得

$$\sum_{x \in A} f(x) = \sum_{x \in B} f(x)$$

(3) 设 m 是一个正整数,证明:可以把 $\{1,2,3,\cdots,2^m, 2^{m+1}\}$ 分成两个集合 A 与 B 使得对任意次数不超过 m 的多项式 $f(x)$ 都有

$$\sum_{x \in A} f(x) = \sum_{x \in B} f(x)$$

7. m, p, q 适合什么条件时,有

(1) $x^2 + mx - 1 \mid x^3 + px + q$;

(2) $x^2 + mx + 1 \mid x^4 + px^2 + q$.

8. 如果 $(x-1)^2 \mid Ax^4 + Bx^2 + 1$,求 A, B.

9. 设 $P(x)$ 是一个 n 次多项式,且 $P(k) = \dfrac{k}{1+k}$ ($k = 0, 1, 2, \cdots, n$),求 $P(n+1)$.

10. 设 $P(x), Q(x), R(x)$ 和 $S(x)$ 都是多项式,且

$$P(x^5) + xQ(x^5) + x^2 R(x^5) =$$
$$(x^4 + x^3 + x^2 + x + 1)S(x)$$

证明:$x - 1$ 是 $P(x), Q(x), R(x)$ 和 $S(t)$ 的因式.

2.2 整系数多项式的一些性质

有理数的特性还可以通过它是否能成为一个多项式方程的根来表现,由于所有的有理系数多项式都可

第 2 章　多项式

以化成整系数多项式,所以我们可以只限于讨论整系数多项式.

我们有以下的定理:

定理 2.2.1　设 $f(x)=a_0x^n+a_1x^{n-1}+\cdots+a_n$ 是整系数多项式.那么如果有理数 $\dfrac{p}{q}$ 是 $f(x)$ 的根,其中 p,q 是互素的整数,$q\neq 0$,则必有 $p\mid a_n, q\mid a_0$.

证明　由于 $\dfrac{p}{q}$ 是 $f(x)$ 的根,故将其代入方程 $f(x)=0$ 后即得

$$a_0\left(\dfrac{p}{q}\right)^n+a_1\left(\dfrac{p}{q}\right)^{n-1}+\cdots+a_n=0$$

$$a_0p^n+a_1p^{n-1}q+\cdots+a_nq^n=0$$

由此得到

$$a_0p^n=-q(a_1p^{n-1}+\cdots+a_nq^{n-1})$$

$$p(a_0p^{n-1}+\cdots+a_{n-1}q^{n-1})=-a_nq^n$$

这说明

$$p\mid a_nq^n, q\mid a_0p^n$$

但是因为 $(p,q)=1$,因此 $(p,q^n)=1,(p^n,q)=1$,由这两个式子和上面两式就得出

$$p\mid a_n, q\mid a_0$$

作为这一定理的特殊情况,我们有

定理 2.2.2　设 $f(x)=x^n+a_1x^{n-1}+\cdots+a_n$ 是整系数多项式.那么如果 $f(x)$ 存在整数根 r,则必有 $r\mid a_n$.

例 2.2.1　解方程 $2x^3+7x^2+4x-3=0$.

解　如果此方程有一个有理根,那么就可以把它化成为一个一次方程和一个二次方程来解.根据定理 4.4.1,此方程的有理根的分母必是 2 的因数,分子必

是 3 的因数,因此它如果存在有理根,则必在 $\pm 1, \pm 3$, $\pm \frac{1}{2}, \pm \frac{3}{2}$ 这几个数之中. 这就把是否存在有理根的问题化为有限次的检验手续了. 通过检验发现 $-\frac{3}{2}$ 是此方程的有理根. 由于对此方程,我们只需知道一个有理根,就一定可以把它解出来了,所以没有必要再检验其他的数了. 因此检验工作可以到此为止. 由于 $-\frac{3}{2}$ 是此方程的有理根,因此原方程左端必可被 $2x+3$ 所整除,因而通过长除法就可得出

$$2x^3 + 7x^2 + 4x - 3 = (2x+3)(x^2 + 2x - 1)$$

再解二次方程 $x^2 + 2x - 1 = 0$ 即可得出原方程的根为 $-\frac{3}{2}$ 和 $-1 \pm \sqrt{2}$.

例 2.2.2 试证 $x^3 - 3x + 1 = 0$ 不可能分解为有理系数多项式的乘积.

解 因为原式是 3 次式,所以如果可以分解,则分解的结果必为一个一次式和一个二次式之积,因而必有有理根. 这个有理根根据定理 2.2.1 只可能是 1 或 -1. 通过检验它们都不是原式的根,因此所说的分解是不可能的.

由此例得出 $x^3 - 3x + 1 = 0$ 的实数根必是无理数. 设 $f(x) = x^3 - 3x + 1 = 0$,则 $f(0) = 1 > 0, f(1) = -1 < 0$,因此由连续函数的中间值性质知 $x^3 - 3x + 1 = 0$ 肯定有实数根. 这就给出了无理数的具体例子.

例 2.2.3 证明 $\sqrt{2}$ 是无理数.

证明 由 $\sqrt{2}$ 的定义知 $\sqrt{2}$ 必满足方程 $x^2 - 2 = 0$. 因此如果 $\sqrt{2}$ 是有理数,那么方程 $x^2 - 2 = 0$ 就必有有

第 2 章 多项式

理根. 然而根据定理 4.4.1., 此方程的有理根只可能是 ± 1 和 ± 2, 而通过检验可知它们都不是方程 $x^2-2=0$ 的根. 这就证明了 $\sqrt{2}$ 是无理数.

上面的例子中多项式的次数都比较低, 所以多项式能否分解为有理系数多项式的乘积的问题可以化为多项式是否存在有理根的问题. 对一般情况就没有这么简单了, 而且也不存在一般的判断法则. 以下我们给出一些必要条件以得出一些判断法.

定义 2.2.1 设 $f(x)=a_0 x^n+a_1 x^{n-1}+\cdots+a_n$ 是一个整系数多项式. 如果 $a_0, a_1, \cdots, a_n$ 的最大公因数是 1, 则称 $f(x)$ 是一个本原多项式.

下面我们给出本原多项式的一些性质.

引理 2.2.1 设 p 是一个素数
$$f(x)=a_0 x^n+a_1 x^{n-1}+\cdots+a_n$$
$$g(x)=b_0 x^m+b_1 x^{m-1}+\cdots+b_m$$
是两个整系数多项式. 如果 p 整除 $f(x)g(x)$ 的所有系数, 则 p 整除 $f(x)$ 的所有系数或 $g(x)$ 的所有系数.

证明 用反证法, 假设引理不成立, 那么 p 既不整除 $f(x)$ 的所有系数也不整除 $g(x)$ 的所有系数. 从后往前看(即从右向左看), 设 a_i 是 $f(x)$ 的系数中第一个不能被 p 整除者. b_j 是 $g(x)$ 的系数中第一个不能被 p 整除者.

于是
$$p \nmid a_i, p \mid a_{i+1}, \cdots, p \mid a_n$$
$$p \nmid b_j, p \mid b_{j+1}, \cdots, p \mid b_m$$
$f(x)g(x)$ 中 $x^{n-i+m-j}$ 的系数是
$$c_{i+j}=\cdots a_{i-2}b_{j+2}+a_{i-1}b_{j+1}+a_i b_j+$$

129

$$a_{i+1}b_{j-1} + a_{i+2}b_{j-2} + \cdots$$

在上面的式子中,除 $a_i b_j$ 外的所有项都可以被 p 整除,但是 $a_i b_j$ 这一项不能被 p 整除,否则由 $p \mid a_i b_j$ 将得出 $p \mid a_i$ 或者 $p \mid b_j$,而这与我们的假设矛盾. 这就说明 $f(x)g(x)$ 中 $x^{n-i+m-j}$ 项的系数 c_{i+j} 不能被 p 整除,而这又与我们的假设相矛盾. 所得的矛盾就证明了引理.

引理 2.2.2 (高斯引理) 两个本原多项式的乘积仍是一个本原多项式.

证明 设
$$f(x) = a_0 x^n + a_1 x^{n-1} + \cdots + a_n$$
$$g(x) = b_0 x^m + b_1 x^{m-1} + \cdots + b_m$$

是两个本原多项式,因而首先是两个整系数多项式. 那么它们的乘积 $f(x)g(x)$ 显然也是一个整系数多项式. 如果 $f(x)g(x)$ 不是本原多项式,,那么它的所有系数的最大公因数就大于1,因此存在一个素数 p 整除 $f(x)g(x)$ 的所有系数. 根据引理 4.4.1,p 整除 $f(x)$ 的所有系数或 $g(x)$ 的所有系数. 这就说明 $f(x)$ 不是本原多项式或者 $g(x)$ 不是本原多项式. 而这与假设矛盾,因此 $f(x)g(x)$ 必是本原多项式.

引理 2.2.3 任一非零的多项式 $f(x) \in \mathbf{Q}[x]$,除了可能相差一个符号外,必可唯一地表示成
$$f(x) = c_f f^*(x)$$
的形式,其中 $c_f \in \mathbf{Q}, f^*$ 是本原多项式.

证明 任何一个整系数多项式可以化为一个整数和一个本原多项式的乘积,任何一个有理系数多项式都可以化为一个整数和一个整系数多项式的乘积,而任何一个整系数多项式的系数如果有公因数,则在提出它们的最大公因数后就得到一个本原多项式,所

以 f^* 的存在性是显然的,下面证唯一性.

假设有
$$f = c_f f^* = d_g g^*$$
那么可设
$$\frac{c_f}{d_g} = \frac{c_1}{c_2}$$
其中 c_1, c_2 是互素的整数,由此得出
$$c_1 f^* = \frac{c_1}{c_f} f = \frac{c_2}{d_g} f = c_2 g^*$$
由于 $(c_1, c_2) = 1$,这就得出 c_1 整除 g^* 的所有系数.但是 g^* 是本原多项式,所以必有 $c_1 = \pm 1$,同理可得 $c_2 = \pm 1$,故 $f^* = \pm g^*$,$c_f = \pm d_g$.

定理 2.2.3 设整系数多项式 $f(x)$ 可以分解为 r 次有理系数多项式 $f_1(x)$ 与 s 次有理系数多项式 $f_2(x)$ 的乘积 $f(x) = f_1(x) f_2(x)$,其中 $r > 0, s > 0$,则 $f(x)$ 必可以分解为一个 r 次的整系数多项式和一个 s 次的整系数多项式的乘积.

证明 设 f 可在 $\mathbf{Q}[x]$ 中分解为 r, s 次多项式 g, h 之积,其中 $r > 0, s > 0$,则
$$f = gh$$
由引理 2.2.3 可知有
$$f = c_f f^*, g = c_g g^*, h = c_h h^*$$
其中 c_f 是整数,c_g, c_h 是有理数,而 f^*, g^*, h^* 都是本原多项式,故
$$c_f f^* = c_g c_h g^* h^*$$
由高斯引理得出 $g^* h^*$ 仍然是本原多项式,因此由引理 2.2.3 的唯一性就得出
$$c_f = \pm c_g c_h, f^* = \pm g^* h^*$$

131

由此就得出
$$f = \pm c_f g^* h^*$$
这就证明了 f 可分解为两个次数都大于 0 的整系数多项式之积.

下面给出一个不可分解的判别法.

定理 2.2.4 （爱森斯坦（Eisenstein）判别法）设 $f(x) = c_0 x^n + c_1 x^{n-1} + \cdots + c_n$ 是一个整系数多项式，如果存在素数 p 使得
$$p \nmid c_0, p \mid c_1, \cdots, p \mid c_n, p^2 \nmid c_n$$
则 $f(x)$ 不可能分解为有理系数多项式的乘积.

证明 我们只需证明 $f(x)$ 不可能分解为整系数多项式的乘积即可. 用反证法. 假设 $f(x) = f_1(x) f_2(x)$，而
$$f_1(x) = a_0 x^m + a_1 x^{k-1} + \cdots + a_k$$
$$f_2(x) = b_0 x^k + b_1 x^{m-1} + \cdots + b_m$$
都是整系数多项式. 且 $m > 0, k > 0, n = m + k$.

由于 $p \nmid c_0, c_0 = a_0 b_0$，因此 $p \nmid a_0, p \nmid b_0$. 又因为 $p \mid c_n, c_n = a_m b_k, p^2 \nmid c_n$，因此 a_m 和 b_k 之中有一个且仅有一个可被 p 整除. 不妨设 $p \mid a_m, p \nmid b_k$. 用 s 表示 p 不能整除的 $f_1(x)$ 的系数的最大下标，因此 $0 \leqslant s \leqslant m - 1, p \nmid a_s, p \mid a_{s+1}, \cdots, p \mid a_m$.

现在看 $f(x)$ 中 x^{m-s} 项的系数 $c_{n-m+s} = a_s b_k + a_{s+1} b_{k-1} + \cdots$.

根据 s 的定义可知 p 是 $a_{s+1}, a_{s+2}, \cdots, a_m$ 的公因数，所以 p 整除 c_{n-m+s} 中除去 $a_s b_k$ 之外的所有项. 但是由于 $p \nmid a_s, p \nmid b_k$，所以 $p \nmid a_s b_k$. 这就说明 p 不能整除 $f(x)$ 中 x^{m-s} 项的系数 c_{n-m+s}. 然而按照定理的条件，$f(x)$ 的系数中，不能被 p 整除的唯一的系数只有 c_0，因此 $n -$

$m+s=0, n=m-s$. 由于 $m<n, s\geqslant 0$,故这是不可能的. 这个矛盾就说明我们一开始的假设不成立,这就证明了定理.

例 2.2.4 设 p 是一个素数,证明 $f(x)=\dfrac{x^p-1}{x-1}$ 不可能分解为两个有理系数多项式的乘积.

证明 $f(x)=x^{p-1}+x^{p-2}+\cdots+x+1$. 对此多项式无法直接应用爱森斯坦判别法.

设 $x=y+1$,则

$$f(x)=\frac{x^p-1}{x-1}=\frac{(y+1)^p-1}{y}=$$

$$\frac{y^p+C_p^1 y^{p-1}+\cdots+C_p^k y^{p-k}+\cdots+C_p^{p-1}y+1-1}{y}=$$

$$y^{p-1}+C_p^1 y^{p-2}+\cdots+C_p^2 y+p=g(y).$$

对多项式 $g(y)$ 可以应用爱森斯坦判别法,因此 $g(y)$ 不可能分解为有理系数多项式的乘积. 由于如果 $f(x)$ 可以分解,即 $f(x)=f_1(x)f_2(x)$,则 $g(y)=f_1(y+1)f_2(y+1)=g_1(y)g_2(y)$ 也可以分解,所以这就证明了 $f(x)$ 不可能分解为有理系数多项式的乘积.

定义 2.2.2 两个多项式 $f(x), g(x)$ 如果具有关系 $f(x)=cg(x)$ 或者 $g(x)=cf(x)$,其中 c 是一个非零的常数. 则称多项式 $f(x), g(x)$ 是相伴的.

定义 2.2.3 设 $g(x) \mid f(x)$,而 $g(x)$ 既不是常数也不是 $f(x)$ 的相伴多项式,则称 $g(x)$ 是 $f(x)$ 的真因式.

定义 2.2.4 如果多项式 $f(x)$ 既不是常数也没有真因式,则称 $f(x)$ 是不可约多项式.

注意 一个多项式是否是不可约的和它的系数

在什么范围内取有关.

例如多项式 x^2-2 在有理数范围内是不可约的,在实数范围内就是可约的,实际上

$$x^2-2=(x-\sqrt{2})(x+\sqrt{2})$$

定理 2.2.5 在有理数范围内,存在着次数任意高的不可约多项式.

证明 设 $f(x)=x^n-2$,则利用爱森斯坦判别法可知 $f(x)$ 不可能分解为有理系数多项式的乘积,这就证明了定理. 由于存在着任意大的素数,所以利用例 2.2.4 也可以用 $f(x)=x^{p-1}+x^{p-2}+\cdots+x+1$ 作为例子来证明这个定理. 不过如果把定理的结论改为:对任何自然数 n,在有理数范围内都存在 n 次的不可约多项式,这个例子就不能用了.

习题 2.2

1. 求下列多项式的有理根:
   (1) $x^3-6x^2+15x-14$;
   (2) $4x^4-7x^2-5x-1$;
   (3) $x^5+x^4-6x^3-14x^2-11x-3$.

2. 证明在有理数范围内,下列多项式都是不可约的:
   (1) x^4-x^3+2x+1;
   (2) $x^4+4kx+1$,其中 k 为任意整数;
   (3) $x^n+(1+x)^m+(1-x)^m$, $m \leqslant n$;
   (4) x^p+px+1,其中 p 是奇素数.

3. 下列多项式在有理数范围内是否可约?

(1) x^2+1;

(2) x^4+1;

(3) x^6+x^3+1.

4. 设 $f(x)$ 是整系数多项式，r 是 $f(x)$ 的整数根，证明 $f(1)$ 和 $f(-1)$ 都是整数，且
$$(1-r) \mid f(1), (1+r) \mid f(-1)$$

5. 设 $f(x)$ 是整系数多项式．证明如果 $f(0)$ 和 $f(1)$ 都是奇数，则 $f(x)$ 没有整数根．

6. 设 $p_1, p_2, \cdots, p_r$ 是 r 个互不相同的素数，n 是一个大于 1 的整数，证明 $\sqrt[n]{p_1 p_2 \cdots p_r}$ 是无理数．

7. 在有理数范围内分解因式：

(1) x^4+4;

(2) $x^{15}+1$;

(3) $x^{12}+x^9+x^6+x^3+1$;

(4) $x^8-x^7y+x^6y^2-x^5y^3+x^4y^4-x^3y^5+x^2y^6-xy^7+y^8$.

8. 设 n 是自然数，但不是 5 的倍数，证明 $x^{4n}+x^{3n}+x^{2n}+x^n+1$ 可被 $x^4+x^3+x^2+x+1$ 整除．

9. 证明 x^4+2x^2+2x+2 不可能表示成两个整系数的二次三项式之积．

10. 设 $f(x)=a_0x^n+a_1x^{n-1}+\cdots+a_n$ 是一个整系数多项式．如果 $f(2)$ 和 $f(5)$ 都是 10 的倍数，则 $f(7)$ 也是 10 的倍数．一般的，如果 p, q 互素，且 $f(p)$ 和 $f(q)$ 都是 pq 的倍数，则 $f(p+q)$ 也是 pq 的倍数．

11. (1) 把 $x^4+4x^3-2x^2-12x+9$ 配成一个二次三项式的平方；

(2) 证明：$x^2+y^2+z^2$ 不可能分解成两个形如 $ax+by+cz$ 的一次式的乘积．

12. 设 $f(x)=a_0x^n+a_1x^{n-1}+\cdots+a_n$ 是一个整系数多项式. 且存在四个不同的整数 α_i 使得 $f(\alpha_i)=1$, $(i=1,2,3,4)$. 证明不存在任何整数 β 使得 $f(\beta)=-1$.

13. 设 a,b,c 是三个不同的整数, $P(x)$ 是一个整系数多项式. 证明不可能有 $P(a)=b, P(b)=c, P(c)=a$. 是否能把这一结论推广到 n 个不同整数的情况?

14. 证明多项式 $x^{200}y^{200}+1$ 不可能表示为变量分离形式的乘积, 即表示成 $f(x)g(y)$ 的形式.

15. 试求出两个常数 a,b 使得 $(2x-1)^{20}-(ax+b)^{20}$ 是一个二次三项式的 10 次方.

16. 已知 a,b,c,d 是互不相同的整数, r 是方程 $(x-a)(x-b)(x-c)(x-d)=9$ 的整数根, 求证 $4r=a+b+c+d$.

2.3 代数基本定理和多项式的唯一分解式

在 2.1 中我们已经知道数域 F 上的 n 次多项式至多有 n 个因式, 并且成立第二带余数除法, 由此显然可以得出在 $F[x]$ 中成立欧几里得算法. 因此 $F[x]$ 既是一个可分解整环, 同时又是一个欧几里得环. 由第 1 章的内容可知在 $F[x]$ 中可定义最大公因式, 最小公倍式的概念, 并且定理 1.4.1 中的 18 条性质和定理 1.4.6 中的 6 条性质以及定理 1.4.7, 即唯一分解式定理在 $F[x]$ 中都成立, 因此可知 $F[x]$ 中的不可约元就是 $F[x]$ 中的素元素.

这样为具体得出 $Z[x]$, $Q[x]$, $R[x]$ 和 $C[x]$ 中的算术,我们只须确定这些环中的单位元、相伴元和不可约元即可. 前两个问题是容易解决的. 实际上我们有

定理 2.3.1

(1) $F[x]$ 中的单位元就是 $F[x]$ 中的 0 次多项式,即 F 中的非零常数,因此 $Z[x]$ 的单位元就是任意非零的整数, $Q[x]$ 的单位元就是任意非零的有理数, $R[x]$ 的单位元就是任意非零的实数, $C[x]$ 的单位元就是任意非零的复数;

(2) $F[x]$ 中的相伴元就是 $F[x]$ 中的两个相差一个 F 中非零常数的多项式;

(3) 在 $F[x]$ 中求两个多项式的最大公因式时,可以把其中任意一个多项式换成它的相伴元,即可对其中任意一个多项式乘以一个 F 中的非零常数.

证明 在欧几里得算法中,当进行到范数为 1 时,算法就停止了. 因此单位元就是欧几里得环中范数为 1 的元,也就是次数为 0 的多项式,即 F 中的常数. 不过在 $F[x]$ 中有一个特殊情况,那就是作为加法群中的加法单位元的恒同于 0 的多项式和 F 中作为数的 0 是无法区分的,因此要特别规定 0 不能算是通常的常数多项式(这也就是为什么要特别规定 0 的次数为 -1 的缘故). 而要把它从一般的常数多项式中区分出来.

例 2.3.1 求 $f(x) = x^4 + 3x^3 - x^2 - 4x - 3$ 和 $g(x) = 3x^3 + 10x^2 + 2x - 3$ 的最大公因式,并将它表示为 $f(x)$ 和 $g(x)$ 的线性组合.

解

$(f, g) = (x^4 + 3x^3 - x^2 - 4x - 3,$
$\qquad 3x^3 + 10x^2 + 2x - 3) =$

$(3x^4 + 9x^3 - 3x^2 - 12x - 9,$
$3x^3 + 10x^2 + 2x - 3) =$
$3x^4 + 9x^3 - 3x^2 - 12x - 9 =$
$x(3x^3 + 10x^2 + 2x - 3) +$
$(-x^3 - 5x^2 - 9x - 9)$

$(f, g) = (-x^3 - 5x^2 - 9x - 9,$
$x^3 + 10x^2 + 2x - 3) =$
$(3x^3 + 15x^2 + 27x + 27,$
$3x^3 + 10x^2 + 2x - 3) =$
$(5x^2 + 25x + 30, 3x^3 + 10x^2 + 2x - 3) =$
$(x^2 + 5x + 6, 3x^3 + 10x^2 + 2x - 3) =$
$(x^2 + 5x + 6, -5x^2 - 16x - 3) =$
$(x^2 + 5x + 6, 5x^2 + 16x + 3) =$
$(x^2 + 5x + 6, -9x - 27) =$
$(x^2 + 5x + 6, x + 3) = (2x + 6, x + 3) =$
$(x + 3, x + 3) = x + 3$

把上面的式子写成等式就是

$$3f = xg - r_1, r_1 = x^3 + 5x^2 + 9x + 9$$
$$3r_1 = g + r_2, r_2 = 5x^2 + 25x + 30$$
$$g = \frac{3}{5}xr_2 - r_3, r_3 = 5x^2 + 16x + 3$$
$$r_3 = r_2 - r_4, r_4 = 9x + 27$$
$$(f, g) = \frac{1}{9}r_4$$

由此倒退回去就得到

$(f, g) = \frac{1}{9}r_4 = \frac{1}{9}(r_2 - r_3) = \frac{1}{9}\left(r_2 + g - \frac{3}{5}xr_2\right) =$
$\frac{1}{9}\left(\left(-\frac{3}{5}x + 1\right)r_2 + g\right) =$

$$\frac{1}{9}\left(\left(-\frac{3}{5}x+1\right)(3r_1-g)+g\right)=$$

$$\frac{1}{9}\left(\left(-\frac{9}{5}x+3\right)r_1+\frac{3}{5}xg\right)=$$

$$\frac{1}{3}\left(-\frac{3}{5}x+1\right)r_1+\frac{1}{15}xg=$$

$$\frac{1}{3}\left(-\frac{3}{5}x+1\right)(xg-3f)+\frac{1}{15}xg=$$

$$\left(\frac{3}{5}x-1\right)f+\left(-\frac{1}{5}x^2+\frac{2}{5}x\right)g$$

在定理 2.1.1 的证明中,我们用到了域中的非零元素都有逆这一性质,因而不适用于多项式环 $Z[x]$,然而上面的例子表明,只要适当修改证明过程,就可以证明在 $Z[x]$ 中同样可以实行欧几里得算法. 实际上,设 $f(x),g(x) \in Z[x]$,那么由定理 2.1.1 对作为 $Q[x]$ 中的 $f(x),g(x)$ 成立第二带余数除法和欧几里得算法,然后把这些算法中式子里的分母去掉,就得到相应的 $Z[x]$ 中的式子. 由此得到:

定理 2.3.2

(1) 设 $f(x),g(x) \in Z[x]$,那么存在适当的正整数 λ,使得对 $\lambda f(x),g(x)$ 成立第二带余数除法,即存在 $q(x),r(x) \in Z[x]$ 使得

$$\lambda f(x)=q(x)g(x)+r(x),\quad 0\leqslant \deg r<\deg g$$

(2) 对 $f(x),g(x) \in Z[x]$,成立以下形式的欧几里得算法

$$\lambda_1 f(x)=q_1(x)g(x)+r_1(x)$$

$$0\leqslant \deg r_1<\deg g$$

$$\lambda_2 f(x)=q_2(x)r_1(x)+r_2(x)$$

$$0\leqslant \deg r_2<\deg r_1$$

⋮

$$\lambda_{n-1}r_{n-3}(x)=q_{n-1}(x)r_{n-2}(x)+r_{n-1}(x)$$
$$0\leqslant \deg r_{n-1}<\deg r_{n-2}$$
$$\lambda_n r_{n-2}(x)=q_n(x)r_{n-1}(x)+r_n(x)$$
$$0\leqslant \deg r_{n-1}<\deg r_n$$
$$\lambda_{n+1}r_{n-1}(x)=q_{n+1}(x)r_n(x)$$

其中 $\lambda_i, i=1,2,\cdots,n+1$ 是正整数, $q_i, i=1,2,\cdots,n+1, r_i, i=1,2,\cdots,n \in Z[x]$.

(3) 对 $f(x), g(x) \in Z[x]$, 存在正整数 $k>0$ 和 $\lambda(x), \mu(x) \in Z[x]$, 使得

$$k(f,g)=\lambda f+\mu g$$

多项式环虽然有很多类似于整数的性质,但是它和整数的最大区别就是它不仅有一般的可分解整环和欧几里得环的共同性质,还要受系数所在的环或域的性质的影响. 但是我们指出,有一个性质是不受影响的,那就是下面的

定理 2.3.3 两个多项式之间的整除关系不因系数域的扩大而改变.

证明 设 f,g 是 $F[x]$ 中的两个多项式, K 是包含 F 的一个较大的数域, 即有 $F \subset K$. 那么显然 f,g 也是 $K[x]$ 中的多项式. 因此如果在 $F[x]$ 中 $g \mid f$, 那么当然在 $K[x]$ 中也有 $g \mid f$. 如果 $F[x]$ 在 g 中不能整除 f, 那么由带余数除法可知, 用 g 除 f 所得的余式 $r \neq 0$. 由余式的唯一性可知, 在 $K[x]$ 中用 g 除 f 所得的余式仍是 $r \neq 0$, 因此在 $K[x]$ 中 g 也不能整除 f. 这就证明了定理.

为了确定 $Z[x], Q[x], R[x]$ 和 $C[x]$ 中的不可约因子,我们需要所谓的代数基本定理. 这个定理首先是

第 2 章 多项式

由德国数学家高斯证明的,到目前为止,已出现了多种证明方法,这些方法大体上可以分为拓扑学的、复变函数的和计算方法的三种,但不管哪一种,一般都需要做相当篇幅的准备工作,用到各自领域中的一个"大"的定理. 如果我们不先证明这些预备知识就直接引用它们来证代数基本定理,那就和没有证明本质上是一样的. 因此本书中不准备这样做. 根据最新的资料,我们下面给出的证明虽然也要用到一些复变函数的内容,但于本质上仍是微积分的知识.

所谓本质上仍是微积分的知识的意思是,如果你已熟悉了直到二元函数的微分方面的内容,你就会发现,任何一本复变函数的教材在讲到柯西积分之前,在复变函数中所讲的极限、求导数、微分等内容基本上都是微积分学的简单的推广. 直到讲柯西积分才算正式有了复变函数的特点. 这表现在,在微积分课程中,一般讲完了一阶导数和微分后,还要讲高阶导数和微分,而且关于微分的内容一般不需要和积分联系起来,但是在复变函数中却不是这样,他要先讲完了柯西积分再回过头来再讲高阶的导数和微分. 在微积分中,一个一阶可微的函数不一定还可以继续微分和求导,但是在复变函数中,一个函数只要可微,就无限次可微,这就是二者之间的一个重大区别了. 而要证明这一性质,必须要用到柯西积分. 目前我还没有见到过一本书是可以直接证明这一性质的. 所以我们认为,用到复变函数中柯西积分以前的内容虽然在形式上用到了复变函数,但是在本质上仍未超过微积分的内容.

另外,检验一个证明是否真正是简明易懂的标准之一是看你是否能随时将它讲出来,相信下面给出的证明是符合这一标准的.

定义 2.3.1 设 $f(x)$ 是连续函数. 如果 x_0 在的任意小邻域 $(x_0-\delta, x_0+\delta)$ 中都有 $f(x) \leqslant f(x_0)$,则称 $f(x_0)$ 是 $f(x)$ 的一个山峰;如果在 x_0 在的任意小邻域 $(x_0-\delta, x_0+\delta)$ 中都有 $f(x) \geqslant f(x_0)$,则称 $f(x_0)$ 是 $f(x)$ 的一个山谷.

定义 2.3.2 设 $f(z)$ 是一个连续的复变数的实值函数. 如果在 z_0 在的任意小邻域 $B(z_0, \delta)$(即以 z_0 为圆心,δ 为半径的一个开圆)中都有 $f(z) \leqslant f(z_0)$,则称 $f(z_0)$ 是 $f(z)$ 的一个山峰;如果在 z_0 在的任意小邻域 $B(z_0, \delta)$ 中都有 $f(z) \geqslant f(z_0)$,则称 $f(z_0)$ 是 $f(z)$ 的一个山谷.

引理 2.3.1(费马定理) 设函数 $f(x)$ 在 x_0 的某一邻域 $(x_0-\delta, x_0+\delta)$ 内有定义,$f(x_0)$ 是 $f(x)$ 的山峰或山谷,$f'(x_0)$ 存在,则必有 $f'(x_0) = 0$.

证明 假设 $f'(x_0) \neq 0$,那么必有 $f'(x_0) > 0$ 或 $f'(x_0) < 0$.

如果 $f'(x_0) > 0$,那么由导数的定义就有
$$f'(x_0) = \lim_{x \to x_0} \frac{f(x) - f(x_0)}{x - x_0} > 0$$
于是根据极限的性质就必存在 x_0 的某一邻域 $(x_0-\delta_1, x_0+\delta_1) \subset (x_0-\delta, x_0+\delta)$ 使得在 $(x_0-\delta_1, x_0+\delta_1)$ 内成立 $\frac{f(x) - f(x_0)}{x - x_0} > 0$,这就说明当 $x > x_0$ 时,$f(x) > f(x_0)$,当 $x < x_0$ 时,$f(x) < f(x_0)$,因此 $f(x_0)$ 不可能是 $f(x)$ 的山峰或山谷.

同理可证如果 $f'(x_0) < 0$,$f(x_0)$ 也不可能是 $f(x)$ 的山峰或山谷.

这就说明必有 $f'(x_0) = 0$.

引理 2.3.2

(1) 设函数 $f(x)$ 在 x_0 的某一邻域 $(x_0-\delta, x_0+\delta)$ 内有定义，$f(x_0)$ 是 $f(x)$ 的山峰，$f'(x_0), f''(x_0)$ 存在，则必有 $f''(x_0) \leqslant 0$.

(2) 设函数 $f(x)$ 在 x_0 的某一邻域 $(x_0-\delta, x_0+\delta)$ 内有定义，$f(x_0)$ 是 $f(x)$ 的山谷，$f'(x_0), f''(x_0)$ 存在，则必有 $f''(x_0) \geqslant 0$.

证明 (1) 如果 $f''(x_0) > 0$，那么首先由引理 2.3.1 得出 $f'(x_0) = 0$. 再由导数的定义就有

$$f''(x_0) = \lim_{x \to x_0} \frac{f'(x)-f'(x_0)}{x-x_0} = \lim_{x \to x_0} \frac{f'(x)}{x-x_0} > 0$$

于是根据极限的性质就有必存在 x_0 的某一邻域 $(x_0-\delta_1, x_0+\delta_1) \subset (x_0-\delta, x_0+\delta)$ 使得在 $(x_0-\delta_1, x_0+\delta_1)$ 内成立 $\dfrac{f(x)}{x-x_0} > 0$，这就说明当 $x > x_0$ 时，$f'(x) > 0$，当 $x < x_0$ 时，$f'(x) < 0$.

于是当 $x > x_0$ 时

$$f(x) - f(x_0) = \int_{x_0}^{x} f'(x)\mathrm{d}x > 0$$

当 $x < x_0$ 时，仍有

$$f(x) - f(x_0) = \int_{x_0}^{x} f'(x)\mathrm{d}x = -\int_{x}^{x_0} f'(x)\mathrm{d}x > 0$$

这说明 $f(x_0)$ 是 $f(x)$ 的山谷，与假设矛盾，因此必有 $f''(x_0) \leqslant 0$.

(2) 类似于(1)同理可证.

引理 2.3.3

(1) 设 $w(x,y)$ 是 R^2 中的二次可微的实值函数，$w(x_0, y_0)$ 是 $w(x,y)$ 的山峰，则

$$\Delta w(x_0, y_0) = \frac{\partial^2 w}{\partial x^2}(x_0, y_0) + \frac{\partial^2 w}{\partial y^2}(x_0, y_0) \leqslant 0$$

(2) 设 $w(x,y)$ 是 $\mathbf{R}^2$ 中的二次可微的实值函数，$w(x_0,y_0)$ 是 $w(x,y)$ 的山谷，则

$$\Delta w(x_0,y_0) = \frac{\partial^2 w}{\partial x^2}(x_0,y_0) + \frac{\partial^2 w}{\partial y^2}(x_0,y_0) \geqslant 0.$$

证明 （1）考虑两个一元函数 $f(x) = w(x,y_0)$ 和 $g(y) = w(x_0,y)$，那么显然

$$w(x_0,y_0) = f(x_0) = g(y_0)$$

是 $f(x)$ 和 $g(y)$ 的山峰. 因此由引理 2.3.2 即得

$$\frac{\partial^2 w}{\partial x^2}(x_0,y_0) = f''(x_0) \leqslant 0$$

$$\frac{\partial^2 w}{\partial y^2}(x_0,y_0) = g''(y_0) \leqslant 0$$

因而

$$\Delta w(x_0,y_0) = \frac{\partial^2 w}{\partial x^2}(x_0,y_0) + \frac{\partial^2 w}{\partial y^2}(x_0,y_0) \leqslant 0.$$

（2）类似于(1)同理可证.

引理 2.3.4 设 $w(x,y)$ 是 $\mathbf{R}^2$ 中的连续的正的实值函数，当 $x^2 + y^2 \to \infty$ 时，$w(x,y) \to 0$，那么 $w(x,y)$ 必存在一个最大值 $w(x_0,y_0)$，而且 $w(x_0,y_0)$ 必定是 $w(x,y)$ 的山峰.

证明 （1）首先，$w(x,y)$ 必有上界 M，否则由于当 $x^2 + y^2 \to \infty$ 时，$w(x,y) \to 0$，那么必存在一个以原点为中心，四边平行于坐标轴的正方形 K，使得在 K 之外 $|w(x,y)| \leqslant 1$. 因此 $w(x,y)$ 在 K 之外是有上界的，故它只能在 K 内无上界. 把 K 用坐标轴划分为4个小正方形，那么 $w(x,y)$ 必在某一个小正方形 K_1 内无界，再把 K_1 划分为4个小正方形，那么 $w(x,y)$ 又必在某一个小正方形 K_2 内无界，如此进行下去，我们就得到一个正方形的区间套，$w(x,y)$ 在这些正方形上都

是无界的.
$$K \supset K_1 \supset K_2 \supset \cdots \supset K_n \supset \cdots$$
并且可使得正方形 K_n 的对角线的长度趋于 0. 由区间套定理就可知道必有一个唯一的点 (x_0, y_0) 属于这些正方形,并且 $w(x,y)$ 在 (x_0, y_0) 处无界,因此由连续性可知当 $(x,y) \to (x_0, y_0)$ 时必有 $|w(x,y)| \to \infty$,而这与 $w(x,y)$ 在 $\mathbf{R}^2$ 中处处有定义矛盾,故 $w(x,y)$ 必有上界.

(2) 其次,$w(x,y)$ 有上界,因此 $w(x,y)$ 必有上确界 M,我们证明 $w(x,y)$ 必能达到此上确界. 假设不然,那么对任意 $(x,y) \in K, w(x,y) < M$. 令 $v(x,y) = \dfrac{1}{M - w(x,y)}$,那么显然 $v(x,y)$ 在 K 上连续,因而根据(1)中的证明,$v(x,y)$ 在 K 中必有正的上界 $\dfrac{1}{\mu}$,因而
$$\frac{1}{M - w} = v < \frac{1}{\mu}$$
由此得出
$$M - w > \mu, w < M - \mu < M$$
这说明 $w(x,y)$ 有一个小于 M 的上界,而这与 M 是 $w(x,y)$ 的上确界矛盾,因此 $w(x,y)$ 必能达到它的上确界 M.

(3) 设 $w(x_0, y_0) = M$,那么显然 $w(x_0, y_0)$ 是 $w(x,y)$ 的山峰.

引理 2.3.5 设 $Q(z)$ 是一个允许自变量取复值的复系数非零多项式,那么必存在一个实数 $d > 0$ 具有性质:如果 $Q(a) = 0$,则 $Q(a + d) \neq 0$.

证明 由定理 2.1.4 知 $Q(z)$ 只有有限个根 z_1,

$z_2,\cdots,z_n$,因此可定义一个实数
$$0 < d < \min\{|z_i - z_j|, i \neq j\}$$
如果 $Q(a)=0$,同时又有 $Q(a+d)=0$,那么由 d 的定义就得出
$$d < |a+d-d| = |d|$$
这是一个矛盾,所得的矛盾就说明 $Q(a+d) \neq 0$.

定义 2.3.3 设 D 是复平面 C 中的一个开子集,一个 D 上的复值函数 $f(z)$ 称为在 D 上是全纯的,如果 $f(z)$ 在 D 的每个点上都是可微的.

仿照单变量的实变函数的相应手段容易证明:

引理 2.3.6

(1) 两个在 D 上全纯的函数的和、差与积仍是全纯的;

(2) 如果 g 在 D 上是全纯的,且对每个 $z \in D$,$g(z) \neq 0$,那么 $\dfrac{1}{g}$ 在 D 上是全纯的,且 $\left(\dfrac{1}{g}\right)' = -\dfrac{g'}{g^2}$.

定义 2.3.4 设 D 是复平面 C 中的一个开子集,一个 D 上的复值函数 $f(z)$ 称为在 D 上是解析的,如果 $f(z)$ 在 D 的每个点上都是无限次可微的.

仿照单变量的实变函数的相应手段容易证明:

引理 2.3.7 设 $P(z) = a_0 z^n + a_1 z^{n-1} + \cdots + a_n$ 是复平面 C 上的复系数多项式,那么 $P(z)$ 在全平面上是解析的,且
$$P'(z) = na_0 z^{n-1} + (n-1)a_1 z^{n-2} + \cdots + a_{n-1}$$

引理 2.3.8 设 $f(z) = u(x,y) + iv(x,y)$,$z = x+iy$ 是定义在 D 上的复变函数,且 $f(z)$ 在 $z_0 = x_0 + iy_0 \in D$ 处可微,则 $u(x,y)$,$v(x,y)$ 在点 (x_0, y_0) 处可微,并且满足柯西-黎曼条件

$$u_x(x_0,y_0)=v_y(x_0,y_0), v_x(x_0,y_0)=-u_y(x_0,y_0)$$

证明 由于 $f(z)$ 在 z_0 处可微,因而导数 $f'(z_0)=a+ib$ 存在.根据可微的定义,就有

$$\Delta f=f'(z_0)\Delta z+\rho(\Delta z)$$

其中 $\rho(\Delta z)=\varepsilon_1(\Delta z)+i\varepsilon_2(\Delta z)$ 满足当 $\Delta z \to 0$ 时,$\dfrac{\rho(\Delta z)}{\Delta z} \to 0$.把上式用实数的符号写出来就是

$$\Delta u+i\Delta v=(a+bi)(\Delta x+i\Delta y)+\rho(\Delta z)$$

或

$$\Delta u+i\Delta v=a\Delta x-b\Delta y+i(b\Delta x+a\Delta y)+\rho(\Delta z)$$

比较上式两边的实部和虚部就得出

$$\Delta u=a\Delta x-b\Delta y+\varepsilon_1(\Delta z)$$
$$\Delta v=b\Delta x+a\Delta y+\varepsilon_2(\Delta z)$$

显然 $\varepsilon_1,\varepsilon_2$ 满足条件当 $\Delta z \to 0$ 时,$\dfrac{\varepsilon_1(\Delta z)}{\Delta z} \to 0$,$\dfrac{\varepsilon_2(\Delta z)}{\Delta z} \to 0$.故 $u(x,y),v(x,y)$ 在点 (x_0,y_0) 处可微,且

$$u_x(x_0,y_0)=v_y(x_0,y_0)=a$$
$$v_x(x_0,y_0)=-u_y(x_0,y_0)=b$$

引理 2.3.9 如果 $f(z)$ 和 $f'(z)$ 在 D 上都是可微的,那么

$$\Delta(|f(z)|^2)=4|f'(z)|^2$$

此处 Δ 的意义是

$$\Delta w(x,y)=\frac{\partial^2 w}{\partial x^2}(x,y)+\frac{\partial^2 w}{\partial y^2}(x,y)$$

证明 设 $f(z)=u(x,y)+iv(x,y)$,那么 $|f(z)|^2=u^2+v^2$.由此得出如果 $w=|f(z)|^2$,那么 $w_x=2uu_x+2vv_x, w_{xx}=2uu_{xx}+2u_x^2+2vv_{xx}+2v_x^2$

类似的
$$w_{yy}=2uu_{yy}+2u_y^2+2vv_{yy}+2v_y^2$$

由引理 2.3.8 知 $u(x,y),v(x,y)$ 在 D 上满足柯西-黎曼条件
$$u_x=v_y,v_x=-u_y$$

因此
$$f'(z)=u_x+\mathrm{i}v_x=v_y-\mathrm{i}u_y$$
$$\Delta u=u_{xx}+u_{yy}=(u_x)_x+(u_y)_y=$$
$$(v_y)_x+(-v_x)_y=0$$

同理 $\Delta v=0.$ 故
$$\Delta w=w_{xx}+w_{yy}=$$
$$2uu_{xx}+2u_x^2+2vv_{xx}+2v_x^2+$$
$$2uu_{yy}+2u_y^2+2vv_{yy}+2v_y^2=$$
$$2u(u_{xx}+u_{yy})+2v(v_{xx}+v_{yy})+$$
$$2u_x^2+2v_x^2+2u_y^2+2v_y^2=$$
$$2u\Delta u+2v\Delta v+2\mid f'(z)\mid^2+$$
$$2\mid f'(z)\mid^2=4\mid f'(z)\mid^2$$

定理 2.3.4(代数基本定理) 每个不恒同于常数的复系数多项式在复数域中都必有一个根.

证明 设 $p(z)$ 是一个不恒同于常数的复系数多项式,则 $p'(z)$ 是一个不恒同于 0 的多项式.因此由引理 2.3.5 得出必存在一个实数 $d>0$ 具有性质:如果 $p'(z)=0$,那么就有 $p'(z+d)\neq 0$.

假如不存在任何复数 z_0 使得 $p(z_0)=0$,那么函数 $f(z)=\dfrac{1}{p(z)}$ 和 $f(z+d)$ 在复平面 C 上都是全纯的,因此函数
$$w(x,y)=\mid f(z)\mid^2+\mid f(z+d)\mid^2$$

恒取正值且在 C 上连续并具有连续的二阶导数. 并且显然当 $x^2+y^2 \to \infty$ 时,$w(x,y) \to 0$. 故由引理2.3.4 可知 $w(x,y)$ 必存在一个最大值 $w(x_0,y_0)$,而且 $w(x_0,y_0)$ 必定是 $w(x,y)$ 的山峰. 因此由引理2.3.3 和引理 2.3.9 得出

$$0 \leqslant 4(|f'(z_0)|^2+|f'(z_0+d)|^2) = \Delta w(x_0,y_0) \leqslant 0$$

其中 $z_0 = x_0 + \mathrm{i} y_0$,由此得出

$$f'(z_0) = f'(z_0+d) = 0$$

然而由于

$$f'(z_0) = -\frac{p'(z_0)}{p^2(z_0)}, \quad f'(z_0+d) = -\frac{p'(z_0+d)}{p^2(z_0+d)}$$

因此从上面的式子就可以得出

$$p'(z_0) = 0, \quad p'(z_0+d) = 0$$

这与 d 的性质矛盾,所得的矛盾就说明了必存在复数 z_0 使得 $p(z_0) = 0$.

由代数基本定理和定理2.1.2,定理2.1.3就得出 $C[x]$ 中所有次数大于1的多项式全是可约的,这也就是说 $C[x]$ 中的不可约因子只有一次多项式,但是这个一次因子是可以相差一个单位数,在这里也就是复数的. 不过如果我们把 x 之前的系数统统都提出去,那这个一次因子就完全确定了. 由于我们现在已经完全确定了 $C[x]$ 中的不可约因子,因此根据第1章1.4中的整除性理论就可得出 $C[x]$ 的唯一分解定理如下:

定理 2.3.5(复系数多项式的唯一分解定理) 每个不恒同于常数的复系数多项式在复数域中在不计次序的意义下都可以唯一地分解成形如

$$f(z) = \alpha_0 (x-\alpha_1)^{k_1} (x-\alpha_2)^{k_2} \cdots (x-\alpha_s)^{k_s}$$

的一次因式的乘积. 其中 $\alpha_1, \alpha_2, \cdots, \alpha_s$ 是不同的复数, a_0 也是复数. $k_1, k_2, \cdots, k_s$ 是正整数.

利用代数基本定理和定理 2.1.3 就可得出：

定理 2.3.6 每个 n 次的复系数多项式恰有 n 个复根（重根按重数计算）.

下面来确定 $R[x]$ 中的不可约因子. 我们有：

引理 2.3.10 如果 α 是实系数多项式 $f(x)$ 的复根, 那么 α 的共轭复数 $\bar{\alpha}$ 也是 $f(x)$ 的复根.

证明 设 $f(x) = a_0 x^n + a_1 x^{n-1} + \cdots + a_n$, 其中 $a_0, a_1, \cdots, a_n$ 都是实数. 那么由假设

$$a_0 \alpha^n + a_1 \alpha^{n-1} + \cdots + a_n = 0$$

在上式两边取共轭, 并利用实数的共轭仍是它自己这一事实就得出

$$a_0 \bar{\alpha}^n + a_1 \bar{\alpha}^{n-1} + \cdots + a_n = 0$$

这就证明了引理.

由此引理立刻可以得出一个大家都很熟悉的结果

引理 2.3.11 奇数次的实系数多项式至少有一个实根.

证明 由引理 2.3.10 可知实系数多项式的复根都是成对出现的, 所以如果一个奇数次多项式完全没有实根的话, 那它就要有偶数个根, 然而根据定理 2.3.5 又有奇数次多项式恰有奇数个根, 这就矛盾了, 因此就可知一个奇数次多项式至少要有一个实根.

引理 2.3.12 设 $ax^2 + bx + c$ 是一个判别式小于 0 的实二次多项式, 又设 α 是此二次多项式的一个根. 如果 α 是实系数多项式 $f(x)$ 的根, 那么 $ax^2 + bx + c \mid f(x)$.

证明 根据引理 2.3.10 可知 $\bar{\alpha}$ 也是 $ax^2 + bx +$

第 2 章 多项式

c 和 $f(x)$ 的根,因此可把 ax^2+bx+c 分解成形式
$$ax^2+bx+c=a(x-\alpha)(x-\bar{\alpha})$$
由于 α 和 $\bar{\alpha}$ 都是的 $f(x)$ 的根,因此我们有
$$x-\alpha \mid f(x), x-\bar{\alpha} \mid f(x)$$

容易证明在 $C[x]$ 中 $x-\alpha$ 和 $x-\bar{\alpha}$ 是既约的因而也是互素的(由于 $C[x]$ 既是可分解环又是欧几里得环,因此这两个概念是一致的),因而根据我们在第一章 1.4 节中的整除性理论就可得出
$$ax^2+bx+c=a(x-\alpha)(x-\bar{\alpha}) \mid f(x)$$

上面这个证明是利用了整环的整除性理论,由于我们在《Gauss 的遗产——从等式到同余式》第 3 章和第 1 章中两次系统地讨论了这个理论,所以我们认为读者应该是已经很熟悉这个理论了. 对不熟悉这个理论的读者,我们用带余数除法也可以证明. 即根据带余数除法可设
$$f(x)=q(x)(ax^2+bc+c)+kx+h$$
把 $x=\alpha$ 和 $x=\bar{\alpha}$ 分别代入上式就可得出一个关于 k,h 的二元一次方程组
$$\alpha k+h=0$$
$$\bar{\alpha}k+h=0$$
这个方程组的系数行列式是
$$\begin{vmatrix} \alpha & 1 \\ \bar{\alpha} & 1 \end{vmatrix} = \alpha-\bar{\alpha}$$
由于我们假设 ax^2+bx+c 是一个判别式小于 0 的实二次多项式,因此 $\alpha,\bar{\alpha}$ 都不是实根,故 $\alpha-\bar{\alpha} \neq 0$(否则 $\alpha=\bar{\alpha}$ 将是实数). 因此上面那个二元一次方程组必有唯一解 $k=h=0$,因此根据余式定理就证明了必有 $ax^2+bx+c \mid f(x)$.

引理 2.3.13 $R[x]$ 中的不可约因子的次数至多是 2.

证明 设 $f(x)$ 是一个 3 次或 3 次以上的多项式. 如果 $f(x)$ 有实根, 那么显然 $f(x)$ 可分出一个一次因子, 因而不可能是不可约多项式. 如果 $f(x)$ 没有实根, 那么它必有一对共轭复根 $\alpha, \bar{\alpha}$, 因而根据引理 2.3.12 可知实系数多项式 $x^2 + px + q$ 可整除 $f(x)$, 其中 $p = -(\alpha + \bar{\alpha})$, $q = \alpha\bar{\alpha}$, 因而 $f(x)$ 也不可能是不可约多项式. 这就证明了引理.

有这个引理就得出

引理 2.3.14 $R[x]$ 中的不可约因子只有一次多项式和判别式小于 0 的二次多项式.

由此就可得出 $R[x]$ 中的唯一分解定理为

定理 2.3.7(实系数多项式的唯一分解定理) 每个不恒同于常数的实系数多项式在实数域中在不计次序的意义下都可以唯一地分解成形如

$$f(z) = a_0 (x - \alpha_1)^{k_1} (x - \alpha_2)^{k_2} \cdots (x - \alpha_s)^{k_s} \cdot$$
$$(x^2 + p_1 x + q_1)^{h_1} (x^2 + p_2 x + q_2)^{h_2} \cdots \cdot$$
$$(x^2 + p_r x + q_r)^{h_r}$$

的因式的乘积. 其中 $\alpha_1, \alpha_2, \cdots, \alpha_s$ 是不同的实数, $p_1, p_2, \cdots, p_r, q_1, q_2, \cdots, q_r$ 都是实数, a_0 也是实数. $k_1, k_2, \cdots, k_s, h_1, h_2, \cdots, h_r$ 是正整数, 并且其中每个二次多项式的判别式都小于 0.

至于 $Z[x]$ 和 $Q[x]$ 中的不可约多项式, 我们在定理 4.4.4 中已经指出, 在有理数范围内, 存在着次数任意高的不可约多项式. 尽管我们有像爱森斯坦判别法这样的充分性条件, 但是并没有一般的充分必要条件. 但是由于有定理 4.4.1, 即设

第 2 章 多项式

$$f(x) = a_0 x^n + a_1 x^{n-1} + \cdots + a_n$$

是整系数多项式. 那么如果有理数 $\dfrac{p}{q}$ 是 $f(x)$ 的根, 其中 p,q 是互素的整数, $q \neq 0$; 则必有 $p \mid a_n, q \mid a_0$. 所以可以知道, 对一个具体给定了系数的 $Z[x]$ 和 $Q[x]$ 中的多项式, 我们是必可在有限的步骤内判定它是否是一个不可约多项式的.

利用代数基本定理, 我们还可以得出一个关于非负的实系数多项式的表示式的定理.

定理 2.3.8 设 $f(x)$ 是一个非负的实系数多项式, 则 $f(x)$ 一定可表示成两个实系数多项式的平方和的形式.

证明 由于 $f(x)$ 是非负的, 因此它的一次因子的方次一定是一个偶数. 因而当把 $f(x)$ 的平方因子都提出去后, 所余的因式就不可能再有实根了. 也就是说我们可把 $f(x)$ 表示成为

$$f(x) = d^2(x) g(x)$$

的形式, 其中 $d(x), g(x)$ 都是实系数多项式, 且 $g(x)$ 没有实根.

由引理 2.3.10 可知 $g(x)$ 的复根是成对出现的, 因此可把 $g(x)$ 表示成下述形式

$$g(x) = (x - \alpha_1)(x - \alpha_2) \cdots (x - \alpha_n)(x - \bar{\alpha}_1) \cdot$$
$$(x - \bar{\alpha}_2) \cdots (x - \bar{\alpha}_n) =$$
$$h(x) \overline{h(x)}$$

设 $h(x) = P(x) + \mathrm{i} Q(x)$, 那么 $\overline{h(x)} = P(x) - \mathrm{i} Q(x)$, 其中 $P(x), Q(x)$ 都是实系数多项式, 因此

$$f(x) = d^2(x) g(x) =$$
$$d^2(x)(P(x) + \mathrm{i} Q(x))(P(x) - \mathrm{i} Q(x)) =$$

$$d^2(x)(P^2(x)+Q^2(x)) =$$
$$(\mathrm{d}P)^2 + (\mathrm{d}Q)^2$$

是两个实系数多项式的平方和.

这个定理中的平方和一般也是无法精确地求出来的,但是即使是近似的表达式,有时也可以转化为精确的表示式,因此还是有实用价值的.

例 2.3.2 证明: $f(x) = x^6 - 10x^5 + 40x^4 - 82x^3 + 91x^2 - 52x + 13$ 是正定的.

证明 我们先利用定理 2.3.7 给出 $f(x)$ 的近似表示式.

在 Matlab 命令窗口中键入以下命令:

Format long
p=[1, -10,40, -82,91, -52,13];
roots(p)

并回车即可得到如下数据:

2.795 261 884 992 54 + 0.159 616 959 862 75i
2.795 261 884 992 54 - 0.159 616 959 862 75i
1.606 963 891 846 08 + 0.746 125 431 245 58i
1.606 963 891 846 08 - 0.746 125 431 245 58i
0.597 774 223 161 38 + 0.413 491 528 617 14i
0.597 774 223 161 38 - 0.413 491 528 617 14i

这些数据即是 $f(x)$ 的复根的近似值. 因此
$$f(x) = (x-\alpha_1)(x-\alpha_2)(x-\alpha_3)(x-\bar{\alpha}_1) \cdot$$
$$(x-\bar{\alpha}_2)(x-\bar{\alpha}_3)$$

其中

$\alpha_1 = 2.795\ 261\ 884\ 992\ 54 + 0.159\ 616\ 959\ 862\ 75i$

$\alpha_2 = 1.606\ 963\ 891\ 846\ 08 + 0.746\ 125\ 431\ 245\ 58i$

$\alpha_3 = 0.597\ 774\ 223\ 161\ 38 + 0.413\ 491\ 528\ 617\ 14i$

第 2 章 多项式

因而
$$h(x) = x^3 - (\alpha_1 + \alpha_2 + \alpha_3)x^2 +$$
$$(\alpha_1\alpha_2 + \alpha_2\alpha_3 + \alpha_3\alpha_1)x - \alpha_1\alpha_2\alpha_3 =$$
$$x^3 - (5.000\,000\,000\,000\,000 +$$
$$1.319\,233\,919\,725\,47i)x^2 +$$
$$(6.629\,810\,932\,522\,90 +$$
$$4.703\,827\,190\,421\,97i)x -$$
$$(1.645\,496\,955\,253\,96 +$$
$$3.208\,167\,665\,545\,24i)$$

于是
$$P(x) = x^3 - 5x^2 + 6.629\,810\,932\,522\,90x -$$
$$1.645\,496\,955\,253\,96$$
$$Q(x) = -(1.319\,233\,919\,725\,47x^2 -$$
$$4.703\,827\,190\,421\,97x +$$
$$3.208\,167\,665\,545\,24)$$

而
$$f(x) = P^2(x) + Q^2(x)$$

这样我们就得到了 $f(x)$ 的正定的近似表示式.

虽然这只是一个近似的表示式,但是它还是给我们不少有用的线索.首先,如果我们要想精确地求出这一表示式,我们可从上式得知,它的形式是
$$f(x) = (x^3 - px^2 + qx - r)^2 + (\alpha x^2 - \beta x + \gamma)^2 =$$
$$x^6 - 2px^5 + (p^2 + 2q + \alpha^2)x^4 -$$
$$(2pq + 2r + 2\alpha\beta)x^3 +$$
$$(q^2 + 2pr + \beta^2 + 2\alpha\gamma)x^2 -$$
$$(2qr + 2\beta\gamma)x + r^2 + \gamma^2$$

对照上式和 $f(x)$ 的系数即可得出 $p, q, r, \alpha, \beta, \gamma$ 必须满足下述的方程组

Euclid 的遗产 —— 从整数到 Euclid 环

$$2p = 10, \quad p = 5$$
$$p^2 + 2q + \alpha^2 = 40$$
$$2pq + 2r + 2\alpha\beta = 82, pq + r + \alpha\beta = 41$$
$$q^2 + 2pr + \alpha^2 + 2\alpha\gamma = 91$$
$$2qr + 2\beta\gamma = 52, qr + \beta\gamma = 26$$
$$r^2 + \gamma^2 = 13$$

上面这个方程组当然是不可能精确地解出来的，因为你消元后，他肯定就化成原来的 6 次方程. 但是我们现在已经有了这个方程组的近似解. 于是就可考虑先拿几个近似解作出发点，看是否能精确地解出其他解.

通过观察上面的方程组，我们发现，如果假定 α 和 β 为已知，并且选取四次方和奇数次方的系数作为方程组（因为已经假定两个未知数为已知，方程组的方程就需要减少两个才能保持适定）. 就可将其余的未知数精确地解出来. 这样虽然总体上说，我们得到的仍是一组近似解，但只要是这组近似解满足下述两个不等式

$$q^2 + 2pr + \beta^2 + 2\alpha\gamma < 91$$
$$r^2 + \gamma^2 < 13$$

则由于这两个不等式原来都是偶数次方的系数，因此我们就可把 $f(x)$ 精确地表示成一些偶数次方的和，因而现在已是精确地证明了 $f(x)$ 的正定性.

从直觉上来说，我们相信，只要取足够精确的不足近似值或过剩近似值，上述要求是一定可以达到的. 事实上，经过试验，也确实如此. 至于如何取近似值，利用我们已经讲过的连分数理论是不难获得合适的近似值的. 于是最后我们获得通过一组近似解所得的精确表示式为

$$f(x) = (x^3 - 5x^2 + qx - r)^2 + (\alpha x^2 - \beta x + \gamma)^2 + hx^2 + k$$

其中

$$p = \frac{2\,494\,350\,015}{371\,226\,752}, \quad q = \frac{2\,494\,350\,015}{371\,226\,752}$$

$$r = \frac{38\,606\,917\,420\,590\,974}{22\,222\,817\,897\,050\,489}, \quad \alpha = \frac{17\,025}{13\,624}$$

$$\beta = \frac{2\,745\,875\,683\,028\,574\,226\,589}{605\,527\,342\,058\,831\,724\,272}, \quad \gamma = \frac{10\,603}{3\,356}$$

$$h = \frac{1\,141\,986\,350\,028\,202\,042\,589\,996\,820\,690\,333\,145\,829\,281\,965\,578\,537}{57\,100\,346\,932\,656\,156\,469\,418\,716\,190\,689\,196\,597\,799\,700\,929\,560\,576}$$

$$k = \frac{11\,272\,010\,677\,261\,141\,998\,525\,534\,793\,470\,503}{5\,562\,143\,116\,860\,505\,295\,352\,570\,239\,976\,723\,095\,056}$$

至于如何求出实根乃至复根的近似值,有多少个实根,如何估计实根的界限等问题,在一门叫作"计算数学"的学科中专家们做着专门的研究,本书就不讨论这些问题了.

利用实系数多项式的分解式我们还可以得出把有理分式化简为部分分式的定理.

引理 2.3.15 设 $\dfrac{f(x)}{g(x)}$ 是整环 F 上的有理分式 (即 $f(x), g(x) \in F[x]$),$g(x) = g_1(x) g_2(x)$,其中 $g_1(x), g_2(x)$ 既约(即 $(g_1(x), g_2(x)) = \varepsilon$,$\varepsilon$ 是 F 中的单位元),则 $\dfrac{f(x)}{g(x)}$ 可以表示为 $a\dfrac{f(x)}{g(x)} = \dfrac{c_1 u(x)}{b_1 g_1(x)} + \dfrac{c_2 v(x)}{b_2 g_2(x)}$ 的形式,其中 $a, b_1, b_2, c_1, c_2 \in F$.

证明 前面已证多项式环既是可分解环又是欧几里得环,因此在 $F[x]$ 中既约的多项式就是互素的多项式,这也就是说必存在两个多项式 $u_1(x)$,

$v_1(x) \in F[x]$ 使得
$$a(u_1 g_1 + u_2 g_2) = \varepsilon$$
因而
$$\frac{af}{bg} = \frac{\varepsilon f(u_1 g_1 + v_1 g_2)}{b g_1 g_2} = \frac{\varepsilon f v_1}{b g_1} + \frac{\varepsilon f u_1}{b g_2} = \frac{c_1 u}{b_1 g_1} + \frac{c_2 v}{b_2 g_2}$$
这就证明了引理.

引理 2.3.16 设 $p(x)$ 是整环 F 上的不可约多项式,则有理分式 $\dfrac{f(x)}{p^m(x)}, m \geqslant 1$ 可表示成
$$a_0 \frac{f(x)}{p^m(x)} = b_0 f_0(x) + \frac{c_1 f_1(x)}{b_1 p(x)} + \frac{c_2 f_2(x)}{b_2 p^2(x)} + \cdots +$$
$$\frac{c_m f_m(x)}{b_m p^m(x)}$$
$$\deg f_i < \deg p, i = 1, 2, \cdots, m$$
的形式,其中 $a_0, b_0, b_1, \cdots, b_m, c_1, \cdots, c_m \in F$.

证明 用 $p(x)$ 去除 $f(x)$,由整环中的带余数除法得
$$\lambda_1 f(x) = \mu_1 q_1(x) p(x) + f_m(x)$$
再用 $p(x)$ 去除 $q_1(x)$,得
$$\lambda_2 q_1(x) = \mu_2 q_2(x) p(x) + f_{m-1}(x), \cdots$$
如此下去,直到
$$\lambda_m q_{m-1}(x) = \mu_m f_0(x) p(x) + f_{m-1}(x)$$
把上面的式子合起来就有
$$a_0 f(x) = b_0 f_0(x) p^m(x) + b_1 f_1(x) p^{m-1}(x) + \cdots +$$
$$b_{m-1} f_{m-1}(x) p(x) + b_m f_m(x)$$
由此就得出引理.

通常把形如 $\dfrac{u(x)}{p^m(x)}, \deg u < \deg p$ 的分式称为简单分式.利用这一术语就可把有理分式的分解叙述成

第 2 章　多项式

定理 2.3.8　环 F 上的每个有理分式都可以表示成一个多项式与一些简单分式的线性组合.

证明　由于环 F 上的每个不恒等于常数的多项式 $g(x)$ 都可以分解成
$$g(x) = c p_1^{r_1}(x) p_2^{r_2}(x) \cdots p_s^{r_s}(x)$$
所以应用引理 2.3.15 和引理 2.3.16 就得到定理.

在具体应用上述定理时,由于定理已保证了分解的存在性,所以可以直接假定上述分解式成立,再利用待定系数法之类的方法即可得出所要的分解式.

例 2.3.3　在 $Z[x]$ 中把 $\dfrac{4x^2+4x-11}{(2x-1)(2x+3)(2x-5)}$ 分解成部分分式.

解　首先在 $Q[x]$ 中将此分式分解得到
$$\frac{4x^2+4x-11}{(2x-1)(2x+3)(2x-5)} = \frac{\frac{1}{2}x^2+\frac{1}{2}x-\frac{1}{8}}{\left(x-\frac{1}{2}\right)\left(x+\frac{3}{2}\right)\left(x-\frac{5}{2}\right)} = \frac{A}{x-\frac{1}{2}} + \frac{B}{x+\frac{3}{2}} + \frac{C}{x-\frac{5}{2}}$$

把分母去掉,就得到一个恒等式
$$\frac{1}{2}x^2+\frac{1}{2}x-\frac{1}{8} = A\left(x+\frac{3}{2}\right)\left(x-\frac{5}{2}\right) +$$
$$B\left(x-\frac{1}{2}\right)\left(x-\frac{5}{2}\right) +$$
$$C\left(x-\frac{1}{2}\right)\left(x+\frac{3}{2}\right)$$

在此恒等式中分别令 $x = \dfrac{1}{2}, -\dfrac{3}{2}, \dfrac{5}{2}$ 即得 $A = \dfrac{1}{4}$,

$B=-\dfrac{1}{8}, C=\dfrac{3}{3}$. 由此即得到在 $Q[x]$ 中的分解式如下

$$\frac{4x^2+4x-11}{(2x-1)(2x+3)(2x-5)} = \frac{\frac{1}{4}}{x-\frac{1}{2}} - \frac{\frac{1}{8}}{x+\frac{3}{2}} + \frac{\frac{3}{8}}{x-\frac{5}{2}}$$

现在把所得的分解式中分子分母中的数的分母去掉,就得到在 $Z[x]$ 中的分解式如下

$$\frac{4x^2+4x-11}{(2x-1)(2x+3)(2x-5)} = \frac{1}{2(2x-1)} - \frac{1}{4(2x+3)} + \frac{3}{4(2x-5)}$$

例 2.3.4 在 $R[x]$ 中把分式 $\dfrac{1}{x^2(1+x^2)^2}$ 分解成部分分式.

解

$$\frac{1}{x^2(1+x^2)^2} = \frac{(1+x^2)-1}{x^2(1+x^2)^2} =$$

$$\frac{1}{x^2(1+x^2)} - \frac{1}{(1+x^2)^2} =$$

$$\frac{(1+x^2)-1}{x^2(1+x^2)} - \frac{1}{(1+x^2)^2} =$$

$$\frac{1}{x^2} - \frac{1}{1+x^2} - \frac{1}{(1+x^2)^2}$$

把分式分解成部分分式的一个直接目的是计算此分式的积分. 然而在积分的计算过程中, 人们发现, 实际上为计算有理分式的积分, 可直接将其积分的有理部分求出来, 因而可大大简化计算. 这称为分离积分的

第 2 章　多项式

有理部分.

设有即约的真分式 $\dfrac{P}{Q}$, 又设它的分母已分解成素因式

$$Q(x) = (x-a)^k \cdots (x^2 + px + q)^m$$

于是这个分式的积分可以表示成分式

$$\frac{A_1}{x-a} + \frac{A_2}{(x-a)^2} + \cdots + \frac{A_k}{(x-a)^k}$$

和

$$\frac{M_1 x + N_1}{x^2 + px + q} + \frac{M_2 x + N_2}{(x^2 + px + q)^2} + \cdots + \frac{M_m x + N_m}{(x^2 + px + q)^m}$$

的积分的和. 如果 k(或 m) 大于 1, 则由积分公式可知, 除 $\dfrac{A_1}{x-a}$ 和 $\dfrac{M_1 x + N_1}{x^2 + px + q}$ 之外, 其余各项的积分仍得到有理分式, 因此最后的积分的形式为

$$\int \frac{P(x)}{Q(x)} \mathrm{d}x = \frac{P_1(x)}{Q_1(x)} + \int \frac{P_2(x)}{Q_2(x)} \mathrm{d}x$$

其中 $\dfrac{P_1(x)}{Q_1(x)}$ 就是积分 $\int \dfrac{P(x)}{Q(x)} \mathrm{d}x$ 的有理部分. 由于它是由上面所分离出的一部分有理部分相加而得到的, 所以它首先是一个真分式, 而它的分母有分解式

$$Q_1(x) = (x-a)^{k-1} \cdots (x^2 + px + q)^{m-1} \cdots$$

至于留在积分号里面的分式, 由于它们本来就是真分式的一部分, 所以也是真分式, 并且

$$Q_2(x) = (x-a) \cdots (x^2 + px + q) \cdots$$

显然 $Q = Q_1 Q_2$. 公式

$$\int \frac{P(x)}{Q(x)} \mathrm{d}x = \frac{P_1(x)}{Q_1(x)} + \int \frac{P_2(x)}{Q_2(x)} \mathrm{d}x$$

称为奥斯特洛格拉德斯基公式. 取微分后,可把它表示成等价的形式

$$\frac{P}{Q} = \left(\frac{P_1}{Q_1}\right)' + \frac{P_2}{Q_2}$$

在实际计算时,如果已知 Q 的分解式,那么根据上面所讲的法则,Q_1, Q_2 就可以立刻写出. 但是即使不知道 Q 的分解式,Q_1 也可以确定. 这是由于 Q' 包含 Q 的所有素因式(请自己验证),只是其中素因式的方次数少 1,所以 Q_1 其实就是 Q' 和 Q 的最大公因式,因而可由 Q' 和 Q 定出. 一旦知道了 Q_1,由 $Q=Q_1 Q_2$ 例用除法即可求出 Q_2. 求出 Q_1, Q_2 后,P_1, P_2 就可用待定系数法求出.

例 2.3.5 分离积分 $\int \dfrac{4x^4 + 4x^3 + 16x^2 + 12x + 8}{(x+1)^2(x^2+1)^2} \mathrm{d}x$ 的有理部分.

解

$$Q_1 = Q_2 = (x+1)(x^2+1) = x^3 + x^2 + x + 1$$

因此可设

$$\frac{4x^4 + 4x^3 + 16x^2 + 12x + 8}{(x^3 + x^2 + x + 1)^2} =$$

$$\left(\frac{ax^2 + bx + c}{x^3 + x^2 + x + 1}\right)' + \frac{dx^2 + ex + f}{x^3 + x^2 + x + 1}$$

由此

$$4x^4 + 4x^3 + 16x^2 + 12x + 8 =$$
$$(2ax+b)(x^3 + x^2 + x + 1) -$$
$$(ax^2 + bx + c)(3x^2 + 2x + 1) +$$
$$(dx^2 + ex + f)(x^3 + x^2 + x + 1)$$

把右边展开,对照两边同类项的系数就得出

$x^5 : d = 0$ (因此在下面的计算中一律把 d 换成 0)

$x^4: -a+e=4$

$x^3: -2b+e+f=4$

$x^2: a-b-3c+e+f=16, a=-1, b=1, c=-4$

$x^1: 2a-2c+e+f=12, d=0, e=3, f=3$

$x^0: b-c+f=8$

于是得到

$$\int \frac{4x^4+4x^3+16x^2+12x+8}{(x+1)^2(x^2+1)^2}dx = -\frac{x^2-x+4}{x^3+x^2+x+1}+3\int \frac{dx}{x^2+1}$$

例 2.3.6 分离积分 $\displaystyle\int \frac{2x^4-4x^3+24x^2-40x+20}{(x-1)(x^2-2x+2)^3}dx$ 的有理部分.

解 $Q_1=(x^2-2x+2)^2, Q_2=(x-1)(x^2-2x+2)$

于是

$$\frac{2x^4-4x^3+24x^2-40x+20}{(x-1)(x^2-2x+2)^3} = \left(\frac{ax^3+bx^2+cx+d}{(x^2-2x+2)^2}\right)' + \frac{e}{x-1} + \frac{fx+g}{x^2-2x+2}$$

由此得出

$2x^4-4x^3+24x^2-40x+20=$
$(3ax^2+2bx+c)(x^2-2x+2)(x-1)-$
$(ax^3+bx^2+cx+d)\cdot 2(2x-2)(x-1)+$
$(fx+g)(x-1)(x^2-2x+2)^2$

与例 2.3.5 类似,可导出方程组

$x^6: e+f=0$

$x^5: -a-6e-5f+g=0$

$x^4: -a-2b+18e+12f-5g=2$

$x^3: 8a+2b-3c-32e-16f+12g=-4$
$x^2: -6a+4b+5c-4d+36e+12f-16g=24$
$x^1: -4b+8d-24e-4f+12g=-40$
$x^0: -2c-4d+8e-4g=20$

由此解出 $a=2, b=-6, c=8, d=-9, e=2, f=-2,$ $g=4$，因而

$$\frac{2x^4-4x^3+24x^2-40x+20}{(x-1)(x^2-2x+2)^3}=$$
$$\left(\frac{2x^3-6x^2+8x-9}{(x^2-2x+2)^2}\right)'+\frac{2}{x-1}-\frac{2x-4}{x^2-2x+2}$$

习题 2.3

1. 设 $f(z)=u(x,y)+\mathrm{i}v(x,y), z=x+\mathrm{i}y$ 是定义在 D 上的复变函数，证明：如果 $u(x,y), v(x,y)$ 在 (x_0,y_0) 点处可微，并且满足柯西-黎曼条件
$$u_x(x_0,y_0)=v_y(x_0,y_0), v_x(x_0,y_0)=-u_y(x_0,y_0)$$
则 $f(z)$ 在 $z_0=x_0+\mathrm{i}y_0 \in D$ 处可微.

2. (1) 验证 $f(z)=\sqrt{|xy|}$ 在 $z=0$ 处满足柯西-黎曼条件；

(2) 证明：$f(z)$ 在 $z=0$ 处不可导；

(3) (1) 与 (2) 是否矛盾？

3. 求 $f(x)$ 和 $g(x)$ 的最大公因式

(1) $f(x)=x^4+x^3-3x^2-4x-1, g(x)=x^3+x^2-x-1$；

(2) $f(x)=x^4-4x^3+1, g(x)=x^3-3x^2+1$；

(3) $f(x)=x^4-10x^2+1, g(x)=x^4-4\sqrt{2}x^3+6x^2+4\sqrt{2}x+1$.

4. 求 $u(x), v(x)$ 使得 $u(x)f(x)+v(x)g(x)=$

$(f(x),g(x))$.

(1) $f(x)=x^4+2x^3-x^2-4x-2, g(x)=x^4+x^3-x^2-2x-2$；

(2) $f(x)=4x^4-2x^3-16x^2+5x+9, g(x)=2x^3-x^2-5x+4$；

(3) $f(x)=3x^3-2x^2+x+2, g(x)=x^2-x-1$；

(4) $f(x)=x^4-x^3-4x^2+4x+1, g(x)=x^2-x-1$；

(5) $f(x)=x^4, g(x)=(1-x)^4$.

5. 证明：如果 $f(x),g(x)$ 不全为零，且 $u(x)f(x)+v(x)g(x)=(f(x),g(x))$，则 $(u(x),v(x))=1$.

6. 证明：如果 $\dfrac{f(x)}{(f(x),g(x))},\dfrac{g(x)}{(f(x),g(x))}$ 的次数都大于零，就可选出 $u(x),v(x)$ 使得

$$u(x)f(x)+v(x)g(x)=(f(x),g(x))$$

且

$$\deg u(x) < \deg \frac{g(x)}{(f(x),g(x))}$$

$$\deg v(x) < \deg \frac{f(x)}{(f(x),g(x))}$$

7. 设 $f(x)=x^3+(1+t)x^2+2x+2u, g(x)=x^3+tx^2+u$ 的最大公因式是一个二次多项式，求 t,u 的值.

8. 设 $p(x)$ 是次数大于零的多项式. 证明：如果对于任何多项式 $f(x),g(x)$，由 $p(x)\mid f(x)g(x)$ 可以得出 $p(x)\mid f(x)$ 或 $p(x)\mid g(x)$，则 $p(x)$ 必是不可约多项式.

9. 证明：次数大于零的多项式是一个不可约多项式的方幂的充分必要条件是对任意的多项式必有

$(f(x),g(x))=1$ 或者对某一个正整数 m, $f(x)\mid g(x)^m$.

10. 证明:次数大于零的多项式是一个不可约多项式的方幂的充分必要条件是对任意的多项式 $g(x)$, $h(x)$, 由 $f(x)\mid g(x)h(x)$ 必可推出有 $f(x)\mid g(x)$ 或者对某一个正整数 $m, f(x)\mid h(x)^m$.

11. 在实数域上,把下列分式分解成部分分式

(1) $\dfrac{3x+4}{x^2+3x+2}$ (2) $\dfrac{x^2-1}{x^4+3x^2-4}$

(3) $\dfrac{3x-7}{(x-2)^3}$ (4) $\dfrac{1}{(x^4-1)^2}$

(5) $\dfrac{x^6}{(x+1)(x^2+1)^2}$

12. 分出下列分式积分的有理部分

(1) $\dfrac{x}{(x-1)^2(x+1)^3}$ (2) $\dfrac{1}{(x^3+1)^2}$

(3) $\dfrac{1}{(x^2+1)^3}$ (4) $\dfrac{x^2}{(x^2+2x+2)^2}$

(5) $\dfrac{1}{(x^4+1)^2}$ (6) $\dfrac{1}{(x^4-1)^3}$

(7) $\dfrac{x^2+3x-2}{(x-1)(x^2+x+1)^2}$ (8) $\dfrac{x^2+1}{(x^4+x^2+1)^2}$

(9) $\dfrac{1}{(x^3+x+1)^3}$ (10) $\dfrac{4x^5-1}{(x^5+x+1)^2}$

13. 证明: $y=2x^4-1.2x^3-2x^2+1$ 是正定的.

14. 证明: $y=x^4-6x^2+4x+16.25$ 是正定的.

15. 证明: $y=x^6-x^5+x^4-x^3+x^2-x+1$ 是正定的.

16. 证明: $y=x^6-7x^5+21x^4-35x^3+35x^2-21x+7$ 是正定的.

2.4 重根和公根

在本节中,均设所讨论的多项式是在实数域上或复数域上定义的.

定义 2.4.1　如果在多项式 $f(x)$ 的唯一分解式中不可约多项式 $p(x)$ 的指数为 $k, k > 1$,则称 $p(x)$ 为多项式 $f(x)$ 的 k 重因式. 否则称 $p(x)$ 为 $f(x)$ 的单因式.(不考虑 $k = 0$ 的情况,因为这时 $p(x)$ 根本不是 $f(x)$ 的因式)

引理 2.4.1　不可约多项式 $p(x)$ 是多项式 $f(x)$ 的 k 重因式的充分必要条件是 $p^k(x) \mid f(x)$ 而 $p^{k+1}(x) \nmid f(x)$.

证明　充分性:如果 $p^k(x) \mid f(x)$ 而 $p^{k+1}(x) \nmid f(x)$,那么因为 $p(x)$ 是不可约多项式,因此在 $f(x)$ 的唯一分解式中必含有 $p(x)$,设 $p(x)$ 的指数为 r,那么显然,$k \leqslant r < k+1$,因而只能有 $r = k$,这就证明了 $p(x)$ 是多项式 $f(x)$ 的 k 重因式.

必要性:反之,设 $p(x)$ 是多项式 $f(x)$ 的 k 重因式,那么在 $f(x)$ 的唯一分解式中 $p(x)$ 的指数为 k,那么由分解式的唯一性就显然得出 $p^k(x) \mid f(x)$ 而 $p^{k+1}(x) \nmid f(x)$.

为了判断多项式 $f(x)$ 是否有重因式,我们引进下述概念.

定义 2.4.2　设多项式 $f(x)$ 为 $f(x) = a_0 x^n + a_1 x^{n-1} + \cdots + a_n$,则多项式 $a_0 n x^{n-1} + a_1(n-1) x^{n-2} + \cdots + a_{n-1}$ 称为 $f(x)$ 的微商,记为 $f'(x)$.

定义 2.4.3　$f'(x)$ 称为 $f(x)$ 的一阶微商，$f'(x)$ 的微商称为 $f(x)$ 的二阶微商，记为 $f''(x)$. 一般的，如果已经定义了 $f(x)$ 的 k 阶微商，并把它记为 $f^{(k)}(x)$，那么我们定义 $f^{(k)}(x)$ 的微商为 $f(x)$ 的 $k+1$ 阶微商，并把它记为 $f^{(k+1)}(x)$.

微商和导数这些概念显然是来源于数学分析. 不过数学家们也是有各自的研究领域的，有些数学家愿意尽可能地用本领域的范围内的知识来解决本领域的问题.（当然也有些数学家不在乎用什么范围内的知识）我觉得这也不是什么怪癖. 因为如果本来可以用一个系统内的工具去解决问题，你却要突然从另一个系统内去取一个工具来用，就显得有点乱，我不是认为不可以这样做，而是觉得，如果不是非这样不可，就不必这样做（除非你还有其他特别的原因，例如证明特别简单之类）. 我们通过定义多项式的微商，可以从形式上完全避免用数学分析的方法来讨论问题，但仍能够利用数学分析中的概念和结果.

引理 2.4.2　多项式的微商有以下性质：
(1) $(f(x)+g(x))'=f'(x)+g'(x)$；
(2) $(cf(x))'=cf'(x)$；
(3) $(f(x)g(x))'=f'(x)g(x)+f(x)g'(x)$；
(4) $(f^m(x))'=mf^{m-1}(x)f'(x)$.

定理 2.4.1　如果不可约多项式 $p(x)$ 是 $f(x)$ 的 $k(k>1)$ 重因式，那么 $p(x)$ 就是 $f(x)$ 的微商 $f'(x)$ 的 $k-1$ 重因式.

证明　由于 $p(x)$ 是 $f(x)$ 的 k 重因式，因此根据定义就可把 $f(x)$ 写成 $f(x)=p^k(x)g(x)$ 的形式，其中 $p(x)$ 不能整除 $g(x)$. 因此

第 2 章 多项式

$$f'(x) = kp^{k-1}(x)p'(x)g(x) + p^k(x)g'(x) =$$
$$p^{k-1}(x)(kg(x)p'(x) + p(x)g'(x))$$

这就说明 $p^{k-1}(x) \mid f'(x)$. 令 $h(x) = kg(x)p'(x) + p(x)g'(x)$，那么 $p(x)$ 整除 $p(x)g'(x)$ 项，但是由于 $p(x)$ 不能整除 $g(x)$，$p(x)$ 不能整除 $p'(x)$（因为 $p'(x)$ 的次数比 $p(x)$ 的次数小 1），所以 $p(x)$ 不能整除 $kg(x)p'(x)$（否则由于 $p(x)$ 是不可约多项式，将得出 $p(x) \mid g(x)$ 或 $p(x) \mid p'(x)$）. 这就说明 $p^k(k) \nmid f'(x)$，因此 $p(x)$ 是 $f'(x)$ 的 $k-1$ 重因式.

由此定理可以得出

定理 2.4.2

(1) 如果不可约多项式 $p(x)$ 是 $f(x)$ 的 k 重因式，那么 $p(x)$ 是
$$f(x), f'(x), \cdots, f^{(k-1)}(x)$$
的因式，但不是 $f^{(k)}(x)$ 的因式；

(2) 不可约多项式 $p(x)$ 是 $f(x)$ 的重因式的充分必要条件是 $p(x)$ 是 $f(x)$ 和 $f'(x)$ 公因式；

(3) 多项式 $f(x)$ 没有重因式的的充分必要条件是 $f(x)$ 和 $f'(x)$ 互素.

证明 (1) 由定理 2.4.1 得出 $p(x)$ 是 $f'(x)$ 的 $k-1$ 重因式，$f''(x)$ 的 $k-2$ 重因式，$\cdots$，$f^{(k-1)}(x)$ 的 1 重因式，这就证明了 $p(x)$ 是 $f(x), f'(x), \cdots, f^{(k-1)}(x)$ 的因式.

$p(x)$ 是 $f^{(k-1)}(x)$ 的 1 重因式即 $p(x)$ 是 $f^{(k-1)}(x)$ 的单因式，因此 $f^{(k-1)}(x)$ 可写成
$$f^{(k-1)}(x) = p(x)g(x)$$
的形式，其中 $p(x)$ 不能整除 $g(x)$. 因此
$$f^{(k)}(x) = p'(x)g(x) + p(x)g'(x)$$

$p(x)$ 整除 $p(x)g'(x)$ 项,但是由于 $p(x)$ 不能整除 $g(x)$,$p(x)$ 不能整除 $p'(x)$,所以 $p(x)\nmid p'(x)g(x)$,这就说明 $p^k(x)\nmid f^{(k)}(x)$.

(2) 由定理 2.4.1 知 $f(x)$ 的重因式必须是 $f'(x)$ 的因式,反之不可约多项式 $p(x)$ 如果是 $f'(x)$ 的因式,那么由(1)中最后的证明可知 $p(x)$ 不可能是 $f(x)$ 的单因式(用同样的方法也可证明 $p(x)$ 根本不是 $f(x)$ 的因式),因此必是 $f(x)$ 的重因式.

(3) 由(2)即可得出.

本来按照重因式的定义,我们需要把 $f(x)$ 的唯一分解式求出来才能知道一个不可约多项式 $p(x)$ 是不是它的重因式.但是由于并没有一般地去求一个多项式的唯一分解式的方法,所以用这个方法去判断一个不可约多项式 $p(x)$ 是不是 $f(x)$ 的重因式是行不通的.然而定理 2.4.2 却告诉我们,这个问题可以通过一种初等的代数运算,也就是辗转相除法来判断,不仅如此,利用辗转相除法还可以把多项式的各个不同重数的因式分离出来.

由余数定理我们知道 α 是 $f(x)$ 的根的充分必要条件是 $x-\alpha\mid f(x)$.由此我们可以给重根一个严格的定义.

定义 2.4.4 如果 $x-\alpha$ 是 $f(x)$ 的 k 重因式,则称 α 是 $f(x)$ 的 k 重根.当 $k=1$ 时,α 称为单根;当 $k>1$ 时,α 称为重根.

上面我们已经得出了不可约多项式 $p(x)$ 是 $f(x)$ 的重因式的充分必要条件是 $p(x)$ 是 $f(x)$ 和 $f'(x)$ 公因式;这就提出了求 $f(x)$ 和 $f'(x)$ 公因式或公根的问题,虽然这一问题已可由辗转相除法解决,但是我们现

第 2 章 多项式

在更一般地提出两个完全无关的多项式
$$f(x)=a_0x^m+a_1x^{m-1}+\cdots+a_m, \quad m>0$$
和
$$g(x)=b_0x^n+b_1x^{n-1}+\cdots+b_n, \quad n>0$$
有无公根的问题,并且希望给出一个判据(因为多项式完全由它的系数确定,因此这个问题也完全由 $f(x)$ 和 $g(x)$ 的系数所确定).

在《Gauss 的遗产——从等式到同余式》第 5 章中,我们已经定义了结式的概念,并证明了结式完全由 $f(x)$ 和 $g(x)$ 的系数所确定.

我们现在的目的是求出用 $f(x)$ 和 $g(x)$ 的系数表出的结式的公式.

定理 2.4.3

$$R(f,g)=\Delta(m,n)=\begin{vmatrix} a_0 a_1 \cdots a_m & & & \\ & a_0 a_1 \cdots a_m & & \\ & & \cdots & \\ & & & a_0 a_1 \cdots a_m \\ b_0 b_1 \cdots b_n & & & \\ & b_0 b_1 \cdots b_n & & \\ & & \cdots & \\ & & & b_0 b_1 \cdots b_n \end{vmatrix}$$

(上面的行列式前 n 行由 $f(x)$ 的系数组成,后 m 行由 $g(x)$ 的系数组成)

证明 对 $f(x)$ 的次数实行数学归纳法.

当 $m=1$ 时
$$f(x)=a_0x+a_1, a_0\neq 0$$
$$g(x)=b_0x^n+b_1x^{n-1}+\cdots+b_n, b_0\neq 0$$
这时 $f(x)$ 的唯一的根是 $\alpha=-\dfrac{a_1}{a_0}$,而

$$\Delta(1,n) = \begin{vmatrix} a_0 & a_1 & & & \\ & a_0 & a_1 & & \\ & & \ddots & \ddots & \\ & & & a_0 & a_1 \\ b_0 & b_1 & \cdots & b_{n-1} & b_n \end{vmatrix}$$

用 α 乘上面的行列式的第一列后加到第二列上, 再用 α 乘所得的行列式的第二列后加到第三列上, ……, 最后再用 α 乘所得的行列式的第 n 列后加到第 $n+1$ 列上. 那么所得的行列式中的元素 a_1 都被消去 (也就是原来是 a_1 的地方现在都是 0). 而最后一行的元素依次等于

$$b_0, b_0\alpha + b_1, \cdots, b_0\alpha^{n-1} + b_1\alpha^{n-2} + \cdots + b_{n-1},$$
$$b_0\alpha^n + b_1\alpha^{n-1} + \cdots + b_n = g(\alpha)$$

也就是说行列式 $\Delta(1,n)$ 所对应的矩阵变成了一个下三角阵,因而 $\Delta(1,n)$ 的值就等于它的对角线元素的乘积.

$$\Delta(1,n) = \begin{vmatrix} a_0 & & & & \\ & a_0 & & & \\ & & \ddots & & \\ & & & a_0 & \\ b_0 & b_0\alpha + b_1 & \cdots & & g(\alpha) \end{vmatrix} = a_0^n g(\alpha) = R(f,g)$$

因此定理中的公式对 $m=1$ 的情况成立.

现在假设定理中的公式对 $m=k$ 的情况成立. 那么当 $m=k+1$ 时

$$f(x) = a_0 x^{k+1} + a_1 x^k + \cdots + a_{k+1}$$

设 $f(x) = a_0 x^{k+1} + a_1 x^k + \cdots + a_{k+1}$ 的根是 $\alpha_1, \alpha_2, \cdots, \alpha_k, \alpha$, 那么又可设 $f(x) = (x-\alpha)\overline{f}(x)$, $\overline{f}(x) = a_0 x^k + c_1 x^{k-1} + \cdots + c_k$. 显然 $\overline{f}(x)$ 的根是 $\alpha_1, \alpha_2, \cdots, \alpha_k$. 比较

$f(x) = a_0 x^{k+1} + a_1 x^k + \cdots + a_{k+1}$ 和 $f(x) = (x - \alpha)\overline{f(x)}, \overline{f(x)} = a_0 x^k + c_1 x^{k-1} + \cdots + c_k$，这两种 $f(x)$ 的表示式的系数就可得到

$$a_1 = c_1 - a_0\alpha, a_2 = c_2 - c_1\alpha, \cdots,$$
$$a_k = c_k - c_{k-1}\alpha, a_{k+1} = -c_k\alpha$$

于是

$$\Delta(k+1,n) = \begin{vmatrix} a_0 & c_1 - a_0\alpha & \cdots & c_k - c_{k-1}\alpha & -c_k\alpha & & & \\ & a_0 & c_1 - a_0\alpha & \cdots & c_k - c_{k-1}\alpha & -c_k\alpha & & \\ & & & \cdots & & & & \\ & & a_0 & c_1 - a_0\alpha & \cdots & c_k - c_{k-1}\alpha & -c_k\alpha & \\ b_0 & b_1 & \cdots & b_n & & & & \\ & b_0 & b_1 & \cdots & b_n & & & \\ & & & \cdots & & & & \\ & & b_0 & b_1 & \cdots & b_n & & \end{vmatrix}$$

用 α 乘上面的行列式的第一列后加到第二列上，再用 α 乘所得的行列式的第二列后加到第三列上，$\cdots$，最后再用 α 乘所得的行列式的第 $n+k$ 列后加到第 $n+k+1$ 列上，并且注意 $b_0\alpha^n + b_1\alpha^{n-1} + \cdots + b_n = g(\alpha)$，我们就得到

$\Delta(k+1,n) =$

$$\begin{vmatrix} a_0 & c_1 & c_2 & \cdots & c_k & & & & \\ & a_0 & c_1 & c_2 & \cdots & c_k & & & \\ & & & \cdots & & & & & \\ & & a_0 & c_1 & c_2 & \cdots & c_k & & \\ b_0 & b_0\alpha+b_1 & \cdots & g(\alpha) & \alpha g(\alpha) & \cdots & \alpha^{k-1}g(\alpha) & \alpha^k g(\alpha) \\ & b_0 & b_0\alpha+b_1 & \cdots & g(\alpha) & \alpha g(\alpha) & \cdots & \alpha^{k-2}g(\alpha) & \alpha^{k-1}g(\alpha) \\ & & & \cdots & & & & & \\ & & b_0 & b_0\alpha+b_1 & \cdots & & \cdots & & g(\alpha) \end{vmatrix}$$

再用 $-\alpha$ 乘第 $n+2$ 行加到第 $n+1$ 行上,用 $-\alpha$ 乘第 $n+3$ 行加到第 $n+2$ 行上,…,最后用 $-\alpha$ 乘第 $n+k+1$ 行加到第 $n+k$ 行上,那么 $\Delta(k+1,n)$ 就成为

$$\Delta(k+1,n) = \begin{vmatrix} a_0 & c_1 & \cdots & c_k & & & \\ & a_0 & c_1 & \cdots & c_k & & \\ & & & \cdots & & & \\ & & & a_0 & c_1 & \cdots & c_k \\ b_0 & b_1 & \cdots & b_n & & & \\ & b_0 & b_1 & \cdots & b_n & & \\ & & & \cdots & & & \\ & & b_0 & b_1 & \cdots & b_n & \\ & & & b_0 & b_0\alpha+b_1 & \cdots & g(\alpha) \end{vmatrix}$$

把上面的行列式按最后一列展开(注意在最后一列中,只有最后一行的元素 $g(\alpha)$ 不是 0,其余各行的元素都是 0)就得到

$$\Delta(k+1,n) = (-1)^{k+1+n+k+1+n} g(\alpha) M = g(\alpha) M$$

这里 M 是上面的行列式中位于左上角的 $(n+k) \times (n+k)$ 个元素组成的行列式,经过观察可以发现,M 正好就是由 $\bar{f}(x)$ 和 $g(x)$ 的系数组成的行列式 $\bar{\Delta}(k,n)$. 而按照归纳法假设有

$$\bar{\Delta}(k,n) = R(\bar{f},g) = a_0^n g(\alpha_1) g(\alpha_2) \cdots g(\alpha_k)$$

因此

$$\Delta(k+1,n) = g(\alpha) M = g(\alpha) \bar{\Delta}(k,n) =$$
$$a_0^n g(\alpha) g(\alpha_1) g(\alpha_2) \cdots g(\alpha_k) =$$
$$R(f,g)$$

这就是说,定理中的公式对 $m=k+1$ 的情况也成立,因而我们用数学归纳法就证明了定理.

定理 2.4.4 结式有以下性质:

第2章 多项式

(1) $R(f,g) = (-1)^{mn} R(g,f)$；

(2) $R(f, g_1 g_2) = R(f, g_1) R(f, g_2)$，$R(f_1 f_2, g) = R(f_1, g) R(f_2, g)$；

(3) $R(f, cg) = c^m R(f, g)$，其中 c 是一个常数，m 是 $f(x)$ 的次数；$R(cf, g) = c^n R(f, g)$，其中 c 是一个常数，n 是 $g(x)$ 的次数；

(4) 设 $g(x)$ 的次数为 n，根为 $\beta_1, \beta_2, \cdots, \beta_n$。如果 $\lambda f(x) = g(x) q(x) + r(x)$，则

$$R(g, f) = \frac{1}{\lambda^n} R(g, r)$$

$$R(f, g) = \frac{1}{\lambda^n} R(r, g)$$

证明 (1) 设 $a_0 \neq 0, f(x) = a_0 x^m + a_1 x^{m-1} + \cdots + a_m$ 的所有根是 $\alpha_1, \alpha_2, \cdots, \alpha_m, b_0 \neq 0, g(x) = b_0 x^n + b_1 x^{n-1} + \cdots + b_n$ 的所有根是 $\beta_1, \beta_2, \cdots, \beta_n$，则

$$R(f, g) = a_0^n b_0^m \prod_{i=1}^{m} \prod_{j=1}^{n} (\alpha_i - \beta_j)$$

上面的连乘号之后共有 mn 个括弧(因为每一个 α_i 要与 n 个 β_j 搭配，而共有 m 个 α_i)，因此

$$R(f, g) = a_0^n b_0^m \prod_{i=1}^{m} \prod_{j=1}^{n} (\alpha_i - \beta_j) =$$

$$(-1)^{mn} a_0^n b_0^m \prod_{j=1}^{n} \prod_{i=1}^{m} (\beta_j - \alpha_i) =$$

$$(-1)^{mn} R(g, f)$$

(2) 设 $f(x), g_1(x)$ 和 $g_2(x)$ 的次数分别为 m, r, s，且设 $f(x)$ 的首项系数为 a_0，根为 $\alpha_1, \alpha_2, \cdots, \alpha_m$，则由定理 5.3.5 得出
$R(f, g_1 g_2) =$
$a_0^{r+s} g_1(\alpha_1) g_2(\alpha_1) g_1(\alpha_2) g_2(\alpha_2) \cdots g_1(\alpha_m) g_2(\alpha_m) =$

$$a_0^r g_1(\alpha_1) g_1(\alpha_2) \cdots g_1(\alpha_m) a_0^s g_2(\alpha_1) g_2(\alpha_2) \cdots g_2(\alpha_m) =$$
$$R(f,g_1) R(f,g_2).$$

另一个式子同理可证.

(3) 在(2)的证明中令 $g_1(x) \equiv c$ 即可. 另一个式子同理可证.

(4) 设 $g(x)$ 的次数为 n,首项系数为 b_0,根为 $\beta_1, \beta_2, \cdots, \beta_n$,则

$$R(g,f) = \frac{1}{\lambda^n} R(g, \lambda f) = \frac{b_0^m}{\lambda^n} \lambda f(\beta_1) \lambda f(\beta_2) \cdots \lambda f(\beta_n) =$$

$$\frac{b_0^m}{\lambda^n} (qg+r)(\beta_1)(qg+r)(\beta_2) \cdots (qg+r)(\beta_n) =$$

$$\frac{b_0^m}{\lambda^n} r(\beta_1) r(\beta_2) \cdots r(\beta_n) = \frac{1}{\lambda^n} R(g,r).$$

我们在《Gauss 的遗产——从等式到同余式》第 5 章中还定义了一个叫作判别式的概念.

定义 2.4.8 设 $f(x) = a_0 x^m + a_1 x^{m-1} + \cdots + a_m$ 的所有根是 $\alpha_1, \alpha_2, \cdots, \alpha_m$,则称

$$D(f) = a_0^{2(m-1)} \prod_{i<j} (\alpha_i - \alpha_j)^2$$

为 $f(x) = a_0 x^m + a_1 x^{m-1} + \cdots + a_m$ 的判别式.

那时我们要根据定义和根与系数的关系去计算判别式,还是比较麻烦的. 现在我们来看一下,是否能用多项式的系数直接来表示判别式.

定理 2.4.5 判别式有如下性质:

(1) $D(f) = (-1)^{\frac{m(m-1)}{2}} \frac{1}{a_0} R(f, f')$;

(2) $D(f)$ 是 $f(x)$ 的系数的整系数多项式;

(3) $D(fg) = R^2(f,g) D(f) D(g)$.

证明 (1) 设 $f(x) = a_0 x^m + a_1 x^{m-1} + \cdots + a_m$ 的

所有根是 $\alpha_1, \alpha_2, \cdots, \alpha_m$,则
$$R(f, f') = a_0^{m-1} f'(\alpha_1) f'(\alpha_2) \cdots f'(\alpha_m)$$
由于
$$f(x) = a_0 (x - \alpha_1)(x - \alpha_2) \cdots (x - \alpha_m)$$
因此 $f'(x)$ 可写成
$$f'(x) = a_0 \sum_{k=1}^{m} (x - \alpha_1) \cdots (x - \alpha_{k-1})(x - \alpha_{k+1}) \cdot \cdots \cdot (x - \alpha_m)$$
于是
$$\begin{aligned}R(f, f') &= a_0^{m-1} f'(\alpha_1) f'(\alpha_2) \cdots f'(\alpha_m) = \\ &\quad a_0^{2m-1} f'(\alpha_1 - \alpha_2)(\alpha_1 - \alpha_3) \cdot \cdots \cdot \\ &\quad (\alpha_1 - \alpha_m)(\alpha_2 - \alpha_1)(\alpha_2 - \alpha_3) \cdot \cdots \cdot \\ &\quad (\alpha_2 - \alpha_m) \cdots (\alpha_m - \alpha_1)(\alpha_m - \alpha_2) \cdot \cdots \cdot \\ &\quad (\alpha_m - \alpha_{m-1})\end{aligned}$$

在上面的乘积中,对于任意一对不考虑次序关系的指数 i, j,都出现两个与之相应的因子 $\alpha_i - \alpha_j$ 和 $\alpha_j - \alpha_i$,它们的乘积等于 $-(\alpha_i - \alpha_j)^2$. 由于上面的乘积中带括弧的项共有 m 行,每行有 $m-1$ 个括弧,因此共有 $\dfrac{m(m-1)}{2}$ 个满足条件 $n \geqslant i > j \geqslant 1$ 的指标对子,因而
$$\begin{aligned}R(f, f') &= (-1)^{\frac{m(m-1)}{2}} a_0 a_0^{2(m-1)} \prod_{n \geqslant i > j \geqslant 1} (\alpha_i - \alpha_j)^2 = \\ &\quad (-1)^{\frac{m(m-1)}{2}} a_0 D(f)\end{aligned}$$
由此就得出
$$D(f) = (-1)^{\frac{m(m-1)}{2}} \frac{1}{a_0} R(f, f')$$

(2) $D(f)$ 中只有一个在分母中的字母,就是 a_0,根据 $R(f, f')$ 的定义可知,在 $R(f, f')$ 的第一列中共有两个 a_0,其余的元素都是零,因此根据行列式的性

质,我们可以把 $R(f,f')$ 第一列中的 a_0 提出来,行列式的符号不变,而提出 a_0 后,行列式中的元素显然都是 1 或 $f(x)$ 的系数和 $f'(x)$ 的系数的整系数多项式,因而 $\frac{1}{a_0}R(f,f')$ 仍是 $f(x)$ 的系数的整系数多项式,这就证明了(2)的结论.

(3) 设 $f(x)=a_0x^m+a_1x^{m-1}+\cdots+a_m$,$f(x)$ 的所有根为 $\alpha_1,\alpha_2,\cdots,\alpha_m$,$g(x)=b_0x^n+b_1x^{n-1}+\cdots+b_n$,$g(x)$ 的所有根为 $\beta_1,\beta_2,\cdots,\beta_n$,那么由(1)已证的式子和定理 2.4.4(4)中的公式就得到

$$D(fg)=(-1)^{\frac{(m+n)(m+n-1)}{2}}\frac{1}{a_0b_0}R(fg,(fg)')=$$

$$(-1)^{\frac{(m+n)(m+n-1)}{2}}\frac{1}{a_0b_0}R(fg,f'g+fg')=$$

$$(-1)^{\frac{(m+n)(m+n-1)}{2}}\frac{1}{a_0b_0}R(f,f'g+fg')\cdot$$

$$R(g,f'g+fg')=$$

$$(-1)^{\frac{(m+n)(m+n-1)}{2}}\frac{1}{a_0b_0}R(f,f'g)R(g,fg')=$$

$$(-1)^{\frac{(m+n)(m+n-1)}{2}}\frac{1}{a_0b_0}R(f,f')R(f,g)\cdot$$

$$R(g,f)R(g,g')=$$

$$(-1)^{\frac{(m+n)(m+n-1)}{2}}\frac{1}{a_0b_0}(-1)^{\frac{m(m-1)}{2}}a_0(-1)^{\frac{n(n-1)}{2}}\cdot$$

$$b_0(-1)^{mn}R^2(f,g)D(f)D(g)=$$

$$(-1)^{(m+n)(m+n-1)}R^2(f,g)D(f)D(g)=$$

$$R^2(f,g)D(f)D(g)$$

利用判别式的性质,可以得出

定理 2.4.6

(1) 设 $f(x)$ 为实系数多项式,$D(f)$ 是 $f(x)$ 的判

第 2 章 多项式

别式,那么

当 $D(f)<0$ 时,方程 $f(x)=0$ 无重根,且有奇数对共轭复根;

当 $D(f)=0$ 时,方程 $f(x)=0$ 有重根;

当 $D(f)>0$ 时,方程 $f(x)=0$ 无重根,且有偶数对共轭复根.

(2) 设 $f(x)$ 是三次多项式,则

当 $D(f)<0$ 时,方程 $f(x)=0$ 有一个实根和一对共轭复根;

当 $D(f)=0$ 时,方程 $f(x)=0$ 有重根;

当 $D(f)>0$ 时,方程 $f(x)=0$ 有三个不同的实根.

(3) 设 $f(x)$ 是四次多项式,则

当 $D(f)<0$ 时,方程 $f(x)=0$ 有两个不同的实根和一对共轭复根;

当 $D(f)=0$ 时,方程 $f(x)=0$ 有重根;

当 $D(f)>0$ 时,方程 $f(x)=0$ 有四个不同的实根或两对共轭复根.

证明 (1) 首先写出一次多项式的判别式,设 $f(x)=a_0 x+a_1$,次数是 1,那么 $f'(x)=a_0$,次数是 0. 于是根据结式的定义,$R(f,f')$ 是一个 $1+0$ 阶行列式,且 $f(x)$ 的系数出现 0 行(也就是根本不出现),$f'(x)$ 的系数出现 1 行,因而

$$R(f,f')=|a_0|=a_0$$

$$D(f)=(-1)^{\frac{1(1-1)}{2}}\frac{1}{a_0}R(f,f')=\frac{1}{a_0}a_0=1$$

所以实系数的一次多项式的判别式恒等于 1.

在《Gauss 的遗产——从等式到同余式》第 5 章中，我们已求出二次多项式 $a_0 x^2 + a_1 x + a_2$ 的判别式是 $a_1^2 - 4a_0 a_2$，并且从中学就知道，如果二次多项式的根是一对共轭复根，则它的判别式就是一个负数.

现在我们来证明(1)的结论.

根据判别式的定义显然可知 $D(f) = 0$ 的充分必要条件是 $f(x)$ 有重根.

如果 $D(f) \neq 0$，那么 $f(x)$ 的根都是单根. 由于 $f(x)$ 是实系数多项式，所以它的复根是成对出现的. 把 $f(x)$ 的每一对共轭复根凑成一对，就可得到一个二次多项式，它的判别式是一个负数，于是我们可把 $f(x)$ 分解为以下形式

$$f(x) = a_0 p_1 p_2 \cdots p_r q_1 q_2 \cdots q_s$$

其中，$p_i, i = 1, 2, \cdots, r$ 都是实系数一次多项式，$q_i, i = 1, 2, \cdots, s$ 都是实系数二次多项式. 且 $p_1, p_2, \cdots, p_r$，$q_1, q_2, \cdots, q_s$ 两两无公根，$q_1, q_2, \cdots, q_s$ 的判别式都是负数.

由定理 2.4.5 中的公式 $D(fg) = R^2(f, g) D(f) D(g)$ 可得

$$D(f) = R^2 D(p_1) D(p_2) \cdots D(p_r) D(q_1) D(q_2) \cdots D(q_s) = R^2 D(q_1) D(q_2) \cdots D(q_s)$$

其中，R 是一些结式的乘积. 由于 $p_1, p_2, \cdots, p_r, q_1, q_2, \cdots, q_s$ 两两无公根，所以这些结式都不等于 0. 这就是说 $D(f)$ 的符号由 $f(x)$ 的共轭复根的对数确定，当 $f(x)$ 的共轭复根的对数是奇数时，$D(f) < 0$，当 $f(x)$ 的共轭复根的对数是偶数时，$D(f) > 0$，并且反过来也成立. 这就证明了(1)的结论.

（2），(3) 由于三次多项式最多只能有一对共轭复根,四次多项式最多只能有两对共轭复根,因此根据(1)就容易得出(2)，(3)的结论.

习题 2.4

1. 证明:如果 $f(x),g(x)$ 互素,则 $f(x^m),g(x^m)$ 也互素.

2. 证明:$x^n+ax^{n-m}+b$ 不可能有重数大于 2 的非零根.

3. 证明:$1+x+\dfrac{x^2}{2!}+\cdots+\dfrac{x^n}{n!}$ 没有重根.

4. 证明:如果 α 是 $f'''(x)$ 的 k 重根,则 α 是 $g(x)=\dfrac{x-\alpha}{2}[f'(x)+f'(\alpha)]-f(x)+f(\alpha)$ 的 $k+3$ 重根.

5. 证明:α 是 $f(x)$ 的 k 重根的充分必要条件是 $f(\alpha)=f'(\alpha)=\cdots=f^{(k-1)}(\alpha)=0,f^{(k)}(\alpha)\neq 0$

6. 举例说明命题"如果 α 是 $f'(x)$ 的 k 重根,则 α 是 $f(x)$ 的 $k+1$ 重根"不成立.

7. 判别 $x^5-5x^4+7x^3-2x^2+4x-8$ 有没有重因式.

8. 证明:如果$(x-1)\mid f(x^n)$,则 $(x^n-1)\mid f(x^n)$.

9. 证明:如果$(x^2+x+1)\mid f_1(x^3)+xf_2(x^3)$,则 $(x-1)\mid f_1(x),(x-1)\mid f_2(x)$.

10. 证明:如果 $f(x)\mid f(x^n)$,则 $f(x)$ 的根只能是零或单位根.

2.5 整数的函数(Ⅲ)

2.5.1 高斯和

高斯和是高斯在 1801 年提出的,当时他正在研究这个和的某些性质,并利用这个概念对二次互反律给出了好几种证明(这一结果和代数基本定理是高斯最得意也是最出名的结果之一,因此对这两个结果,高斯都给出了好几个证明). 高斯自己说,从 1805 年起,他一直在研究三次剩余和四次剩余. 由于当时还看不出如何证明这些结果,他一直企图找出更多的证明二次互反律的方法,以便在其中发现一些可以推广到证明高次互反律的方法. 结果高斯的第四个和第六个证明确实被高斯成功地用于高次互反律的研究.

高斯和的符号是一个出名的难题,高斯在 1801 年他自己的数学笔记中记下了这个问题,但是直到四年后,即 1805 年才找出了证明的方法. 他在 1805 年 9 月给奥尔博斯(Olbers)的信中写道:他由于无法确定这个和的符号而十分烦恼,他苦苦思索了一个星期也没有找出成功的解决这个问题的方法,但是就像电光石火突然一闪一样一下子就解决了这一问题.(参见 K. Ireland and M. Rosen, A Classical Introduction to Modern Number Theory(K. 伊利兰德和 M. 罗森,当代数论的经典导引),2 nd ed.,Springer — Verlag, New York,1990).

现在,经过许多数学家,特别是克罗内克

第 2 章　多项式

(Kronecker),舒尔(Schur)和梅尔滕斯(Mertens)的研究和整理,高斯和的性质与符号已经有许多种简捷的证明方法.但正如许多历史上曾经困惑过大数学家的问题一样,高斯和的研究仍在数论的发展史上占据着一席之地,现在所知的确定高斯和的符号的无论哪一种方法,或者需要一定的巧妙技巧,或者需要某种敏锐的眼光,无论你使用哪种方法,这个问题都绝不是一道思考一阵即可判断出解题路线的习题.即使到今天,一个人在不知道答案之前,要想独立地确定高斯和的符号仍是一个困难的问题,如果有人可以做到这点,那我们只能祝贺他确实有一定的数学才能.我猜测,历史上第一个接触和研究这个问题的人,一定是先做了大量的实验,先猜到了答案,第二步才是去想如何证明这一猜测,而后来的研究者则是在已知答案的基础上,精心设计出或更简捷,或更有条理的漂亮证法.本书为了节省篇幅和简明易懂,采取了舒尔的方法,而不顾这种证法是否自然而易于想出了.

以下均设 p 是一个素数,$z=\mathrm{e}^{\frac{2\pi i}{p}}$,$\left(\dfrac{a}{p}\right)$ 表示勒让德(Legendre) 符号.

定义 2.5.1.1　称 $g_n = \displaystyle\sum_{a=0}^{p-1} \left(\dfrac{a}{p}\right) z^{an}$ 为 n 次高斯和.

引理 2.5.1.1
$$\sum_{a=0}^{p-1} z^{an} = \begin{cases} p & \text{如果 } n \equiv 0 \pmod{p} \\ 0 & \text{如果 } n \not\equiv 0 \pmod{p} \end{cases}$$

证明　如果 $n \equiv 0 \pmod{p}$,那么 $n = kp$,因而
$$z^n = z^{kp} = (z^p)^k = 1^n = 1$$
则

$$\sum_{a=0}^{p-1} z^{an} = \sum_{a=0}^{p-1} (z^n)^a = \sum_{a=0}^{p-1} 1 = p$$

如果 $n \not\equiv 0 \pmod{p}$，那么 $z^n \neq 1$，因此

$$\sum_{a=0}^{p-1} z^{an} = 1 + z^n + \cdots + z^{(p-1)n} =$$

$$\frac{z^{pn} - 1}{z^n - 1} = \frac{(z^p)^n - 1}{z^n - 1} =$$

$$\frac{1 - 1}{z^n - 1} = 0.$$

引理 2.5.1.2

$$\frac{1}{p} \sum_{k=0}^{p-1} z^{k(a-b)} = \delta(a, b) = \begin{cases} 1 & \text{如果 } a \equiv b \pmod{p} \\ 0 & \text{如果 } a \not\equiv b \pmod{p} \end{cases}$$

证明 由引理 2.5.1.1 直接得出.

引理 2.5.1.3 设 p 是一个奇素数，则 $\sum_{a=0}^{p-1} \left(\dfrac{a}{p}\right) = 0$.

证明 引理中的和式中共有 p 项，其中第一项是 $\left(\dfrac{0}{p}\right) = 0$，其余 $p-1$（注意 $p-1$ 是偶数）项中，平方剩余项和非平方剩余项的个数相同，因此有 $\dfrac{p-1}{2}$ 项等于 $+1$，有 $\dfrac{p-1}{2}$ 项等于 -1，因此所有的项的总和等于 0.

引理 2.5.1.4 设 $g_n = \sum_{a=0}^{p-1} \left(\dfrac{a}{p}\right) z^{an}$，$g = \sum_{a=0}^{p-1} \left(\dfrac{a}{p}\right) z^a$，则 $g_n = \left(\dfrac{n}{p}\right) g$.

证明 如果 $n \equiv 0 \pmod{p}$，那么对所有的 a 就都有

$$z^{na} = (z^n)^a = 1$$

因此就有

$$g_n = \sum_{a=0}^{p-1} \left(\frac{a}{p}\right) = 0 = \left(\frac{0}{p}\right)g$$

如果 $n \not\equiv 0 \pmod{p}$，那么当 a 遍历 p 的完全剩余系时，$b = an$ 也遍历 p 的完全剩余系，因而有

$$\left(\frac{n}{p}\right)g_n = \left(\frac{n}{p}\right)\sum_{a=0}^{p-1}\left(\frac{a}{p}\right)z^{an} = \sum_{a=0}^{p-1}\left(\frac{an}{p}\right)z^{an} = \sum_{b=0}^{p-1}\left(\frac{b}{p}\right)z^b = g$$

由于 $n \not\equiv 0 \pmod{p}$，故 $\left(\frac{n}{p}\right)^2 = 1$，因而在上式两边都乘以 $\left(\frac{n}{p}\right)$ 就得出

$$g_n = \left(\frac{n}{p}\right)^2 g_n = \left(\frac{n}{p}\right)g.$$

引理 2.5.1.5 $g^2 = \left(\frac{-1}{p}\right)p = (-1)^{\frac{p-1}{2}}p = \begin{cases} p & \text{当 } p \equiv 1 \pmod 4 \text{ 时} \\ -p & \text{当 } p \equiv 3 \pmod 4 \text{ 时} \end{cases}.$

证明 我们有

$$g_n g_{-n} = \left(\frac{n}{p}\right)\left(\frac{-n}{p}\right)g^2 = \left(\frac{-1}{p}\right)g^2$$

因此一方面有

$$\sum_{n=0}^{p-1} g_n g_{-n} = \sum_{n=1}^{p-1} g_n g_{-n} = \sum_{n=1}^{p-1}\left(\frac{-1}{p}\right)g^2 = \left(\frac{-1}{p}\right)(p-1)g^2$$

另一方面又有

$$g_n g_{-n} = \sum_{a=0}^{p-1}\left(\frac{a}{p}\right)z^{an}\sum_{b=0}^{p-1}\left(\frac{b}{p}\right)z^{-bn} =$$

$$\sum_{a=0}^{p-1}\sum_{b=0}^{p-1}\left(\frac{a}{p}\right)\left(\frac{b}{p}\right)z^{n(a-b)}$$

因而又有

$$\sum_{n=0}^{p-1}g_n g_{-n} = \sum_{n=1}^{p-1}g_n g_{-n} = \sum_{n=1}^{p-1}\sum_{a=0}^{p-1}\sum_{b=0}^{p-1}\left(\frac{a}{p}\right)\left(\frac{b}{p}\right)z^{n(a-b)} =$$

$$\sum_{a=0}^{p-1}\sum_{b=0}^{p-1}\left(\frac{a}{p}\right)\left(\frac{b}{p}\right)\sum_{n=1}^{p-1}z^{n(a-b)} =$$

$$\sum_{a=0}^{p-1}\sum_{b=0}^{p-1}\left(\frac{a}{p}\right)\left(\frac{b}{p}\right)\delta(a,b)p =$$

$$\sum_{a=1}^{p-1}\left(\frac{a}{p}\right)^2 p = \sum_{a=1}^{p-1}p = p(p-1)$$

对照上面两方面的结果即得

$$\left(\frac{-1}{p}\right)(p-1)g^2 = p(p-1)$$

$$\left(\frac{-1}{p}\right)g^2 = p$$

两边同乘以 $\left(\frac{-1}{p}\right)$ 就得出

$$g^2 = \left(\frac{-1}{p}\right)p$$

引理得证.

现在,我们已确定了高斯和的绝对值,为了确定它的符号,我们还需下面的准备工作.

引理 2.5.1.6 $\displaystyle\sum_{0\leqslant l<k\leqslant n-1}(k+l) = \frac{n(n-1)^2}{2}$.

证明 当 $n=2$ 时,命题显然成立. 现假设命题对自然数 n 成立,那么对自然数 $n+1$,我们有

$$\sum_{0\leqslant l<k\leqslant n}(k+l) = \sum_{0\leqslant l<k\leqslant n-1}(k+l) + \sum_{k=n}(k+l) =$$

$$\frac{n(n-1)^2}{2} + (0+n) +$$

第 2 章　多项式

$$(1+n)+\cdots+((n-1)+n)=\frac{n^2(n+1)}{2}$$

因此命题对自然数 $n+1$ 也成立,因而由数学归纳法就证明了引理.

引理 2.5.1.7　同余式方程 $x^2 \equiv a(\bmod p)$ 的解数是 $1+\left(\dfrac{a}{p}\right)$.

证明　如果 a 是模 p 的平方剩余,那么 $x^2 \equiv a(\bmod p)$ 有解,且解数为 2,按照定义,这时 $\left(\dfrac{a}{p}\right)=1$,因此 $x^2 \equiv a(\bmod p)$ 的解数是 $1+\left(\dfrac{a}{p}\right)$.

如果 a 是模 p 的非平方剩余,那么 $x^2 \equiv a(\bmod p)$ 无解,故解数为 0,按照定义,这时 $\left(\dfrac{a}{p}\right)=-1$,因此 $x^2 \equiv a(\bmod p)$ 的解数仍是 $1+\left(\dfrac{a}{p}\right)$.

综合以上两种情况的讨论,无论在哪种情况下方程 $x^2 \equiv a(\bmod p)$ 的解数都是 $1+\left(\dfrac{a}{p}\right)$,这就证明了引理.

引理 2.5.1.8　设 n 是一个正整数,p 是一个奇素数,$(n,p)=1$ 则

$$\sum_{a=0}^{p-1} z^{na^2} = \left(\frac{n}{p}\right)g$$

特别当 $n=1$ 时,有

$$g=\sum_{a=0}^{p-1} z^{a^2}$$

证明　由引理 2.5.1.7 可知 $a^2 \equiv b(\bmod p)$ 的解

数是 $1+\left(\dfrac{b}{p}\right)$,因此

$$\sum_{a=0}^{p-1} z^{na^2} = \sum_{b=0}^{p-1}\left(1+\left(\dfrac{b}{p}\right)\right)z^{nb} = \sum_{b=0}^{p-1} z^{bn} + \sum_{b=0}^{p-1}\left(\dfrac{b}{p}\right)z^{bn}$$

由于 $(n,p)=1$,故当 b 遍历 $0,1,\cdots,p-1$ 时,z^{bn} 就遍历 $1,z,\cdots,z^{p-1}$,因而

$$\sum_{b=0}^{p-1}\left(\dfrac{b}{p}\right)z^{bn} = 1+z+\cdots+z^{p-1} = 0$$

令 $c=bn$,则 $b=\dfrac{c}{n}$

$$\left(\dfrac{n}{p}\right)g = \left(\dfrac{n}{p}\right)\sum_{c=0}^{p-1}\left(\dfrac{c}{p}\right)z^c =$$

$$\left(\dfrac{n}{p}\right)\sum_{b=0}^{p-1}\left(\dfrac{bn}{p}\right)z^{bn} =$$

$$\sum_{b=0}^{p-1}\left(\dfrac{n}{p}\right)\left(\dfrac{bn}{p}\right)z^{bn} =$$

$$\sum_{b=0}^{p-1}\left(\dfrac{b}{p}\right)\left(\dfrac{n^2}{p}\right)z^{bn} =$$

$$\sum_{b=0}^{p-1}\left(\dfrac{b}{p}\right)z^{bn} = \sum_{a=0}^{p-1} z^{na^2}$$

定理 2.5.1.1 (高斯定理)设 p 是一个奇素数,$z=\mathrm{e}^{\frac{2\pi i}{p}}$,$g=\displaystyle\sum_{a=0}^{p-1}\left(\dfrac{a}{p}\right)z^a$,则

$$g = \begin{cases} \sqrt{p} & \text{如果 } p \equiv 1 \pmod 4 \\ i\sqrt{p} & \text{如果 } p \equiv 3 \pmod 4 \end{cases}$$

证明 (舒尔)(注意:本证法需要用到基本的高等代数知识,包括矩阵及其运算和矩阵的特征多项式的概念和性质,范德蒙(Vandermonde)矩阵和范德蒙行列式的性质).

考虑 $p\times p$ 矩阵 $\boldsymbol{A}=(z^{kl})$,$0\leqslant k,l\leqslant p-1$,那么

第 2 章 多项式

根据引理 2.5.1.8 就有

$$g = \sum_{a=0}^{p-1} z^{a^2} = \operatorname{tr} \boldsymbol{A} = \sum_{k=1}^{p} \lambda_k$$

其中 $\lambda_1, \lambda_2, \cdots, \lambda_p$ 是 $\boldsymbol{A}$ 的特征值.

可以说,这是一个极为睿智的观察和眼光,以下我们将会看到,高斯和的全部信息,包括高斯和的绝对值和符号全部都包含在这个矩阵之中(当然,为了从这个矩阵中提取这些信息,还需要一些技巧,但是看出这一点就决定了这个证法的大方向和路线.)

由于 $\boldsymbol{A}$ 的元素都是单位根,因此把 g 看成 $\boldsymbol{A}$ 的迹还有一个好处,那就是对 $\boldsymbol{A}$ 进行各种运算,尤其是乘法时,往往可以消掉大量的元素.

$\boldsymbol{A}^2$ 的第 u 行第 v 列的元素是 $b_{u+v} = \sum_{k=0}^{p-1} z^{k(u+v)}$,其中

$$b_m = \sum_{k=0}^{p-1} z^{km} = \begin{cases} p & \text{当 } p \mid m \text{ 时} \\ 0 & \text{当 } p \nmid m \text{ 时} \end{cases}$$

注意我们有

$$\sum_{k=1}^{p} \lambda_k^2 = \operatorname{tr} \boldsymbol{A}^2 = \sum_{k=0}^{p-1} b_{2k} = p$$

以及

$$(\boldsymbol{A}^4)_{kl} = \sum_{t=0}^{p-1} b_{k+t} b_{l+t} = \begin{cases} p^2 & \text{当 } k = l \text{ 时} \\ 0 & \text{当 } k \neq l \text{ 时} \end{cases}$$

因而就有

$$\boldsymbol{A}^4 = p^2 \boldsymbol{I}$$

对最简单的 $p = 3$ 的情况,我们有

$$z = \mathrm{e}^{\frac{2\pi \mathrm{i}}{3}} = \cos \frac{2\pi}{3} + \mathrm{i} \sin \frac{2\pi}{3} = \frac{-1 + \sqrt{3}\,\mathrm{i}}{2}$$

$$1 + z + z^2 = 0, \quad z^3 = 1$$

$$A = \begin{pmatrix} 1 & 1 & 1 \\ 1 & z & z^2 \\ 1 & z^2 & z \end{pmatrix}, \quad A^2 = \begin{pmatrix} 3 & 0 & 0 \\ 0 & 3 & 0 \\ 0 & 0 & 3 \end{pmatrix}$$

A^4 的特征多项式是 $(\lambda - p^2)^p$,它的全部根是

$$\lambda_1^4 = p^2, \lambda_2^4 = p^2, \cdots, \lambda_p^4 = p^2$$

因而有

$$\lambda_k = i^{\alpha_k} \sqrt{p}$$

其中 $\alpha_k = 0, 1, 2$ 或 3.

设 m_r 表示使得 $\alpha_k = r$ 的指数 α_k 的个数,其中 $r = 0, 1, 2$ 或 3.

显然有

$$m_0 + m_1 + m_2 + m_3 = p \qquad (1)$$

由 $\lambda_k = i^{\alpha_k} \sqrt{p}$ 可知

$$g = \sum_{k=1}^{p} \lambda_k = \sum_{k=1}^{p} i^{\alpha_k} \sqrt{p} = \sqrt{p}(m_0 + im_1 - m_2 - im_3)$$

由引理 2.5.1.5 可知,$g^2 = p$,所以必须有

$$|m_0 - m_2 + (m_1 - m_3)i|^2 =$$
$$(m_0 - m_2)^2 + (m_1 - m_3)^2 = 1$$

换句话说,我们或者有 $m_0 - m_2 = \pm 1, m_1 = m_3$,或者有 $m_0 = m_2, m_1 - m_3 = \pm 1$.因此必有

$$g = \varepsilon \eta \sqrt{p}$$

其中 $\varepsilon = 1$ 或 -1,$\eta = 1$ 或 i,因而有

$$m_0 + im_1 - m_2 - im_3 = \varepsilon \eta \qquad (2)$$
$$m_0 - im_1 - m_2 + im_3 = \overline{\varepsilon \eta} = \varepsilon \eta^{-1} \qquad (3)$$

又由 $\operatorname{tr} A^2 = \sum_{k=1}^{p} \lambda_k^2 = p$ 得出

$$m_0 - m_1 + m_2 - m_3 = 1 \qquad (4)$$

等式(1),(2),(3),(4)构成一个关于未知数 m_0,

m_1, m_2, m_3 的线性方程组
$$Bx = y$$
其中
$$B = \begin{pmatrix} 1 & 1 & 1 & 1 \\ 1 & i & -1 & -i \\ 1 & -i & 1 & -1 \\ 1 & i & -1 & i \end{pmatrix}$$
$$x = \begin{pmatrix} m_0 \\ m_1 \\ m_2 \\ m_3 \end{pmatrix}, \quad y = \begin{pmatrix} p \\ \varepsilon\eta \\ 1 \\ \varepsilon\eta^{-1} \end{pmatrix}$$

由此得出
$$x = B^{-1} y$$
其中
$$B^{-1} = \frac{1}{4} \begin{pmatrix} 1 & 1 & 1 & 1 \\ 1 & -i & -1 & i \\ 1 & -1 & 1 & -1 \\ 1 & i & -1 & -i \end{pmatrix}$$

通过上式或直接解方程组,我们可以得出 m_0, m_1, m_2, m_3 的表达式如下
$$m_0 = \frac{p + \varepsilon\eta + 1 + \varepsilon\eta^{-1}}{4}$$
$$m_1 = \frac{p - i\varepsilon\eta - 1 + i\varepsilon\eta^{-1}}{4}$$
$$m_2 = \frac{p - \varepsilon\eta + 1 - \varepsilon\eta^{-1}}{4}$$
$$m_3 = \frac{p + i\varepsilon\eta - 1 - i\varepsilon\eta^{-1}}{4}$$

由于 $m_2 = \dfrac{p + 1 - \varepsilon(\eta + \eta^{-1})}{4}$ 是一个整数,这就得出

$$\eta = \begin{cases} 1 & \text{当 } p \equiv 1 (\mathrm{mod}\ 4) \text{ 时} \\ i & \text{当 } p \equiv 3 (\mathrm{mod}\ 4) \text{ 时} \end{cases}$$

现在我们来看 $\mathbf{A}$ 的行列式

$$\det \mathbf{A} = \lambda_1 \cdots \lambda_p =$$
$$(\sqrt{p})^p (i^0)^{m_0} (i^1)^{m_1} (i^2)^{m_2} (i^3)^{m_3} =$$
$$p^{\frac{p}{2}} i^{m_1 + 2m_2 - m_3}$$

从 m_0, m_1, m_2, m_3 的表达式可以得出

$$m_1 + 2m_2 - m_3 = \frac{p + 1 + \varepsilon(-i\eta + i\eta^{-1} - \eta - \eta^{-1})}{2} =$$
$$\begin{cases} \dfrac{p+1}{2} - \varepsilon & \text{当 } p \equiv 1(\mathrm{mod}\ 4) \text{ 时} \\ \dfrac{p+1}{2} + \varepsilon & \text{当 } p \equiv 3(\mathrm{mod}\ 4) \text{ 时} \end{cases}$$

一方面,利用上面的表达式以及公式 $i^\varepsilon = \varepsilon i$ 和 $i^{-\varepsilon} = -\varepsilon i$,分 $p \equiv 1(\mathrm{mod}\ 4)$ 和 $p \equiv 3(\mathrm{mod}\ 4)$ 两种情况容易证明

$$\det \mathbf{A} = p^{\frac{p}{2}} i^{m_1 + 2m_2 - m_3} = p^{\frac{p}{2}} i^{\frac{3(p-1)}{2}}$$

由于无论在 $p \equiv 1(\mathrm{mod}\ 4)$ 还是 $p \equiv 3(\mathrm{mod}\ 4)$ 哪种情况下,我们都有

$$\frac{p(p-1)}{2} - \frac{3(p-1)}{2} = \frac{(p-1)(p-3)}{2} \equiv 0(\mathrm{mod}\ 4)$$

所以

$$i^{\frac{p(p-1)}{2}} = i^{\frac{3(p-1)}{2} + 4k} = i^{\frac{3(p-1)}{2}}$$

因而有

$$\det \mathbf{A} = p^{\frac{p}{2}} i^{m_1 + 2m_2 - m_3} = p^{\frac{p}{2}} i^{\frac{3(p-1)}{2}} = p^{\frac{p}{2}} i^{\frac{p(p-1)}{2}}$$

另一方面,由于 $\mathbf{A}$ 是一个范德蒙矩阵,因此由范德蒙行列式的性质就得出

$$\det \mathbf{A} = \prod_{0 \leqslant l < k \leqslant p-1} (z^k - z^l) =$$

$$\prod_{0\leqslant l<k\leqslant p-1} e^{\frac{\pi i(k+l)}{p}}(e^{\frac{\pi i(k-l)}{p}} - e^{\frac{\pi i(l-k)}{p}})$$

由 $\sum_{0\leqslant l<k\leqslant p-1}(k+l) = \frac{p(p-1)^2}{2}$（引理 2.5.1.6）得出

$$\prod_{0\leqslant l<k\leqslant p-1} z^{k+l} = e^{\frac{\pi i(p-1)^2}{2}} = i^{(p-1)^2} = 1$$

因此就有

$$\det \boldsymbol{A} = \prod_{0\leqslant l<k\leqslant p-1}(e^{\frac{\pi i(k-l)}{p}} - e^{\frac{\pi i(l-k)}{p}}) =$$

$$\prod_{0\leqslant l<k\leqslant p-1}\left(2i\sin\frac{\pi(k-l)}{p}\right) =$$

$$i^{\frac{p(p-1)}{2}}\prod_{0\leqslant l<k\leqslant p-1}\left(2\sin\frac{\pi(k-l)}{p}\right)$$

让以上两种方式得出的 $\det \boldsymbol{A}$ 的两种表达式相等，并在两边消去相同的项就得出

$$p^{\frac{p}{2}}\varepsilon = \prod_{0\leqslant l<k\leqslant p-1}\left(2\sin\frac{\pi(k-l)}{p}\right)$$

由于 $\prod_{0\leqslant l<k\leqslant p-1}\left(2\sin\frac{\pi(k-l)}{p}\right)$ 是正数，因此由上式就得出 $\varepsilon > 0$，因而就有 $\varepsilon = 1$.

这就证明了定理.

2.5.2 高斯和的应用

2.5.2.1 二次互反律

在《Gauss 的遗产——从等式到同余式》第 3 章中，我们已经证明了若 p 是一个奇素数，则 $\left(\frac{2}{p}\right) = (-1)^{\frac{p^2-1}{8}}$，其中 $\left(\frac{2}{p}\right)$ 表示勒让德符号，并对一般的二次互反律给出了一个证明，但是在那里的证明中或者需要一些预备知识，或者证明中多少利用了对几何图

形的观察. 在这一节中,我们将对前一结果给出一个直接的证明并对二次互反律给出一个纯代数的证明.

引理 2.5.2.1.1 设 p 是一个素数,k 是任意小于 p 的正整数. 证明 p 必可整除组合数 C_p^k,并举例说明当 p 不是素数时,此命题不成立.

证明

$$C_p^k = \frac{p!}{k!(p-k)!} = \frac{pA}{BC}$$

其中 $A=(p-1)!, B=k!, C=(p-k)!$.

由于 p 是素数,$1 \leqslant k < p$,故 $1 \leqslant p-k < p$,因而有

$$(1,p)=1, \quad (1,p)=1$$
$$(2,p)=1, \quad (2,p)=1$$
$$\cdots \quad \cdots$$
$$(k,p)=1, \quad (p-k,p)=1$$

由此得出

$$(B,p) = (k!,p) = (1 \cdot 2 \cdots \cdot k, p) = 1$$
$$(C,p) = ((p-k)!,p) = (1 \cdot 2 \cdots \cdot p-k, p) = 1$$

因而有

$$(BC, p) = 1$$

再由 $BC \mid pA, (BC,p)=1$ 就得出 $BC \mid A$,因而 $D = \dfrac{A}{BC}$ 是一个整数. 因此由

$$C_p^k = \frac{pA}{BC} = pD$$

就得出 $p \mid C_p^k$.

如果 p 不是一个素数,则此命题不成立. 例如 $C_4^2 = 6, C_6^4 = 15$,但 $4 \nmid C_4^2, 6 \nmid C_6^4$.

引理 2.5.2.1.2 设 p 是一个素数,则

第 2 章 多项式

$$(a+b)^p \equiv a^p + b^p \pmod{p}$$

证明 由二项式定理和引理 2.5.2.1.1 得出
$$(a+b)^p = a^p + C_p^1 a^{p-1} b + \cdots + C_p^{p-1} ab^{p-1} + b^p \equiv a^p + b^p \pmod{p}$$

推论 2.5.2.1.1 设 p 是一个素数,则
$$(a_1 + a_2 + \cdots + a_n)^p \equiv a_1^p + a_2^p + \cdots + a_n^p \pmod{p}$$

定理 2.5.2.1.1 设 p 是一个奇素数,则
$$\left(\frac{2}{p}\right) = (-1)^{\frac{p^2-1}{8}}$$

证明 设 $z = e^{\frac{\pi i}{4}}, \tau = z + z^{-1}, p$ 是一个任意的奇素数. 那么一方面我们有
$$z^2 = e^{\frac{\pi i}{2}} = i, \quad z^{-2} = -i, z^2 + z^{-2} = 0$$
$$\tau^2 = (z + z^{-1})^2 = z^2 + 2 + z^{-2} = 2$$
$$\tau^{p-1} = (\tau^2)^{\frac{p-1}{2}} = 2^{\frac{p-1}{2}} \equiv \left(\frac{2}{p}\right) \pmod{p}$$
$$\tau^p = \left(\frac{2}{p}\right)\tau$$

所以
$$\left(\frac{2}{p}\right)\tau = \tau^p = (z + z^{-1})^p \equiv z^p + z^{-p} \pmod{p}$$
$$z^p + z^{-p} \equiv \left(\frac{2}{p}\right)\tau \pmod{p}$$

另一方面,我们又有
$$z^4 = -1, z^8 = 1$$

因此,当 $p \equiv \pm 1 \pmod{8}$ 时
$$z^p + z^{-p} = z^{8n \pm 1} + z^{8n \mp 1} =$$
$$(z^8)^n z^{\pm 1} + (z^8)^{-n} z^{\mp 1} =$$
$$z^{\pm 1} + z^{\mp 1} = \tau$$

当 $p \equiv \pm 3 \pmod 8$ 时
$$z^p + z^{-p} = z^{8n\pm 3} + z^{8n\mp 3} =$$
$$(z^8)^n z^{\pm 3} + (z^8)^{-n} z^{\mp 3} =$$
$$z^{\pm 3} + z^{\mp 3} =$$
$$z^3 + z^{-3} =$$
$$-z^{-1} - z = -\tau$$

也就是说
$$z^p + z^{-p} = \begin{cases} \tau & \text{当 } p \equiv \pm 1 \pmod 8 \text{ 时} \\ -\tau & \text{当 } p \equiv \pm 3 \pmod 8 \text{ 时} \end{cases}$$
$$= (-1)^{\frac{p^2-1}{2}} \tau$$

对比以上两方面的结果就得出
$$\left(\frac{2}{p}\right)\tau = (-1)^{\frac{p^2-1}{2}} \tau \pmod p$$

在上式两边都乘以 τ 就有
$$2\left(\frac{2}{p}\right) = 2 \cdot (-1)^{\frac{p^2-1}{2}} \pmod p$$

由于 $(p, 2) = 1$，所以可从上式两边消去 2，由此就得出
$$\left(\frac{2}{p}\right) = (-1)^{\frac{p^2-1}{2}}$$

定理 2.5.2.1.2 （二次互反律）设 p, q 都是奇素数，则
$$\left(\frac{p}{q}\right)\left(\frac{q}{p}\right) = (-1)^{\frac{p-1}{2} \cdot \frac{q-1}{2}}$$

其中 $\left(\frac{p}{q}\right)$ 表示勒让德符号．

证明 设 $p^* = (-1)^{\frac{p-1}{2}} p$，那么一方面根据勒让德符号的意义以及高斯和的定义和性质(引理 2.5.1.5)就有
$$g^{q-1} = (g^2)^{\frac{q-1}{2}} = (p^*)^{\frac{q-1}{2}} = \left(\frac{p^*}{q}\right) \equiv$$

第 2 章　多项式

$$\left(\frac{p^*}{q}\right)(\bmod q)$$

因此有

$$g^q \equiv \left(\frac{p^*}{q}\right)g \,(\bmod q)$$

另一方面,由于 $\left(\frac{a}{p}\right)=\pm 1$,$q$ 是一个奇素数,所以有

$$\left(\frac{a}{p}\right)^q = \left(\frac{a}{p}\right)$$

由推论 2.5.2.1.1. 和引理 2.5.1.4 得出

$$g^q = \left(\sum_{a=1}^{p-1}\left(\frac{a}{p}\right)z^a\right)^q \equiv$$

$$\sum_{a=1}^{p-1}\left(\frac{a}{p}\right)^q z^{aq}\,(\bmod q) \equiv$$

$$\sum_{a=1}^{p-1}\left(\frac{a}{p}\right)z^{aq}\,(\bmod q) \equiv$$

$$g_q\,(\bmod q) \equiv$$

$$\left(\frac{q}{p}\right)g\,(\bmod q)$$

比较以上两方面的结果就有

$$\left(\frac{p^*}{q}\right)g \equiv \left(\frac{q}{p}\right)g\,(\bmod q)$$

在上式两边都乘以 g,并注意 $g^2 = p^*$ 就得出

$$\left(\frac{p^*}{q}\right)p^* \equiv \left(\frac{q}{p}\right)p^*\,(\bmod q)$$

由于 $(p^*, q) = 1$,因而由上式就得出

$$\left(\frac{p^*}{q}\right) \equiv \left(\frac{q}{p}\right)(\bmod q)$$

但由于 $\left(\frac{p^*}{q}\right)$ 和 $\left(\frac{q}{p}\right)$ 都是等于 1 或 -1 的数,因此由上

式就得出

$$\left(\frac{p^*}{q}\right) = \left(\frac{q}{p}\right)$$

以及

$$\left(\frac{p^*}{q}\right) = \left(\frac{(-1)^{\frac{p-1}{2}}p}{q}\right) =$$

$$\left(\frac{(-1)^{\frac{p-1}{2}}}{q}\right)\left(\frac{p}{q}\right) =$$

$$\left(\frac{-1}{q}\right)^{\frac{p-1}{2}}\left(\frac{p}{q}\right) =$$

$$((-1)^{\frac{q-1}{2}})^{\frac{p-1}{2}}\left(\frac{p}{q}\right) =$$

$$(-1)^{\frac{p-1}{2}\cdot\frac{q-1}{2}}\left(\frac{p}{q}\right)$$

由上式和 $\left(\frac{p^*}{q}\right) = \left(\frac{q}{p}\right)$ 就得出

$$(-1)^{\frac{p-1}{2}\cdot\frac{q-1}{2}}\left(\frac{p}{q}\right) = \left(\frac{q}{p}\right)$$

在上式两边都乘以 $\left(\frac{p}{q}\right)$ 就得出

$$\left(\frac{p}{q}\right)\left(\frac{q}{p}\right) = (-1)^{\frac{p-1}{2}\cdot\frac{q-1}{2}}$$

2.5.2.2 一个由高斯和导出的三角恒等式

下面我们用高斯和导出一个三角恒等式,这个三角恒等式由一些三角函数中间连以正负号组成,但是和通常的三角恒等式不同,这些正负号的排列顺序表面上显得毫无规律.对这些三角函数的一些特例,也可以用通常的方法证明,但如果你没有勒让德符号和高斯和的概念,就很难看出这些三角恒等式背后的统一性以及其符号排列的规律.

第 2 章 多项式

引理 2.5.2.2.1 设 p 是一个奇素数,S 是 p 的平方剩余的集合,N 是 p 的非平方剩余的集合,$R=\{0,1,\cdots,p-1\},z=\dfrac{2\pi i}{p}$.

(1) 当 $p\equiv 1(\bmod\ 4)$ 时,有
$$\sum_{a\in S}z^a=\sum_{a\in -S}z^a$$

(2) 当 $p\equiv -1(\bmod\ 4)$ 时,有
$$\sum_{a\in N}z^a=\sum_{a\in -S}z^a$$

证明 (1) 当 $p\equiv 1(\bmod\ 4)$ 时,由勒让德符号的意义以及《Gauss 的遗产——从等式到同余式》中 3.11 节的引理 3.11.3(3) 中的公式
$$\left(\frac{-1}{p}\right)=(-1)^{\frac{p-1}{2}}$$

可知这时有 $\left(\dfrac{-1}{p}\right)=1$,因此如果 $a\in S$,因而 $\left(\dfrac{a}{p}\right)=1$ 的话,则
$$\left(\frac{-a}{p}\right)=\left(\frac{-1}{p}\right)\left(\frac{a}{p}\right)=1$$

这说明 $-a$ 也是 p 的平方剩余.

当 a 遍历 S 时,显然 $-a$ 遍历 $-S$,又显然有 $a\equiv -(p-a)(\bmod\ p)$,所以 S 中的每一个元素必在模 p 下和 $-S$ 中的某一元素同余,反过来 $-S$ 中的每一个元素也必在模 p 下和 $-S$ 中的某一元素同余. 又由于 S 中的元素都小于 p,所以 S 中的元素两两不同余,因而 $-S$ 中的任一元素不可能与 S 中的两个不同的元素都同余,同样 S 中的任一元素也不可能与 $-S$ 中的两个不同的元素都同余. 即 S 与 $-S$ 中元素的同余关系是 1—1 对应的.

由于 $z^p=1$,所以我们又有 $z^{a+kp}=z^a$,即若 $a\equiv b(\bmod p)$,则有 $z^a=z^b$,由此就得出

$$\sum_{a\in S}z^a=\sum_{a\in -S}z^a$$

(2)当 $p\equiv -1(\bmod 4)$ 时,由勒让德符号的意义以及《Gauss 的遗产——从等式到同余式》中 3.11 节引理 3.11.3(3)中的公式

$$\left(\frac{-1}{p}\right)=(-1)^{\frac{p-1}{2}}$$

可知这时有 $\left(\frac{-1}{p}\right)=-1$,因此如果 $a\in N$,因而 $\left(\frac{a}{p}\right)=-1$ 的话,则

$$\left(\frac{-a}{p}\right)=\left(\frac{-1}{p}\right)\left(\frac{a}{p}\right)=1$$

这说明 $-a$ 是 p 的平方剩余.

我们有 $a\equiv -(p-a)(\bmod p)$,所以 N 中的每一个元素必在模 p 下和 $-S$ 中的某一元素同余,反过来 $-S$ 中的每一个元素也必在模 p 下和 N 中的某一元素同余. 又由于 S 中的元素都小于 p,所以 S 中的元素两两不同余,因而 $-S$ 中的任一元素不可能与 N 中的两个不同的元素都同余,同样 N 中的任一元素也不可能与 $-S$ 中的两个不同的元素都同余. 即 N 与 $-S$ 中元素的同余关系是 $1-1$ 对应的. 因此当 a 遍历 N 时,$-a$ 遍历 $-S$.

由于 $z^p=1$,所以我们又有 $z^{a+kp}=z^a$,即若 $a\equiv b(\bmod p)$,则有 $z^a=z^b$,由此就得出

$$\sum_{a\in N}z^a=\sum_{a\in -S}z^a$$

定理 2.5.2.2.1 设 p 是一个奇素数,Q 是 p 的平

方剩余集合,则

(1) 当 $p \equiv 1 \pmod 4$ 时,有
$$\sum_{a \in Q} \cos\left(\frac{2a\pi}{p}\right) = \frac{-1+\sqrt{p}}{2}$$

(2) 当 $p \equiv -1 \pmod 4$ 时,有
$$\sum_{a \in Q} \sin\left(\frac{2a\pi}{p}\right) = \frac{\sqrt{p}}{2} \qquad (1)$$
$$\sum_{a \in Q} \cos\left(\frac{2a\pi}{p}\right) = -\frac{1}{2} \qquad (2)$$

证明 设 $z = \frac{2\pi i}{p}$,Q 是 p 的平方剩余集合,N 是 p 的非平方剩余集合,则
$$g = \sum_{a=1}^{p-1}\left(\frac{a}{p}\right)z^a = \sum_{a \in z^*}\left(\frac{a}{p}\right)z^a =$$
$$\sum_{a \in Q}\left(\frac{a}{p}\right)z^a + \sum_{a \in N}\left(\frac{a}{p}\right)z^a =$$
$$\sum_{a \in Q} z^a - \sum_{a \in N} z^a$$

(1) 当 $p \equiv 1 \pmod 4$ 时,由定理 2.5.1.1(高斯定理)知
$$\sum_{a \in Q} z^a - \sum_{a \in N} z^a = g = \sqrt{p} \qquad (1)'$$

另一方面由于 1 和 z^a 都是 $x^p - 1 = 0$ 的根,所以 1 和 z^a 都是 $\frac{x^p-1}{x-1} = x^{p-1} + x^{p-2} + \cdots + x + 1 = 0$ 的根. 由根与系数的关系又有
$$\sum_{a \in Q} z^a + \sum_{a \in N} z^a = -1 \qquad (2)'$$

$(1)' + (2)'$ 并由引理 2.5.2.2.1(1) 就得出
$$2\sum_{a \in S} z^a = \sum_{a \in S} z^a + \sum_{a \in S} z^a =$$

$$\sum_{a \in S} z^a + \sum_{a \in -S} z^a =$$

$$\sum_{a \in S} (z^a + z^{-a}) =$$

$$2 \sum_{a \in S} \cos\left(\frac{2a\pi}{p}\right)$$

故

$$2 \sum_{a \in S} \cos\left(\frac{2a\pi}{p}\right) = -1 + \sqrt{p}$$

$$\sum_{a \in S} \cos\left(\frac{2a\pi}{p}\right) = \frac{-1 + \sqrt{p}}{2}$$

公式(1) 当 $p \equiv -1 \pmod 4$ 时,由定理 2.5.1.1 (高斯定理) 知

$$g = \sum_{a \in R} \left(\frac{a}{p}\right) z^a = \sum_{a \in Q} \left(\frac{a}{p}\right) z^a + \sum_{a \in N} \left(\frac{a}{p}\right) z^a =$$

$$\sum_{a \in Q} z^a - \sum_{a \in N} z^a = \sum_{a \in Q} z^a - \sum_{a \in -Q} z^a =$$

$$\sum_{a \in Q} (z^a - z^{-a}) = i\sqrt{p}$$

由此得出

$$2i \sum_{a \in Q} \sin\left(\frac{2a\pi}{p}\right) = i\sqrt{p}$$

$$\sum_{a \in Q} \sin\left(\frac{2a\pi}{p}\right) = \frac{\sqrt{p}}{2}$$

(2) 我们有

$$\sum_{a \in Q} z^a + \sum_{a \in N} z^a = \sum_{a \in Q} z^a + \sum_{a \in -Q} z^a =$$

$$\sum_{a \in Q} (z^a + z^{-a}) = -1$$

故

$$\sum_{a \in Q} \cos\left(\frac{2a\pi}{p}\right) = -\frac{1}{2}$$

在上面的定理中,令 $p=11\equiv -1 \pmod 4$ 就得到

$$\sin\frac{2\pi}{11}+\sin\frac{6\pi}{11}+\sin\frac{8\pi}{11}+\sin\frac{10\pi}{11}+\sin\frac{18\pi}{11}=\frac{\sqrt{11}}{2}$$

和

$$\cos\frac{2\pi}{11}+\cos\frac{6\pi}{11}+\cos\frac{8\pi}{11}+\cos\frac{10\pi}{11}+\cos\frac{18\pi}{11}=-\frac{1}{2}$$

用三角公式化简后,由此可以得出

$$\sin\frac{\pi}{11}+\sin\frac{2\pi}{11}+\sin\frac{3\pi}{11}-\sin\frac{4\pi}{11}+\sin\frac{5\pi}{11}=\frac{\sqrt{11}}{2}$$

和

$$\cos\frac{\pi}{11}-\cos\frac{2\pi}{11}+\cos\frac{3\pi}{11}-\cos\frac{4\pi}{11}+\cos\frac{5\pi}{11}=\frac{1}{2}$$

在上面的定理中,令 $p=13\equiv 1 \pmod 4$ 就得到

$$\cos\frac{2\pi}{13}+\cos\frac{6\pi}{13}+\cos\frac{8\pi}{11}+\cos\frac{18\pi}{13}+$$
$$\cos\frac{20\pi}{13}+\cos\frac{24\pi}{13}=\frac{-1+\sqrt{13}}{2}$$

用三角公式化简后,由此可以得出

$$\cos\frac{2\pi}{13}+\cos\frac{6\pi}{13}+\cos\frac{8\pi}{11}=\frac{-1+\sqrt{13}}{4}$$

这些公式中的符号和角的系数都显得没有什么规律,例如在 $p=11$ 的情况中,为什么在正弦的等式中会出现三个加号一个减号? 在 $p=13$ 的情况中,为什么角的系数是 2,6,8? 只有知道了高斯和才能明白这些现象的来历.尽管这些式子也可以利用通常的三角公式去证明,但证明每一个个别的式子时,其过程都不一样,如果不知道高斯和就完全看不出其内在联系来.

多项式的应用

第 3 章

3.1 动力系统奇点的线性稳定性的代数判据

考虑 n 维动力系统

$$\frac{\mathrm{d}X}{\mathrm{d}t} = F(X)$$

并设 X_0 是此系统的奇点或平衡点,即设 $f(X_0)=0$. 又设 A 是此系统的线性部分的系数矩阵,即设

$$A = \frac{\partial F}{\partial X}\bigg|_{X=X_0}$$

而 $f(\lambda)$ 是 A 的特征多项式. 那么在常微分方程理论中已经证明了: X_0 是线性稳定的充分必要条件是 $f(\lambda)$ 的所有的根都具有负实部.

所谓 $f(\lambda)$ 的所有的根都具有负实部的意思并不是指它的所有的根都是复根(事实上,由于我们现在考虑的是实系数的微分方程,因此当 $f(\lambda)$ 的次数是奇数时,$f(\lambda)$ 的所有的根也不可能都是复的),而是指,当把 $f(\lambda)$ 的所有的根都看成复数时,这些根的实部都是负的(这也就是说,如果 $f(\lambda)$ 有实根,那么这些实根必须都是负的). 或者用几何的形象来说就是,如果把 $f(\lambda)$ 的所有的根都放在复平面中,它们都位于左半平面内. 这就提出了一个和多项式有关的代数学问题,即在什么条件下,实系数多项式

$$f(x)=a_0+a_1x+\cdots+a_nx^n$$

的所有的根都具有负实部.

这一问题已为英国数学家劳思在 1875 年以及德国数学家胡尔维茨在 1895 年分别独立所解决. 因此现在一般通称这一结果为劳思-胡尔维茨定理. 下面我们就来介绍他们的结果.

虽然我们提出的问题是要解决实系数多项式的问题,但是为了解决这一问题和使得证明的论述简化统一,我们却要先绕一个弯,即先假设多项式的系数可以是复数,在这种最一般的情况下来研究问题. 可能在研究的一开始,你会觉得这是多此一举,但是到后来就会发现证明时说起话来要比限于实系数的情况自由多了,也方便多了.

劳思(Routh, Edward John, 1831—1907),数学家. 生于加拿大魁北克,卒于英国剑桥.

胡尔维茨(Hurwitz, Adolf, 1859—1919),德国数学家. 生于希尔德斯海姆,卒于瑞士苏黎世.

定义 3.1.1 设 $f(x)=a_0+a_1x+\cdots+a_nx^n$ 是一个复系数多项式,如果 $f(x)$ 的所有根的实部都是负数,则称 $f(x)$ 是胡尔维茨多项式.

引理 3.1.1 设 α 是一个复数,$\operatorname{Re}\alpha\neq 0$,那么 α 和 $\dfrac{1}{\alpha}$ 的实部的符号相同.

证明 由 $\operatorname{Re}\alpha \neq 0$ 可知 $\alpha \neq 0$，因此 $\dfrac{1}{\alpha}$ 是有意义的. 再由
$$\frac{1}{\alpha} = \frac{\bar{\alpha}}{\alpha\bar{\alpha}},\ \alpha\bar{\alpha} > 0,\quad \operatorname{Re}\bar{\alpha} = \operatorname{Re}\alpha$$
即得引理.

定义 3.1.2 设 $f(x) = a_0 + a_1 x + \cdots + a_n x^n$ 是一个复系数多项式，定义
$$f^*(x) = \bar{a}_0 + \bar{a}_1(-x) + \cdots + \bar{a}_n(-x)^n$$
显然有

引理 3.1.2
(1) $(f^*(x))^* = f(x)$；
(2) $(f(x)g(x))^* = f^*(x)g^*(x)$.

引理 3.1.3 设 $\operatorname{Re}\alpha < 0$，那么

当 $\operatorname{Re} z < 0$ 时，$0 \leqslant |z - \alpha| < |z + \bar{\alpha}|$；

当 $\operatorname{Re} z = 0$ 时，$0 < |z - \alpha| = |z + \bar{\alpha}|$；

当 $\operatorname{Re} z > 0$ 时，$0 \leqslant |z - \alpha| > |z + \bar{\alpha}|$.

证明 设 $z = u + vi$，$\alpha = a + bi$，则由引理的条件知 $a < 0$. 由直接计算可知
$$|z + \bar{\alpha}|^2 - |z - \alpha|^2 = 4ua$$
由此即可得出引理中的不等式. 其中当 $\operatorname{Re} z = 0$ 时，由于 $\operatorname{Re}\alpha < 0$，所以不可能出现 $|z - \alpha| = |z + \bar{\alpha}| = 0$ 的情况（否则将有 $z = \alpha = -\bar{\alpha}$，从而 $\operatorname{Re}\alpha = 0$，与假设矛盾）.

引理 3.1.4 设 $f(x) = a_n(x - \alpha_1)(x - \alpha_2)\cdots(x - \alpha_n)$，那么
$$f^*(x) = (-1)^n \bar{a}_n(x + \bar{\alpha}_1)(x + \bar{\alpha}_2)\cdots(x + \bar{\alpha}_n)$$

证明 设 $\bar{f}(x) = \bar{a}_0 + \bar{a}_1 x + \cdots + \bar{a}_n x^n$，那么由根与系数的关系可知

第 3 章　多项式的应用

$$\alpha_1 + \alpha_2 + \cdots + \alpha_n = -\frac{a_{n-1}}{a_n}$$

$$\alpha_1\alpha_2 + \alpha_1\alpha_3 + \cdots + \alpha_{n-1}\alpha_n = \frac{a_{n-2}}{a_n}$$

$$\vdots$$

$$\alpha_1\alpha_2\cdots\alpha_n = (-1)^n \frac{a_0}{a_n}$$

在上面的各个式子两边取共轭就得到

$$\overline{\alpha}_1 + \overline{\alpha}_2 + \cdots + \overline{\alpha}_n = -\frac{\overline{a}_{n-1}}{\overline{a}_n}$$

$$\overline{\alpha}_1\overline{\alpha}_2 + \overline{\alpha}_1\overline{\alpha}_3 + \cdots + \overline{\alpha}_{n-1}\overline{\alpha}_n = \frac{\overline{a}_{n-2}}{\overline{a}_n}$$

$$\vdots$$

$$\overline{\alpha}_1\overline{\alpha}_2\cdots\overline{\alpha}_n = (-1)^n \frac{\overline{a}_0}{\overline{a}_n}$$

因而再次应用根与系数的关系就得到
$$\overline{f}(x) = \overline{a}_0 + \overline{a}_1 x + \cdots + \overline{a}_n x^n = $$
$$\overline{a}_n(x - \overline{\alpha}_1)(x - \overline{\alpha}_2)\cdots(x - \overline{\alpha}_n)$$

因此
$$f^*(x) = \overline{f}(-x) = $$
$$\overline{a}_n(-x - \overline{\alpha}_1)(-x - \overline{\alpha}_2)\cdots(-x - \overline{\alpha}_n) = $$
$$(-1)^n \overline{a}_n(x + \overline{\alpha}_1)(x + \overline{\alpha}_2)\cdots(x + \overline{\alpha}_n)$$

引理 3.1.5　设 $f(x)$ 是胡尔维茨多项式,那么

当 $\mathrm{Re}\, z < 0$ 时,$0 \leqslant |f(z)| < |f^*(z)|$;

当 $\mathrm{Re}\, z = 0$ 时,$0 < |f(z)| = |f^*(z)|$;

当 $\mathrm{Re}\, z > 0$ 时,$0 \leqslant |f(z)| > |f^*(z)|$.

证明　设 $\mathrm{Re}\, z < 0$,$f(x) = a_n(x - \alpha_1)(x - \alpha_2)\cdots(x - \alpha_n)$,其中 $\alpha_1, \alpha_2, \cdots, \alpha_n$ 是 $f(x)$ 的所有根,那么由引理的条件知

$$\operatorname{Re} \alpha_i < 0, \quad i=1,2,\cdots,n$$

因此由引理 3.1.3 知

$$0 \leqslant |z-\alpha_i| < |z+\bar{\alpha}_i|, \quad i=1,2,\cdots,n$$

因而由引理 3.1.4 即得

$$\begin{aligned}
0 \leqslant |f(x)| &= |a_n(x-\alpha_1)(x-\alpha_2)\cdots(x-\alpha_n)| = \\
&\quad |a_n||x-\alpha_1||x-\alpha_2|\cdots|x-\alpha_n| < \\
&\quad |a_n||x+\bar{\alpha}_1||x+\bar{\alpha}_2|\cdots|x+\bar{\alpha}_n| = \\
&\quad |(-1)^n a_n(x+\bar{\alpha}_1)(x+\bar{\alpha}_2)\cdots(x+\bar{\alpha}_n)| = \\
&\quad |f^*(x)|
\end{aligned}$$

其余两个不等式类似可得.

引理 3.1.6 设 α,β 是任意两个使得 $|\alpha|>|\beta|$ 的复数,那么 $f(x)$ 是胡尔维茨多项式的充分必要条件是 $g(x)=\alpha f(x)-\beta f^*(x)$ 是胡尔维茨多项式.

证明 必要性:设 $f(x)$ 是胡尔维茨多项式,并设 $x=z$ 是 $g(x)$ 的根. 如果 $\operatorname{Re} z \geqslant 0$,那么由引理 3.1.5 可知 $|f(z)| \geqslant |f^*(z)|$,再由 $|\alpha|>|\beta|$ 就得出 $|\alpha f(z)| > |\beta f^*(z)|$. 但是由于 $x=z$ 是 $g(x)$ 的根,因此又有 $|\alpha f(z)| = |\beta f^*(z)|$. 这就得出矛盾. 所得的矛盾说明如果 $x=z$ 是 $g(x)$ 的根,就必有 $\operatorname{Re} z < 0$,也就是 $g(x)=\alpha f(x)-\beta f^*(x)$ 是胡尔维茨多项式.

充分性:反过来设 $g(x)=\alpha f(x)-\beta f^*(x)$ 是胡尔维茨多项式. 那么由于 $|\alpha|>|\beta|$,所以首先 $\alpha^2-\beta^2 \neq 0$,因而 $\lambda = \dfrac{\alpha}{\alpha^2-\beta^2}, \mu = -\dfrac{\beta}{\alpha^2-\beta^2}$ 是有意义的. 仍由 $|\alpha|>|\beta|$ 就得出 $|\lambda|>|\mu|$,用 $|\lambda|>|\mu|$ 对 $g(x)=\alpha f(x)-\beta f^*(x)$ 应用必要性中已证明过的结论就得出 $\lambda g(x)-\mu^* g(x)$ 或者

$$\frac{\alpha}{\alpha^2-\beta^2}(\alpha f(x)-\beta f^*(x))-$$

$$\left(-\frac{\beta}{\alpha^2-\beta^2}\right)(\alpha f(x)-\beta f^*(x))^* =$$

$$\frac{\alpha^2}{\alpha^2-\beta^2}f(x)-\frac{\alpha\beta}{\alpha^2-\beta^2}f^*(x)+$$

$$\frac{\alpha\beta}{\alpha^2-\beta^2}f^*(x)-\frac{\beta^2}{\alpha^2-\beta^2}f(x)=f(x)$$

也是胡尔维茨多项式.这就证明了引理.

引理 3.1.7 设 $\mathrm{Re}\,\xi<0$,那么 $f(x)$ 是胡尔维茨多项式的充分必要条件是

(1) $|f(\xi)|<|f^*(\xi)|$;

(2) $F(x,\xi)=\dfrac{f^*(\xi)f(x)-f(\xi)f^*(x)}{x-\xi}$ 是胡尔维茨多项式.

证明 必要性:设 $f(x)$ 是胡尔维茨多项式.那么从 $\mathrm{Re}\,\xi<0$ 和引理 3.1.5 就得出

$|f(\xi)|<|f^*(\xi)|$ 或 $|f^*(\xi)|>|f(\xi)|$

因而由引理 3.1.6 又得出 $f^*(\xi)f(x)-f(\xi)f^*(x)$ 是胡尔维茨多项式.但是显然 $x=\xi$ 是此多项式的一个根.因而 $F(x,\xi)=\dfrac{f^*(\xi)f(x)-f(\xi)f^*(x)}{x-\xi}$ 是胡尔维茨多项式.(因为它的根的集合就是 $f^*(\xi)f(x)-f(\xi)f^*(x)$ 的所有的根的集合去掉 $x=\xi$ 这个根所得的集合)

充分性:反过来如果 $F(x,\xi)=\dfrac{f^*(\xi)f(x)-f(\xi)f^*(x)}{x-\xi}$ 是胡尔维茨多项式,那么因为 $\mathrm{Re}\,\xi<0$ 或 ξ 的实部为负就得知

$(x-\xi)F(x,\xi)=f^*(\xi)f(x)-f(\xi)f^*(x)$

是胡尔维茨多项式.再由 $|f^*(\xi)|>|f(\xi)|$ 和引理 3.1.6 就得出 $f(x)$ 是胡尔维茨多项式.

现在把 $F(x,\xi)$ 看成是一个二元多项式,则 $F(x,\xi) = F(\xi,x)$,且 $F(x,\xi)$ 关于 x 和 ξ 都是 $n-1$ 次的. 因而可把 $F(x,\xi)$ 写成

$$F(x,\xi) = F_0(x) + F_1(x)\xi + \cdots + F_{n-1}(x)\xi^{n-1}$$

引理 3.1.8　设

$$H(x) = F_0(x) + \xi F_1(x)$$

$\varphi(x) = \overline{a_0}x - \overline{a_1}\xi x + \overline{a_0}\xi,\quad \psi(x) = a_0 x - a_1\xi x + a_0\xi$

那么 (1) $\overline{a_0} f(x) - a_0 f^*(x) =$
$$xF_0(x) - \overline{a_1}f(x) - a_1 f^*(x) =$$
$$-F_0(x) + xF_1(x)$$

(2) $x^2 H(x) = f(x)\varphi(x) - f^*(x)\psi(x)$

(3) $(\varphi^*(x)\varphi(x) - \psi^*(x)\psi(x))f(x) =$
$$x^2(H(x)\varphi^*(x) + H^*(x)\psi(x))$$

证明　(1) 从 $F(x,\xi)$ 的定义可以得出

$$(x-\xi)F(x,\xi) = f^*(\xi)f(x) - f(\xi)f^*(x)$$

因此

$$(x-\xi)(F_0(x) + F_1(x)\xi + \cdots + F_{n-1}\xi^{n-1}) =$$
$$f(x)(\overline{a_0} - \overline{a_1}\xi + \cdots + (-1)^n \overline{a_n}\xi^n) -$$
$$f^*(x)(a_0 + a_1\xi + \cdots + a_n\xi^n)$$

把上面的式子两边分别展开,然后比较 ξ 的同次幂的系数就可得出

$$\overline{a_0}f(x) - a_0 f^*(x) =$$
$$xF_0(x) - \overline{a_1}f(x) - a_1 f^*(x) =$$
$$-F_0(x) + xF_1(x)$$

(2) 利用(1),通过直接计算易于验证

$$x^2 H(x) = x^2(F_0(x) + \xi F_1(x)) =$$
$$f(x)\varphi(x) - f^*(x)\psi(x)$$

(3) 由(2)已证

$$x^2 H(x) = f(x)\varphi(x) - f^*(x)\psi(x)$$

故由引理 3.1.2 得出
$$x^2 H^*(x) = (x^2 H(x))^* =$$
$$(f(x)\varphi(x) - f^*(x)\psi(x))^* =$$
$$f^*(x)\varphi^*(x) - f(x)\psi^*(x)$$
用 $\varphi^*(x)$ 乘 $x^2 H(x)$,用 $\varphi(x)$ 乘 $x^2 H^*(x)$ 并把二式相加就得出
$$(\varphi^*(x)\varphi(x) - \psi^*(x)\psi(x))f(x) =$$
$$x^2(H(x)\varphi^*(x) + H^*(x)\psi(x))$$

引理 3.1.9 设 $\operatorname{Re}\alpha > 0, \operatorname{Re}\xi < 0, \operatorname{Re}\left(\dfrac{a_1}{a_0}\right) > 0$,那么 $|\varphi^*(\alpha)| > |\psi(\alpha)|$.

证明 当 $\operatorname{Re} b < 0$ 时,一次多项式 $u(y) = y - b$ 显然是胡尔维茨多项式. 因此由引理 3.1.5 知当 $\operatorname{Re} y < 0$ 时成立
$$|u(y)| < |u^*(y)|$$
或者
$$|y - b| < |-y - \bar{b}|$$
令
$$b = \frac{1}{\xi}, y = -\frac{a_1}{a_0} - \frac{1}{\alpha}$$
那么引理的条件保证 $\operatorname{Re} b < 0, \operatorname{Re} y < 0$,因此可对上式所定义的 b 和 y 应用不等式 $|y - b| < |-y - \bar{b}|$,这就得出
$$\left|\frac{a_1}{a_0} + \frac{1}{\alpha} + \frac{1}{\xi}\right| < \left|\frac{a_1}{a_0} + \frac{1}{\alpha} - \frac{1}{\bar{\xi}}\right|$$
由于 $|\xi| = |\bar{\xi}|$,故用 $|a_0\alpha\xi|$ 去乘上面的不等式的左边,用 $|a_0\alpha\bar{\xi}|$ 去乘上面的不等式的右边,就得出不等式
$$|a_1\alpha\xi + a_0\xi + a_0\alpha| < |a_1\alpha\bar{\xi} + a_0\bar{\xi} - a_0\alpha|$$
这就是
$$|\psi(\alpha)| < |\varphi^*(\alpha)| \quad 或 \quad |\varphi^*(\alpha)| < |\psi(\alpha)|$$

引理 3.1.10 设 $\mathrm{Re}\,\xi < 0, \mathrm{Re}\left(\dfrac{a_1}{a_0}\right) > 0$,那么 $H(x)$ 的次数是 $n-1$.

证明 由引理 3.1.8 知
$$x^2 H(x) = f(x)\varphi(x) - f^*(x)\psi(x)$$
因此 $\deg H \leqslant n-1$. 如果 $\deg H < n-1$,那么
$$\deg(f(x)\varphi(x) - f^*(x)\psi(x)) < n+1$$
因此 $f(x)\varphi(x) - f^*(x)\psi(x)$ 中 x^{n+1} 的系数为 0. 也就是
$$a_n(\bar{a}_0 - \bar{a}_1\xi) - (-1)^n \bar{a}_n(a_0 + a_1\xi) = 0$$
由此得出
$$|\bar{a}_0 - \bar{a}_1\xi| = |a_0 + a_1\xi|$$
或
$$\left|\dfrac{1}{\xi} - \dfrac{\bar{a}_1}{\bar{a}_0}\right| = \left|\dfrac{1}{\xi} + \dfrac{a_1}{a_0}\right|$$
但是另一方面,当 $\mathrm{Re}\,c > 0$ 时,显然 $v(y) = y + c$ 是胡尔维茨多项式,因而由引理 3.1.5 知当 $\mathrm{Re}\,y < 0$ 时
$$|v(y)| < |v^*(y)|$$
即
$$|y + c| < |-y + \bar{c}|$$
令 $c = \dfrac{a_1}{a_0}, y = \dfrac{1}{\xi}$,那么引理的条件保证 $\mathrm{Re}\,c > 0$, $\mathrm{Re}\,y < 0$,因此可对上式所定义的 c 和 y 应用不等式 $|y + c| < |-y + \bar{c}|$,这就得出
$$\left|\dfrac{1}{\xi} + \dfrac{a_1}{a_0}\right| < \left|\dfrac{1}{\xi} - \dfrac{\bar{a}_1}{\bar{a}_0}\right|$$
而这与 $\left|\dfrac{1}{\xi} - \dfrac{\bar{a}_1}{\bar{a}_0}\right| = \left|\dfrac{1}{\xi} + \dfrac{a_1}{a_0}\right|$ 矛盾. 所得的矛盾就说明不可能成立 $\deg H < n-1$,由此即得出 $n-1 \leqslant \deg H \leqslant n-1$,因此 $\deg H = n-1$,即 $H(x)$ 的次数

第 3 章 多项式的应用

是 $n-1$.

引理 3.1.11 设 $\operatorname{Re} \xi < 0$,那么 $f(x)$ 是胡尔维茨多项式的充分必要条件是

(1) $a_0 \neq 0, \operatorname{Re}\left(\dfrac{a_1}{a_0}\right) > 0$;

(2) $n-1$ 次多项式 $H(x) = F_0(x) + \xi F_1(x)$ 是胡尔维茨多项式.

证明 必要性:设 $f(x)$ 是胡尔维茨多项式,那么由于 $f(x)$ 的所有的根的实部为负,所以 $f(x)$ 没有 0 根,因而 $a_0 \neq 0$. 再由 $f(x)$ 的所有的根的实部为负和引理 3.1.1 可知 $f(x)$ 的所有的根的倒数的实部为负. 故由根与系数的关系可知

$$\dfrac{1}{\alpha_1} + \dfrac{1}{\alpha_2} + \cdots + \dfrac{1}{\alpha_n} =$$

$$\dfrac{\alpha_2\alpha_3\cdots\alpha_n + \alpha_1\alpha_3\cdots\alpha_n + \cdots + \alpha_1\alpha_2\cdots\alpha_{n-1}}{\alpha_1\alpha_2\cdots\alpha_n} =$$

$$\dfrac{(-1)^{n-1}a_1}{(-1)^n a_0} = -\dfrac{a_1}{a_0}$$

由此就得出

$$\operatorname{Re}\left(\dfrac{a_1}{a_0}\right) = \operatorname{Re}\left(\dfrac{1}{\alpha_1} + \dfrac{1}{\alpha_2} + \cdots + \dfrac{1}{\alpha_n}\right) > 0$$

设 $\operatorname{Re} \sigma < 0, \alpha$ 是 $H(x) = F_0(x) + \xi F_1(x)$ 的根,那么由 $f(x)$ 是胡尔维茨多项式和引理 3.1.7 可知 $F(x,\sigma)$ 是胡尔维茨多项式. 因此如果 $\operatorname{Re} \alpha \geqslant 0$,就必有 $F(\alpha,\sigma) \neq 0$ 因为否则 $F(x,\sigma)$ 就将有一个根不具有负实部,因而 $F(x,\sigma)$ 就不是胡尔维茨多项式了.

令 $\sigma = \dfrac{1}{\tau}$,那么由引理 3.1.1 可知 $\operatorname{Re} \tau < 0$. 再令

$$\Phi(\alpha, \tau) = \tau^{n-1} F\left(\alpha, \dfrac{1}{\tau}\right) = \tau^{n-1}\left(F_{n-1}(\alpha)\left(\dfrac{1}{\tau}\right)^{n-1} + \right.$$

$$F_{n-2}(\alpha)\left(\frac{1}{\tau}\right)^{n-2}+\cdots+F_0(\alpha)\bigg)=$$
$$F_0(\alpha)\tau^{n-1}+F_1(\alpha)\tau^{n-2}+\cdots+F_{n-1}(\alpha)$$

那么根据 Φ 的定义即可知 $\Phi(\alpha,\tau)\neq 0$.

以下分两种情况讨论：

(1) $F_0(\alpha)\neq 0$. 这时 $\Phi(\alpha,\tau)$ 是 τ 的 $n-1$ 次多项式，其所有的根的实部非负（否则，如果 $\Phi(\alpha,\tau)$ 有一个根 z 使得 $\mathrm{Re}\,z<0$，那么把 $\frac{1}{z}$ 看成 σ，用类似上面的论证就可证明 $\Phi(\alpha,\tau)=F\left(\alpha,\frac{1}{z}\right)\neq 0$, 这与 z 是的 $\Phi(\alpha,\tau)$ 根矛盾). 设 $z_1,z_2,\cdots,z_{n-1}$ 是 $\Phi(\alpha,\tau)$ 的所有根, 则由根与系数的关系可知

$$z_1+z_2+\cdots+z_n=-\frac{F_1}{F_0}$$

由此得出

$$\mathrm{Re}\left(-\frac{F_1}{F_0}\right)=\frac{1}{z_1}+\frac{1}{z_2}+\cdots+\frac{1}{z_{n-1}}\geqslant 0$$

但是另一方面，由于 α 是 $H(x)$ 的根，故
$$H(\alpha)=F_0(\alpha)+\xi F_1(\alpha)=0$$

因此
$$\frac{1}{\xi}=-\frac{F_1(\alpha)}{F_0(\alpha)}$$

故
$$\mathrm{Re}\left(\frac{1}{\xi}\right)\geqslant 0$$

这与 $\mathrm{Re}\,\xi<0$ 矛盾.

(2) $F_0(\alpha)=0$. 这时由 $H(\alpha)=F_0(\alpha)+\xi F_1(\alpha)=0$ 得出 $F_1(\alpha)=0$. 因而由引理 3.1.8 得出
$$\overline{a_0}f(\alpha)-a_0 f^*(\alpha)=0,\quad \overline{a_1}f(\alpha)+a_1 f^*(\alpha)=0$$
因而
$$(\overline{a_0}a_1+a_0\overline{a_1})f(\alpha)=0$$

第 3 章 多项式的应用

由于 Re $\alpha \geqslant 0$，而 $f(x)$ 是胡尔维茨多项式，因而 $f(\alpha) \neq 0$, $\bar{a_0}a_1 + a_0\bar{a_1} = 0$，这也就是

$$\frac{a_1}{a_0} = -\frac{\bar{a_1}}{\bar{a_0}} = -\overline{\left(\frac{a_1}{a_0}\right)}$$

故 Re $\left(\dfrac{a_1}{a_0}\right) = 0$，而这与已证的 Re $\left(\dfrac{a_1}{a_0}\right) > 0$ 矛盾.

综合上面两种情况的讨论就说明如果 Re $\alpha \geqslant 0$，则 α 不可能是 $H(x)$ 的根，因而 $H(x)$ 是胡尔维茨多项式. 这就证明了必要性.

充分性：即设 (1) $a_0 \neq 0$, Re $\left(\dfrac{a_1}{a_0}\right) > 0$ 并且 (2) $H(x)$ 是胡尔维茨多项式.

设 α 是 $f(x)$ 的根，如果 Re $\alpha \geqslant 0$，那么由假设知 $H(x)$ 是胡尔维茨多项式. 因此由引理 3.1.5 就得出

$$|H(\alpha)| > |H^*(\alpha)| \geqslant 0$$

由引理 3.1.9 知

$$|\varphi^*(\alpha)| > |\psi(\alpha)|$$

因此

$$|H(\alpha)\varphi^*(\alpha)| > |H^*(\alpha)\psi(\alpha)|$$

另一方面，由引理 3.1.8 知

$$(\varphi^*(x)\varphi(x) - \psi^*(x)\psi(x))f(x) = x^2(H(x)\varphi^*(x) + H^*(x)\psi(x))$$

由于 $a_n \neq 0$，所以 $\alpha \neq 0$. 因而在上式中令 $x = \alpha$ 就得出

$$H(\alpha)\varphi^*(\alpha) + H^*(\alpha)\psi(\alpha) = 0$$

由此得出 $|H(\alpha)\varphi^*(\alpha)| = |H^*(\alpha)\psi(\alpha)|$ 与 $|H(\alpha)\varphi^*(\alpha)| > |H^*(\alpha)\psi(\alpha)|$ 矛盾. 所得的矛盾就说明如果 Re $\alpha \geqslant 0$，那么 α 就不可能是 $f(x)$ 的根，这也就是说 $f(x)$ 是胡尔维茨多项式. 这就证明了充分性.

定理 3.1.1 劳思－胡尔维茨定理.

（1）设 $f(x)=a_n x^n+a_{n-1}x^{n-1}+\cdots+a_0$ 是一个实系数多项式,并且 $a_0>0$,那么 $f(x)$ 是胡尔维茨多项式,即 $f(x)$ 的所有根的都具有负实部的充分必要条件是以下的 n 个行列式都大于 0.

$$D_1=a_1, D_2=\begin{vmatrix} a_1 & a_0 \\ a_3 & a_2 \end{vmatrix}, D_3=\begin{vmatrix} a_1 & a_0 & 0 \\ a_3 & a_2 & a_1 \\ a_5 & a_4 & a_3 \end{vmatrix}$$

$$D_4=\begin{vmatrix} a_1 & a_0 & 0 & 0 \\ a_3 & a_2 & a_1 & a_0 \\ a_5 & a_4 & a_3 & a_2 \\ a_7 & a_6 & a_5 & a_4 \end{vmatrix}, \cdots,$$

$$D_n=\begin{vmatrix} a_1 & a_n & 0 & \cdots & 0 \\ a_3 & a_{n-2} & a_1 & \cdots & 0 \\ \vdots & \vdots & \vdots & & \vdots \\ a_{2n-1} & a_{2n-2} & a_{2n-3} & \cdots & a_n \end{vmatrix}$$

其中当 $i>n$ 时, $a_i=0$.

（2）设 $f(x)=a_0 x^n+a_1 x^{n-1}+\cdots+a_n$ 是一个实系数多项式,并且 $a_0>0$,那么 $f(x)$ 是胡尔维茨多项式,即 $f(x)$ 的所有根都具有负实部的充分必要条件是以下的 n 个行列式都大于 0.

$$D_1=a_1, D_2=\begin{vmatrix} a_1 & a_0 \\ a_3 & a_2 \end{vmatrix}, D_3=\begin{vmatrix} a_1 & a_0 & 0 \\ a_3 & a_2 & a_1 \\ a_5 & a_4 & a_3 \end{vmatrix}$$

$$D_4=\begin{vmatrix} a_1 & a_0 & 0 & 0 \\ a_3 & a_2 & a_1 & a_0 \\ a_5 & a_4 & a_3 & a_2 \\ a_7 & a_6 & a_5 & a_4 \end{vmatrix}, \cdots,$$

第 3 章　多项式的应用

$$D_n = \begin{vmatrix} a_1 & a_n & 0 & \cdots & 0 \\ a_3 & a_{n-2} & a_1 & \cdots & 0 \\ \vdots & \vdots & \vdots & & \vdots \\ a_{2n-1} & a_{2n-2} & a_{2n-3} & \cdots & a_n \end{vmatrix}$$

其中当 $i > n$ 时，$a_i = 0$．

证明　设
$$g(x) = a_0 + a_2 x^2 + a_2 x^4 + \cdots$$
$$h(x) = a_1 x + a_3 x^3 + a_5 x^5 + \cdots$$
那么显然
$$f(x) = g(x) + h(x), f^*(x) = g(x) - h(x)$$
把上式代入引理 3.1.8 中的
$$x^2 H(x) = f(x)\varphi(x) - f^*(x)\psi(x)$$
就得到
$$x^2 H(x) = 2(a_0 x + a_0 \xi)h(x) - 2a_1 \xi x g(x)$$
令 $K(x) = \dfrac{1}{2} H(x)$，那么从上式就得到
$$\begin{aligned}K(x) &= (a_0 x + a_0 \xi)h(x) - a_1 \xi x g(x) = \\ & a_0 a_1 - (a_1 a_2 - a_0 a_3)\xi x + \\ & a_0 a_3 x^2 - (a_1 a_4 - a_0 a_5)\xi x^3 + \\ & a_0 a_5 x^4 - (a_1 a_6 - a_0 a_7)\xi x^5 + \cdots\end{aligned}$$

根据引理 3.1.11 知如果 $\operatorname{Re}\xi < 0$，那么 $f(x)$ 是胡尔维茨多项式的充分必要条件是 $a_0 > 0$，$\operatorname{Re}\left(\dfrac{a_1}{a_0}\right) > 0$ 并且 $H(x)$ 是胡尔维茨多项式．在 $f(x)$ 的系数是实系数的条件下，这一引理就相当于如果 $\operatorname{Re}\xi < 0$，那么 $f(x)$ 是胡尔维茨多项式的充分必要条件是 $a_0 > 0$，$a_1 > 0$ 并且 $K(x)$ 是胡尔维茨多项式．

现在令 $\xi = -1$，那么显然 $\operatorname{Re}\xi < 0$．这时

$$K(x) = a_0 a_1 + (a_1 a_2 - a_0 a_3)x + a_0 a_3 x^2 +$$
$$(a_1 a_4 - a_0 a_5)x^3 + a_0 a_5 x^4 +$$
$$(a_1 a_6 - a_0 a_7)x^5 + \cdots$$

而定理中的 n 个行列式对于 $K(x)$ 来说就成为

$$\Delta_1 = a_1 a_2 - a_0 a_3, \Delta_2 = \begin{vmatrix} a_1 a_2 - a_0 a_3 & a_0 a_1 \\ a_1 a_4 - a_0 a_5 & a_0 a_3 \end{vmatrix}, \cdots$$

$$\Delta_{n-1} = \begin{vmatrix} a_1 a_2 - a_0 a_3 & a_0 a_1 & 0 & \cdots & 0 \\ a_1 a_4 - a_0 a_5 & a_0 a_3 & a_1 a_2 - a_0 a_3 & \cdots & 0 \\ \cdots & \cdots & \cdots & & \\ \cdots & \cdots & \cdots & & \end{vmatrix}$$

设 M_i 是与行列式 Δ_i 相对应的矩阵,那么由行列式按一行或一列展开的法则易于验证

$$a_0 a_1 \Delta_i = \begin{vmatrix} a_0 a_1 & 0 & \cdots & 0 \\ a_0 a_3 & & & \\ a_0 a_5 & & M_i & \\ \cdots & \cdots & \cdots & \end{vmatrix}$$

在上面的行列式中,把第一列加到第二列上,把第三列加到第四列上,$\cdots$ 就得到

当 i 是奇数时

$$a_0 a_1 \Delta_i = (a_0 a_1)^{\frac{i+1}{2}} D_{i+1}$$

当 i 是偶数时

$$a_0 a_1 \Delta_i = a_0 (a_0 a_1)^{\frac{i}{2}} D_{i+1}$$

因此当 $a_0 > 0, a_1 > 0$ 时,Δ_i 与 D_{i+1} 同号.

下面用数学归纳法证明定理的部分(1).

必要性:即设 $f(x)$ 是胡尔维茨多项式.

当 $n=1$ 时,$f(x) = a_0 + a_1 x$,因此由 $a_0 > 0$ 显然就得出 $a_1 = D_1 > 0$.因此必要性对 $n=1$ 时成立.

假设必要性对不大于 $n-1$ 的所有自然数成立,那

第 3 章 多项式的应用

么就由 $a_0 > 0$ 和引理 3.1.11 得出 $a_1 > 0$ 并且 $K(x)$ 是胡尔维茨多项式. 于是根据归纳法假设就有
$$\Delta_1 > 0, \Delta_2 > 0, \cdots, \Delta_{n-1} > 0$$
因而根据上面已证的关于 Δ_i 与 D_{i+1} 的同号关系就得出
$$D_1 = a_1 > 0, D_2 > 0, \cdots, D_{n-1} > 0, D_n > 0$$
这就说明,必要性对自然数 n 也成立,因而由数学归纳法就证明了必要性.

充分性:反之,设
$$D_1 = a_1 > 0, D_2 > 0, \cdots, D_{n-1} > 0, D_n > 0$$
当 $n = 1$ 时, $f(x) = a_0 + a_1 x$, 因此由 $a_0 > 0, a_1 = D_1 > 0$, 显然就得出 $f(x)$ 是胡尔维茨多项式.

假设对不大于 $n-1$ 的所有自然数充分性成立,那么由
$$D_1 = a_1 > 0, D_2 > 0, \cdots, D_{n-1} > 0, D_n > 0$$
和上面已证的关于 Δ_i 与 D_{i+1} 的同号关系就得出
$$\Delta_1 > 0, \Delta_2 > 0, \cdots, \Delta_{n-1} > 0$$
故由归纳法假设可知 $K(x)$ 因而是 $H(x)$ 胡尔维茨多项式. 再由引理 3.1.11 就得出 $f(x)$ 是胡尔维茨多项式.

这就说明,充分性对自然数 n 也成立,因而由数学归纳法就证明了充分性.

易于验证 $g(x) = x^n f\left(\dfrac{1}{x}\right)$ 的所有根恰是 $f(x)$ 的所有根的倒数. 故由引理 3.1.1 可知 $f(x)$ 是胡尔维茨多项式的充分必要条件是 $g(x)$ 是胡尔维茨多项式. 然而由计算可知如果
$$f(x) = a_0 x^n + a_1 x^{n-1} + \cdots + a_n$$

那么
$$g(x)=a_n x^n+a_{n-1}x^{n-1}+\cdots+a_0$$
因此对 $g(x)$ 应用定理部分(1)已证的结论就得到定理的部分(2).

下面再给出一个 $f(x)$ 是胡尔维茨多项式的必要条件,这一必要条件虽然极其简单,但从上面的定理却不能明显看出.

定理 3.1.2 设 $f(x)=a_0 x^n+a_1 x^{n-1}+\cdots+a_n$ 是实系数多项式, $a_0>0$, 那么 $f(x)$ 是胡尔维茨多项式的必要条件是 $f(x)$ 的所有系数为正数.

证明 由实域中多项式的唯一分解定理知 $f(x)$ 可分解为
$$f(x)=a_0 p_1 p_2 \cdots p_r q_1 q_2 \cdots q_s$$
其中 $p_i, i=1,2,\cdots,r$ 都是首项为1的一次多项式, q_j, $j=1,2,\cdots,s$ 都是首项为1的判别式小于0的二次多项式.

容易验证 p_i, q_j 为胡尔维茨多项式的必要条件是它们的所有系数为正数,而显然系数为正数的多项式的乘积仍是系数为正数的多项式,这就得出 $f(x)$ 是胡尔维茨多项式的必要条件是 $f(x)$ 的所有系数为正数.

不过容易举出反例说明当 $n \geqslant 3$ 时,上述条件并不是充分的.

例 3.1.1 多项式 $f(x)=2+x+x^2+x^3$ 不是胡尔维茨多项式,因为对于它来说 $D_2=-1$.

3.2 和 Hopf 分支有关的代数判据

考虑带参数 ε 的 n 维动力系统

$$\frac{\mathrm{d}X}{\mathrm{d}t} = F(X), X \in R^n, \varepsilon \in R^m$$

设此系统有一个稳定的二维中心流形 $C(\varepsilon)$,并设当 $\varepsilon = 0$ 时 X_0 是此系统的稳定或不稳定的焦点,即设 $f(X_0) = 0$. 又设在 ε 领域中的某一和 $\varepsilon = 0$ 相连通的区域 U 内,当 $\varepsilon \neq 0$, ε 充分小时, $X_0(\varepsilon)$ 的稳定性发生突然的改变,那么在常微分方程理论中已经证明了:在 U 内将产生一个振幅很小的周期解,这就是所谓的 Hopf 分支. Hopf 分支在数学物理中都是一个很重要的研究内容.

设 A 是此系统的线性部分的系数矩阵,即设 $A = \frac{\partial F}{\partial X}\big|_{X=X_0}$, 而 $f(\lambda)$ 是 A 的特征多项式. 那么上述系统发生 Hopf 分支的一个必要条件是首先必须是中心型的奇点. 具体说就是当 $\varepsilon = 0$ 时, A 的特征多项式 $f(\lambda)$ 必须要有一对纯虚根,而其余的特征值都有负实部. 这就引出另一个代数问题,就是如何判断一个多项式是否具有上述性质的问题. 冯贝叶在 1988 年解决了 $n=3$ 和 $n=4$ 时判别问题,陈文成,陈国良 1992 年给出了一般情况下的解答. 下面就来介绍他们的结果.

显然这一问题和 3.1 中的问题有密切的联系.
设

$$f(x) = a_0 x^n + a_1 x^{n-1} + \cdots + a_{n-1} x + a_n$$
$$Q(x) = a_0 x^n + a_2 x^{n-2} + \cdots$$

$$R(x) = a_{n-1}x^{n-1} + a_{n-3}x^{n-3} + \cdots$$
$$\begin{aligned}P(x) &= (a_1 - a_0 x)R(x) + a_1 Q(x) = \\ &\quad a_1 R(x) + (a_1 Q(x) - a_0 x R(x)) = \\ &\quad a_1^2 x^{n-1} + (a_1 a_2 - a_0 a_3)x^{n-2} + \\ &\quad a_1 a_3 x^{n-3} + (a_1 a_4 - a_0 a_5)x^{n-4} + \\ &\quad a_1 a_5 x^{n-5} + (a_1 a_6 - a_0 a_7)x^{n-6} + \\ &\quad a_1 a_7 x^{n-7} + \cdots + a_1 a_n\end{aligned}$$

引理 3.2.1 设 $f(x) = a_0 x^n + a_1 x^{n-1} + \cdots + a_{n-1}x + a_n, a_0 \neq 0$ 的胡尔维茨行列式为
$$D_1, D_2, \cdots, D_{n-1}, D_n$$
$P(x)$ 的胡尔维茨行列式为
$$\Delta_1', \Delta_2', \cdots, \Delta_{n-1}'$$
那么 $\Delta_i' = a_1^{i-1} D_{i+1}, i = 1, 2, \cdots, n-1$

证明 根据 $P(x)$ 的表达式不难验证它的胡尔维茨行列式为
$$\Delta_1' = a_1 a_2 - a_0 a_3, \Delta_2' = \begin{vmatrix} a_1 a_2 - a_0 a_3 & a_1^2 \\ a_1 a_4 - a_0 a_5 & a_1 a_3 \end{vmatrix}, \cdots$$

$$\Delta_{n-1}' = \begin{vmatrix} a_1 a_2 - a_0 a_3 & a_1^2 & 0 & \cdots & 0 \\ a_1 a_4 - a_0 a_5 & a_1 a_3 & a_1 a_2 - a_0 a_3 & \cdots & 0 \\ \vdots & \vdots & \vdots & & \vdots \\ \cdots & \cdots & \cdots & \cdots & \cdots \end{vmatrix}$$

设 M_i' 是与行列式 Δ_i' 相对应的矩阵,那么由行列式按一行或一列展开的法则易于验证

$$a_0 a_1 \Delta_i' = \begin{vmatrix} a_0 a_1 & 0 & \cdots & 0 \\ a_0 a_3 & & & \\ a_0 a_5 & & M_i' & \\ \cdots & \cdots & \cdots & \end{vmatrix}$$

在上面的行列式中,把第一列加到第二列上,把第

三列乘以 $\dfrac{a_0}{a_1}$ 加到第四列上 $\cdots$ 就得到

$$a_0 a_1 \Delta_1' = a_0 a_1 D_2, \quad a_0 a_1 \Delta_2' = a_0 a_1^2 D_3, \cdots$$
$$a_0 a_1 \Delta_i' = a_0 a_1^i D_{i+1}, i = 1, 2, \cdots, n-1$$

由于 $a_0 \neq 0$,故可在上述等式两边约去 a_0,这就证明了引理.

引理 3.2.2 设 $f(x) = a_0 x^n + a_1 x^{n-1} + \cdots + a_{n-1} x + a_n, a_0 \neq 0$ 是实系数多项式,那么 $f(\pm \omega \mathrm{i}) = 0$ 的充分必要条件是 $P(\pm \omega \mathrm{i}) = 0$.

证明 显然有
$$f(x) = Q(x) + R(x)$$
$$(-1)^n f(-x) = Q(x) - R(x)$$

由此得出

$$Q(x) = \frac{1}{2}(f(x) + (-1)^n f(-x))$$

$$R(x) = \frac{1}{2}(f(x) - (-1)^n f(-x))$$

假设 $f(\omega \mathrm{i}) = 0$,由于 $f(x)$ 是实系数多项式,因此它的复数根和它的共轭复根是成对出现的,这就是说也有 $f(-\omega \mathrm{i}) = 0$,把 $f(\omega \mathrm{i}) = 0$ 和 $f(-\omega \mathrm{i}) = 0$ 代入上面的式子就得出 $Q(\omega \mathrm{i}) = 0, R(\omega \mathrm{i}) = 0$ 反过来,由 $Q(\omega \mathrm{i}) = 0, R(\omega \mathrm{i}) = 0$ 显然立刻得出 $f(\omega \mathrm{i}) = 0$,同理由 $f(-\omega \mathrm{i}) = 0$ 可以得出 $Q(-\omega \mathrm{i}) = 0, R(-\omega \mathrm{i}) = 0$ 反过来也是如此.

再由 $P(x) = (a_1 - a_0 x) R(x) + a_1 Q(x)$ 和 $-P(-x) = (a_1 + a_0 x) R(x) - a_1 Q(x)$ 同理可证 $P(\pm \omega \mathrm{i}) = 0$ 的充分必要条件是 $Q(\pm \omega \mathrm{i}) = 0$ 并且 $R(\pm \omega \mathrm{i}) = 0$.

这就证明了引理.

引理 3.2.3 设

$$f(x) = a_0 x^n + a_1 x^{n-1} + \cdots + a_{n-1} x + a_n = a_0(x^2 + \omega^2)(x^{n-2} + b_1 x^{n-3} + \cdots + b_{n-3} x + b_{n-2})$$

又设 $D_1, D_2, \cdots, D_{n-1}, D_n$ 为 $f(x) = x^n + a_1 x^{n-1} + \cdots + a_{n-1} x + a_n$ 的胡尔维茨行列式,$d_1, d_2, \cdots, d_{n-2}$ 为 $x^{n-2} + b_1 x^{n-3} + \cdots + b_{n-3} x + b_{n-2}$ 的胡尔维茨行列式,则

(1) $a_1 = a_0 b_1$
$$a_2 = a_0(b_2 + \omega^2)$$
$$a_i = a_0(b_i + \omega^2 b_{i-2}), \quad i = 3, 4, \cdots, n-2$$
$$a_{n-1} = a_0 \omega^2 b_{n-3}$$
$$a_n = a_0 \omega^2 b_{n-2}$$

(2) $D_k = a_0^k d_k, k = 1, 2, , n-2, D_{n-1} = 0$

证明 (1) 把 $a_0(x^2 + \omega^2)(x^{n-2} + b_1 x^{n-3} + \cdots + b_{n-3} x + b_{n-2})$ 展开,合并同类项并与 $f(x)$ 比较同次幂的系数就得到(1)中的式子.

(2) $D_1 = a_1 = a_0 b_1 = a_0 d_1$

$$D_2 = \begin{vmatrix} a_1 & a_0 \\ a_3 & a_2 \end{vmatrix} = \begin{vmatrix} a_0 b_1 & a_0 \\ a_0(b_3 + \omega^2 b_1) & a_0(b_2 + \omega^2) \end{vmatrix} = a_0^2 \begin{vmatrix} b_1 & 1 \\ b_3 & b_2 \end{vmatrix} = a_0^2 d_2$$

一般的,利用(1)中的式子,依次将 D_k 的第 1 行乘以 $-\omega^2$ 加到第 2 行,再把第 2 行乘以 $-\omega^2$ 加到第 3 行,……,再把第 $n-3$ 行乘以 $-\omega^2$ 加到第 $n-2$ 行,就得到

$$D_k = a_0^k d_k, k = 1, 2, \cdots, n-2$$

最后再把第 $n-2$ 行乘以 $-\omega^2$ 加到第 $n-1$ 行,并注意当 $i > n-2$ 时,$b_i = 0$ 就得到

$$D_{n-1}=a_0^{n-1}\begin{vmatrix} b_1 & 1 & 0 & \cdots & 0 \\ b_3 & b_2 & b_1 & \cdots & 0 \\ \vdots & \vdots & \vdots & & \vdots \\ b_{2n-5} & b_{2n-6} & b_{2n-7} & \cdots & b_{n-3} \\ 0 & 0 & 0 & \cdots & 0 \end{vmatrix}=0$$

引理 3.2.4 设 $f(x)=a_0x^n+a_1x^{n-1}+\cdots+a_{n-1}x+a_n$ 是实系数多项式,$a_0>0,a_1>0,a_n\neq 0$,那么 $f(x)$ 有一对纯虚根 $\pm\omega\mathrm{i}$,且其余 $n-2$ 个根均具有负实部的充分必要条件是 $P(x)$ 有一对纯虚根 $\pm\omega\mathrm{i}$,且其余 $n-3$ 个根均具有负实部.

证明 必要性:设 $f(x)$ 有一对纯虚根 $\pm\omega\mathrm{i}$,且其余 $n-2$ 个根均具有负实部,则由引理 3.2.2 知 $P(x)$ 也有一对纯虚根 $\pm\omega\mathrm{i}$,因此可将 $f(x),P(x)$ 分别写成

$$f(x)=a_0(x^2+\omega^2)(x^{n-2}+b_1x^{n-3}+\cdots+b_{n-2})$$
$$P(x)=a_1^2(x^2+\omega^2)(x^{n-3}+b_1'x^{n-4}+\cdots+b_{n-3}')$$

由引理 3.2.1 知若设 $f(x)=a_0x^n+a_1x^{n-1}+\cdots+a_{n-1}x+a_n,a_0\neq 0$ 的胡尔维茨行列式为 $D_1,D_2,\cdots,D_{n-1},D_n$,$P(x)$ 的胡尔维茨行列式为 $\Delta_1',\Delta_2',\cdots,\Delta_{n-1}'$. 那么

$$\Delta_i'=a_1^{i-1}D_{i+1},\quad i=1,2,\cdots,n-1$$

又设 $\delta_k',d_k,k=1,2,\cdots,n-3$ 分别是多项式

$$x^{n-3}+b_1'x^{n-4}+\cdots+b_{n-3}'$$

和多项式 $\quad x^{n-2}+b_1x^{n-3}+\cdots+b_{n-2}$

的胡尔维茨行列式. 那么由引理 3.2.3 中的 $D_k=a_0^k d_k$,$k=1,2,\cdots,n-2$ 和上面的 $\Delta_i'=a_1^{i-1}D_{i+1},\quad i=1,2,\cdots,n-1$ 就得到

$$\delta_k'=\frac{\Delta_k'}{(a_1^2)^k}=\frac{a_1^k D_{k+1}}{a_1^{2k}}=\frac{a_0^{k+1}}{a_1^{k+1}}d_{k+1},\quad k=1,2,\cdots,k+3$$

由于 $x^{n-2}+b_1 x^{n-3}+\cdots+b_{n-2}$ 的根都具有负实部,因此由胡尔维茨定理知 $d_1,d_2,\cdots,d_{n-2}$ 都是正的,因而 $\delta_1{'}$,$\delta_2{'},\cdots,\delta'_{n-3}$ 都是正的,这就说明 $P(x)$ 有一对纯虚根 $\pm\omega\mathrm{i}$,且其余 $n-3$ 个根均具有负实部.

充分性:反过来假设 $P(x)$ 有一对纯虚根 $\pm\omega\mathrm{i}$,且其余 $n-3$ 个根均具有负实部.那么根据上面已证明的结论可知 $f(x)$ 也有一对纯虚根 $\pm\omega\mathrm{i}$,且 $\delta_1{'},\delta_2{'},\cdots,$ δ'_{n-3} 都是正的,因而 $d_2,\cdots,d_{n-2}$ 都是正的,又 $d_1=b_1=\dfrac{a_1}{a_0}>0$,所以 $f(x)$ 有一对纯虚根 $\pm\omega\mathrm{i}$,且其余 $n-2$ 个根均具有负实部.

综合上面两部分的论述就证明了引理.

定理 3.2.1 设 $f(x)=a_0 x^n+a_1 x^{n-1}+\cdots+a_{n-1}x+a_n$ 是实系数多项式,$a_0>0,a_n\neq 0$.又设 $f(x)$ 的胡尔维茨行列式为 $D_1,D_2,\cdots,D_{n-1},D_n$,那么

(1) $f(x)$ 有一对纯虚根 $\pm\omega\mathrm{i}$,且其余 $n-2$ 个根均具有负实部的充分必要条件是并且
$$D_{n-1}=0$$
并且
$$D_1>0,D_2>0,\cdots,D_{n-2}>0,a_n>0$$
(2) $\omega^2=\dfrac{D_{n-3}}{D_{n-2}}a_n$ (我们规定 $D_{-1}=\dfrac{1}{a_0},D_0=1$)

证明 (1) 必要性:设 $f(x)$ 有一对纯虚根 $\pm\omega\mathrm{i}$,且其余 $n-2$ 个根均具有负实部.那么
$$f(x)=a_0(x^2+\omega^2)(x^{n-2}+b_1 x^{n-3}+\cdots+b_{n-2})$$
其中多项式 $x^{n-2}+b_1 x^{n-3}+\cdots+b_{n-2}$ 的根均具有负实部.于是若设它的胡尔维茨行列式为 $d_1,d_2,\cdots,d_{n-2}$ 的话,根据胡尔维茨定理就可知 $d_k>0,k=1,2,\cdots,n$.由这些不等式和引理 3.2.3 得出 $D_k>0,k=1,2,\cdots,n-$

第 3 章 多项式的应用

$2, D_{n-1}=0$. 又由定理 3.1.2 知当 $a_0>0$ 时胡尔维茨多项式的系数都是整数,因此 $b_1>0, b_2>0, \cdots, b_{n-2}>0$,由此和引理 3.2.3 就得出 $a_n>0$. 这就证明了必要性.

充分性:即设 $a_0>0, D_k>0, k=1,2,\cdots,n-2$, $D_{n-1}=0, a_n>0$.

我们用数学归纳法证明.

当 $n=2$ 时,$f(x)=a_0 x^2+a_1 x+a_2$. 上述条件就是 $a_0>0, D_1=a_1=0, a_2>0$. 显然在此条件下,$f(x)$ 显然有一对纯虚根.

当 $n=2$ 时,$f(x)=a_0 x^2+a_1 x^2+a_2 x+a_3$. 上述条件成为

$$a_0>0, D_1=a_1=0, D_2=\begin{vmatrix} a_1 & a_0 \\ a_3 & a_2 \end{vmatrix}=0$$

或

$$a_2=\frac{a_0 a_3}{a_1}, \quad a_3>0$$

在此条件下易于验证

$$f(x)=a_0\left(x^2+\frac{a_3}{a_1}\right)\left(x+\frac{a_1}{a_0}\right)$$

显然 $f(x)$ 有一对纯虚根和一个负根. 因此充分性对于 $n=2$ 和 $n=3$ 的情况都成立.

假设充分性对于自然数 $n-1$ 的情况成立. 则设 $P(x)$ 的胡尔维茨行列式为 $\Delta_1', \Delta_2', \cdots, \Delta_{n-1}'$,那么由充分性条件和引理 3.2.1 可知

$\Delta_1'>0, \Delta_2'>0, \cdots, \Delta_{n-3}'>0, \Delta_{n-2}'=0, a_1 a_n>0$

于是由归纳法假设得知 $P(x)$ 有一对纯虚根 $\pm\omega i$,而其余的 $n-3$ 个根均具有负实部. 因而再由引理 3.2.4 就得出 $f(x)$ 有一对纯虚根 $\pm\omega i$,而其余的 $n-2$ 个根均具有负实部. 这就证明了充分性对于自然数 n 的情

况也成立.因而由数学归纳法就证明了充分性.

现在我们已经知道,如果 $a_0 > 0, D_k > 0, k=1, 2, \cdots, n-2, D_{n-1}=0, a_n > 0$,那么 $f(x)$ 必有一对纯虚根 $\pm \omega i$,而其余的 $n-2$ 个根均具有负实部. 现在我们要问,这个 ω 是否能用 $f(x)$ 的系数明显地表示出来? 答案是肯定的.

(2)我们用数学归纳法证明.

当 $n=2$ 时

$$D_1 = a_1 = 0, f(x) = a_0 x^2 + a_2, \omega^2 = \frac{a_2}{a_0} = \frac{D_{-1}}{D_0} a_2$$

当 $n=3$ 时

$$D_2 = \begin{vmatrix} a_1 & a_0 \\ a_3 & a_2 \end{vmatrix} = 0$$

因此 $a_2 = \dfrac{a_0 a_3}{a_1}$. 这时

$$f(x) = a_0 x^3 + a_1 x^2 + a_2 x + a_3 =$$
$$a_0 \left(x^2 + \frac{a_3}{a_1} \right)(x + a_1)$$

而

$$\omega^2 = \frac{a_3}{a_1} = \frac{D_0}{D_1} a_3$$

当 $n=4$ 时,$D_3 = 0$,因此 $a_2 = \dfrac{a_1^2 a_4 + a_0 a_3^2}{a_1 a_3}$,这时

$$f(x) = a_0 x^4 + a_1 x^3 + a_2 x^2 + a_3 x + a_4 =$$
$$a_0 \left(x^2 + \frac{a_3}{a_1} \right)\left(x^2 + \frac{a_1}{a_0} x + \frac{a_1 a_4}{a_0 a_3} \right)$$

而

$$\frac{D_1}{D_2} a_4 = \frac{a_1 a_4}{a_1 a_2 - a_0 a_3} = \frac{a_1}{a_3}$$

因此

$$\omega^2 = \frac{a_1}{a_3} = \frac{D_1}{D_2} a_4$$

以上的例子表明定理 3.2.1 的第(2)部分对于 $n=$

2,3,4 的情况都是成立的.

现在设定理 3.2.1 的第(2)部分对于所有小于 n 的自然数都成立.那么根据定理的条件可知 $f(x)$ 有一对纯虚根 $\pm\omega\mathrm{i}$,而其余的 $n-2$ 个根都具有负实部.于是由引理 3.2.4 可知 $P(x)$ 有一对纯虚根 $\pm\omega\mathrm{i}$,而其余的 $n-3$ 个根都具有负实部.注意 $P(x)$ 的首项系数是 a_1^2,常数项是 $a_1 a_n$.因此根据归纳法假设就有

$$\omega^2 = \frac{\Delta'_{n-4}}{\Delta'_{n-3}} a_1 a_n$$

其中 $\Delta_1', \Delta_2', \cdots, \Delta'_{n-1}$ 是 $P(x)$ 的胡尔维茨行列式,再由引理 3.2.1 中的公式

$$\Delta_i' = a_1^{i-1} D_{i+1}, \quad i = 1, 2, \cdots, n-1$$

就得出

$$\omega^2 = \frac{\Delta'_{n-4}}{\Delta'_{n-3}} a_1 a_n = \frac{D_{n-3}}{D_{n-2}} a_n$$

这就说明定理 3.2.1 的第(2)部分对于自然数 n 仍然成立.故由数学归纳法,我们就证明了(2).

习题 3.2

1. 设 $f(x) = a_0 x^4 + a_1 x^3 + a_2 x^2 + a_3 x + a_4$,证明:当

$$a_0 > 0, a_1 > 0, a_2 = \frac{a_1^2 a_4 + a_0 a_3^2}{a_1 a_3} > 0, a_3 > 0, a_4 > 0$$

时,$f(x)$ 有一对纯虚根,并且其余的两个根均具有负实部.

2. 设 $f(x) = a_0 x^5 + a_1 x^4 + a_2 x^3 + a_3 x^2 + a_4 x + a_5$,$a_0 > 0$,$D_1, D_2, \cdots, D_4, D_5$ 是 $f(x)$ 的胡尔维茨行列式.又设 $\overline{f}(x) = a_5 x^5 + a_4 x^4 + a_3 x^3 + a_2 x^2 + a_1 x + a_0$,$a_5 > 0$,$\overline{D}_1, \overline{D}_2, \cdots, \overline{D}_4, \overline{D}_5$ 是 $\overline{f}(x)$ 的胡尔维茨行列式.具体算出 $D_1, D_2, \cdots, D_4, D_5$ 和 $\overline{D}_1, \overline{D}_2, \cdots, \overline{D}_4, \overline{D}_5$

的表达式来,并证明:$\overline{D}_4 = D_4$, $D_5 = a_5 D_4$.

3. 设 $f(x) = a_0 x^n + a_1 x^{n-1} + \cdots + a_{n-1} x + a_n$, $a_0 > 0$, $D_1, D_2, \cdots, D_{n-1}, D_n$ 是 $f(x)$ 的胡尔维茨行列式. $\overline{f}(x) = a_0 + a_1 x + \cdots + a_n x^n$, $a_0 > 0$, $\overline{D}_1, \overline{D}_2, \cdots, \overline{D}_{n-1}$, $\overline{D}_n$ 是 $\overline{f}(x)$ 的胡尔维茨行列式. 证明:

(1) $D_n = a_n D_{n-1}$, $\overline{D}_n = a_0 \overline{D}_{n-1}$;

(2) $\overline{D}_{n-1} = D_{n-1}$.

4. 设 $f(x) = 2x^4 + x^3 + 5x^2 + x + 3$.

(1) 计算:$K(x) = a_0 a_1 + (a_1 a_2 - a_0 a_3) x + a_0 a_3 x^2 + (a_1 a_4 - a_0 a_5) x^3 + \cdots$;

(2) 设 $Q(x) = a_0 x^n + a_2 x^{n-2} + \cdots$, $R(x) = a_1 x^{n-1} + a_3 x^{n-3} + \cdots$, 计算:$P(x) = (a_1 - a_0 x) R(x) + a_1 Q(x)$;

(3) 设对于 $K(x)$ 而言的 $K(x)$ 为 $K_1(x)$(也就是把 $K(x)$ 看成 $f(x)$ 时的 $K(x)$). 对于 $P(x)$ 而言的 $P(x)$ 为 $P_1(x)$(也就是把 $P(x)$ 看成 $f(x)$ 时的 $P(x)$). 计算 $K_1(x)$ 与 $P_1(x)$.

3.3 插值多项式和最小二乘法

多项式是一种特别简单的函数,而且有着很好的性质. 而有的函数又很复杂,因此数学家很早就考虑过是否能用多项式去逼近任意的连续函数的问题. 假设你现在想用一个多项式 $P(x)$ 去逼近一个任意的连续函数 $f(x)$. 最好的逼近结果当然就是干脆对所有的自变量的值 x 都有 $P(x) = f(x)$. 不过这样一来,你那个原来假设的任意连续函数就不能是任意的了,它自己已经是一个多项式了. 所以一般来说这是不可能的. 因

此我们只好后退一下,考虑只在有限的一些点 x_1, $x_2,\cdots,x_n$,让 $P(x_i)=f(x_i)=y_i, i=1,2,\cdots,n$. 这就引出以下的问题:

已知函数 $y=f(x)$ 在 $n+1$ 个点 $x_1,x_2,\cdots,x_n$, x_{n+1} 上的值为 $y_1,y_2,\cdots,y_n,y_{n+1}$,要求一个次数不高于 n 的多项式 $L_n(x)$,使得 $L_n(x_i)=y_i, i=1,2,\cdots,n,n+1$.

这个问题如果你不是这么抽象地提,而是搞得具体些,例如求多项式 $f(x)=ax^2+bx+c$,使得 $f(1)=1, f(2)=2, f(3)=3$ 之类,就是一般的中学生也会做. 做法大体上是从条件得出

$$a+b+c=1$$
$$4a+2b+2=2$$
$$9a+3b+c=3$$

然后去解上面的方程组,解出来之后,问题就解决了. 不过如果企图用这种办法去解决上面的一般性的问题就会产生一些麻烦,一个是当 n 比较大时,这个解方程组的计算就是很繁琐的. 如果每次都这么搞,也是够令人头疼的. 即使你不怕繁琐的计算,那你总得担心是否会算了半天,最后要是无解怎么办的问题吧!这个是不是有解也不是一眼就能看出来的. 所以就要另想办法.

法国数学家拉格朗日就想到了一个很巧妙的方法. 其实这个方法的原理真是十分简单,就像搭积木一样.

任意取一个点 x_i. 拉格朗日的想法是求一个多项式 $l_i(x)$,使得 $l_i(x_i)=1$,而在其他的点处都等于 0.

这个想法的好处在哪呢?首先这里的 $l_i(x)$ 根本

与 y_i 无关,所以适应性极广,而且可以预先构造,一旦对一批点 $x_1, x_2, \cdots, x_n, x_{n+1}$ 构造好了,对任意的 y_i, $i = 1, 2, \cdots, n, n+1$ 都可以用;其次这里的 $l_i(x)$ 对所有的点造法都是一样的. 最后显然可以看出,一旦构造出来了这些 $l_i(x)$,那么就有

$$L_n(x) = y_1 l_1(x) + y_2 l_2(x) + \cdots + y_n l_n(x) + y_{n+1} l_{n+1}(x)$$

所以不存在什么有解没解的问题,上面的式子就告诉你,肯定有解.

现在我们就来考虑如何求出 $l_i(x)$ 的问题. 这也特别简单,因为既然除了 x_i 外, $l_i(x)$ 在其他的点处都等于 0,那就相当于说

$$l_i(x) = a_i(x - x_1)(x - x_2) \cdots (x - x_{i-1})(x - x_{i+1}) \cdots (x - x_{n+1})$$

所以原先那些什么计算繁琐,有没有解之类的问题全都不需考虑了,只剩下一个求系数 a_i 的问题了. 这个问题也很好解决,只要用条件 $l_i(x_i) = 1$ 就立刻可以求出

$$a_i = \frac{1}{(x_i - x_1)(x_i - x_2) \cdots (x_i - x_{i-1})(x_i - x_{i+1}) \cdots (x_i - x_{n+1})}$$

于是
$L_n(x) =$
$$\sum_{k=1}^{n+1} \frac{(x - x_1)(x - x_2) \cdots (x - x_{k-1})(x - x_{k+1}) \cdots (x - x_n)}{(x_k - x_1)(x_k - x_2) \cdots (x_k - x_{k-1})(x_k - x_{k+1}) \cdots (x_k - x_{n+1})} y_k$$

由于和号中的每个多项式都是 n 次的,所以 $L_n(x)$ 的次数不高于 n.

这一公式的唯一缺点就是没有把 $L_n(x)$ 直接表示出来. 不过我觉得即使是用这种方法先把 $L_n(x)$ 写出

来,再通过展开合并最后得出 $L_n(x)$ 的明显表达式也比用待定系数法去解方程组好受一些,起码在运算时可以省下不少纸面. 例如用这一方法去求上面所提的求一个二次多项式 $f(x)$,使得 $f(1)=1, f(2)=2, f(3)=3$ 的问题就有

$$f(x) = 1 \cdot \frac{(x-2)(x-3)}{(1-2)(1-3)} + 2 \cdot \frac{(x-1)(x-3)}{(2-1)(2-3)} +$$

$$3 \cdot \frac{(x-1)(x-2)}{(3-1)(3-2)} =$$

$$\frac{1}{2}(x^2 - 5x + 6) - 2(x^2 - 4x + 3) +$$

$$\frac{3}{2}(x^2 - 3x + 2) =$$

$$\frac{1}{2}x^2 - \frac{5}{2}x + 3 - 2x^2 + 8x - 6 +$$

$$\frac{3}{2}x^2 - \frac{9}{2}x + 3 = x$$

哈哈,看到这,你是不是又觉得连上面那么算都是多余的,这本来就是一眼就能看出来的. 不过这已是马后炮了. 从马后炮的观点看,什么事情都不能算难的. 不过,刚开始时,放几下马后炮倒也没有什么坏处,起码说明你还是想了一下,在自己心里多放几次马后炮,经验多了,可能有一次你也可以放"马前炮"了.

所以现在我们已经有了一个解决插值问题的公式了,这一公式称为拉格朗日公式. 不过这个公式毕竟还有点庞大,我们现在想法把它写得更紧凑些. 设

$$l(x) = (x - x_1)(x - x_2) \cdots (x - x_n)(x - x_{n+1})$$

那么

$$\ln l(x) = \sum_{k=1}^{n+1} \ln(x - x_k)$$

在上式两边求导数就得到

$$\frac{l'(x)}{l(x)} = \sum_{k=1}^{n+1} \frac{1}{x - x_k}$$

$$l'(x) = \sum_{k=1}^{n+1} \frac{l(x)}{x - x_k} = \sum_{k=1}^{n+1}(x-x_1)(x-x_2)\cdots(x-x_{k-1})(x-x_{k+1})\cdots(x-x_n)$$

$$l'(x_k) = (x_k-x_1)(x_k-x_2)\cdots(x_k-x_{k-1})\cdot(x_k-x_{k+1})\cdots(x_k-x_n)$$

因而

$$L_n(x) = \sum_{k=1}^{n+1} \frac{l(x)}{(x-x_k)l'(x_k)} y_k$$

用这个公式去求上面例子中的多项式,做法就是先求出

$$l(x) = (x-1)(x-2)(x-3) = x^3 - 6x^2 + 11x - 6$$

然后求出

$$l'(x) = 3x^2 - 12x + 11$$

因而有

$$l'(1) = 2, l'(2) = -1, l'(3) = 2$$

因此最后就有

$$f(x) = L_3(x) = \frac{1}{2}(x-2)(x-3) - 2 \cdot \frac{1}{2}(x-1)(x-3) + 3\frac{1}{2}(x-1)(x-2) = x$$

根据上面的讨论我们就有

定理 3.3.1 设给定了两两不同的 $n+1$ 个点 x_1,

第3章 多项式的应用

$x_2, \cdots, x_n, x_{n+1}$ 以及 $n+1$ 个值 $y_1, y_2, \cdots, y_n, y_{n+1}$，那么

（1）存在唯一的一个次数不高于 n 的多项式 $L_n(x)$ 使得
$$L_n(x_i) = y_i, i = 1, 2, \cdots, n, n+1$$

（2）$L_n(x) = \sum\limits_{k=1}^{n+1} \dfrac{l(x)}{(x-x_k)l'(x_k)} y_k$，其中
$$l(x) = (x-x_1)(x-x_2)\cdots(x-x_n)(x-x_{n+1})$$

证明 存在性在上面的讨论中已经给出，所以只须证明唯一性即可。设还存在一个次数不高于 n 的多项式 $\overline{L}_n(x)$，使得 $\overline{L}_n(x) = y_i, i = 1, 2, \cdots, n, n+1$；由于 $L_n(x)$ 与 $\overline{L}_n(x)$ 都是次数不高于 n 的多项式，而它们在 $n+1$ 个两两不相同的点处取相同的值，因此由定理 2.1.4 即得 $L_n(x) = \overline{L}_n(x)$。这就证明了唯一性。

虽然上面的定理已经完全解决了插值多项式的存在性和唯一性问题。然而在使用中这一公式还是有一个不方便之处。问题在于当我们想用一个多项式去逼近一个函数时，我们总是想用最简单的多项式来达到目的，所谓最简单也就是次数尽可能的低。然而这往往是一件摸着石头过河的事，也就是说，你得试验着来。因此就存在着一种可能性，即第一次你取了比如说 n 个点，结果却发现不满意，于是你想再增加一个点去逼近。这时你就会发现，用上面的公式去做时，第二次要全部重算，而你辛辛苦苦算出来的第一次数据将全部作废。于是我们想问，如果第二次插值时，有 n 个点与第一次完全相同，是不是能有一个公式，可以将第一次所算出来的结果都用上，让我们节省一点劳动力。答案是肯定的。这就是用差分的理论得出的公式，而差分理论本身也有许多有趣的地方。

定义 3.3.1 设 $f(x)$ 是 x 的函数,那么

(1) $f(x_1,x_2)=\dfrac{f(x_2)-f(x_1)}{x_2-x_1}$ 称为 $f(x)$ 的一阶均差或差商;

(2) $f(x_1,x_2,x_3)=\dfrac{f(x_2,x_3)-f(x_1,x_2)}{x_3-x_1}$ 称为 $f(x)$ 的二阶均差或差商;一般的,假设已经定义 $f(x)$ 的 $n-1$ 阶均差或差商 $f(x_1,x_2,\cdots,x_n)$;那么

(3) $f(x_1,x_2,\cdots,x_n,x_{n+1})=$
$$\dfrac{f(x_2,x_3,\cdots,x_{n+1})-f(x_1,x_2,\cdots,x_n)}{x_{n+1}-x_1}$$

称为 $f(x)$ 的 n 阶均差或差商.

引理 3.3.1
$$f(x_1,x_2,\cdots,x_n)=\dfrac{f(x_1)}{(x_1-x_2)\cdots(x_1-x_n)}+$$
$$\dfrac{f(x_2)}{(x_2-x_1)\cdots(x_2-x_n)}+\cdots+$$
$$\dfrac{f(x_n)}{(x_n-x_1)\cdots(x_n-x_{n-1})}$$

因而均差或差商与分点的次序无关.

证明 当 $n=2$ 时
$$f(x_1,x_2)=\dfrac{f(x_2)-f(x_1)}{x_2-x_1}=\dfrac{f(x_1)}{x_1-x_2}+\dfrac{f(x_2)}{x_2-x_1}$$

当 $n=3$ 时
$$f(x_1,x_2,x_3)=\dfrac{f(x_2,x_3)-f(x_1,x_2)}{x_3-x_1}=$$
$$\dfrac{f(x_1)}{(x_1-x_2)(x_1-x_3)}+$$
$$\dfrac{f(x_2)}{(x_2-x_1)(x_2-x_3)}+$$

$$\frac{f(x_3)}{(x_3-x_1)(x_3-x_2)}$$

因此对自然数 $n=2$ 和 $n=3$ 引理成立.

假设对自然数 $n-1$ 引理成立,那么

$$f(x_1,x_2,\cdots,x_n,x_{n+1})=$$

$$\frac{f(x_2,x_3,\cdots,x_{n+1})-f(x_1,x_2,\cdots,x_n)}{x_{n+1}-x_1}=$$

$$\frac{1}{x_{n+1}-x_1}\Big(\frac{f(x_2)}{(x_2-x_3)\cdots(x_2-x_{n+1})}+$$

$$\frac{f(x_3)}{(x_3-x_1)\cdots(x_3-x_{n+1})}+\cdots+$$

$$\frac{f(x_{n+1})}{(x_{n+1}-x_1)\cdots(x_{n+1}-x_n)}\Big)-$$

$$\frac{1}{x_{n+1}-x_1}\Big(\frac{f(x_1)}{(x_1-x_2)\cdots(x_1-x_n)}+$$

$$\frac{f(x_2)}{(x_2-x_1)\cdots(x_2-x_n)}+\cdots+$$

$$\frac{f(x_n)}{(x_n-x_1)\cdots(x_n-x_n)}\Big)=$$

$$\frac{f(x_1)}{(x_1-x_2)\cdots(x_1-x_{n+1})}+$$

$$\frac{f(x_2)}{x_{n+1}-x_1}\Big(\frac{1}{(x_2-x_3)\cdots(x_2-x_{n+1})}-$$

$$\frac{1}{(x_2-x_1)\cdots(x_2-x_n)}\Big)+\cdots+$$

$$\frac{f(x_n)}{x_{n+1}-x_1}\Big(\frac{1}{(x_n-x_2)\cdots(x_n-x_{n+1})}-$$

$$\frac{1}{(x_n-x_1)\cdots(x_n-x_{n-1})}\Big)+$$

$$\frac{f(x_n)}{(x_{n+1}-x_1)\cdots(x_{n+1}-x_n)}=$$

$$\frac{f(x_1)}{(x_1-x_2)\cdots(x_1-x_{n+1})}+\frac{f(x_2)}{x_{n+1}-x_1}\cdot$$

$$\frac{x_{n+1}-x_1}{(x_2-x_3)\cdots(x_2-x_{n+1})}+\cdots+$$

$$\frac{f(x_{n-1})}{x_{n+1}-x_1}\cdot\frac{x_{n+1}-x_1}{(x_{n-1}-x_1)\cdots(x_{n-1}-x_n)}+$$

$$\frac{f(x_n)}{(x_n-x_1)\cdots(x_n-x_{n-1})}=$$

$$\frac{f(x_1)}{(x_1-x_2)\cdots(x_1-x_n)}+$$

$$\frac{f(x_2)}{(x_2-x_1)\cdots(x_2-x_n)}+\cdots+$$

$$\frac{f(x_n)}{(x_n-x_1)\cdots(x_n-x_{n-1})}$$

故引理对自然数 n 也成立,因而由数学归纳法就证明了引理.

现在利用均差给出插值多项式的另一种表示方法.

定理 3.3.2 设 $f(x)$ 是 x 的任意函数, $x_1, x_2, \cdots, x_n$ 是两两不同的分点, $y_n = f(x_n)$, 那么

(1) $f(x) = p_n(x) + R_n(x)$; 其中

$$p_n(x) = f(x_1) + f(x_1, x_2)(x - x_1) + \cdots + f(x_1, x_2, \cdots, x_n)(x - x_1)\cdots(x - x_{n-1})$$

$$R_n(x) = f(x, x_1, x_2, \cdots, x_n)(x - x_1)\cdots(x - x_n)$$

(2) $L_n(x) = p_n(x)$.

证明 (1) 设 x 是任意一点,考虑 x 和 $x_1, x_1, x_2, \cdots, x_1, \cdots, x_n$ 等分点的组构成的均差. 由均差的定义就有

$$f(x) = f(x_1) + f(x, x_1)(x - x_1)$$
$$f(x, x_1) = f(x_1, x_2) + f(x, x_1, x_2)(x - x_2)$$

第 3 章 多项式的应用

$$f(x,x_1,x_2) = f(x_1,x_2,x_3) + \\ f(x,x_1,x_2,x_3)(x-x_3)$$

$$\vdots$$

$$f(x,x_1,x_2,\cdots,x_{n-1}) = f(x_1,x_2,\cdots,x_n) + \\ f(x,x_1,x_2,\cdots,x_n)(x-x_n)$$

把上面各式中的第二式代入第一式即得 $f(x) = p_1(x) + R_1(x)$,其中

$$p_1(x) = f(x_1) + f(x_1,x_2)(x-x_1)$$
$$R_1(x) = f(x,x_1,x_2)(x-x_1)(x-x_2)$$

类似的,将上面各式中的第三式代入 $f(x) = p_1(x) + R_1(x)$ 即得 $f(x) = p_2(x) + R_2(x)$,其中

$$p_2(x) = f(x_1) + f(x_1,x_2)(x-x_1) + \\ f(x_1,x_2,x_3)(x-x_1)(x-x_2)$$
$$R_2(x) = f(x,x_1,x_2,x_3)(x-x_1)(x-x_2)(x-x_3)$$

以此类推即可得 $f(x) = p_n(x) + R_n(x)$,其中

$$p_n(x) = f(x_1) + f(x_1,x_2)(x-x_1) + \cdots + \\ f(x_1,x_2,\cdots,x_n)(x-x_1)\cdots(x-x_{n-1})$$
$$R_n(x) = f(x,x_1,x_2,\cdots,x_n)(x-x_1)\cdots(x-x_n)$$

(2)显然 $p_n(x)$ 是一个次数不大于 n 的多项式,并且由上述表达式即可得出

$$p_n(x_k) = f(x_k) = y_k, \quad k=1,2,\cdots,n$$

因此 $p_n(x)$ 也是一个满足插值多项式问题的解.由插值多项式的唯一性(定理 3.3.1)即得

$$L_n(x) = p_n(x)$$

这就证明了定理.

具有定理 3.3.2 中形式的插值多项式,计算非常方便,增加一个插值点,只须要多计算一项,而 $P_n(x)$ 的各项系数恰好又是各阶的均差值.通常使用以下的

239

均差表进行计算:

x_k	$f(x_k)$	一阶均差	二阶均差	三阶均差	四阶均差
x_1	$f(x_1)$	$f(x_1,x_2)$			
x_2	$f(x_2)$	$f(x_2,x_3)$	$f(x_1,x_2,x_3)$		
x_3	$f(x_3)$	$f(x_3,x_4)$	$f(x_2,x_3,x_4)$	$f(x_1,x_2,x_3,x_4)$	
x_4	$f(x_4)$	$f(x_4,x_5)$	$f(x_3,x_4,x_5)$	$f(x_2,x_3,x_4,x_5)$	$f(x_1,x_2,x_3,x_4,x_5)$
x_5	$f(x_5)$				

例如如果用这个表格来计算上面已经算过两次的例子就有

x_k	$f(x_k)$	一阶均差	二阶均差
3	3		
2	2	1	
1	1	1	0

因此由均差形式的插值公式立即得到

$$f(x) = f(x_1) + f(x_1,x_2)(x-x_1) + \\ f(x_1,x_2,x_3)(x-x_1)(x-x_2) = \\ 3 + (x-3) + 0 \cdot (x-3)(x-2) = x$$

哈,这不要简单死了.不过不要忘记,在这简单的背后,我们证明定理 3.3.2 时可是费了不少劲,并且使用了均差这个概念,而这个概念又用掉了不少纸张.因此这个表面上的简单实际上是由于定理 3.3.2 已经吸收了一些本质上的困难.但是不管怎么样,这个例子说明均差形式的插值公式在实际计算时的确是很好用的.

对性质更好的函数,我们可以得到比定理 3.3.2 更好的结果.

第 3 章　多项式的应用

定理 3.3.3　设 $f(x)$ 存在直至 n 阶的导数,那么

(1) $f(x_1, x_2, \cdots, x_n) = \dfrac{f^{(n-1)}(\xi)}{(n-1)!}$,　$x_1 < \xi < x_n$

(2) $f(x) = p_n(x) + \dfrac{f^{(n)}(\xi)}{n!} l(x)$

其中 $l(x) = (x-x_1)(x-x_2)\cdots(x-x_n)$, $x_1 < \xi < x_n$.

证明　(1) 由定理 3.3.2 知
$$f(x) = p_n(x) + R_n(x)$$
其中　$R_n(x) = f(x, x_1, x_2, \cdots, x_n) l(x)$
显然 $R_n(x)$ 在区间 $[x_1, x_n]$ 上有 n 个零点 $x_1, x_2, \cdots, x_n$. 同时由于 $f(x)$ 存在直至 n 阶的导数,所以 $R_n(x)$ 也存在直至 n 阶的导数.

在每一个小区间 $[x_k, x_{k+1}]$, $k=1,2,\cdots,n-1$ 上,由于 $R_n(x_k) = R_n(x_{k+1}) = 0$, 故在此每一个小区间上对 $R_n(x)$ 应用罗尔定理即可得出在区间 (x_1, x_n) 内存在 $n-1$ 个点 $\xi_1^{(1)}, \xi_2^{(1)}, \cdots, \xi_{n-1}^{(1)}$ 使得
$$R_n'(\xi_k^{(1)}) = 0$$
$$x_1 < \xi_1^{(1)} < x_2 < \xi_2^{(1)} < \cdots < x_{n-1} < \xi_{n-1}^{(1)} < x_n$$

对 $R_n'(x)$ 和分点 $\xi_1^{(1)}, \xi_2^{(1)}, \cdots, \xi_{n-1}^{(1)}$ 进行和上面同样的论证可以得出在区间 $(\xi_1^{(1)}, \xi_{n-1}^{(1)})$ 内存在 $n-2$ 个分点 $\xi_1^{(2)}, \xi_2^{(2)}, \cdots, \xi_{n-2}^{(2)}$ 使得
$$R_n''(\xi_k^{(2)}) = 0$$
$$\xi_1^{(1)} < \xi_1^{(2)} < \xi_2^{(1)} < \xi_2^{(2)} < \cdots < \xi_{n-2}^{(1)} < \xi_{n-2}^{(2)} < \xi_{n-1}^{(1)}$$

将这个过程进行 $R_n(x) = f(x) - p_n(x)$ 到在 $(\xi_1^{(n-2)}, \xi_2^{(n-2)})$ 内存在一点 $\xi = \xi_1^{(n-1)}$ 使得 $R_n^{(n-1)}(\xi_1^{(n-1)}) = 0$.

但是 $R_n(x) = f(x) - p_n(x)$, 而

$$p_n(x) = f(x_1) + f(x_1, x_2)(x - x_1) + \cdots + f(x_1, x_2, \cdots, x_n)(x - x_1)\cdots(x - x_{n-1})$$

故对 $R_n(x) = f(x) - p_n(x)$ 两边各求导 $R_n(x) = f(x) - p_n(x)$，再令 $x = \xi$ 即得

$$0 = R_n^{(n-1)}(\xi) = f(\xi) - (n-1)! \, f(x_1, x_2, \cdots, x_n)$$

由此即得出

$$f(x_1, x_2, \cdots, x_n) = \frac{f^{(n-1)}(\xi)}{(n-1)!}$$

(2) 对 $f(x, x_1, x_2, \cdots, x_n)$ 应用(1)中已证明的结果即得在 (x_1, x_n) 内存在一点 ξ 使得

$$f(x, x_1, x_2, \cdots, x_n) = \frac{f^{(n)}(\xi)}{n!}$$

将上式代入到 $R_n(x)$ 的表达式中去即得

$$R_n(x) = f(x, x_1, x_2, \cdots, x_n) l(x) = \frac{f^{(n)}(\xi)}{n!} l(x)$$

这就证明了定理.

下面我们来考虑分点间的距离都是相等的特殊情况.

定义 3.3.2

(1) 设 $x_k = x_1 + (k-1)h, k = 1, 2, \cdots, n-1, y_k = f(x_k)$，则 $y_{k+1} - y_k$ 称为 $y = f(x)$ 在点 x_k 处的一阶向前差分，记为 Δy_k；

(2) $\Delta y_{k+1} - \Delta y_k$ 称为 $y = f(x)$ 在点 x_k 处的二阶向前差分，记为 $\Delta^2 y_k$；

(3) 一般的，如果已定义了 $y = f(x)$ 在点 x_k 处的 $n-1$ 阶向前差分 $\Delta^{n-1} y_k$，则称 $\Delta^{n-1} y_{k+1} - \Delta^{n-1} y_k$ 为 $y = f(x)$ 在点 x_k 处的 n 阶向前差分，记为 $\Delta^n y_k$；

向前差分有以下性质：

第 3 章　多项式的应用

定理 3.3.4

(1) $\Delta^n y_k = y_{n+k} - C_n^1 y_{n+k-1} + C_n^2 y_{n+k-2} + \cdots + (-1)^i C_n^i y_{n+k-i} + \cdots + (-1)^n y_k$；

(2) $f(x_1, x_2, \cdots, x_n) = \dfrac{\Delta^{n-1} y_1}{(n-1)!\ h^{n-1}}$；

(3) $\Delta^n y_1 = h^n f^{(n)}(\xi)$.

证明　(1) 容易用数学归纳法证明，略；

(2) $f(x_1, x_2) = \dfrac{y_2 - y_1}{x_2 - x_1} = \dfrac{\Delta y_1}{h}$

$f(x_1, x_2, x_3) = \dfrac{f(x_2, x_3) - f(x_1, x_2)}{x_3 - x_1} = \dfrac{1}{2h}\left(\dfrac{\Delta y_2}{h} - \dfrac{\Delta y_1}{h}\right) \dfrac{\Delta^2 y_1}{2h^2}$

因此对自然数 $n=2$ 和 $n=3$，(2) 中的结论成立，假设对自然数 $n-1$，(2) 中的结论成立，即假设

$$f(x_1, x_2, \cdots, x_{n-1}) = \dfrac{\Delta^{n-2} y_1}{(n-2)!\ h^{n-2}}$$

那么

$f(x_1, x_2, \cdots, x_n) =$

$\dfrac{f(x_2, \cdots, x_{n-1}) - f(x_1, \cdots, x_{n-2})}{x_{n-1} - x_1} =$

$\dfrac{1}{(n-1)h}\left(\dfrac{\Delta^{n-2} y_2}{(n-2)!\ h^{n-2}} - \dfrac{\Delta^{n-2} y_1}{(n-2)!\ h^{n-2}}\right) =$

$\dfrac{\Delta^{n-2} y_2 - \Delta^{n-2} y_1}{(n-1)!\ h^{n-1}} = \dfrac{\Delta^{n-1} y_1}{(n-1)!\ h^{n-1}}$

因此 (2) 中的结论对自然数 n 也成立. 因而由数学归纳法就证明了 (2).

(3) 由定理 3.3.3 和 (2) 已证明的结论就得到

$$f(x_1, x_2, \cdots, x_n, x_{n+1}) = \dfrac{f^{(n)}(\xi)}{n!} = \dfrac{\Delta^n y_1}{n!\ h^n}$$

由此就得出(3).

定义 3.3.3

(1) 设 $x_k = x_1 + (k-1)h, k=1,2,\cdots,n-1, y_k = f(x_k)$,则 $y_{k+1} - y_k$ 称为 $y=f(x)$ 在点 x_{k+1} 处的一阶向后差分,记为 ∇y_{k+1};

(2) $\nabla y_{k+1} - \nabla y_k$ 称为 $y=f(x)$ 在点 x_{k+1} 处的二阶向后差分,记为 $\nabla^2 y_{k+1}$;

(3) 一般的,如果已定义了 $y=f(x)$ 在点 x_{k+1} 处的 $n-1$ 阶向后差分 $\nabla^{n-1} y_{k+1}$,则称 $\nabla^{n-1} y_{k+1} - \nabla^{n-1} y_k$ 为 $y=f(x)$ 在点 x_{k+1} 处的 n 阶向后差分,记为 $\nabla^n y_{k+1}$.

根据向后差分的意义,容易得知,对同一个分点来说,向前差分和向后差分的方向恰好相反.由此易于得出向后差分与向前差分类似的性质.

定理 3.3.5

(1) $\nabla^n y_k = y_k - C_n^1 y_{k-1} + C_n^2 y_{k-2} + \cdots (-1)^i C_n^i y_{k-i} + \cdots + (-1)^n y_{k-n}$;

(2) $f(x_1, x_2, \cdots, x_n) = \dfrac{\nabla^{n-1} y_n}{(n-1)! \, h^{n-1}}$;

(3) $\nabla^n y_{n+1} = h^n f^{(n)}(\xi)$.

利用这些公式,现在我们就可以对第 1 章中的一个等式给出一个严格的证明了.在第 1 章 1.5 中,我们曾经计算 $(p-1)^n$ 的 n 次差分(注意在第 1 章 1.5 中出现的 Δ 的意义和这里的 ∇ 的意义是相同的).在那里,我们根据观察得出

$$\nabla^n (p-1)^n = n!$$

但是当时并未给予严格的证明.现在我们就可以对此给予一个严格的而且简单得不得了的证明.实际上设 $f(x) = x^n, x_{n+1} = p-1, h=1$,那么利用定理 3.3.5(3)

第 3 章　多项式的应用

中的公式就立刻可以得到

$$\nabla^n (p-1)^n = \nabla^n\ y_{n+1} = f^{(n)}(\xi) = n!$$

有趣的是如果企图直接证明这一式子可没有这么简单. 而且我不知道是否有很简单的直接证法, 读者中哪位有不妨发表出来, 或告诉作者, 让咱们也见识一下. 所以数学中有许多东西会在你意想不到的地步出现曲径通幽的妙境. 往往两个表面上看起来毫不相干的东西可以发生联系并由此产生出原来所想不到的巧妙解法.

关于插值, 还有许多问题, 例如带导数的插值等等. 我们就到此为止了, 有兴趣的读者可以参考专门研究此类问题的计算数学文献.

最后我们来谈一下最小二乘法. 之所以要讲这个问题是由于以上我们讲了好多关于插值的问题, 其实当初人们研究插值问题主要是想用它来逼近函数, 而且历史上有一段时间曾经有些数学家认为只要选取足够多的点进行插值, 我们就能够无限精确地逼近一个预定的函数. 不过现在这种看法已经被证明是不全面的. 最简单的例子就是如果企图用多项式对 $(0,1)$ 中的函数 $y = \dfrac{1}{x}$ 进行无限精确的逼近是不可能的, 而且对这一函数, 选取的点越多, 所得的插值多项式的性质可能越坏. 你只要注意 $y = \dfrac{1}{x}$ 具有性质当 $x \to 0$ 时, $f(x) \to \infty$ (称为有限逸时现象), 而任何多项式都不可能有此性质就可以预先大致地估计到, 用多项式去逼近这种 $f(x)$ 是不可能有好结果的.

既然对有些函数不可能用多项式去无限地逼近, 于是人们就去考虑另外一个问题, 就是对给定的一批数据,如何选取一个次数给定的多项式甚至其他函数,使得逼近的误差最小,这就是最小二乘法要解决的问题.

现在考虑 N 对实验数据 $(x_i,y_i), i=1,2,\cdots,N$. 我们的目的是要从这些数据找到一个近似的函数关系式 $y=f(x)$. 最简单的情况就是设 $f(x)$ 是一个多项式. 为确定起见,设此多项式是 m 次的,于是可设
$$y=f(x)=a_0+a_1x+\cdots+a_mx^m, m<N$$

如果把点 (x_i,y_i) 代入上述多项式,就会得到 N 个方程. 一般来说,在 $m<N$ 时,用 N 个方程去精确地确定 $m+1$ 个未知数是不可能的,有可能会出现互相矛盾的方程. 也就是说,上述 N 个等式一般是不可能同时成立的. 一般人做到此处就戛然而止了. 既然一般情况下是无解,那就没什么可考虑的了. 的确,要是从解方程组去确定系数这一角度去考虑问题,这个问题已没有什么可考虑的了. 但是如果换一个角度去考虑那就不一样. 因为你反正是要去近似,不能相等就不能相等,即使不能相等也没有关系. 不能相等就是说把等式两边相减所得的式子不能为零,能等于 0 最好,不能等于 0,这个差就是误差,所以我们现在不去看等式了,而是看得到的 N 个误差,也就是下面的 N 个式子
$$a_0+a_1x_1+\cdots+a_mx_1^m-y_1=R_1$$
$$a_0+a_1x_2+\cdots+a_mx_2^m-y_2=R_2$$
$$\vdots$$
$$a_0+a_1x_N+\cdots+a_mx_N^m-y_N=R_N$$

而问题也不是原来的通过解方程去决定系数,而是考虑如何使总的误差最小. 总的误差按通常的概念应该就是

第 3 章 多项式的应用

$$|R_1|+|R_2|+\cdots+|R_N|$$

但是这个函数的性质不太方便用数学去处理,所以我们现在考虑另一种性质的总误差,那就是

$$\varphi(a_0,a_1,\cdots,a_m)=R_1^2+R_2^2+\cdots+R_N^2$$

这个函数用数学处理起来就很方便了,而且如果 φ 很小,那么各个 R_i 肯定也很小,所以用这个 φ 去控制误差是完全合格的.

根据微积分学的知识可知,使得 φ 达到极小的 a_0, $a_1,\cdots,a_m$ 必须适合下面的方程组

$$\frac{\partial \varphi}{\partial a_0}=\frac{\partial R_1^2}{\partial a_0}+\frac{\partial R_2^2}{\partial a_0}+\cdots+\frac{\partial R_N^2}{\partial a_0}=0$$

$$\frac{\partial \varphi}{\partial a_1}=\frac{\partial R_1^2}{\partial a_1}+\frac{\partial R_2^2}{\partial a_1}+\cdots+\frac{\partial R_N^2}{\partial a_1}=0$$

$$\vdots$$

$$\frac{\partial \varphi}{\partial a_m}=\frac{\partial R_1^2}{\partial a_m}+\frac{\partial R_2^2}{\partial a_m}+\cdots+\frac{\partial R_N^2}{\partial a_m}=0$$

先分别计算对每个系数的偏导得出

$$\frac{\partial \varphi}{\partial a_0}=\frac{\partial R_1^2}{\partial a_0}+\frac{\partial R_2^2}{\partial a_0}+\cdots+\frac{\partial R_N^2}{\partial a_0}=$$

$$2\left(R_1\frac{\partial R_1}{\partial a_0}+R_2\frac{\partial R_2}{\partial a_0}+\cdots+R_N\frac{\partial R_N}{\partial a_0}\right)=$$

$$2\left((\sum_{i=1}^{N}1)a_0+(\sum_{i=1}^{N}x_i)a_1+\cdots+\right.$$

$$\left.(\sum_{i=1}^{N}x_i^m)a_m-\sum_{i=1}^{N}y_i\right)$$

$$\frac{\partial \varphi}{\partial a_1}=\frac{\partial R_1^2}{\partial a_1}+\frac{\partial R_2^2}{\partial a_1}+\cdots+\frac{\partial R_N^2}{\partial a_1}=$$

$$2\left(R_1\frac{\partial R_1}{\partial a_1}+R_2\frac{\partial R_2}{\partial a_1}+\cdots+R_N\frac{\partial R_N}{\partial a_1}\right)=$$

$$2\left(\left(\sum_{i=1}^{N} x_i\right) a_0 + \left(\sum_{i=1}^{N} x_i^2\right) a_1 + \cdots + \left(\sum_{i=1}^{N} x_i^{m+1}\right) - \sum_{i=1}^{N} x_i y_i\right)$$

$$\vdots$$

$$\frac{\partial \varphi}{\partial a_m} = \frac{\partial R_1^2}{\partial a_m} + \frac{\partial R_2^2}{\partial a_m} + \cdots + \frac{\partial R_N^2}{\partial a_m} =$$

$$2\left(R_1 \frac{\partial R_1}{\partial a_m} + R_2 \frac{\partial R_2}{\partial a_m} + \cdots + R_N \frac{\partial R_N}{\partial a_m}\right) =$$

$$2\left(\left(\sum_{i=1}^{N} x_i^m\right) a_0 + \left(\sum_{i=1}^{N} x_i^{m+1}\right) a_1 + \cdots + \left(\sum_{i=1}^{N} x_i^{2m}\right) - \sum_{i=1}^{N} x_i^m y_i\right)$$

为简明起见,设

$$\sum_{i=1}^{N} x_i^k = S_k, \quad \sum_{i=1}^{N} x_i^k y_i = T_k$$

于是上面的方程组就成为

$$S_0 a_0 + S_1 a_1 + \cdots + S_m a_m = T_0$$
$$S_1 a_0 + S_2 a_1 + \cdots + S_{m+1} a_m = T_1$$
$$\vdots$$
$$S_m a_0 + S_{m+1} a_1 + \cdots + S_{2m} a_m = T_m$$

这个方程组有 $m+1$ 个未知数和 $m+1$ 个方程. 如果它有唯一解的话,我们就可用多项式

$$y = f(x) = a_0 + a_1 x + \cdots + a_m x^m$$

来近似地代替数据 $(x_1, y_1), (x_2, y_2), \cdots, (x_N, y_N)$ 所在的曲线.

定理 3.3.6 设 $(x_1, y_1), (x_2, y_2), \cdots, (x_N, y_N)$ 是给定的 N 对数

$$\sum_{i=1}^{N} x_i^k = S_k, \quad \sum_{i=1}^{N} x_i^k y_i = T_k$$

那么当 $N > m$ 时,方程组(I)
$$S_0 a_0 + S_1 a_1 + \cdots + S_m a_m = T_0 \qquad ①$$
$$S_1 a_0 + S_2 a_1 + \cdots + S_{m+1} a_m = T_1 \qquad ②$$
$$\vdots$$
$$S_m a_0 + S_{m+1} a_1 + \cdots + S_{2m} a_m = T_m \quad (m+1)$$
存在唯一解.

证明 从线性代数中线性方程组的理论可知,方程组(I)存在唯一解的充分必要条件是相应的齐次方程组(I_0)
$$S_0 a_0 + S_1 a_1 + \cdots + S_m a_m = 0 \qquad ①$$
$$S_1 a_0 + S_2 a_1 + \cdots + S_{m+1} a_m = 0 \qquad ②$$
$$\vdots$$
$$S_m a_0 + S_{m+1} a_1 + \cdots + S_{2m} a_m = 0 \quad (m+1)$$
只有零解.

假设方程组(I_0)存在非零解 $a_0, a_1, \cdots, a_m$,那么将方程组(I_0)中的第一个等式两端都乘以 a_0,第二个等式的两端都乘以 $a_1, \cdots$,第 $m+1$ 个等式的两端都乘以 a_m,然后把所得的 $m+1$ 个等式加起来就得到
$$0 = a_0(S_0 a_0 + S_1 a_1 + \cdots + S_m a_m) +$$
$$a_1(S_1 a_0 + S_2 a_1 + \cdots + S_{m+1} a_m) + \cdots +$$
$$a_m(S_m a_0 + S_{m+1} a_1 + \cdots + S_{2m} a_m) =$$
$$a_0 \sum_{j=0}^{m} a_j S_j + a_1 \sum_{j=0}^{m} a_j S_{j+1} + \cdots + a_m \sum_{j=0}^{m} a_j S_{j+m} =$$
$$\sum_{k=0}^{m} a_k \sum_{j=0}^{m} a_j S_{j+k} = \sum_{k=0}^{m} a_k \sum_{j=0}^{m} a_j \sum_{i=1}^{N} x_i^{j+k} =$$
$$\sum_{i=1}^{N} (\sum_{k=0}^{m} a_k x_i^k)(\sum_{j=0}^{m} a_j x_i^j) =$$
$$\sum_{i=1}^{N} (a_0 + a_1 x_i + \cdots + a_m x_i^m)^2 =$$

$$y_1^2 + y_2^2 + \cdots + y_N^2$$

由于 $y_1, y_2, \cdots, y_N$ 都是实数,故由 $y_1^2 + y_2^2 + \cdots + y_N^2 = 0$ 就得出

$$y_1 = y_2 = \cdots = y_N = 0$$

这说明 m 次多项式 $y = f(x)$ 有 N 个零点,由于 $N > m$,故由定理 2.1.4 即得 $f(x) \equiv 0$,因而

$$a_0 = a_1 = \cdots = a_m = 0$$

这与 $(a_0, a_1, \cdots, a_m)$ 是方程组 (I_0) 的非零解的假设矛盾. 所得的矛盾就说明 (I_0) 方程组只有零解,因而方程组 (I) 有唯一解.

不过我们从微积分学里知道 $(a_0^*, a_1^*, \cdots, a_m^*)$ 是方程组 (I) 的解只是 $\varphi(a_0, a_1, \cdots, a_m)$ 在 $(a_0^*, a_1^*, \cdots, a_m^*)$ 取得极小值的必要条件和可疑条件. $\varphi(a_0, a_1, \cdots, a_m)$ 是否确实在此处取得极小值还需进一步验证.

定理 3.3.7 设 $(x_1, y_1), (x_2, y_2), \cdots, (x_N, y_N)$ 是给定的 N 对数

$$a_0 + a_1 x_1 + \cdots + a_m x_1^m - y_1 = R_1$$
$$a_0 + a_1 x_2 + \cdots + a_m x_2^m - y_2 = R_2$$
$$\vdots$$
$$a_0 + a_1 x_N + \cdots + a_m x_N^m - y_N = R_N$$
$$\varphi(a_0, a_1, \cdots, a_m) = R_1^2 + R_2^2 + \cdots + R_N^2$$

$(a_0^*, a_1^*, \cdots, a_m^*)$ 是方程组 (I) 的解,那么 $\varphi(a_0, a_1, \cdots, a_m)$ 在 $(a_0^*, a_1^*, \cdots, a_m^*)$ 处取到最小值.

证明 设 $F(x) = a_0 + a_1 x + \cdots + a_m x^m$ 是任意 m 次多项式.

$$f(x) = a_0^* + a_1^* x + \cdots + a_m^* x^m$$
$$\delta = \sum_{i=1}^{N}(F(x_i) - y_i)^2 - \sum_{i=1}^{N}(f(x_i) - y_i)^2$$

第 3 章　多项式的应用

那么

$$\delta = \sum_{i=1}^{N}(F(x_i)^2 - 2F(x_i)y_i - f(x_i)^2 + 2f(x_i)y_i) =$$

$$\sum_{i=1}^{N}((F(x_i) - f(x_i))^2 + 2(F(x_i) - f(x_i))(f(x_i) - y_i)) =$$

$$\sum_{i=1}^{N}((F(x_i) - f(x_i))^2 + 2\sum_{i=1}^{N}(F(x_i) - f(x_i))(f(x_i) - y_i)$$

然而由$(a_0^*, a_1^*, \cdots, a_m^*)$是方程组(Ⅰ)的解可知

$$\sum_{i=1}^{N}(F(x_i) - f(x_i))(f(x_i) - y_i) =$$

$$\sum_{i=1}^{N}(a_0 - a_0^* + (a_1 - a_1^*)x_i + \cdots + (a_m - a_m^*)x_i^m)(f(x_i) - y_i) =$$

$$\sum_{i=1}^{N}\Big(\sum_{i=1}^{m}(a_k - a_k^*)x_i^k\Big)(f(x_i) - y_i) =$$

$$\sum_{k=0}^{m}(a_k - a_k^*)\sum_{i=1}^{N}(f(x_i) - y_i)x_i^k =$$

$$\sum_{k=0}^{m}(a_k - a_k^*)\sum_{i=1}^{N}\frac{\partial R_i^2}{\partial a_k} =$$

$$\sum_{k=0}^{m}(a_k - a_k^*)\frac{\partial \varphi}{\partial a_k} = 0$$

这就说明$\varphi(a_0, a_1, \cdots, a_m)$确实在$(a_0^*, a_1^*, \cdots, a_m^*)$处取到最小值.

以上我们已从理论上论述了用多项式去拟合数据的最小二乘问题是一定有唯一解的.

以前的计算方法教科书讲完以上内容后往往还要举一个拟合数据的例子,不过现在已经绝少有人用手算去求解这类问题了.因为已有了编制得很好的各种软件供人们使用.例如在 Matlab 中,可以使用以下命令来求解最小二乘问题.(凡是前面加 % 号的语句都不是 Matlab 的命令,而是我们对命令的解释)

$x=[x_1,x_2,\cdots,x_N]$ (% 输入数据 $x_1,x_2,\cdots,x_N$)

$y=[y_1,y_2,\cdots,y_N]$ (% 输入数据 $y_1,y_2,\cdots,y_N$)

$p=polyfit(x,y,m)$(% 用 m 次多项式对数据 $(x_1,y_1),(x_2,y_2),\cdots,(x_N,y_N)$ 进行拟合);

当执行上述命令后,Matlab 将给出答案

$p=a_0\ a_1\ \cdots\ a_n$ (% 这里 $a_0\ a_1\ \cdots\ a_n$ 表示拟合多项式 $a_0x^n+a_1x^{n-1}+\cdots+a_n$ 的各项系数)

你还可以将拟合多项式与原数据进行对比:

$x=a:h:b$ (% 表示用步长 h 对区间 $[a,b]$ 中的点输入)

$y=a_0*x.\hat{}\ n+a_1*x.\hat{}\ n-1+\cdots+a_{n-1}*x+a_n$ (% 注意,二次以上的 x 后面一定要加一个英文的句点.,但是一次项中的 x 后面不加)

$plot(x,y)$ (% 描出多项式 y 的图像)

$hold\ on$ (% 在输入新的命令时,保持刚才描出的图形不消失)

$x1=[x_1,x_2,\cdots,x_N]$

$y1=[y_1,y_2,\cdots,y_N]$

$plot(x1,y1,'o')$(% 描出 $(x_1,y_1),(x_2,y_2),\cdots,(x_N,y_N)$ 并在所描出的点上加 o,此处的 o 在实际上是输入的英文的小写字母 o)

第 3 章 多项式的应用

下面是一个输入以上语句后所得图像的实例,其中
$x1=[0,0.1,0.2,0.3,0.4,0.5,0.6,0.7,0.8,0.9,1]$
(可用命令 $x=0:0.1:1$ 代替)
$y1=[-0.447,1.978,3.28,6.16,7.08,7.34,7.66,$
$\quad 9.56,9.48,9.30,11.2]$
用二次多项式进行拟合.

拟合后给出的答案是
$a_0=-9.810\ 8, a_1=20.129\ 3, a_2=-0.031\ 7$

上述的对比图的用处是在有些情况下可以帮助我们发现异常点.所谓异常点就是根据实际数据一般都是连续变化的假设.如果所有的点都在拟合曲线附近,而只有一或两个点明显偏离拟合曲线,那么这一两个点就需要特别研究.这里有两种可能,一种是实际数据本来就是如此,一种是这一两个点是因为某种偶然原因,在测量或记录时发生了明显的误差.至于到底是哪种情况,就需要根据经验和反复再重新采取数据来判断.如果判断这一两个点确实是异常点,那么把它们从数据中去掉,往往可以得到更好的拟合.但是特别要注意,异常点不能太多,超过三个甚至两个就很难说还是异常点了,更不允许随心所欲地把自己不喜欢的点都当成异常点处理掉,这就不是科学的拟合而是凑数据了.

另外一个问题就是根据直观,一般人都会产生这种想法,即一次拟合不行,我就用二次,仿佛次数越高,效果就越好.但是实际情况不是如此,原因就在于我们虽然已在理论上解决了任意次拟合曲线的存在性,但是实际运用中会发生理论上不考虑的问题.例如理论

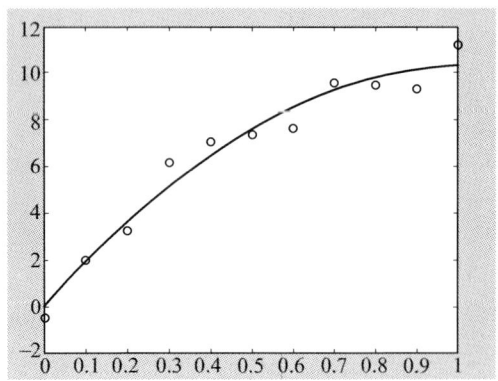

图 3.3.1　在 Matlab 中用二次多项式对数据进行拟合后的对比图
（带。的点表示原始数据）

上可以严格证明平衡点的存在性，然而实际上不稳定的平衡点根本观察不到. 用多项式进行最小二乘拟合问题也是如此. 实践的结果表明，当次数超过 7 时，如果不提高运算的精度，拟合效果会急剧下降. 有的书中用一些数据例子对此作了直观的解释. 简单说来就是当次数较大时，方程组(Ⅰ)将成为所谓病态的，因而实际计算的性能很差. 至于什么是病态的方程组，我们就不多讲了，愿意深入钻研的读者可参看计算方法方面的专著.

最后，我们提一下在实际运用以上方法时的关键是是否能达到实际问题所需要的精度. 恰恰是在此最关键的问题上，还没有一般的理论来满足我们的需要.

所谓实际问题一般分为两类. 第一类是已有现成的公式，但是太复杂，希望找出合用的近似公式. 第二类是只有实际的数据，希望给出能计算这些数据的近似公式. 不管是哪一类问题，最后的关键都在你给出的

公式算出来的数据的精度是否合乎要求.这是一个硬限制.

但是这里有一个原则,就是近似公式的精度不可能超过原始数据的精度.

下面,我们举一个第一类问题的答案.

例3.3.1 $erf(x)=\dfrac{2}{\sqrt{\pi}}\int_0^x e^{-t^2}\mathrm{d}t(x>0)$ 称为误差函数,在文献 Hastings C. Jr, Hayward J. T. and Wong J. P. Jr, Approximations for digital computers, Princeton Univ. Press. 1955. 中给出了两个近似公式.

$$(1) erf(x) \approx 1 - \left(1 + \sum_{i=1}^6 a_i x^i\right)^{-16}$$

其中

$$a_1 = 0.070\ 523\ 078\ 4, a_2 = 0.042\ 282\ 012\ 3$$
$$a_3 = 0.009\ 270\ 527\ 2, a_4 = 0.000\ 152\ 014\ 3$$
$$a_5 = 0.000\ 276\ 567\ 2, a_6 = 0.000\ 043\ 063\ 8$$

以上近似公式的最大绝对误差是 1.3×10^{-7}.

$$(2) erf\left(\dfrac{x}{\sqrt{2}}\right) \approx 1 - \left(1 + \sum_{i=1}^4 a_i x^i\right)^{-4}$$

其中

$$a_1 = 0.196\ 854, a_2 = 0.115\ 194$$
$$a_3 = 0.000\ 344, a_4 = 0.019\ 527$$

以上近似公式的最大绝对误差是 2.5×10^{-4}.

习题 3.3

1. 构造次数尽可能低的插值多项式使得

(1) $f(1)=2, f(2)=3, f(3)=1$;

(2) $f(0.2)=0.6, f(0,6)=0.8, f(0.8)=0.2$.

2. 试求满足条件 $f(x_1)=y_1, f(x_2)=y_2, f(x_3)=y_3$ 且 $f'(x_2)=y'_2$ 的插值多项式,并证明其余项为
$$R(x)=\frac{f^{(4)}(\xi)}{4!}(x-x_1)(x-x_2)^2(x-x_3)$$

3. 利用数值 $x_1=1, x_2=25, x_3=100, y_1=1, y_2=5, y_3=10$ 给出平方根函数 $y=\sqrt{x}$ ($1\leqslant x\leqslant 100$) 的近似公式.

4. 利用数值 $\sin 0°=0, \sin 30°=\frac{1}{2}, \sin 90°=1$ 给出如下形式的近似公式
$$\sin x°=ax+bx^3, \quad 0\leqslant x\leqslant 90$$
利用这个公式,求出 $\sin 20°, \sin 40°, \sin 80°$ 的近似值,并与真值做比较,看所得的近似值的精确度是多少.

5. 设有试验数据如下表所示:

x	1.36	1.49	1.73	1.81	1.95	2.16	2.28	2.48
y	14.094	15.069	16.844	17.378	18.435	19.949	20.963	22.495

用最小二乘法分别求出上述数据的一次及二次拟合函数,并将所得的曲线与原数据做对比.

6. 用三次多项式拟合以下数据

x	4	2	1	0	1	3	4	6
y	35.1	15.1	15.9	8.9	0.1	0.1	21.1	135

7. 用最小二乘法求一个形如 $y=a+bx^2$ 的函数,拟合下列数据

x	19	25	31	38	44
y	19.0	32.3	49.0	73.3	97.8

8. 用二次多项式拟合以下数据

x	0	1	2	3	4	5	6	7	8	9	10
y	3	87	156	210	238	252	239	211	158	90	-5

3.4 Logistic 映射周期 3 窗口的参数

从大约 1970 年起,一门叫作混沌学的理论逐渐形成了. 其主要令人感兴趣和感到惊异之处在于这一理论告诉人们,在完全是确定性的系统中竟然会表现出类似于随机无序的复杂现象. 一开始, 连发现这一现象的专家本人都对这一结论感到不可思议. 然而随着大量研究成果的出现. 当科学界已普遍认识到这绝不是一种个别的偶然现象, 而是一种在自然界, 社会学和经济、气象、生物界等各种极不相同的领域中都普遍存在的事情后, 对混沌学的研究就变得极为热门, 大量的文献爆炸式地出现. 许多科普刊物也热衷于向读者展示这一迷人的题目. 自从混沌理论的研究成果被通俗地介绍给大众后, 可以说, 它已极大地改变了人们对世界的看法. 本来从拉普拉斯开始, 人们就肯定地认为存在于我们外部的世界可以明确地分成两种本质上完全不同的领域, 在一个领域中, 是确定性规律在起着作用, 而在另一个领域中, 是随机性的规律在统治着. 而现在人们发现, 在这两种如此对立的领域之间已不可能画出一条明确的界限了. 这对某些人不啻于说太阳是从西边出来一样.

对混沌学的诞生来说, 生态学家们起了特别的作用. 生态学家经常使用数学模型, 但是他们深知数学模型其实是极其复杂的真实世界的一种简化, 因而必然带有局限性. 正是生态学家首先发现一些看似合理的数学模型会引出与实际相差甚远的不可思议的结论.

比如说, 你想研究某种飞蛾的数量规律, 那么第一步就是列出每年的飞蛾数量, 例如第一年是 31 000, 第二年是 35 000 等等, 然后的一个极其自然的想法就是找出第二年的飞蛾数量与第一年的飞蛾数量的一种关系, 用数学的语言来说, 如果用 y 表示第二年的飞蛾数量, 用 x 表示第一年的飞蛾数量, 那就是要找出 y 与 x 之间的一种函数关系.

生态学家们, 其实任何科学家们的第一步, 总是愿意寻求哪怕是一种很粗糙的但是尽可能简单的函数关系. 最简单的函数关系就是线性的函数关系了. 这种函数关系假定第二年的数量与第一年的数量之间构成一种固定的比例. 用数学式子写出来就是假定

$$x_{n+1} = \mu x_n$$

这就是马尔萨斯的不受食物与伦理限制的解决方案. 其中 μ 是一个参数, 代表群体的增长率, 例如 μ 可以是 1.1, 那么如果第一年是 10, 第二年就是 11. 如果输入是 20 000, 那么输出便是 22 000, 等等.

然而生态学家通过几代的实践最终认识到上面那种线性式的关系顶多只能暂时用一下, 过几年这个关系中的系数便需要修正一下才能使公式符合实际的数据. 这只不过是一种比较文雅的说法. 说得直白点, 这种做法只不过是一种马后炮式的对数据的凑合, 用这种公式既不可能对历史作永久的解释, 也不可能对未来作任何有价值的预测. 在理论上, 这一公式的结论只

有三种：第一种是 $0 < \mu < 1$ 的情况，这时物种的数量逐年严格地按比例减少，随着时间趋于无穷，物种的数量趋于 0，也就是说，物种趋于灭亡；第二种是 $\mu = 1$ 的情况，这时物种的数量保持精确的不变，这在实践中是不可能的；第三种就是 $\mu > 1$ 的情况，这时物种的数量逐年严格地按比例增加，随着时间趋于无穷，物种的数量趋于无穷．这当然也是不可能的．于是按此公式在实践中唯一可能的结局就是一切物种都趋于死灭．多么悲哀的结局！本来阳光灿烂，充满生气的真实世界在此公式的眼光里，甚至连英国著名文学家莎士比亚剧中人物哈姆雷特式的"生或是死"的悲剧式的选择都没有，而只有世界末日的一条黑路．

实际的情况是，当物种的数量增加到一定程度后，由于食物等各种因素的限制，它的数量就会自动降下来，而当物种数量下降到一定程度后，在外界条件不变的情况下，由于生活条件的改善（因为没有那么多生物争夺资源了），物种的数量又会自动增多而最后达到一种平衡．为此，生态学家对原来的马尔萨斯公式给出了一种修正的方案，即在原来的公式中增加一项因式 $1-x$，也就是说，修正后的公式为
$$x_{n+1} = \mu x_n (1 - x_n)$$
这新增加的因式使得物种的增长自动成为有界，因为当 x_n 增加时，$1-x_n$ 便会减少．这便是所谓的逻辑斯梯公式．它也可以写成
$$x_{n+1} = f(x_n)$$
其中 $$f(x) = \mu x (1 - x)$$

如果单考察函数 $f(x) = \mu x(1-x)$，它是再简单不过了，一条开口向下的对称抛物线而已，在 $x = \dfrac{1}{2}$ 时取

到最大值,其他就没什么好说的了,不过如此而已.这是任何一个中学生都知道的事情.然而当生态学家和数学家在混沌理论的研究热潮中再回过头来看这个函数时,竟发觉它包含有不可思议的复杂性和令人匪夷所思的丰富内容.

问题在于公式 $x_{n+1}=f(x_n)$ 的含义不在于单独的研究二次函数 $f(x)=\mu x(1-x)$ 本身,而是把此函数作反复的乃至无穷的迭代,并且要连同参数 μ 的变化考虑在内.现在人们已经认识到非线性的无穷次作用一般就必然会产生复杂性,而参数的变化会对复杂性的形式增加许多花样,如分支、倍周期分支、混沌等等.

现在我们就来看看迭代 $x_{n+1}=\mu x_n(1-x_n)$ 会产生什么出人意料的现象.读者手边最好有一个计算器,当然如果有计算机,并且机器中加装了如 Matlab 这样可以编程序的软件那就更好了,利用计算器或计算机可以作数值"试验".选定一个 μ 值之后,对于一个初值 x_0,按照程序 $x_{n+1}=\mu x_n(1-x_n)$ 不断地按执行键,计算器(机)就会显示出 $x_1,x_2,\cdots$ 等,而后就可归纳分析结果.

我们还可以采用下述的作图方法来观察和大致研究迭代的过程.

在 xy 平面上画出曲线 $y=f(x)$ 和第一象限的角平分线 $y=x$. 对于初值 x_0,作竖直线 $x=x_0$ 与曲线交于点 A,于是 A 的纵坐标是 $f(x_0)$ 即 x_1,由 A 作平行于 x 轴的水平线 AB 交角平分线于 B,于是点 B 的横坐标就是 x_1. 类似地,相继一横一竖在曲线和角平分线之间来回作 $BC,CD,DE,EF,EG,GH,\cdots$ 等各线段,于是 D,F,H 各点的横坐标分别是 $f(x_1)=x_2,f(x_2)=$

第 3 章 多项式的应用

$x_3, f(x_3) = x_4$ 等(图 3.4.1). 这种作图方法精度当然比计算器(机)差得多,在精确分析时不能采用,但比较直观,便于说明问题.

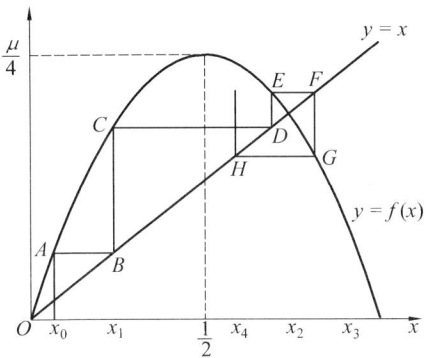

图 3.4.1

下面我们来看使 μ 从小到大会发生什么结果.

(1) 当 $0 < \mu \leqslant 1$ 时,在区间 $[0,1]$ 内抛物线和角平分线只有一个交点 $x = 0$(图 3.4.2). 如果 x_0 就是 0,那么以后 $x_1, x_2, x_3, \cdots$ 显然都是 0. 所以 0 是一个平衡点或者不动点. 如果 x_0 不等于 0,那么 $0 < x_0 \leqslant 1$,因此 $0 \leqslant 1 - x_0 < 1$,于是

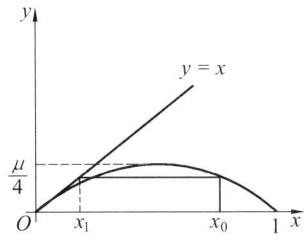

图 3.4.2 当 $0 < \mu \leqslant 1$ 时有一个稳定平衡点

$$0 < x_1 = \mu x_0(1-x_0) < (\mu(1-x_0))x_0 < 1$$
$$0 < x_2 = \mu x_1(1-x_1) < x_1 < 1$$
$$\vdots$$
$$0 < x_{n+1} = \mu x_n(1-x_n) < x_n < 1$$
$$\vdots$$

于是 $0 < \cdots < x_{n+1} < x_n < \cdots < x_1 < x_0 < 1$
即序列 $\{x_n\}$ 是严格递减有下界的. 因此根据维尔斯特拉斯收敛原理可知当 $n \to \infty$ 时, x_n 必定趋于某个有限的极限 ξ. 在迭代关系

$$x_{n+1} = \mu x_n(1-x_n)$$

中令 $n \to \infty$ 就得到

$$\xi = \mu \xi(1-\xi)$$

由于当 $0 < \mu \leqslant 1$ 时, 上面的方程只有唯一解 $\xi = 0$. 因此我们就得出当 $0 < \mu \leqslant 1, n \to \infty$ 时, 对任意 $0 < x_0 \leqslant 1$ 有 $x_n \to 0$. 这时我们说, 这个平衡点 $x=0$ 是稳定的. 读者如果用计算器做实验就可发现, 不管在 $[0,1]$ 中所取的初值是什么, 经过足够多的迭代后, 显示的数字就是稳定平衡值 0 了.

(2) 当 $1 < \mu < 3$ 时, 抛物线和角平分线交于两点(图 3.4.3) $x = \xi_1$ 和 $x = \xi_2$. 其中 $\xi_1 = 0, \xi_2 = 1 - \dfrac{1}{\mu}$, 即迭代 $x_{n+1} = \mu x_n(1-x_n)$ 有两个平衡点, 其中 ξ_1 是原先 ($\mu < 1$) 时就有的, 但现在它是不稳定的. 只要初值 x_0 稍微偏离它(一个任意小的正数), 那么以后 x_n 就回不到 ξ_1 的附近. 与它相反, 新出现的平衡点 ξ_2 确是稳定的. 根据一个称为克尼格定理的结果, 为了确信这一点只要计算抛物线在 ξ_2 处的斜率即可. 如果斜率的绝对值小于 1, 就说明它是稳定的, 大于 1 则是不稳定的. 所

以不论初值 x_0 是什么,除了 x_0 恰好为 0 之外,经过多次迭代,计算器显示的结果总是 ξ_2(用数学的语言来说就是,在区间$[0,1]$中,除了一个 0 测集外,对几乎所有的初值 x_0,x_n 都收敛到 ξ_2).

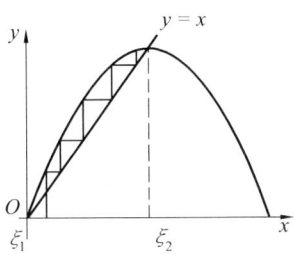

图 3.4.3　当 $1<\mu<3$ 时有两个平衡点,一个稳定,一个不稳定

综合以上的结果,可以把平衡点数值和参数 μ 的关系画成图 3.4.4,其中虚线表示不稳定,即实际上是观察不到的.在 $\mu=1$ 处出现了分支(bifurcation,也可译成分歧,分叉)现象,即原来的一个平衡点 $x=0$ 在经过 $\mu=1$ 时突然变成了两个 $x=\xi_1=0$ 和 $x=\xi_2=1-\dfrac{1}{\mu}$(也可以这样描述分支的特性,即当 $\mu\to 1$ 时有 $\xi_1\to 0$ 和 $\xi_2\to 0$).但是稳定的平衡点仍然只有一个.

当 $3<\mu<1+\sqrt{6}$ 时,容易算出在抛物线和角平分线的两个交点处斜率的绝对值都大于 1,因而两个平衡点都不稳定.用计算器实验时,显示的数字不会趋于一个固定的值.但是可以发现,经过多次迭代以后,显示的数字总是交替为两个数字.比如取 $\mu=3.2$,经过多次迭代(初值不取 0,也不取 0.687 5),取小数点后 4 位数字显示结果,就可以看到

$$0.513\ 0,\ 0.799\ 5,\ 0.513\ 0,\ 0.799\ 5,\cdots$$

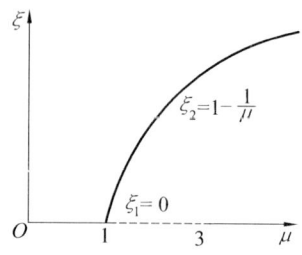

图 3.4.4　平衡点的分支现象

可以验证这两点都满足关系式 $x_{n+2}=x_n$，它们代表了一个周期为 2 的周期解，或简称为周期 2 解. 平衡点可以看成是周期为 1 的周期解. 周期 2 解可以用分析式表达出来.

$$x_{n+2}=f(x_{n+1})=\mu x_{n+1}(1-x_{n+1})=$$
$$\mu^2 x_n(1-x_n)(1-\mu x_n(1-x_n))$$

因此 x_{n+2} 是 x_n 的 4 次多项式. 如果令 $x_{n+2}=x_n$，就得到一个 4 次方程. 这个 4 次方程的其中两个根就是上面所说的 $\xi_1=0$ 和 $\xi_2=1-\dfrac{1}{\mu}$（它们同时是周期 1 解），而另外两个是新增加的平衡点.

$$\xi_3,\xi_4=\frac{1}{2\mu}(1+\mu\mp\sqrt{(\mu+1)(\mu-3)})$$

如取初值为 ξ_3 或 ξ_4，迭代的结果就是周期 2 解 $\xi_3,\xi_4,\xi_3,\xi_4\cdots$ 或 ξ_4,ξ_3,ξ_4,ξ_3 或写成

$$\xi_3 \rightleftharpoons \xi_4$$

通过分析迭代式

$$x_{n+2}=f(x_{n+1})=\mu x_{n+1}(1-x_{n+1})=$$
$$\mu^2 x_n(1-x_n)(1-\mu x_n(1-x_n))$$

右端在 ξ_3 或 ξ_4 或处导数的绝对值可以证明当 $3<\mu<1+\sqrt{6}$ 时，ξ_3 或 ξ_4 是稳定的，即除去一个 0 测集外（就

是集合$\{\xi_1,\xi_2\}$),对几乎所有$[0,1]$中的初值,x_n最终都会无限地接近周期 2 解 $\xi_3 \rightleftarrows \xi_4$. 图 3.4.5 表示 $\mu=3.2$ 的情况. 这种稳定的周期解(周期不等于 1)也叫作极限环. 当 $\mu \to 3$ 时,$\xi_3 \to \xi_2$,$\xi_4 \to \xi_2$. 因此按照分支说法就是当 μ 增加并通过 3 时,平衡点 ξ_2 分支成周期 2 解 $\xi_3 \rightleftarrows \xi_4$,如图 3.4.6 所示.

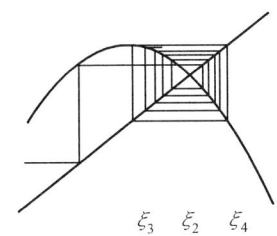

图 3.4.5　$\mu=3.2$ 时的极限环

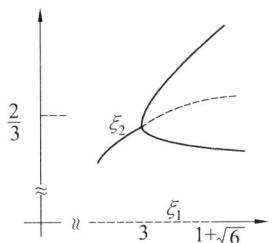

图 3.4.6　由平衡点分支出周期 2 解

现在设 $1+\sqrt{6} \leqslant \mu < 3.56996$ 时,那么当 μ 跨过 $1+\sqrt{6}$ 时,周期 2 解就由原来的稳定突然变成不稳定,多次迭代后,计算其显示一直在四个值 ξ_5,ξ_6,ξ_7,ξ_8 的轮换中循环变化.

$$\begin{array}{c} \xi_5 \longrightarrow \xi_6 \\ \xi_8 \longleftarrow \xi_7 \end{array}$$

它们都是方程 $x_{n+4}=x_n$ 的解(但又不满足 $x_{n+2}=$

x_n). 所以这是一个真正的周期 4 解. 当 μ 继续增加到大约 3.544 8 并跨越此值时,周期 4 解又突然失去稳定性并分支出周期 8 解. 以后,当 μ 再增加时,原来的稳定周期解又突然失稳,并分支出周期 16 解,周期 32 解,周期 64 解,… 这种周期不断加倍的分支过程称为倍周期分支. 我国古代文献《列子. 说符篇》中有这样的话:"歧路之中又有歧焉,吾不知所之 …"设想如果你沿着上面的参数和平衡点之间的分支图向前走去,不正是进入了这样一种境地了吗? 但是这里奇妙的地方在于,这一歧中有歧的过程虽然是无限的,但是这一过程所对应的参数的增长却是有限的. 于是根据维尔斯特拉斯原理,对应于这一过程的参数 μ 必递增地趋近于某一极限 μ_∞. 更加奇妙的是如果设存在 2 周期解的参数区间的长度为 Δ_2,即 $\Delta_2 = 1 + \sqrt{6} - 3 = \sqrt{6} - 2$,存在 4 周期解的参数区间的长度为 Δ_4,存在 8 周期解的参数区间的长度为 Δ_8,等等,那么当 $n \to \infty$ 时,数列

$$\frac{\Delta_2}{\Delta_4}, \frac{\Delta_4}{\Delta_8}, \frac{\Delta_8}{\Delta_{16}}, \cdots$$

将趋于一个有限的极限 $\delta = 4.669\ 20$. 有的读者可能会问,有极限就有极限吧,不是很多式子都会有极限吗? 这又有什么奇妙之处呢? 这里的奇妙之处在于,这个 $\delta = 4.669\ 20\cdots$ 是一个普适的常数,称为费根鲍姆常数. 什么叫普适常数呢? 答案是对相当一类表达式与逻辑斯梯映射不同的单峰函数,上述分支过程都会出现,并且当 $n \to \infty$ 时,相应的参数区间的长度的比都趋于这个费根鲍姆常数. 这就有点不可思议了. 因为这个极限本来是由具体的迭代函数 $f(x)$ 来确定的,结果最后才发现,这个极限竟然与 $f(x)$ 无关,这个事情在

第 3 章　多项式的应用

事前是难以预料的. 那么知道了这个费根鲍姆常数有什么用呢？用处之一就是可以预言什么时候会出现分支. 这个道理很简单. 因为 $\dfrac{\Delta_{2^n}}{\Delta_{2^{n+1}}} \to \delta$，而 $\Delta_{2^{n+1}} = \mu_{2^{n+1}} - \mu_{2^n}$，因此当 n 充分大时 $\mu_{2^{n+1}}$ 就大致等于

$$\mu_{2^n} + \frac{\Delta_{2^n}}{\delta} = \mu_{2^n} + \frac{\mu_{2^n} - \mu_{2^{n-1}}}{\delta} = \left(1 + \frac{1}{\delta}\right)\mu_{2^n} - \frac{\mu_{2^{n-1}}}{\delta}$$

也就是说，我们有近似公式

$$\mu_{2^{n+1}} \approx \mu'_{2^{n+1}} = \mu_{2^n} + \frac{\mu_{2^n} - \mu_{2^{n-1}}}{\delta} = \left(1 + \frac{1}{\delta}\right)\mu_{2^n} - \frac{\mu_{2^{n-1}}}{\delta}$$

通过数值计算，我们可以得到表 3.4.1.

表 3.4.1　逻辑斯梯映射的倍周期分支值

k	μ_k	Δ_k
1	3.000 000 000 0	
2	3.449 489 742 8	0.449 489 742 8
4	3.544 090 350 6	0.094 600 607 8
8	3.564 407 266 1	0.020 316 915 5
16	3.568 759 419 6	0.004 352 155 3
32	3.569 691 609 8	0.000 932 190 2
64	3.569 891 259 4	0.000 199 649 4

现在我们用上面所说的近似公式来计算 μ_k 的近似值 μ'_k，并与真正的 μ_k 值对比，得到表 3.4.2.

这下你就可以看出这个费根鲍姆常数的厉害了，因为 μ_k 是不好算的，要是给你和另一个人一人发一个计算器，让你们去算这个 μ_k，而那个人只知道 μ_k 的定义，估计他当时就得傻眼了，算这个 μ_k 没有一台计算

机以及合适的软件,估计除了 μ_1,μ_2 外是根本算不出来的.但是算这个 μ_k' 就很简单,只用到加减乘除,用一个手持的计算器就可进行,而且算出来的精度并不差.第一次就精确到小数点后两位.

表 3.4.2 μ_k 的近似值 μ_k'

k	μ_k	μ_k'
1	3.000 000 000 0	
2	3.449 489 742 8	
4	3.544 090 350 6	3.545 756 679 9
8	3.564 407 266 1	3.564 350 903 6
16	3.568 759 419 6	3.568 758 527 1
32	3.569 691 609 8	3.569 691 517 9
64	3.569 891 259 4	3.569 891 256 3

这种歧中有歧的情景在 μ 达到 $\mu_\infty = 3.569\,944\cdots$ 时,全部周期为 2 的幂次的解就都出现了.如图 3.4.7 所示(图中只画出稳定解,而且没有按比例画).

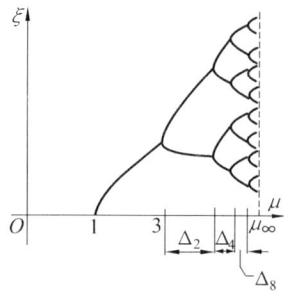

图 3.4.7 逻辑斯梯映射的倍周期分支示意图

第3章　多项式的应用

最后,设 $3.569\,944 < \mu \leqslant 4$. 当 μ 再增加,将出现周期不是 2 的幂次的解. 以最终 $\mu = 4$ 的为例,这时迭代的表达式为

$$x_{n+1} = 4x_n(1-x_n)$$

利用三角学中的倍角公式不难验证存在以下两个周期为 3 的周期解.

```
 ┌─→ sin² 20° ────→ sin² 40° ─┐
 └──────── sin² 80° ←─────────┘

 ┌─→ sin²(180°/7) ──→ sin²(360°/7) ─┐
 └────────── sin²(720°/7) ←─────────┘
```

在一维动力系统中(上面的迭代就是一个由映射定义的离散的一维动力系统)周期 3 解的出现是一件大事情. 因为在 1964 年一个叫沙尔科夫斯基(Шарковский)的苏联数学家证明了如果把全体自然数排成以下的沙尔科夫斯基次序(符号 $\prec$ 读作前于)

$3 \prec 5 \prec 7 \prec 9 \prec \cdots \prec$

$2 \cdot 3 \prec 2 \cdot 5 \prec 2 \cdot 7 \prec \cdots \prec$

$2^2 \cdot 3 \prec 2^2 \cdot 5 \prec 2^2 \cdot 7 \prec \cdots \prec$

$2^5 \prec 2^4 \prec 2^3 \prec 2 \prec 1$

那么对于一个 $[0,1]$ 区间上的连续映射 $f(x)$ 来说,如果 $m \prec n$,并且迭代

$$x_{n+1} = f(x_n)$$

具有周期 m 解,那么上述迭代就必也具有周期 n 解. 但是不一定具有在 m 之前的数为周期的解. 由于在沙尔科夫斯基序中,3 是排在头一个位置的数,由沙尔科夫斯基定理就推出,如果迭代 $x_{n+1} = f(x_n)$ 有周期 3 解,那么它就有任意周期的解. 所以这个周期 3 就是所有

周期解的总根子,这就是为什么周期 3 解那么重要的原因.这些周期解还可能不止一组,例如周期 20 解就有 52 377 组.1975 年美国华裔数学家李天岩和美国数学家约克(Li and Yorke)在美国数学月刊上发表了一篇文章,题目是《周期 3 意味着混沌》(*Periodic 3 implies chaos*)在世界上引起轰动.这篇文章的内容分两部分,其中一部分等于重新证明了沙尔科夫斯基的结果.另一部分结果证明如果系统出现周期 3 解,那么系统中就存在一条行为十分怪异的轨道,它可以距离任意周期轨道任意近(从这点上看,它应该算是比较有规律的),但是这条轨线上又无论什么时候都有距离可以最大限度远的两个点(从这点来看,它又毫无规律).总体来说,这条轨线是出现在一个规律完全确定的系统中的,但是它的行为却又有许多随机系统才有的性质,比如刚才所说的它可以在整个相空间中"乱跑",因而它的行为是难以"预测"的,这个难以预测表现在这个数列对于初值的误差十分"敏感",也就是说,两个相差极为微小的初值经过多次迭代后,相互之间的差别可以很大,以至两个相应的数列的性质可能根本不同.这可以在计算器的数值实验中观察到,对于 $\mu = 4$,将 $\sin^2 20°$ 作为 $\sin^2 20°$ 初值输入,因为是一个无理数,不可能用有限小数表示出来,所以你输入的 $\sin^2 20°$ 对于计算器来说肯定是有一定误差的,经过多次迭代后,这个误差被放大到极为显著的地步,以至你得到的将不是

$$\sin^2 20° \longrightarrow \sin^2 40° \longrightarrow \sin^2 80° \longleftarrow$$

这个周期解,而是整个[0,1]区间,也就是说,只偏离

第 3 章 多项式的应用

周期轨道任意小的一条轨道成为一条在$[0,1]$区间中遍历的轨线.这当然是性质完全不同的两种轨道.

以上是逻辑斯梯映射迭代所表现出的种种性质.稳定的平衡点,稳定的周期解(极限环)都称为吸引子(attactor),这是因为,其他的轨线不论初值如何(除了一个 0 测集之外),最后都要被"吸引"到吸引子附近.在逻辑斯梯系统中,除了以上两种吸引子外,还有一种奇异吸引子(strange attractor).说它奇异,是因为奇异吸引子的几何结构十分复杂,它的内部有许多空洞,但是又不是一个 0 测集,另外它的维数不一定像通常的几何形体那样是一个整数,而可能是一个无穷小数.这种现象称为分维.

对于逻辑斯蒂映射来说,"奇怪吸引子"是一类康托(Cantor)集合.康托集合的最简单的例子是"三等分"集合.其构造如下:设 U 表示闭区间 $[0,1]$,用点 $\frac{1}{3}$ 和点 $\frac{2}{3}$ 把 U 分为三部分

$$\left[0,\frac{1}{3}\right],\left[\frac{1}{3},\frac{2}{3}\right],\left[\frac{2}{3},1\right]$$

去掉中间的三分之一

$$\left(\frac{1}{3},\frac{2}{3}\right)$$

就得到一个集合 U_1 把余下的两段又各自三等分并去掉中间的三分之一,对余下的四段再如法炮制,又得到一个集合 U_2,如此进行下去,我们就会得到一窜集合 $\{U_i\}$,$U \supset U_1 \supset U_2 \supset U_3 \supset \cdots$,他们一个包含一个,最后包住一个用这种办法得出的全部剩余点所组成的集合 C,就是康托集合,其形象如下:

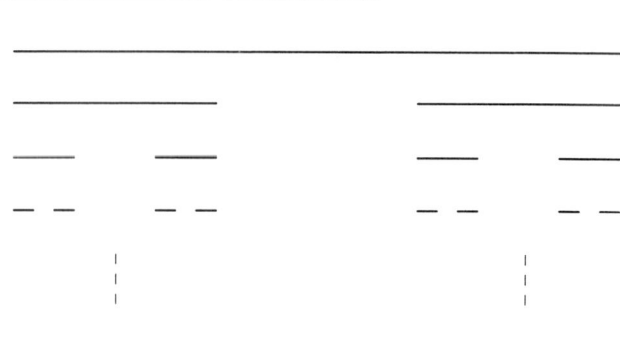

图 3.4.8 康托集合的形象

现在设在逻辑斯蒂映射中 $\mu>4$,这时映射的图像是一条开口向下的,通过点 $(0,0)$ 和点 $(1,0)$ 的抛物线,其最大值大于 1,于是映射把区间 U 拉长并且拉长的倍数大于 2,然后再折叠覆盖于 U 之上.

$f^{-1}(U)$ 是两段不相交的子区间的并,它们的长度相等,都小于 $\dfrac{1}{2}$

$$f^{-1}(U)=U_0 \bigcup U_1 \subset U$$

与此相似,$f^{-1}(U_0)$ 和 $f^{-1}(U_1)$ 又仍然是两段不相交的子区间的并

$$f^{-1}(U_0)=U_{00} \bigcup U_{01} \subset U_0$$
$$f^{-1}(U_1)=U_{10} \bigcup U_{11} \subset U_1$$

它们的长度相等,长度分别小于 $\dfrac{1}{2}|U_0|$ 和 $\dfrac{1}{2}|U_1|$,因此小于 $\dfrac{1}{4}=\dfrac{1}{2^2}$,如此进行下去,我们就将得出无穷多个小区间 $U_{s_0 s_1 \cdots s_k} \cdots$,其中的 s_i 表示 0 或 1. 并且第 k 级小区间的长度都相等,其长度小于 $\dfrac{1}{2^k}$,每一次得出两个小区间的过程都相当于从原来的小区间中去掉中间的一段,因此整个过程类似于康托集合的构造过程,只不过

第 3 章　多项式的应用

每次所去掉的区间的长度不一定是原来区间的 $\frac{1}{3}$（这一比例依赖于抛物线把区间 U 拉长的倍数），因此最后我们会得出一个类似于康托集合 C 的集合 $\Lambda = \bigcap_{k=0}^{\infty} f^{-1}(U_{s_0 s_1 \cdots s_k})$. 其形状如下：

```
_____U_____
_____U_0_____         _____U_1_____
_____U_00_____   _____U_01_____       _____U_10_____   _____U_11_____
U_000  U_001       U_010  U_011           U_100  U_101       U_110  U_111
  :       :          :       :              :       :          :       :
```

图 3.4.9　集合 $\Lambda = \bigcap_{k=0}^{\infty} f^{-1}(U_{s_0 s_1 \cdots s_k})$ 的形状

根据定义，显然就可知道 Λ 是映射 f 的有界的不变集．其结构类似于康托集合．

这种几何的奇怪之处不仅在于它的几何形状是中间有无数个空洞的结构，还表现在它的维数也不是一个整数．这样就要简单的讲到一个几何结构的维数是什么意思了．我们常说，线段是一维的，正方形是二维的，而立方体是三维的．那它们的区别在哪呢？

最直观的区别方法是相似法．

把一个线段，一个平面上的正方形和一个空间中的立方体分别按比例扩大 k 倍，则线段的长度扩大了 k 倍，平面上的正方形的面积扩大了 k^2 倍，而空间中的立方体的体积扩大了 k^3 倍，这就是不同维数的几何形体的特性，其中扩大倍数中的那个指数 $1, 2, 3$ 就分别是线段，正方形和立方体的维数．

现在看康托集合的维数，把康托几何按比例放大

3倍,则原来的$[0,1]$线段现在的长度成为3,把中间的三分之一段去掉后,两边刚好各剩下一个长为1的线段(见下图).

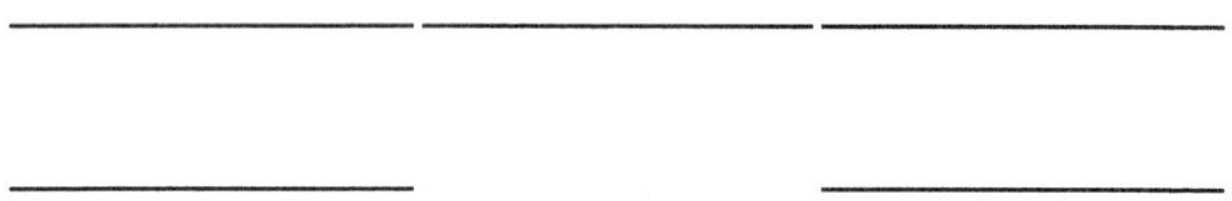

图 3.4.10 把康托集合尺度放大三倍后得到原来的两个康托集合

而这两个长为1的线段按康托集的构造方法正好构成两个康托集.因此把康托集放大3倍后,其"容积"仅扩大了2倍,这样仿照刚才的维数算法,假设康托集的维数是d,则应该有

$$3^d=2,因而\ d=\frac{\log 2}{\log 3}=0.6309\cdots.$$ 这就是说,康托集具有分数维数.

这个办法只能适用于图形扩大后整好有整数个原来的图形组成的情况.一般哪有这么巧.不错,但是这不是一个本质的困难.首先,我们把扩大改成缩小,即把原来的图形缩小为原来的 $\dfrac{1}{a}$(这就相当于反过来把缩小的图形当成原图形,再扩大a倍,所以这里的a就相当于上面的把原图形按比例扩大k倍中的k),假如可以用b个小图形组成原来的图形(这就相当于把原图形扩大a倍后,可以用b个原图形组成新的图形,所以这里的b就相当于上面的k(对线段),k^2(对正方形)和k^3(对正方体)),就认为图形的维数是 $d=\dfrac{\log b}{\log a}$.然而改成这种缩小的说法后,仍然存在一个整好的问题.别急,往前再走一步就可以摆脱这个整好了,为了摆脱这个整好的要求,现在把缩小的图形改成一个规规矩矩的边长为 ε 的标准方形(线段,正方形或立方体),改成标准方形后肯定不一定再能组成原来的图形了,所以再把"组成"改成覆盖,假设至少需要用 $N(\varepsilon)$ 个小方形才能覆盖所给的图形,那么按照上面的说法,就可以近似的认为图形的维数是 $d(\varepsilon) = \dfrac{\log N(\varepsilon)}{\log\left(\dfrac{1}{\varepsilon}\right)}$. ε 越小,这个近似值就越精确,因此只要让 $\varepsilon \to 0$,就可以得到图形的精确的维数,这就是维数的豪斯道夫定义.

定义 3.4.1 设空间 K(直线,平面或空间)中的标准方形(线段,正方形或立方体)的边长为 ε, K 中的几何形体 A 至少需用 $N(\varepsilon)$ 个标准方形才能覆盖,如果极限

$$d = \lim_{\varepsilon \to 0} \frac{\log N(\varepsilon)}{\log\left(\dfrac{1}{\varepsilon}\right)}$$

存在,则称 A 的 Hausdoff 维数为 d.

几何形状的怪模怪样和维数可以是分数就是奇怪吸引子令人奇怪的地方.

奇怪吸引子不但吸引着它附近的轨线,也吸引着许多科学工作者的注意.

上面我们已经说明了周期 3 的出现是一件十分重要的事情,既然如此,一个特别有兴趣的问题就产生了.那就是系统何时出现周期 3 解,也就是要问,当参数 μ 取什么值时,系统会从本来没有周期 3 解的状态突然变成有周期 3 解了.这个问题很多人已经用各种不同的方法解决了,例如符号动力学方法和各种代数方法.但是这些方法都要用到一些特别的知识,例如符

号动力学的理论,代数方程有重根的条件或切分叉的条件等等,如果要弄懂它们是什么意思就又要讲一大堆东西. 本书编者通过发现一个巧妙的公式,可以很简单的证明这一结果,而且把以前那些证明中不太严格的地方完善了. 这个问题的结果就是

定理 3.4.1 设 $f_\mu(x) = \mu x(1-x)$ 是逻辑斯蒂映射,那么迭代方程 $x_{n+1} = f_\mu(x_n)$ 具有三周期解的充分必要条件是 $\mu \geqslant 1 + \sqrt{8}$.

证明 迭代方程 $x_{n+1} = f_\mu(x_n)$ 的三周期解由方程

$$f_\mu(f_\mu(f_\mu(x))) - x = 0 \tag{1}$$

确定. 但是这个方程的解还包括了不动点. 因此为了排除不动点因而得出纯粹的周期三解,我们就需要考虑方程

$$g_\mu(x) = \frac{f_\mu(f_\mu(f_\mu(x))) - x}{f_\mu(x) - x} = 0 \tag{2}$$

在(2)中令 $z = -\mu x$, 我们得到

$$g(z) = g_\mu\left(-\frac{z}{\mu}\right) =$$

$$z^6 + (3\mu + 1)z^5 + (3\mu^2 + 4\mu + 1)z^4 +$$

$$(\mu^3 + 5\mu^2 + 3\mu + 1)z^3 +$$

$$(2\mu^3 + 3\mu^2 + 3\mu + 1)z^2 +$$

$$(\mu^3 + 2\mu^2 + 2\mu + 1)z + \mu^2 + \mu + 1 \tag{3}$$

显然,迭代方程有三周期解等价于方程(2)有实根等价于方程 $g(z) = 0$ 有实根.

引进一个新的参数 $\lambda = 7 + 2\mu - \mu^2$, 那么容易得出

当 $0 \leqslant \mu < 1 + \sqrt{8}$ 时, $\lambda > 0$;

当 $\mu = 1 + \sqrt{8}$ 时, $\lambda = 0$;

当 $\mu > 1+\sqrt{8}$ 时,$\lambda < 0$.

由直接计算可知
$$g(z) = \left[z^3 + \frac{3\mu+1}{2}z^2 + \left(2\mu+3 - \frac{1}{2}\lambda\right)z + \right.$$
$$\left. \frac{\mu+5}{2} - \frac{1}{2}\lambda\right)^2 +$$
$$\frac{1}{4}\lambda(z+1)^2(z+\mu)^2 \qquad (*)$$

因而立刻就得出当 $0 \leqslant \mu < 1+\sqrt{8}$ 或 $\lambda > 0$ 时,$g(z)$ 是正定的,因而 $g(z)$ 不存在任何实根(在以前的证明中,对此都未见给出过严格的证明,而只作为一个事实承认).

当 $\mu = 1+\sqrt{8}$ 或 $\lambda = 0$ 时,$g(z)$ 有三个二重根.事实上这时
$$g(z) = (z^3 + (2+3\sqrt{2})z^2 + (5+4\sqrt{2})z + 3+\sqrt{2})^2$$
它有三个二重根如下
$$z_1 = \frac{2\sqrt{7}}{3}\cos\left(\frac{1}{3}\arccos\left(-\frac{1}{2\sqrt{7}}\right) + \frac{2\pi}{3}\right) - \frac{2+3\sqrt{2}}{3} =$$
$$-0.612\,275\,9\cdots$$
$$z_2 = \frac{2\sqrt{7}}{3}\cos\left(\frac{1}{3}\arccos\left(-\frac{1}{2\sqrt{7}}\right) + \frac{4\pi}{3}\right) - \frac{2+3\sqrt{2}}{3} =$$
$$-1.969\,171\,6\cdots$$
$$z_1 = \frac{2\sqrt{7}}{3}\cos\left(\frac{1}{3}\arccos\left(-\frac{1}{2\sqrt{7}}\right)\right) - \frac{2+3\sqrt{2}}{3} =$$
$$-3.661\,193\,2\cdots$$

当 $\mu > 1+\sqrt{8}$ 或 $\lambda < 0$ 时
$$g(z) = g_1(z)g_2(z)$$
这时

$$g_1(z) = z^3 + \left(\frac{3\mu+1}{2} - \frac{\sqrt{-\lambda}}{2}\right)z^2 +$$

$$\left(2\mu + 3 - \frac{\lambda}{2} - \frac{1}{2}(\mu+1)\sqrt{-\lambda}\right)z +$$

$$\frac{\mu+5}{2} - \frac{\lambda}{2} - \frac{1}{2}\mu\sqrt{-\lambda} \qquad (4.1)$$

$$g_2(z) = z^3 + \left(\frac{3\mu+1}{2} + \frac{\sqrt{-\lambda}}{2}\right)z^2 +$$

$$\left(2\mu + 3 - \frac{\lambda}{2} + \frac{1}{2}(\mu+1)\sqrt{-\lambda}\right)z +$$

$$\frac{\mu+5}{2} - \frac{\lambda}{2} + \frac{1}{2}\mu\sqrt{-\lambda} \qquad (4.2)$$

由直接计算，我们有

$$\begin{cases} g_1(-\mu) = g_1(-1) = -1 \\ g_2(-\mu) = g_2(-1) = -1 \end{cases} \qquad (5)$$

$$g_1(-\mu+1) = \frac{1}{2}\mu(\mu-3) + \frac{1}{2}(\mu-2)\sqrt{-\lambda} > 0 \qquad (6)$$

$$g_1(0) = \frac{1}{2}(\mu^2 - \mu - 2) - \mu\sqrt{\mu^2 - \mu - 7} > 0 \quad (7)$$

因此 $g_1(z)$ 在 $(-\mu, -\mu+1), (-\mu+1, -1), (-1, 0)$ 之中的每个区间内都分别有一个实根. 又

$$g_2\left(-\frac{3\mu+1+\sqrt{-\lambda}+\sqrt{\Delta}}{6}\right) = \frac{D}{216} \qquad (8)$$

其中

$$\sqrt{-\lambda} = \sqrt{\mu^2 - 2\mu - 7}, \sqrt{\Delta} = 2\sqrt{\mu^2 - 2\mu - \sqrt{-\lambda}} \qquad (9)$$

$$D = 12\mu^2\sqrt{\Delta} - 24\mu\sqrt{\Delta} - 12\sqrt{-\lambda}\sqrt{\Delta} -$$

$$16(\sqrt{-\lambda})^3 - (\sqrt{\Delta})^3 + 24\mu^2 - 48\mu -$$

第 3 章　多项式的应用

$$120\sqrt{-\lambda} - 112 =$$
$$12\sqrt{\Delta}(\mu^2 - 2\mu - \sqrt{-\lambda}) - 16(\sqrt{-\lambda})^3 -$$
$$(\sqrt{\Delta})^3 + 24(\mu^2 - 2\mu - 7) -$$
$$120\sqrt{-\lambda} + 56 =$$
$$2(\sqrt{\Delta})^3 - 16(\sqrt{-\lambda})^3 +$$
$$24(-\lambda) - 120\sqrt{-\lambda} + 56$$

令 $u = \sqrt{-\lambda}$，那么 $D = 8M$，其中

$$M = 2(\sqrt{u^2 - u + 7})^3 - (2u^3 - 3u^2 + 15u - 7)$$
$$\tag{10}$$

$$M' = 3((2u-1)\sqrt{u^2 - u + 7} - (2u^2 - 2u + 5))$$
$$\tag{11}$$

M' 在 $u = 2$ 处有唯一实根，这个根对应于 M 的极小值，因此我们有

$$g_2\left(-\frac{3\mu + 1 + \sqrt{-\lambda} + \sqrt{\Delta}}{6}\right) = \frac{D}{216} = \frac{8M}{216} \geq 1 > 0$$
$$\tag{12}$$

由 (8) ~ (12) 可知 $g_2(z)$ 在

$$\left(-\mu, -\frac{3\mu + 1 + \sqrt{-\lambda} + \sqrt{\Delta}}{6}\right)$$

$$\left(-\frac{3\mu + 1 + \sqrt{-\lambda} + \sqrt{\Delta}}{6}, -1\right)$$

$$(-1, 0)$$

之中的每个区间内都分别有一个实根.

最后，我们证明 $g_1(z)$ 和 $g_2(z)$ 没有公共根. 假设 $g_1(z)$ 和 $g_2(z)$ 有一个公共根 z_0，那么 z_0 必需同时满足方程 $g_1(z) = 0$ 和 $g_2(z) = 0$. 因此 z_0 也要满足方程 $g_2(z) - g_1(z) = 0$，而它等价于方程 $(z + \mu)(z + 1) = 0$.

因此 $z_0 = -\mu$ 或 $z_0 = -1$. 那也就是说 $-\mu$ 或 -1 必是 $g_1(z)$ 的根, 也必是 $g_2(z)$ 的根, 而这与(5)矛盾.

这样, 我们就得出了逻辑斯蒂映射的三周期解的分支模式如下:

定理 3.4.2 (逻辑斯蒂映射的三周期解的全局分支模式)

当 $0 \leqslant \mu < 1 + \sqrt{8}$ 时, $g(z)$ 是正定的, 因此方程 $g(z) = 0$ 没有任何实根, 逻辑斯蒂映射没有三周期解;

当 $\mu = 1 + \sqrt{8}$ 时, 方程 $g(z) = 0$ 有三个二重根, 它们对应了逻辑斯蒂映射的一条周期轨道;

当 $\mu > 1 + \sqrt{8}$ 时, 方程 $g(z) = 0$ 总有 6 个不同的单根, 它们对应了逻辑斯蒂映射的两条周期轨道.

分支模式示意图如图 3.4.11 所示.

下面来考虑迭代 $x_{n+1} = \mu x_n (1 - x_n)$, $\mu > 0$ 的周期 3 解的失稳条件.

引理 3.4.5 任何一个周期 3 序列 $x_1, x_2, x_3, \cdots, x_n, \cdots$ 可用通项公式

$$x_n = a + \beta \omega^n + \bar{\beta} \bar{\omega}^n$$

表出. 其中 $\omega = \dfrac{-1 + \mathrm{i}\sqrt{3}}{2}$, a 是一个实数, $\beta = b + ci$ 是一个复数.

证明 显然 ω 具有特性 $\omega^3 = \bar{\omega}^3 = 1$.

设序列 $x_1, x_2, x_3, \cdots, x_n, \cdots$ 具有通项公式 $x_n = a + \beta \omega^n + \bar{\beta} \bar{\omega}^n$. 那么

$$x_{n+3} = a + \beta \omega^{n+3} + \bar{\beta} \bar{\omega}^{n+3} = a + \beta \omega^n \omega^3 + \bar{\beta} \bar{\omega}^n \bar{\omega}^3 = a + \beta \omega^n + \bar{\beta} \bar{\omega}^n = x_n$$

因此序列 $x_1, x_2, x_3, \cdots, x_n, \cdots$ 是 3 周期的.

反之, 假设序列 $x_1, x_2, x_3, \cdots, x_n, \cdots$ 是 3 周期的.

第 3 章　多项式的应用

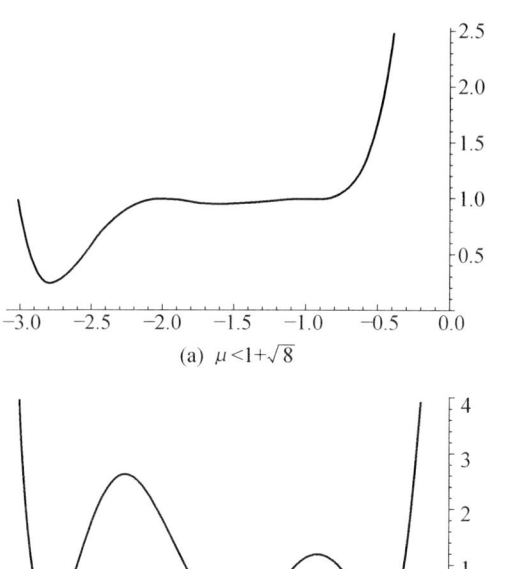

(a) $\mu < 1+\sqrt{8}$

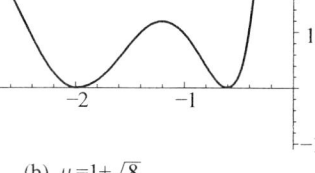

(b) $\mu = 1+\sqrt{8}$

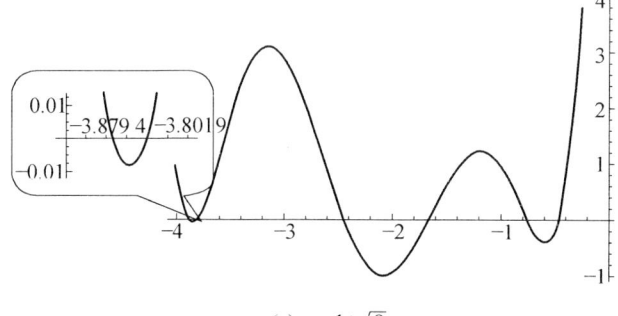

(c) $\mu > 1+\sqrt{8}$

图 3.4.11　逻辑斯蒂映射的三周期解的全局分支模式图形

令
$$a + \beta\omega + \bar{\beta}\bar{\omega} = x_1$$
$$a + \beta\omega^2 + \bar{\beta}\bar{\omega}^2 = x_2$$
$$a + \beta\omega^3 + \bar{\beta}\bar{\omega}^3 = a + \beta + \bar{\beta} = x_3$$

并把 a,b,c 看成未知数,那么容易证明上面的关于 a, b,c 的三元一次方程组有唯一解. 因此根据上面已经证明的结论就有 $x_4 = x_1, x_5 = x_2, x_6 = x_3, \cdots$ 因而序列 $x_1, x_2, x_3, \cdots, x_n, \cdots$ 具有通项公式 $x_n = a + \beta\omega^n + \bar{\beta}\bar{\omega}^n$.

引理 3.4.6 设在参数 μ 下迭代存在 $x_{n+1} = \mu x_n(1-x_n), \mu > 0$ 周期 3 解,并且 $x_n = a + \beta\omega^n + \bar{\beta}\bar{\omega}^n$ 是此周期 3 解构成的序列的通项公式,那么

$$a = \frac{3\mu + 1 \pm \sqrt{\mu^2 - 2\mu - 7}}{6\mu}$$

证明 把 $x_n = a + \beta\omega^n + \bar{\beta}\bar{\omega}^n$ 代入 $x_{n+1} = \mu x_n(1-x_n), \mu > 0$ 中,并比较两边的同类项系数(在化简合并同类项时,利用等式 $\omega^2 = \bar{\omega}, \bar{\omega}^2 = \omega$)就得到如下方程组

$$2\beta\bar{\beta} = \left(1 - \frac{1}{\mu}\right)a - a^2$$
$$\bar{\beta}^2 = \left(1 - 2a - \frac{\omega}{\mu}\right)\beta$$
$$\beta^2 = \left(1 - 2a - \frac{\bar{\omega}}{\mu}\right)\bar{\beta}$$

把上面的方程组中的后两式相乘,就得到

$$|\beta|^2 = \left|1 - 2a - \frac{\omega}{\mu}\right|^2 = (1-2a)^2 + \frac{1-2a}{\mu} + \frac{1}{\mu^2}$$

将此式代入上面的方程组中的第一个式子,并将 a 解出来就得到

第 3 章 多项式的应用

$$a = \frac{3\mu + 1 \pm \sqrt{\mu^2 - 2\mu - 7}}{6\mu}$$

由于使得 a 有意义的最小的 μ 的值是 $\mu_3 = 1 + \sqrt{8}$，所以我们又重新得到了定理 3.4.1.

定理 3.4.3 迭代 $x_{n+1} = \mu x_n(1-x_n), \mu > 0$ 的周期 3 解的失稳参数是

$$\mu_{3u} = 1 + \sqrt{\frac{11}{3} + \sqrt[3]{\frac{1\,915}{54} + \frac{5\sqrt{201}}{2}} + \sqrt[3]{\frac{1\,915}{54} - \frac{5\sqrt{201}}{2}}} =$$

3.841 499 007 543…

证明 设 $D(\mu)$ 是迭代 $x_{n+1} = \mu x_n(1-x_n), \mu > 0$ 的周期 3 解的迭代函数 $x_{n+1} = f_\mu(f_\mu(f_\mu(x_n)))$，$y = f_\mu(f_\mu(f_\mu(x_n)))$ 在 $x = x_n$ 处的导数. 利用求导数的锁链法则就得出

$$D(\mu) = f_\mu'(f_\mu(f_\mu(x_n))) f_\mu'(f_\mu(x_n)) f_\mu'(x_n) =$$
$$\mu(1-2x_{n+2})\mu(1-2x_{n+1})\mu(1-2x_n) =$$
$$\mu^3(1-2x_{n-1})(1-2x_{n-2})(1-2x_{n-3}) = \cdots =$$
$$\mu^3(1-2x_1)(1-2x_2)(1-2x_3)$$

设
$$A = x_1 + x_2 + x_3$$
$$B = x_1 x_2 + x_2 x_3 + x_3 x_1$$
$$C = x_1 x_2 x_3$$

那么 $D(\mu) = \mu^3(1 - 2A + 4B - 8C)$

利用引理 3.4.5 即设 $x_n = a + \beta\omega^n + \bar{\beta}\bar{\omega}^n$，我们就得出

$$A = 3a, \quad B = 3(a^2 - |\beta|^2)$$

由 $x_{n+1} = \mu x_n(1-x_n)$ 得出

$$\frac{x_{n+1}}{x_n} = \mu(1-x_n)$$

在上式中令 $n = 1, 2, 3$，将所得的式子相乘，并利用

283

$x_4 = x_1$ 就得到

$$1 = \mu^3(1-x_1)(1-x_2)(1-x_2) = \mu^3(1-A+B-C)$$

由此就得出

$$C = 1 - A + B - \frac{1}{\mu^3}$$

把上式, $A = 3a$ 和 $B = 3(a^2 - |\beta|^2)$ 代入到

$$D(\mu) = \mu^3(1 - 2A + 4B - 8C)$$

中并经过化简就得到

$$D(\mu) = \mu(2-\mu)\sqrt{\mu^2 - 2\mu - 7} - (\mu^2 - 2\mu - 8)$$

(在得出上式时,由于我们要讨论的是稳定的周期 3 解的失稳现象,因此通过计算导数,容易确定 $a = \dfrac{3\mu + 1 - \sqrt{\mu^2 - 2\mu - 7}}{6\mu}$ 对应了稳定的 3 周期解,而 $a = \dfrac{3\mu + 1 - \sqrt{\mu^2 - 2\mu - 7}}{6\mu}$ 则对应了不稳定的周期 3 解. 因而在上面的计算中,我们应取根号前带负号的 a.)

在上面我们利用求 $y = f_\mu(f_\mu(f_\mu(x)))$ 的不动点的方法来得出周期 3 解的分支值 μ_3. μ_3 还必须满足另一个条件,即切分支条件,也就是说,当 $\mu = \mu_3$ 时, $y = f_\mu(f_\mu(f_\mu(x)))$ 恰好与第一象限的角平分线 $y = x$ 相切,因而当 $\mu = \mu_3$ 时应有 $D(\mu) = 1$. 因为我们已经用两种方法求出了 $\mu = \mu_3$, 所以我们就不再去解方程 $D(\mu) = 1$ 了. 但是这一方法同样可以讨论稳定周期 3 解的失稳参数 μ_{3u}, 即完全类似的我们有当 $\mu = \mu_{3u}$ 时, 应有 $D(\mu) = -1$. 把 $D(\mu) = -1$ 中的根号去掉就得到 μ_{3u} 应满足 6 次方程

第3章 多项式的应用

$$H(\mu) = \mu^6 - 6\mu^5 + 4\mu^4 + 24\mu^3 - 14\mu^2 - 36\mu - 81 = 0$$

作变换 $\mu = 1 + t$,我们得到

$$H(1+t) = H(1-t) = t^6 - 11t^4 + 37t^2 - 108$$

再令 $t^2 = s$,那么上述方程就成为一个3次方程,此3次方程有唯一实数解

$$s = \frac{11}{3} + \sqrt[3]{\frac{1\,915}{54} + \frac{5\sqrt{201}}{2}} + \sqrt[3]{\frac{1\,915}{54} - \frac{5\sqrt{201}}{2}}$$

由此就得出了周期3解的失稳参数为

$$\mu_{3u} = 1 + t = 1 + \sqrt{s}$$

3.5 三次方程的解法和判据

一般的3次方程的形式为

$$a_0 x^3 + a_1 x^2 + a_3 x + a_4 = 0, a_0 > 0$$

我们先来做一些常规性的化简工作,以使方程化为本质上相同但形式上较为简单的方程.

先用 a_0 去除方程的两边,得出

$$x^3 + b_1 x^2 + b_2 x + b_3 = 0$$

其中 $b_1 = \dfrac{a_1}{a_0}, b_2 = \dfrac{a_2}{a_0}, b_3 = \dfrac{a_3}{a_0}$

再令

$$x = y - \frac{b_1}{3}$$

则方程化为

$$y^3 + py + q = 0$$

其中 $p = b_2 - \dfrac{b_1^2}{3}, q = b_3 - \dfrac{1}{3}b_1 b_2 + \dfrac{2b_1^3}{27}$

化到这,就要靠些联想了.事实上 $y^3 + py + q = 0$ 这种形式已经和我们经常见的,用的有些东西很相像了,如果你中学数学弄得很熟,那至少有两个东西是很

像 $y^3+py+q=0$ 的. 现在我先讲第一个, 那就是完全立方公式

$$(u+v)^3 = u^3 + 3u^2v + 3uv^2 + v^3$$

有的人可能会说, 这不像啊. 也对, 现在这么写是有点不像, 不过你可以把它写成

$$(u+v)^3 = u^3 + v^3 + 3uv(u+v)$$

或 $\quad (u+v)^3 - 3uv(u+v) - (u^3+v^3) = 0$

你再把上式和

$$y^3 + py + q = 0$$

一比, 如果还看不出来他们像在哪, 那你老先生这眼力可就有点跟不上了. 因为在这两个式子里, y 和 $u+v$, p 和 $-3uv$, q 和 $-(u^3+v^3)$ 显然是 1—1 对应的东西. 这种相似性让我们想到令

$$y = u+v, \quad p = -3uv, \quad q = -(u^3+v^3)$$

那么通过检验即可知道 y 一定是方程 $y^3+py+q=0$ 的解. 于是现在解原来的方程的问题已经转化为求 u, v 的问题了. 即解方程组

$$u^3 + v^3 = -q$$

$$uv = -\frac{p}{3}$$

的问题了.

上面方程组中的第二个 3 次方就得到

$$u^3 + v^3 = -q$$

$$u^3 v^3 = -\frac{p^3}{27}$$

因此 u^3 和 v^3 是二次方程

$$z^2 + qz - \frac{p^3}{27} = 0$$

的根.

第 3 章　多项式的应用

由于我们的目的是求出 y 而不是解方程组,又由于 u^3, v^3 是对称的,因此我们可任意指定 u^3 代表此二次方程的哪一个根. 不妨设

$$u^3 = \alpha, v^3 = \beta$$

其中

$$\alpha = \frac{-q + \sqrt{q^2 + \frac{4p^3}{27}}}{2} = \frac{1}{2}\left(-q + \sqrt{q^2 + \frac{4p^3}{27}}\right) =$$

$$-\frac{q}{2} + \sqrt{\frac{q^2}{4} + \frac{p^3}{27}}$$

$$\beta = -\frac{q}{2} - \sqrt{\frac{q^2}{4} + \frac{p^3}{27}}$$

方程 $u^3 = z_1$ 和 $v^3 = z_2$ 各有 3 个根,它们分别是 $\sqrt[3]{z_1}$, $\sqrt[3]{z_1}\omega$, $\sqrt[3]{z_1}\omega^2$ 和 $\sqrt[3]{z_2}$, $\sqrt[3]{z_2}\omega$, $\sqrt[3]{z_2}\omega^2$,其中

$$\omega = \frac{-1 + i\sqrt{3}}{2}$$

方程 $u^3 = z_1$ 和 $v^3 = z_2$ 的根搭配起来共有 9 种可能,但是显然并不是每一种搭配都是方程 $y^3 + py + q = 0$ 的解. 因为使得能够成为方程 $y^3 + py + q = 0$ 的解必须受到条件

$$u^3 + v^3 = -q$$

$$uv = -\frac{p}{3}$$

的限制,根据 u, v 的定义,它们总是满足 $u^3 + v^3 = -q$ 这一条件的,因此我们只须检验哪一种搭配满足限制条件 $uv = -\frac{p}{3}$ 即可. 经过检验,不难发现只有 $y_1 = \alpha + \beta$, $y_2 = \alpha\omega + \beta\omega^2$ 和 $y_3 = \alpha\omega^2 + \beta\omega$ 才是正确的搭配. 因此我们就得出:

定理 3.5.1 三次方程 $y^3+py+q=0$ 的三个根可以分别表示为

$$y_1 = z_1 + z_2$$
$$y_2 = \omega z_1 + \omega^2 z_2$$
$$y_3 = \omega^2 z_1 + \omega z_2$$

其中

$$z_1 = \sqrt[3]{-\frac{q}{2}+\sqrt{\frac{q^2}{4}+\frac{p^3}{27}}},\ z_2 = \sqrt[3]{-\frac{q}{2}-\sqrt{\frac{q^2}{4}+\frac{p^3}{27}}}$$

这一公式称为卡丹公式.

历史上,一次方程和二次方程在远古就已经解出.高于二次的方程则耗费许多古代数学家的心血而始终没有解法.直到十六世纪初的意大利文艺复兴时代,一般的三次方程的解法才被意大利数学家斯奇波·德·菲洛得出.按照当时的风气,菲洛的解法没有发表,但是却向他的一个学生讲过.菲洛死后,这个学生凭借此秘密向当时的意大利的一个最大的数学家塔尔塔里雅发起挑战.挑战的内容是要他解出一系列的三次方程.塔尔塔里雅起而应战,并且用八天的时间结束了这场竞赛.在这八天的时间内,他得出了形如 $y^3+py+q=0$ 的任何三次方程的解法,并最后在两小时内解决了对手提出的所有问题.米兰的数学和物理教授卡丹(1501—1576)在得知塔尔塔里雅的发明后,央求塔尔塔里雅将秘诀告诉他.塔尔塔里雅经不住卡丹的苦苦央求,终于同意了,但是前提是卡丹要答应绝对地保守秘密.卡丹当时信誓旦旦地向塔尔塔里雅保证绝对不会泄密,然而后来却背弃了诺言而将塔尔塔里雅的结果发表在他自己的著作《大法(Art magna)》里.虽然三次方程的解法公式应该称为塔尔塔里雅公式甚至菲

第 3 章 多项式的应用

洛公式(但是菲洛的工作由于保密,至今无人见到),但是由于历史的原因,直到现在为止,仍然把它叫作卡丹公式.

塔尔塔里雅(Tartaglia, Nicolò,1499—1557),意大利数学家、军事科学家.原名丰坦那,生于意大利北部布雷西亚,卒于威尼斯.

下面我们来讨论一下实系数三次方程 $y^3+py+q=0$. 为此我们首先用原始的三次方程 $a_0x^3+a_1x^2+a_3x+a_4=0, a_0>0$ 的系数来表示出卡丹公式中平方根号下的表达式. 由直接计算可得

$$\frac{q^2}{4}+\frac{p^3}{27}=\frac{1}{4}\left(b_3-\frac{1}{3}b_1b_2+\frac{2b_1^3}{27}\right)^2+\frac{1}{27}\left(b_2-\frac{b_1^2}{3}\right)^3=$$

$$\frac{1}{108}(27b_3^2-18b_1b_2b_3+4b_1^3b_3-b_1^2b_2^2+4b_2^3)=$$

$$\frac{1}{108a_0^4}(27a_0^2a_3^2-18a_0a_1a_2a_3+4a_1^3a_3-a_1^2a_2^2+4a_0a_2^3).$$

经与三次多项式 $a_0x^3+a_1x^2+a_3x+a_4$ 的判别式对比(见《Gauss 的遗产——从等式到同余式》第 5 章),我们就得出:

引理 3.5.1 设三次多项式为 $a_0x^3+a_1x^2+a_3x+a_4, a_0>0$,它的判别式为 D,且

$$b_1=\frac{a_1}{a_0}, b_2=\frac{a_2}{a_0}, b_3=\frac{a_3}{a_0}$$

$$p=b_2-\frac{b_1^2}{3}, q=b_3-\frac{1}{3}b_1b_2+\frac{3b_1^3}{27}$$

那么

$$\frac{q^2}{4}+\frac{p^3}{27}=-\frac{D}{108a_0^4}.$$

下面我们开始讨论实系数三次方程 $y^3+py+q=0$.

(i) $\frac{q^2}{4}+\frac{p^3}{27}>0$. 这时卡丹公式的平方根号下是一个正实数,所以每一个立方根号下面的表示式都是实

数.根据我们对根号的约定,当根号表示一个实数时,它就表示根号下那个数的算术根,而奇次方根的算术根就是它本身.因此

$$y_1 = z_1 + z_2$$

表示一个实数.由于显然 $z_1 \neq z_2$,因此 y_2, y_3 都是复数(因为在它们的虚部中,i 的系数是 $\frac{\sqrt{3}}{2}(z_1 - z_2)$ 或 $-\frac{\sqrt{3}}{2}(z_1 - z_2)$ 都不等于 0),并且由于 $\bar{\omega} = \omega^2, \overline{\omega^2} = \omega$,因此易于验证 $\bar{y}_1 = y_1, \bar{y}_2 = y_3$. 故在这种情况下方程 $y^3 + py + q = 0$ 有一个实数根和一对共轭复根.

(ii) $\frac{q^2}{4} + \frac{p^3}{27} = 0$. 这时 $z_1 = z_2 = \sqrt[3]{-\frac{q}{2}}$,另外还有 $\omega + \omega^2 = -1$,故此时有

$$y_1 = 2z_1, y_2 = y_3 = -z_1$$

也就是说,这时方程 $y^3 + py + q = 0$ 的三个根都是实数,并且有重根(当 $z_1 \neq 0$ 时是二重根,当 $z_1 = 0$ 时是三重根).

(iii) $\frac{q^2}{4} + \frac{p^3}{27} < 0$. 这时卡丹公式的平方根号下是一个负实数,所以每一个立方根号下面的表示式都是复数.根据我们对根号的约定,当根号表示一个复数时,这个根号是多值的(在这里是三值的).

设 $z_1 = u + vi$,那么

$$z_2 = -\frac{p}{3z_1} = -\frac{p\bar{z}_1}{3z_1\bar{z}_1} = -\frac{p}{3(u^2+v^2)}(u-vi)$$

又由 z_1, z_2 的定义可知 z_1^3 和 z_2^3 是互相共轭的,而显然 $(u-vi)^3$ 也是与 z_1^3 共轭的.然而一个复数的共轭数是唯一的,由此就得出

第 3 章 多项式的应用

$$z_2^3 = \left(-\frac{p}{3(u^2+v^2)}\right)^3 (u-v\mathrm{i})^3 = (u-v\mathrm{i})^3$$
$$\left(-\frac{p}{3(u^2+v^2)}\right)^3 = 1$$

上式中左边是一个实数的立方,而立方等于 1 的实数只有 1 本身,因此就得出
$$z_2 = u - v\mathrm{i} = \overline{z_1}$$
再由 $\overline{\omega} = \omega^2, \overline{\omega^2} = \omega$ 就得出 $\overline{\omega z_1} = \overline{\omega}\,\overline{z_1} = \omega^2 z_2, \overline{\omega^2 z_1} = \overline{\omega^2}\,\overline{z_1} = \omega z_2$ 就可知
$$y_1 = z_1 + z_2$$
$$y_2 = \omega z_1 + \omega^2 z_2$$
$$y_3 = \omega^2 z_1 + \omega z_2$$

中每个数都是两个互相共轭的复数之和,因此都是实数. 而由引理 3.5.1 又可知 $y^3 + py + q$ 的判别式不等于 0,因此这三个根都不相等. 即在这种情况下方程 $y^3 + py + q = 0$ 有三个不相等的实根.

由上面的讨论就得出

定理 3.5.2 实系数三次方程 $y^3 + py + q = 0$.

当 $\dfrac{q^2}{4} + \dfrac{p^3}{27} > 0$ 时,有一个实数根和一对共轭复根;

当 $\dfrac{q^2}{4} + \dfrac{p^3}{27} = 0$ 时,有三个实根,并且其中有两个根或三个根相等;

当 $\dfrac{q^2}{4} + \dfrac{p^3}{27} < 0$ 时,有三个不相等的实根.

由定理 3.5.2,引理 3.5.1 和例 5.3.3 就又重新得出定理 2.3.6(2).

定理 3.5.3 在实系数三次方程 $f(x) = a_0 x^3 + a_1 x^2 + a_3 x + a_4 = 0, a_0 > 0$ 中,设

$$D = a_1^2 a_2^2 - 4a_2^3 a_3 - 4a_0 a_2^3 + 18 a_0 a_1 a_2 a_3 - 27 a_0^2 a_3^2$$

那么

当 $D < 0$ 时, $f(x)$ 有一个实数根和一对共轭复根;

当 $D = 0$ 时, $f(x)$ 有三个实根, 并且其中有两个根或三个根相等;

当 $D > 0$ 时, $f(x)$ 有三个不相等的实根.

上面我们既给出了实系数三次方程的求解公式, 又对它进行了完整的讨论, 如此关于三次方程, 似乎已没有什么问题可再讨论了. 然而还有一个问题在古代曾困扰过一些数学家, 这个问题即使在现代, 对于刚开始了解三次方程解法的人来说, 一开始也可能会感到困惑. 这就是比如对于方程

$$(x-1)(x-2)(x-3) = x^3 - 6x^2 + 11x - 6 = 0$$

虽然你明明知道它有三个实根 $x_1 = 1, x_2 = 2$ 和 $x_3 = 3$, 但是用卡丹公式得出的值是一个形式上的等式, 而不是一个可以直接进行计算的通常意义下的公式. 于是人们自然想到, 对于这种三次方程, 是否能得出一个"实"的公式. 其实, "实"的公式是有的, 但是这个问题之所以能困扰人, 是由于所有感到困扰的人在企图得出一个所谓"实"的公式的时候, 都在心里有一个没有说出来的期望, 这个期望说明白了, 就是希望能得出一个根号下是实数的, 由各种根号组成的公式. 这个希望现在已知是不可能的. 这种三次方程具有三个不同实根的情况称为不可约情况. 不过要严格证明这一结论, 要用到更复杂的理论, 比如拉格朗日、阿贝尔和伽罗华理论, 这些理论可是一两句话讲不清楚的.

其实每一个在历史上困惑过人们的问题, 都在于

第 3 章　多项式的应用

人们预先在心里对这个问题有一种不正确的设想和期望，等到这个问题解决了，人们才会发现，原来的设想和期望根本不符合实际情况，一旦人们认识到，这就是事情的本来面目，就不会对这个问题再感到困惑了．比如你习惯于认为只有正数，实数才有意义，那你一开始对于负数和复数自然会感到不可理解；如果你预先认为世界上所有的量都应该是"有理"的，那么当你知道还有无理数存在时，自然会感到震惊，如果你想当然地以为连续函数是很好的函数，自然应该是可微的，那么当别人告诉你还存在着处处连续但是处处不可微的函数时，你必然会感到不可思议．在三次方程的求解公式问题上也是如此，很多人根据二次方程的情况就认为三次方程就应该也有一种类似的公式，结果按照这种思路去考虑问题，而白白地耗费了时间和精力．而当你认识到事情的本来面目就是对于具有三个不同实根的三次方程来说，本来就不存在你原来以为存在的那种公式时，你就一点也不会感到有什么奇怪、不可思议或迷惑不解了．

虽然如此，即使对认识到事情本来面目的人来说，仍然会感到有些别扭．原因就在于，我明明知道解是什么，却没有一个能算出解来的公式．对高次方程来说，事情就是这样，不过对于三次方程来说，实际上是可以推导出这样的公式来的，但是这个公式如上所说，当然不可能是由根号组成的．下面我们就来推导不可约情况下三次方程的求解公式．这个解法的基础是观察到

$$y^3 + py + q = 0$$

与三倍角公式 $\cos 3\theta = 4\cos^3\theta - 3\cos\theta$

或 $\qquad 4\cos^3\theta - 3\cos\theta - \cos 3\theta = 0$

293

或
$$\cos^3\theta - \frac{3}{4}\cos\theta - \frac{1}{4}\cos 3\theta = 0$$
的类似性.(在推导卡丹公式时,我们曾利用了$(u+v)^3 - 3uv(u+v) - (u^3+v^3) = 0$ 与 $y^3 + py + q = 0$ 的类似性,当时我们曾说如果你中学数学弄得很熟,那至少有两个东西是很像 $y^3 + py + q = 0$ 的.这第二个类似于 $y^3 + py + q = 0$ 的东西就是三倍角公式)

你现在把 p 看成 $-\frac{3}{4}$,把 q 看成 $-\frac{1}{4}\cos 3\theta$,把 y 看成 $\cos\theta$,那 $\cos^3\theta - \frac{3}{4}\cos\theta - \frac{1}{4}\cos 3\theta = 0$ 就变成了 $y^3 + py + q = 0$.

不过这样看还是有问题,首先 p 肯定不能只等于 $-\frac{3}{4}$,另外把 y 看成 $\cos\theta$ 就已默认了 y 是满足限制 $|y| \leqslant 1$ 的,这也不符合实际情况.为去除这些问题,我们可以在
$$\cos^3\theta - \frac{3}{4}\cos\theta - \frac{1}{4}\cos 3\theta = 0$$
的两边乘以一个正的参变量 λ^3 以增加自由度.这样上式就成为
$$\lambda^3\cos^3\theta - \frac{3}{4}\lambda^3\cos\theta - \frac{1}{4}\lambda^3\cos 3\theta = 0$$
现在我们可模仿上面的做法而令
$$y = \lambda\cos\theta,\ -\frac{3}{4}\lambda^2 = p,\ -\frac{1}{4}\lambda^3\cos 3\theta = q$$
于是上面这个等式就变成了
$$y^3 + py + q = 0$$
于是我们立刻看出,只要通过等式 $-\frac{1}{4}\lambda^3\cos 3\theta = q$ 求

第 3 章 多项式的应用

出 θ,再通过等式 $y=\lambda\cos\theta$ 就可以求出 y 了. 不过有些细心的读者可能会注意到,刚才我们还有一个式子没有用,就是 $-\dfrac{3}{4}\lambda^2=p$,而这个式子决定了 p 不能大于 0,因此他们会问,要是 $p>0$ 怎么办. 问得好,不过别忘了,我们现在是在不可约条件下讨论问题(如果方程属于可约情况,我们就不需要如此讨论,直接应用卡丹公式即可). 这时我们有以下结果保证 $p<0$.

引理 3.5.2 如果 $\dfrac{q^2}{4}+\dfrac{p^3}{27}<0$,那么必有

(1) $p<0$;

(2) $\left|\dfrac{3\sqrt{3}\,q}{2p\sqrt{-p}}\right|<1.$

证明 (1) 由 $\dfrac{q^2}{4}+\dfrac{p^3}{27}<0$ 得出 $p^3<-\dfrac{27}{4}q^2<0$,因此 $p<0$.

(2) 由 $\dfrac{q^2}{4}+\dfrac{p^3}{27}<0$ 得出 $\dfrac{q^2}{4}<-\dfrac{p^3}{27}$,因此 $\left|\dfrac{q}{2}\right|<\dfrac{-p\sqrt{-p}}{3\sqrt{3}}$,由此就得出

$$\left|\dfrac{3\sqrt{3}\,q}{2p\sqrt{-p}}\right|=\left|\dfrac{3\sqrt{3}\,q}{-2p\sqrt{-p}}\right|<1$$

因此,现在我们可以放心大胆地进行推导了,由 $-\dfrac{3}{4}\lambda^2=p$ 得出

$$\lambda=\sqrt{-\dfrac{4p}{3}}=2\sqrt{-\dfrac{p}{3}}$$

将此式代入 $-\dfrac{1}{4}\lambda^3\cos 3\theta=q$ 即得

$$\cos 3\theta = -\frac{4q}{\lambda^3} = -\frac{4q}{8\left(\sqrt{-\frac{p}{3}}\right)^3} =$$

$$-\frac{3\sqrt{3}\,q}{2(-p)\sqrt{-p}} = \frac{3\sqrt{3}\,q}{2p\sqrt{-p}}$$

由引理 3.5.2 可知 $\cos 3\theta$ 是有意义的. 因而

$$\theta = \theta_k = \frac{1}{3}\arccos\left(\frac{3\sqrt{3}\,q}{2p\sqrt{-p}}\right) + \frac{2k\pi}{3}, \quad k=0,1,2$$

而方程 $y^3 + py + q = 0$ 的解为

$$y_k = 2\sqrt{-\frac{p}{3}}\cos\theta_k, \quad k=1,2,3$$

由上面的讨论就得出不可约情况下实系数三次方程的求解公式.

定理 3.5.4 设 $\frac{q^2}{4} + \frac{p^3}{27} < 0, \theta_k = \frac{1}{3}\arccos\left(\frac{3\sqrt{3}\,q}{2p\sqrt{-p}}\right) + \frac{2k\pi}{3}, k=0,1,2$，那么实系数三次方程 $y^3 + py + q = 0$ 的三个不同的实数解为

$$y_k = 2\sqrt{-\frac{p}{3}}\cos\theta_k, \quad k=1,2,3$$

例 3.5.1 解方程 $x^3 + 3x^2 - 6x + 4 = 0$.

解 令 $x = y - 1$，则 $y^3 - 9y + 12 = 0$，于是有 $p = -9, q = 12$.

$$\Delta = \frac{q^2}{4} + \frac{p^3}{27} = \frac{12^2}{4} - \frac{9^3}{27} = 36 - 27 = 9$$

$$z_1 = \sqrt[3]{-\frac{q}{2} + \sqrt{\Delta}} = \sqrt[3]{-\frac{12}{2} + \sqrt{9}} =$$

$$\sqrt[3]{-6+3} = -\sqrt[3]{3}$$

第 3 章 多项式的应用

$$z_1 = \sqrt[3]{-\frac{q}{2}+\sqrt{\Delta}} = \sqrt[3]{-\frac{12}{2}-\sqrt{9}} =$$

$$\sqrt[3]{-6-3} = -\sqrt[3]{9}$$

$$y_1 = z_1 + z_2 = -\sqrt[3]{3} - \sqrt[3]{9}$$

$$y_2 = \omega z_1 + \omega^2 z_2 = \frac{\sqrt[3]{3}+\sqrt[3]{9}}{2} + \frac{\sqrt{3}\sqrt[3]{9}-\sqrt{3}\sqrt[3]{3}}{2}i$$

$$y_2 = \omega^2 z_1 + \omega z_2 = \frac{\sqrt[3]{3}+\sqrt[3]{9}}{2} - \frac{\sqrt{3}\sqrt[3]{9}-\sqrt{3}\sqrt[3]{3}}{2}i$$

$$x_1 = y_1 - 1 = -1 - \sqrt[3]{3} - \sqrt[3]{9}$$

$$x_2 = y_2 - 1 = \frac{-2+\sqrt[3]{3}+\sqrt[3]{9}}{2} + \frac{\sqrt{3}\sqrt[3]{9}-\sqrt{3}\sqrt[3]{3}}{2}i$$

$$x_3 = y_3 - 1 = \frac{-2+\sqrt[3]{3}+\sqrt[3]{9}}{2} - \frac{\sqrt{3}\sqrt[3]{9}-\sqrt{3}\sqrt[3]{3}}{2}i$$

例 3.5.2 解方程 $x^3 - 6x^2 + 9x - 3 = 0$.

解 令 $x = y + 2$，则 $y^3 - 3y - 1 = 0$. $p = -3$, $q = -1$.

$$\Delta = \frac{q^2}{4} + \frac{p^3}{27} = \frac{1}{4} - \frac{3^3}{27} = -\frac{3}{4}$$

$$\frac{3\sqrt{3}\,q}{2p\sqrt{-p}} = \frac{-3\sqrt{3}}{2(-3)\sqrt{3}} = \frac{1}{2}$$

$$\arccos\left(\frac{3\sqrt{3}\,q}{2p\sqrt{-p}}\right) = \arccos\frac{1}{2} = 60°, \frac{1}{3}\cdot 60° = 20°$$

$$\theta_1 = 20° + \frac{2\pi}{3} = 20° + 120° = 140°$$

$$\theta_2 = 20° + \frac{2\cdot 2\pi}{3} = 20° + 240° = 260°$$

$$\theta_1 = 20° + \frac{2\cdot 3\pi}{3} = 20° + 360° = 380°$$

$$y_1 = 2\sqrt{-\frac{p}{3}}\cos\theta_1 = 2\cos 140°$$

$$y_2 = 2\sqrt{-\frac{p}{3}}\cos\theta_2 = 2\cos 260°$$

$$y_3 = 2\sqrt{-\frac{p}{3}}\cos\theta_3 = 2\cos 380°$$

$x_1 = y_1 + 2 = 2 + 2\cos 140° = 2(1 + \cos 140°) = 4\cos^2 70° = 4\sin^2 20°$

$x_2 = y_2 + 2 = 2 + 2\cos 260° = 2(1 + \cos 260°) = 4\cos^2 130° = 4\sin^2 40°$

$x_3 = y_3 + 2 = 2 + 2\cos 380° = 2(1 + \cos 380°) = 4\cos^2 190° = 4\sin^2 80°$

习题 3.5

1. 解下列方程

(1) $x^3 - 6x + 9 = 0$

(2) $x^3 + 12x + 63 = 0$

(3) $x^3 + 9x^2 + 18x + 28 = 0$

(4) $x^3 + 6x^2 + 30x + 25 = 0$

(5) $x^3 - 6x + 4 = 0$

(6) $x^3 + 6x + 2 = 0$

2. 解方程: $x^3 - 6x^2 + 6x - 2 = 0$.

3. 解方程: $x^3 - 7x^2 + 14x - 7 = 0$.

4. 解方程: $x^3 - (2 + 3\sqrt{2})x^2 + (5 + 4\sqrt{2})x - (3 + \sqrt{2}) = 0$.

5. 解方程: $x^3 - (2 - 3\sqrt{2})x^2 + (5 - 4\sqrt{2})x - (3 - \sqrt{2}) = 0$.

6. 解方程: $x^3 - 3abx + a^3 + b^3 = 0$.

7. 解方程: $x^3 - (a + b + c)x^2 + (ab + bc + ac)x - abc = 0$.

第 3 章 多项式的应用

8. 得出求方程 $x^5 - 5ax^3 + 5a^2x - 2b = 0$ 的根的代数公式.

3.6 四次多项式零点的完全判据和正定性条件

在第 2 章定理 2.3.6(2) 和第 3 章定理 3.5.3 中我们用两种不同的方法都得出了三次方程的判别条件,但是在第 3 章中得出这一判据的方法可比在第 2 章中绕弯得多. 在第 3 章中,我们是先研究了如何解一般的三次方程,然后得出了卡丹公式,最后才得出了根的判别条件. 而在第 2 章中,我们是根据判别式的定义直接得出这一结论的. 对比之下,就会觉得,如果不是为了还要得到其他东西,绕这么大的一个弯子,得出来的结论竟和别人下一个定义就可直接得出来的结论一样实在有点不值得,同时也就会觉得,判别式这个概念还是很厉害.

因此在讨论四次方程时,我们就想直接由判别式入手. 不过为了满足有些读者的欲望,我们还是先讲一下四次方程的解法.

一般的四次方程
$$a_0 x^4 + 4a_1 x^3 + 6a_2 x^2 + 4a_3 x + a_4 = 0, a_0 > 0$$
一定可以化为
$$x^4 + 4b_1 x^3 + 6b_2 x^2 + 4b_3 x + b_4 = 0$$
的形式,其中
$$b_i = \frac{a_i}{a_0}, \quad i = 1, 2, 3, 4$$

再令
$$x = u - b_1$$
又可把方程进一步化简为
$$u^4 + B_2 u^2 + B_3 u + B_4 = 0$$
其中
$$B_2 = 6(b_2 - b_1^2)$$
$$B_3 = 4(2b_1^3 - 3b_1 b_2 + b_3)$$
$$B_4 = -3b_1^4 + 6b_1^2 b_2 - 4b_1 b_3 + b_4$$

为了要解方程 $u^4 + B_2 u^2 + B_3 u + B_4 = 0$，我们使用配方法. 具体就是把 $B_2 u^2$ 分成两项 λu^2 和 $B_2 u^2 - \lambda u^2$，同时在方程的左边加上一项 $\dfrac{\lambda^2}{4}$ 再减去一项 $\dfrac{\lambda^2}{4}$，这样我们就得到

$$u^4 + \lambda u^2 + \frac{\lambda^2}{4} + B_2 u^2 - \lambda u^2 + B_3 u + B_4 - \frac{\lambda^2}{4} = 0$$

$$\left(u^2 + \frac{\lambda}{2}\right)^2 - \left((\lambda - B_2) u^2 - B_3 u + \left(\frac{\lambda^2}{4} - B_4\right)\right) = 0$$

上式中前一项已是一个平方，如果后一项也是一个平方，那么显然方程就可化为两个二次方程而解出. 而后一项是完全平方的充分必要条件是括弧中的二次三项式的判别式 Δ 等于 0，也即

$$\Delta = B_3^2 - 4(\lambda - B_2)\left(\frac{\lambda^2}{4} - B_4\right) = 0$$

或者 $\quad \lambda^3 - B_2 \lambda^2 - 4B_4 \lambda + 4(B_2 B_4 - B_3^2) = 0$

解上面的三次方程（这个三次方程称为四次方程的预解方程），求出 λ 以后，就像我们在上面所说的，要解的四次方程就可化为两个二次方程而解出. 这种解四次方程的方法称为费拉立解法.

定义 3.6.1　称三次方程
$$\lambda^3 - B_2 \lambda^2 - 4B_4 \lambda + 4(B_2 B_4 - B_3^2) = 0$$
是四次方程

第 3 章 多项式的应用

$$u^4 + B_2 u^2 + B_3 u + B_4 = 0$$

的预解方程.

引理 3.6.1 设 u_1, u_2, u_3, u_4 是四次方程 $u^4 + B_2 u^2 + B_3 u + B_4 = 0$ 的根,且

$$\lambda_1 = u_1 u_2 + u_3 u_4, \lambda_2 = u_2 u_3 + u_1 u_4, \lambda_3 = u_1 u_3 + u_2 u_4$$

那么 $\lambda_1, \lambda_2, \lambda_3$ 恰好是 $u^4 + B_2 u^2 + B_3 u + B_4 = 0$ 的预解方程的三个根.

证明 由 u_1, u_2, u_3, u_4 的定义和根与系数的关系可知

$$\sigma_1 = u_1 + u_2 + u_3 + u_4 = 0$$
$$\sigma_2 = u_1 u_2 + u_1 u_3 + u_1 u_4 + u_2 u_3 + u_2 u_4 + u_3 u_4 = B_2$$
$$\sigma_3 = u_1 u_2 u_3 + u_1 u_2 u_4 + u_1 u_3 u_4 + u_2 u_3 u_4 = -B_3$$
$$\sigma_4 = u_1 u_2 u_3 u_4 = B_4$$

于是

$$\lambda_1 + \lambda_2 + \lambda_3 = u_1 u_2 + u_1 u_3 + u_1 u_4 + u_2 u_3 + u_2 u_4 + u_3 u_4 = B_2$$

$$\lambda_1 \lambda_2 + \lambda_2 \lambda_3 + \lambda_1 \lambda_3 =$$
$$(u_1 u_2 + u_3 u_4)(u_2 u_3 + u_1 u_4) +$$
$$(u_2 u_3 + u_1 u_4)(u_1 u_3 + u_2 u_4) +$$
$$(u_1 u_2 + u_3 u_4)(u_1 u_3 + u_2 u_4) =$$
$$u_1 u_2^2 u_3 + u_1^2 u_2 u_4 + u_2 u_3^2 u_4 +$$
$$u_1 u_3 u_4^2 + u_1 u_2 u_3^2 + u_2^2 u_3 u_4 +$$
$$u_1^2 u_3 u_4 + u_1 u_2 u_4^2 + u_1^2 u_2 u_3 +$$
$$u_1 u_2^2 u_4 + u_1 u_3^2 u_4 + u_2 u_3 u_4^2 =$$
$$u_1 u_2 u_3 (u_1 + u_2 + u_3) + u_1 u_2 u_4 (u_1 + u_2 + u_4) +$$
$$u_1 u_3 u_4 (u_1 + u_3 + u_4) + u_2 u_3 u_4 (u_2 + u_3 + u_4) =$$
$$- u_1 u_2 u_3 u_4 - u_1 u_2 u_3 u_4 - u_1 u_2 u_3 u_4 - u_1 u_2 u_3 u_4 =$$
$$- 4 u_1 u_2 u_3 u_4 = -4 B_4$$

$$\lambda_1\lambda_2\lambda_3 = (u_1u_2 + u_3u_4)(u_2u_3 + u_1u_4) \cdot$$
$$(u_1u_3 + u_2u_4) =$$
$$u_1^2u_2^2u_3^2 + u_1^3u_2u_3u_4 + u_1u_2u_3^3u_4 +$$
$$u_1^2u_3^2u_4^2 + u_1u_2^3u_3u_4 +$$
$$u_1^2u_2^2u_4^2 + u_2^2u_3^2u_4^2 + u_1u_2u_3u_4^3 =$$
$$u_1^2u_2^2u_3^2 + u_1^2u_3^2u_4^2 + u_1^2u_2^2u_4^2 + u_2^2u_3^2u_4^2 +$$
$$u_1u_2u_3u_4(u_1^2 + u_2^2 + u_3^2 + u_4^2) =$$
$$\sigma_3^2 - 2\sigma_2\sigma_4 + \sigma_4(\sigma_1^2 - 2\sigma_2) =$$
$$B_3^2 - 4B_2B_4$$

于是再由预解方程的根与系数的关系即得 $\lambda_1,\lambda_2,\lambda_3$ 恰好是 $u^4 + B_2u^2 + B_3u + B_4 = 0$ 的预解方程的三个根.

引理 3.6.2 四次方程 $u^4 + B_2u^2 + B_3u + B_4 = 0$ 的判别式就等于它的预解方程的判别式.

证明 设 $u^4 + B_2u^2 + B_3u + B_4 = 0$ 的判别式为 D_4,它的预解方程
$$\lambda^3 - B_2\lambda^2 - 4B_4\lambda + 4(B_2B_4 - B_3^2) = 0$$
的判别式为 D_3. 那么由引理 3.6.1 和判别式的定义即得
$$D_3 = (\lambda_1 - \lambda_2)^2(\lambda_2 - \lambda_3)^2(\lambda_1 - \lambda_3)^2 =$$
$$(u_1u_2 + u_3u_4 - u_2u_3 - u_1u_4)^2 \cdot$$
$$(u_2u_3 + u_1u_4 - u_1u_3 - u_2u_4)^2 \cdot$$
$$(u_1u_2 + u_3u_4 - u_1u_3 - u_2u_4)^2 =$$
$$(u_1 - u_4)^2(u_1 - u_3)^2(u_1 - u_4)^2 \cdot$$
$$(u_2 - u_3)^2(u_2 - u_4)^2(u_1 - u_4)^2 = D_4$$

引理 3.6.3 设
$$f(x) = a_0x^4 + 4a_1x^3 + 6a_2x^2 + 4a_3x + a_4 = 0, a_0 > 0$$
$$E = a_0a_4 - 4a_1a_3 + 3a_2^2$$

$$F = \begin{vmatrix} a_0 & a_1 & a_2 \\ a_1 & a_2 & a_3 \\ a_2 & a_3 & a_4 \end{vmatrix}$$

那么 $f(x)$ 的判别式

$$D_4 = 256(E^3 - 27F^2)$$

证明 根据判别式的定义可知,如果把方程

$$a_0 x^4 + 4a_1 x^3 + 6a_2 x^2 + 4a_3 x + a_4 = 0, a_0 > 0$$

的两边都除以 a_0,那么所得的方程

$$x^4 + 4b_1 x^3 + 6b_2 x^2 + 4b_3 x + b_4 = 0$$

$$b_i = \frac{a_i}{a_0}, i = 1, 2, 3, 4$$

的判别式 $\overline{D}_4 = \frac{1}{a_0^6} D_4$,其中 D_4 是原方程的判别式. 再令

$$x = u - b_1$$

又可把方程进一步化简为

$$u^4 + B_2 u^2 + B_3 u + B_4 = 0$$

这一方程的判别式和原来的方程相同. 再由引理 3.5.4. 就可知道 $u^4 + B_2 u^2 + B_3 u + B_4 = 0$ 的判别式 $\overline{D}_4$ 就是它的预解方程 $\lambda^3 - B_2 \lambda^2 - 4B_4 \lambda + 4(B_2 B_4 - B_3^2) = 0$ 的判别式 D_3,为了计算 D_3,我们在预解方程中令 $\lambda = \mu + \frac{B_2}{3}$ 就得到

$$\mu^3 + p\mu + q = 0$$

其中

$$p = -\left(\frac{B_2^2}{3} + 4B_4\right), \quad q = -\left(\frac{2}{27}B_2^3 - \frac{8}{3}B_2 B_4 + B_3^2\right)$$

根据上面的说明 D_3 就等于 $\mu^3 + p\mu + q = 0$ 的判别式 $\overline{D}_3$.

利用

$$B_2 = 6(b_2 - b_1^2)$$
$$B_3 = 4(2b_1^3 - 3b_1b_2 + b_3)$$
$$B_4 = -3b_1^4 + 6b_1^2 b_2 - 4b_1 b_3 + b_4$$

和直接计算即可得出

$$\frac{q^2}{4} + \frac{p^3}{27} = \frac{64}{a_0^6}(F^2 - \frac{1}{27}E^3)$$

再由引理 3.6.1 就得出

$$D_4 = a_0^6 \overline{D}_4 = a_0^6 \overline{D}_3 = -108 a_0^6 \left(\frac{q^2}{4} + \frac{p^3}{27} \right) =$$
$$256(E^3 - 27F^2)$$

由定理 2.3.6(3) 和引理 3.6.3 即得出：

定理 3.6.1 设

$$f(x) = a_0 x^4 + 4a_1 x^3 + 6a_2 x^2 + 4a_3 x + a_4 = 0, a_0 > 0$$
$$E = a_0 a_4 - 4 a_1 a_3 + 3 a_2^2$$
$$F = \begin{vmatrix} a_0 & a_1 & a_2 \\ a_1 & a_2 & a_3 \\ a_2 & a_3 & a_4 \end{vmatrix}$$
$$D = E^3 - 27F^2$$

那么

当 $D < 0$ 时，方程 $f(x) = 0$ 有两个不同的实根和一对共轭复根；

当 $D = 0$ 时，方程 $f(x) = 0$ 有重根；

当 $D > 0$ 时，方程 $f(x) = 0$ 有四个不同的实根或两对共轭复根.

定理 3.6.1 虽然给出了四次函数零点的某种判据，但是美中不足的是在 $D > 0$ 时包含了两种可能的结论，所以并未完全解决四次函数零点的判别问题. 因此为得出能完全判别的判据，还需要继续进行深入研

第3章 多项式的应用

究.

定义 3.6.2 设
$$f(x) = a_0 x^4 + 4a_1 x^3 + 6a_2 x^2 + 4a_3 x + a_4 = 0, a_0 > 0$$
定义
$$A_2 = a_0 a_2 - a_1^2$$
$$A_3 = 2a_1^3 - 3a_0 a_1 a_2 + a_0^2 a_3$$
$$A_4 = -3a_1^4 + 6a_0 a_1^2 a_2 - 4a_0^2 a_1 a_3 + a_0^3 a_4 = a_0^3 f\left(-\frac{a_1}{a_0}\right)$$

在前面,我们已经通过两次变换把方程
$$a_0 x^4 + 4a_1 x^3 + 6a_2 x^2 + 4a_3 x + a_4 = 0, a_0 > 0$$
化为了方程
$$u^4 + B_2 u^2 + B_3 u + B_4 = 0$$
为了最后把这个方程的实质性参数减少到两个,我们再做一次尺度变换,使四次项和二次项的系数相等.

令 $u = \sqrt{|B_2|} z$,则当 $B_2 > 0$(也即 $A_2 > 0$ 或 $a_0 a_2 > a_1^2$)时,方程 $u^4 + B_2 u^2 + B_3 u + B_4 = 0$ 化为
$$z^4 + z^2 + Az + B = 0$$
其中
$$A = \frac{B_3}{|B_2|^{\frac{3}{2}}}, \quad B = \frac{B_4}{B_2^2}$$

当 $B_2 = 0$(也即 $A_2 = 0$ 或 $a_0 a_2 = a_1^2$)时,方程 $u^4 + B_2 u^2 + B_3 u + B_4 = 0$ 的参数已减少到两个,成为
$$u^4 + B_3 u + B_4 = 0$$

当 $B_2 < 0$(也即 $A_2 < 0$ 或 $a_0 a_2 < a_1^2$)时,方程
$$u^4 + B_2 u^2 + B_3 u + B_4 = 0$$
化为
$$z^4 - z^2 + Az + B = 0$$

令 D_+, D_0 和 D_- 分别表示方程 $z^4 + z^2 + Az + B = 0, u^4 + B_3 u + B_4 = 0$ 和 $z^4 - z^2 + Az + B = 0$ 的对

应于定理 3.6.1 中 D 的判别量,那么由直接计算可得:

引理 3.6.4 当 $B_2 > 0$(也即 $A_2 > 0$ 或 $a_0 a_2 > a_1^2$) 时

$$D_+ = \frac{a_0^6}{6^6(a_0 a_2 - a_1^2)^6} D$$

当 $B_2 = 0$(也即 $A_2 = 0$ 或 $a_0 a_2 = a_1^2$) 时

$$D_0 = \frac{1}{a_0^6} D$$

当 $B_2 < 0$(也即 $A_2 < 0$ 或 $a_0 a_2 < a_1^2$) 时

$$D_+ = \frac{a_0^6}{6^6(a_0 a_2 - a_1^2)^6} D$$

因此今后凡是需用 D_+,D_0 和 D_- 的符号来判别方程的根的情况时,我们都可以用 D 来代替它们.

在上面的引理中,虽然 D_+ 和 D_- 在各自的定义域中形式上都等于 $\frac{a_0^6}{6^6(a_0 a_2 - a_1^2)^6} D$,但是我们不能为了简便,把上述引理写成当 $B_2 \neq 0$(也即 $A_2 \neq 0$ 或 $a_0 a_2 \neq a_1^2$) 时

$$D_+ = D_- = \frac{a_0^6}{6^6(a_0 a_2 - a_1^2)^6} D$$

的形式,因为 D_+ 和 D_- 是两个不同的函数,且它们的定义域不相交.

以下分别对上面得出的三种标准型进行讨论.

1. $B_2 > 0$(也即 $a_0 a_2 > a_1^2$).

这时方程

$$a_0 x^4 + 4 a_1 x^3 + 6 a_2 x + 4 a_3 x + a_4 = 0$$

化为方程

$$z^4 + z^2 + Az + B = 0$$

其对应于定理 3.6.1 中的判别式为

$$D_+ = \left(B + \frac{1}{12}\right)^3 - 27\left(\frac{B}{6} - \frac{1}{216} - \frac{A^2}{16}\right)^2$$

由 $D_+ = 0$ 得出 $B \geqslant -\frac{1}{12}$ 及

$$\frac{A^2}{16} = \frac{B}{6} - \frac{1}{216} \pm \sqrt{\frac{1}{27}\left(B + \frac{1}{12}\right)^3}$$

由恒等式

$$\frac{1}{27}\left(B + \frac{1}{12}\right)^3 - \left|\frac{B}{6} - \frac{1}{216}\right|^2 = \frac{1}{27}B\left(B - \frac{1}{4}\right)^2$$

得出

引理 3.6.5 当 $B \geqslant 0$ 时

$$\left|\frac{B}{6} - \frac{1}{216}\right| \leqslant \sqrt{\frac{1}{27}\left(B + \frac{1}{12}\right)^3}$$

当 $B \leqslant 0$ 时

$$\left|\frac{B}{6} - \frac{1}{216}\right| \geqslant \sqrt{\frac{1}{27}\left(B + \frac{1}{12}\right)^3}$$

由引理 3.6.5 可知,方程

$$\frac{A^2}{16} = \frac{B}{6} - \frac{1}{216} - \sqrt{\frac{1}{27}\left(B + \frac{1}{12}\right)^3}$$

只对应于参数平面 $B - A$ 上一个单独的点 M_+ $\left(\frac{1}{4}, 0\right)$,而方程

$$\frac{A_2}{16} = \frac{B}{6} - \frac{1}{216} + \sqrt{\frac{1}{27}\left(B + \frac{1}{12}\right)^3}$$

有两个分支

$$A = \pm 4\sqrt{\frac{B}{6} - \frac{1}{216} + \sqrt{\frac{1}{27}\left(B + \frac{1}{12}\right)^3}}$$

由此就得出 $D_+ = 0$ 的图像如图 3.6.1 所示.

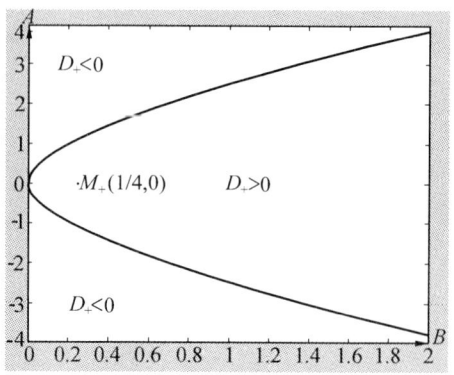

图 3.6.1 $D_+ = 0$ 的图像

设 $f(z) = z^4 + z^2 + Az + B$,那么

$$f'(z) = 4z^3 + 2z + A = 4\left(z^3 + \frac{1}{2}z + \frac{A}{4}\right)$$

因此在定理 3.5.2 中 $p = \frac{1}{2}, q = \frac{A}{4}$ 而 $\Delta = \frac{A^2}{64} + \frac{1}{216} > 0$. 故由知 $f'(z)$ 有唯一实根,此唯一实根对应于 $f(z)$ 的唯一极小值,即最小值. 因此当 B 充分大,即 $D_+ > 0$ 时, $f(z)$ 处于 z 轴上方,因而无实根,现在让 B 逐渐减小,那么当 B 减小到某一临界值 B_0 时, $f(z)$ 就恰与 z 轴相切,这时 $D_+ = 0$,而 $f(z)$ 有一个二重实根和一对共轭复根. 当 B 小于此临界值时, $D_+ < 0$, $f(z)$ 与轴有两个交点,因而 $f(z)$ 有两个不同的实根和一对共轭复根.

但是 $D_+ = 0$ 有两个分支,其中一个是连续分支,另一个是孤立分支 $M_+\left(\frac{1}{4}, 0\right)$,在此孤立分支上,方程 $z^4 + z^2 + Az + B = 0$ 成为

$$z^4 + z^2 + \frac{1}{4} = \left(z^2 + \frac{1}{2}\right)^2 = 0$$

第 3 章　多项式的应用

因而在点 M_+ 有 $D_+=0$, $f(z)$ 无实根.

由上面的分析知，当 $D_+=0$ 且 $(B,A) \ne M_+\left(\dfrac{1}{4},0\right)$ 时，方程 $z^4+z^2+Az+B=0$ 有一个二重实根 z_+ 和一对共轭复根 $\alpha_{0+} \pm \beta_{0+}\mathrm{i}$. 把他们重新记为 $w,w,\alpha+\beta\mathrm{i},\alpha-\beta\mathrm{i}$, 则由根与系数的关系可知成立以下关系式

$$w+\alpha=0$$
$$w^2+4w\alpha+\alpha^2+\beta^2=1$$
$$w^2\alpha+w(\alpha^2+\beta^2)=-\dfrac{A}{2}$$
$$w^2(\alpha^2+\beta^2)=B$$

由此可知当 $w=0$ 时，有 $\alpha=0, \beta=1; A=0, B=0$; 当 $w \ne 0$ 时，用 w 乘 $w^2\alpha+w(\alpha^2+\beta^2)=-\dfrac{A}{2}$, 并将 $w(\alpha^2+\beta^2)=B$ 代入所得的式子就得出

$$w^3\alpha+\beta=-\dfrac{A}{2}w$$

再将 $w+\alpha=0$ 代入上式既得

$$-w^4+B=-\dfrac{A}{2}w \quad \text{或} \quad w^4-\dfrac{A}{2}w-B=0$$

又从上面 4 式得出

$$w^2-4w^2+\dfrac{B}{w^2}=1 \quad \text{或} \quad 3w^4+w^2-B=0$$

从 $w^4-\dfrac{A}{2}w-B=0$ 和 $3w^4+w^2-B=0$ 两式得出

$$w^2+\dfrac{3A}{2}w+2B=0$$

当 $D_+=0$ 且 $(B,A) \ne M_+\left(\dfrac{1}{4},0\right)$ 时

$$\frac{A^2}{16} = \frac{B}{6} - \frac{1}{216} + \sqrt{\frac{1}{27}\left(B + \frac{1}{12}\right)^3}, B \geqslant 0$$

或

$$\frac{9}{4}A^2 = 6B - \frac{1}{6} + \sqrt{\frac{1}{48}\left(B + \frac{1}{12}\right)^3}, B \geqslant 0$$

由此通过直接计算易于得出：

引理 3.6.6 当 $D_+ = 0$ 且 $(B,A) \neq M_+\left(\frac{1}{4}, 0\right)$ 时，方程 $w^2 + \frac{3A}{2}w + 2B = 0$ 的判别式

$$\Delta_2 = \frac{9}{4}A^2 - 8B \geqslant 0$$

因此方程 $w^2 + \frac{3A}{2}w + 2B = 0$ 一定存在两个实根

$$w_{1+} = \frac{-\frac{3A}{2} - \sqrt{\frac{9}{4}A^2 - 8B}}{2}$$

$$w_{2+} = \frac{-\frac{3A}{2} + \sqrt{\frac{9}{4}A^2 - 8B}}{2}$$

而且通过直接计算可知当 $A > 0$ 时，$z_+ = w_{2+}$；当 $A = 0$ 时，$z_+ = 0$；当 $A < 0$ 时，$z_+ = w_{1+}$. 有

$$\alpha_{0+} = -z_+, \quad \beta_{0+} = \sqrt{1 + 2z_+^2}$$

通过以上讨论，我们可以得出：

引理 3.6.7 当 $a_0 a_2 > a_1^2$ 时

(1) 如果 $D > 0$ 或者 $D = 0, (B,A) = M_+\left(\frac{1}{4}, 0\right)$，那么方程 $z^4 + z^2 + Az + B = 0$ 不存在任何实根；

(2) 如果 $D = 0$，且 $(B,A) \neq M_+\left(\frac{1}{4}, 0\right)$，那么方程 $z^4 + z^2 + Az + B = 0$ 有一个二重实根 z_+ 和一对共轭复

第3章 多项式的应用

根 $\alpha_{0+} \pm \beta_{0+}i$,其中当 $A>0$ 时,$z_+ = w_{2+}$;当 $A=0$ 时,$z_+ = 0$;当 $A<0$ 时,$z_+ = w_{1+}$;有

$$\alpha_{0+} = -z_+, \quad \beta_{0+} = \sqrt{1+2z_+^2}$$

(3) 如果 $D<0$,那么方程 $z^4+z^2+Az+B=0$ 有两个不同的实根和一对共轭复根.

2. $B_2 = 0$(也即 $a_0 a_2 = a_1^2$).

这时方程 $a_0 x^4 + 4a_1 x^3 + 6a_2 x + 4a_3 x + a_4 = 0$ 化为方程

$$u^4 + B_3 u + B_4 = 0$$

令 $f(u) = u^4 + B_3 u + B_4$,那么 $f'(u) = 4u^3 + B_3$,因而 $f(u)$ 在 $u = -\sqrt[3]{\dfrac{B_3}{4}}$ 处取得唯一的极小值即最小值

$$f_{\min} = B_4 - \dfrac{3}{4} B_3 \sqrt[3]{\dfrac{B_3}{4}}$$

因此在 $f_{\min} > 0$,即 $D_0 > 0$ 时,方程 $u^4 + B_3 u + B_4 = 0$ 无实根,从而方程 $a_0 x^4 + 4a_1 x^3 + 6a_2 x + 4a_3 x + a_4 = 0$ 也无实根. 当 $f_{\min} < 0$,即 $D_0 < 0$ 时,方程 $u^4 + B_3 u + B_4 = 0$ 有两个不相等的实根和一对共轭复根. 从而方程 $a_0 x^4 + 4a_1 x^3 + 6a_2 x + 4a_3 x + a_4 = 0$ 也有两个不相等的实根和一对共轭复根.

当 $D_0 = 0$,且 $B_3 \neq 0$ 时

$$u^4 + B_3 u + B_4 = \left(u + \sqrt[3]{\dfrac{B_3}{4}}\right)^2 \left(u^2 - 2\sqrt[3]{\dfrac{B_3}{4}} u + 3\sqrt[3]{\dfrac{B_3^2}{16}}\right)$$

因此当 $D_0 = 0$,且 $B_3 \neq 0$ 时,方程 $u^4 + B_3 u + B_4 = 0$ 有一个二重实根 u_{20} 和一对共轭复根 $\alpha_{00} \pm \beta_{00}i$,其中 $u_{20} = -\sqrt[3]{\dfrac{B_3}{4}}, \alpha_{00} = -u_{20}, \beta_{00} = -\sqrt{2} u_{20}$.

当 $D_0 = 0$,且 $B_3 = 0$ 时,或者 $D_0 = 0, A_3 = B_3 = 0$

时,方程 $u^4 + B_3 u + B_4 = 0$ 有一个四重实根 $u_{40} = 0$(图 3.6.2).

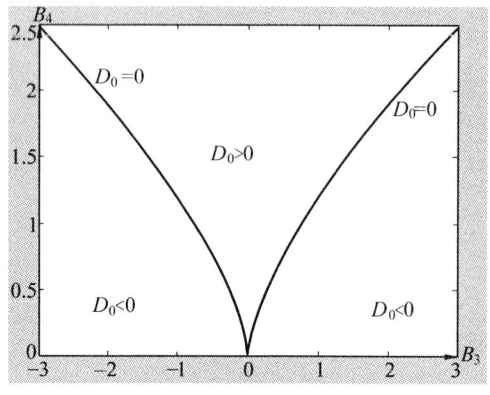

图 3.6.2 $D_0 = 0$ 的图像

通过以上讨论,我们可以得出:

引理 3.6.8 当 $a_0 a_2 = a_1^2$ 时

(1) 如果 $D > 0$,那么方程 $u^4 + B_3 u + B_4 = 0$ 没有实根.

(2) 如果 $D = 0$ 且 $B_3 \neq 0$,那么方程 $u^4 + B_3 u + B_4 = 0$ 有一个二重实根 u_{20} 和一对共轭复根 $\alpha_{00} \pm \beta_{00} \mathrm{i}$,其中 $u_{20} = -\sqrt[3]{\dfrac{B_3}{4}}, \alpha_{00} = -u_{20}, \beta_{00} = -\sqrt{2} u_{20}$.

(3) 如果 $D_0 = 0$,且 $B_3 = 0$,或者等价的 $D_0 = 0$,$A_3 = B_3 = 0$,那么方程 $u^4 + B_3 u + B_4 = 0$ 有一个四重实根 $u_{40} = 0$.

(4) 如果 $D_0 < 0$,那么方程 $u^4 + B_3 u + B_4 = 0$ 有两个不相等的实根和一对共轭复根.

3. $B_2 < 0$(也即 $a_0 a_2 < a_1^2$).

这时方程 $a_0 x^4 + 4 a_1 x^3 + 6 a_2 x^2 + 4 a_3 x + a_4 = 0$ 化

为方程
$$z^4 - z^2 + Az + B = 0$$
其对应于定理 3.6.1 中的判别式为
$$D_- = \left(B + \frac{1}{12}\right)^3 - 27\left(-\frac{B}{6} - \frac{1}{216} - \frac{A^2}{16}\right)^2 =$$
$$\left(B + \frac{1}{12}\right)^3 - 27\left(\frac{B}{6} - \frac{1}{216} + \frac{A^2}{16}\right)^2$$
由 $D_- = 0$ 得出
$$\left(\frac{B}{6} - \frac{1}{216} + \frac{A^2}{16}\right)^2 = \frac{1}{27}\left(B + \frac{1}{12}\right)^3$$
因此 $B \geqslant -\frac{1}{12}$,这时
$$\frac{B}{6} - \frac{1}{216} + \frac{A^2}{16} = \pm\sqrt{\frac{1}{27}\left(B + \frac{1}{12}\right)^3}$$
$$\frac{A^2}{16} = -\frac{B}{6} + \frac{1}{216} \pm \sqrt{\frac{1}{27}\left(B + \frac{1}{12}\right)^3}$$

由引理 3.6.5 知表达式
$$-\frac{B}{6} + \frac{1}{216} + \sqrt{\frac{1}{27}\left(B + \frac{1}{12}\right)^3}$$

在 $-\frac{1}{12} \leqslant B \leqslant 0$ 上和在 $B \geqslant 0$ 上均有意义,即在 $B \geqslant -\frac{1}{12}$ 上有意义,因此 $D_- = 0$ 的两个分支为
$$A = \pm\sqrt{-\frac{B}{6} + \frac{1}{216} + \sqrt{\frac{1}{27}\left(B + \frac{1}{12}\right)^3}}, B \geqslant -\frac{1}{12}$$

而表达式
$$-\frac{B}{6} + \frac{1}{216} - \sqrt{\frac{1}{27}\left(B + \frac{1}{12}\right)^3}$$

只在 $-\frac{1}{12} \leqslant B \leqslant 0$ 上有意义,因此 $D_- = 0$ 的另两个分

支为

$$A = \pm\sqrt{-\frac{B}{6} + \frac{1}{216} - \sqrt{\frac{1}{27}\left(B + \frac{1}{12}\right)^3}}$$

$$-\frac{1}{12} \leqslant B \leqslant 0$$

用 Matlab 作图后可知 $D_- = 0$ 是如图 3.6.3 所示的"燕尾"形图形.

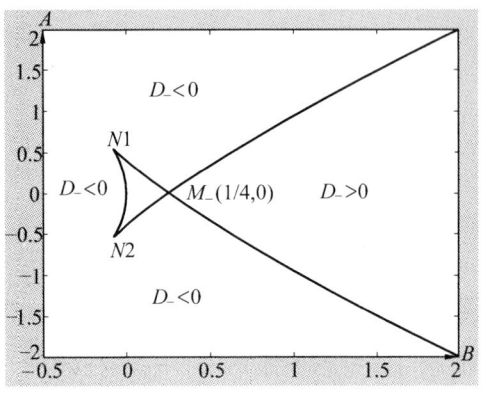

图 3.6.3 $D_- = 0$ 的图像

此"燕尾"图形把整个参数平面 $B-A$ 分为三个互不连通的部分. 可以证明, 对应于方程 $z^4 - z^2 + Az + B = 0$ 的无实根, 有两个不同的实根, 有四个不同的实根的参数区域都是 $B-A$ 平面上的开的单连通区域. 因此通过在这三个单连通区域中取特殊的点或数值计算的方法, 就可以确定这三个单连通区域所对应的方程 $z^4 - z^2 + Az + B = 0$ 的情况. 结果是:

当 $D_- > 0, B > \frac{1}{4}$ 时, 方程 $z^4 - z^2 + Az + B = 0$ 无实根;

当 $D_- < 0$ 时, 方程 $z^4 - z^2 + Az + B = 0$ 有两个不

相等的实根；

当 $D_- > 0, B < \frac{1}{4}$ 时，方程 $z^4 - z^2 + Az + B = 0$ 有四个不相等的实根；

当 $D_- = 0$，$(B, A) \neq M_-\left(\frac{1}{4}, 0\right)$ 或 $N_1\left(-\frac{1}{12}, \frac{2\sqrt{6}}{9}\right)$ 或 $N_2\left(-\frac{1}{12}, -\frac{2\sqrt{6}}{9}\right)$ 时，方程 $z^4 - z^2 + Az + B = 0$ 有一个二重实根和一对共轭复根或者有一个二重实根和两个单的实根. 由于从区域 $D_- > 0, B > \frac{1}{4}$ 过渡到区域 $D_- < 0$ 时，方程 $z^4 - z^2 + Az + B = 0$ 的实根从 0 过渡到 2，因此在 $D_- = 0, B < \frac{1}{4}$ 时，方程 $z^4 - z^2 + Az + B = 0$ 有一个二重实根和两个单的实根.

仿照 1. 中对方程 $w^2 + \frac{3A}{2}w + 2B = 0$ 的推导可证：无论方程 $z^4 - z^2 + Az + B = 0$ 有一个二重实根 z_- 和一对共轭复根 $\alpha_{0-} \pm \beta_{0-}i$ 或者有一个二重实根 z_- 和两个单的实根 z_{3-}, z_{4-}，其二重实根 z_- 都必须满足方程 $w^2 - \frac{3A}{2}w - 2B = 0$. 同时仿照引理 3.6.6 的证明可证：

引理 3.6.9 当 $D_- = 0$ 时，方程 $w^2 - \frac{3A}{2}w - 2B = 0$ 的判别式

$$\Delta_2 = \frac{9}{4}A^2 + 8B \geqslant 0$$

因此方程 $w^2 - \frac{3A}{2}w - 2B = 0$ 一定存在两个不同的实根

$$w_{1-}=\frac{\frac{3A}{2}-\sqrt{\frac{9A^2}{4}+8B}}{2}, w_{2-}=\frac{\frac{3A}{2}+\sqrt{\frac{9A^2}{4}+8B}}{2}$$

而且通过直接计算可知当 $B<\frac{1}{4}$ 时,如果 $A>0$,那么 $z_-=w_{2-}$;如果 $A=0$,那么 $z_-=0$;如果 $A<0$,那么 $z_-=w_{1-}$;有

$$z_{3-}=-z_--\sqrt{1-2z_-^2}, \quad z_{4-}=-z_-+\sqrt{1-2z_-^2}$$

当 $B>\frac{1}{4}$ 时(注意这时 $A\neq 0$),如果 $A>0$,那么 $z_-=w_{1-}$;如果 $A<0$,那么 $z_-=w_{2-}$,$\alpha_{0-}=-z_-$,$\beta_{0-}=-\sqrt{1+2z_-^2}$.

当 $D_-=0$,$(B,A)=M_-\left(\frac{1}{4},0\right)$ 时,方程 $z^4-z^2+Az+B=0$ 成为

$$\left(z^2-\frac{1}{2}\right)^2=0$$

这时,它有两个二重实根 $z_{21}=\frac{\sqrt{2}}{2}$ 和 $z_{22}=-\frac{\sqrt{2}}{2}$.

当 $D_-=0$,$(B,A)=N_1\left(-\frac{1}{12},\frac{2\sqrt{6}}{9}\right)$ 时,方程 $z^4-z^2+Az+B=0$ 有一个三重实根 $z_{31}=\frac{\sqrt{6}}{6}$ 和一个单实根 $z_{21}=-3z_{31}=-\frac{\sqrt{6}}{2}$.

当 $D_-=0$,$(B,A)=N_2\left(-\frac{1}{12},-\frac{2\sqrt{6}}{9}\right)$ 时,方程 $z^4-z^2+Az+B=0$ 有一个三重实根 $z_{32}=-\frac{\sqrt{6}}{6}$ 和一

个单实根 $z_{22}=-3z_{32}=\dfrac{\sqrt{6}}{2}$.

总结以上讨论,我们得到:

引理 3.6.10 当 $a_0 a_2 < a_1^2$ 时

(1) 如果 $D>0, B>\dfrac{1}{4}$,那么方程 $z^4-z^2+Az+B=0$ 不存在任何实根.

(2)(i) 如果 $D=0, B>\dfrac{1}{4}$,那么方程 $z^4-z^2+Az+B=0$ 有一个二重实根 z_- 和一对共轭复根 $\alpha_{0-}\pm\beta_{0-}\mathrm{i}$,并且如果 $A>0$,那么 $z_-=w_{1-}$,如果 $A<0$,那么

$$z_-=w_{2-}$$

$$\alpha_{0-}=-z_-, \quad \beta_{0-}=\sqrt{1+2z_-^2}$$

其中

$$w_{1-}=\dfrac{\dfrac{3A}{2}-\sqrt{\dfrac{9A^2}{4}+8B}}{2}, w_{2-}=\dfrac{\dfrac{3A}{2}+\sqrt{\dfrac{9A^2}{4}+8B}}{2}$$

(ii) 如果 $D=0, B<\dfrac{1}{4}$,那么方程 $z^4-z^2+Az+B=0$ 有一个二重实根 z_- 和两个单的实根 z_{3-} 和 z_{4-},并且如果 $A>0$,那么 $z_-=w_{2-}$,如果 $A=0$,那么 $z_-=0$,如果 $A<0$,那么

$$z_-=w_{1-}$$

$$z_{3-}=-z_--\sqrt{1-2z_-^2}, \quad z_{4-}=-z_-+\sqrt{1-2z_-^2}$$

其中 w_{1-} 和 w_{2-} 的含义和(i)中一样.

(iii) 如果 $D=0, (B,A)=M_-\left(\dfrac{1}{4},0\right)$,那么方程 $z^4-z^2+Az+B=0$ 成为有两个二重实根 $z_{21}=\dfrac{\sqrt{2}}{2}$ 和

$z_{22} = -\dfrac{\sqrt{2}}{2}$.

(iv) 如果 $D=0$, $(B,A)=N_1\left(-\dfrac{1}{12},\dfrac{2\sqrt{6}}{9}\right)$, 那么方程 $z^4-z^2+Az+B=0$ 有一个三重实根 $z_{31}=\dfrac{\sqrt{6}}{6}$ 和一个单实根 $z_{21}=-3z_{31}=-\dfrac{\sqrt{6}}{2}$.

(v) 如果 $D=0$, $(B,A)=N_2\left(-\dfrac{1}{12},-\dfrac{2\sqrt{6}}{9}\right)$, 那么方程 $z^4-z^2+Az+B=0$ 有一个三重实根 $z_{32}=-\dfrac{\sqrt{6}}{6}$ 和一个单实根 $z_{22}=-3z_{32}=\dfrac{\sqrt{6}}{2}$.

(3) 如果 $D>0$, $B<\dfrac{1}{4}$, 那么方程 $z^4-z^2+Az+B=0$ 有四个不相等的实根.

(4) 如果 $D<0$, 那么方程 $z^4-z^2+Az+B=0$ 有两个不相等的实根和一对共轭复根.

综合引理 3.6.7、引理 3.6.8、引理 3.6.10 并且把 A,B,z_+,z_- 等数量用原始参数 $a_i(i=0,1,2,3,4)$ 表出, 再通过 $u-z$ 之间和 $x-u$ 之间的换算公式, 把方程 $z^4+z^2+Az+B=0$, $u^4+B_3u+B_4=0$ 和 $z^4-z^2+Az+B=0$ 的根换算成方程 $a_0x^4+4a_1x^3+6a_2x^2+4a_3x+a_4=0$ 的根, 我们就得到:

定理 3.6.2 四次方程 $a_0x^4+4a_1x^3+6a_2x^2+4a_3x+a_4=0$ 的实根数目和重数由以下判据给出:

1. 当 $a_0a_2>a_1^2$ 时.

(1) 如果 $D>0$ 或者 $D=0$ 而 $2a_1^3-3a_0a_1a_2+$

第 3 章　多项式的应用

$a_0^2 a_3 = 0$，并且 $a_0^3 f\left(-\dfrac{a_1}{a_0}\right) = 9(a_0 a_2 - a_1^2)^2$，那么方程 $a_0 x^4 + 4a_1 x^3 + 6a_2 x + 4a_3 x + a_4 = 0$ 不存在任何实根.

(2) 如果 $D = 0, 2a_1^3 - 3a_0 a_1 a_2 + a_0^2 a_3 = 0$ 或者 $a_0^3 f\left(-\dfrac{a_1}{a_0}\right) \neq 9(a_0 a_2 - a_1^2)^2$，那么方程 $a_0 x^4 + 4a_1 x^3 + 6a_2 x + 4a_3 x + a_4 = 0$ 存在一个二重实根 x_+ 和一对共轭复根 $\alpha_+ \pm \beta_+ \mathrm{i}$，其中

$$x_+ = \dfrac{\sqrt{6\mid A_2 \mid} z_+ - a_1}{a_0}$$

$$\alpha_+ = \dfrac{-\sqrt{6\mid A_2 \mid} z_+ - a_1}{a_0}$$

$$\beta_+ = \dfrac{\sqrt{6\mid A_2 \mid} z_+}{a_0} \beta_{0+}$$

$$\beta_{0+} = \sqrt{1 + 2z_+^2}$$

当 $2a_1^3 - 3a_0 a_1 a_2 + a_0^2 a_3 > 0$ 时

$$z_+ = \dfrac{-\sqrt{6} A_3 + \sqrt{6 A_3^2 - 8 \mid A_2 \mid A_4}}{12 \mid A_2 \mid^{\frac{3}{2}}}$$

当 $2a_1^3 - 3a_0 a_1 a_2 + a_0^2 a_3 = 0$ 时

$$z_+ = 0$$

当 $2a_1^3 - 3a_0 a_1 a_2 + a_0^2 a_3 < 0$ 时

$$z_+ = \dfrac{-\sqrt{6} A_3 - \sqrt{6 A_3^2 - 8 \mid A_2 \mid A_4}}{12 \mid A_2 \mid^{\frac{3}{2}}}$$

(3) 如果 $D < 0$，那么方程 $a_0 x^4 + 4a_1 x^3 + 6a_2 x + 4a_3 x + a_4 = 0$ 有两个不同的实根和一对共轭复根.

2. 当 $a_0 a_2 = a_1^2$ 时.

(1) 如果 $D > 0$，那么方程 $a_0 x^4 + 4a_1 x^3 + 6a_2 x + 4a_3 x + a_4 = 0$ 不存在任何实根.

(2)(i) 如果 $D=0$,并且 $2a_1^3 - 3a_0a_1a_2 + a_0^2a_3 \neq 0$,那么方程 $a_0x^4 + 4a_1x^3 + 6a_2x + 4a_3x + a_4 = 0$ 有一个二重实根 x_0 和一对共轭复根 $\alpha_0 \pm \beta_0 i$,其中

$$x_0 = u_{20} - b_1 = -\sqrt{\frac{B_3}{4}} - b_1 = -\frac{\sqrt[3]{A_3} + a_1}{a_0}$$

$$\alpha_0 = \alpha_{00} - b_1 = -u_{20} - b_1 = -\frac{\sqrt[3]{A_3} - a_1}{a_0}$$

$$\beta_0 = \beta_{00} = -\sqrt{2}\, u_{20} = \frac{\sqrt{2}\sqrt[3]{A_3}}{a_0}$$

(ii) 如果 $D=0, 2a_1^3 - 3a_0a_1a_2 + a_0^2a_3 = 0$,或者等价的 $2a_1^3 - 3a_0a_1a_2 + a_0^2a_3 = 0$,并且 $a_0^3 f\left(-\dfrac{a_1}{a_0}\right) = 9(a_0a_2 - a_1^2)^2$,那么方程 $a_0x^4 + 4a_1x^3 + 6a_2x + 4a_3x + a_4 = 0$ 有一个四重实根 $x_{40} = u_{40} - b_1 = -b_1 = -\dfrac{a_1}{a_0}$.

(3) 如果 $D<0$,那么方程 $a_0x^4 + 4a_1x^3 + 6a_2x + 4a_3x + a_4 = 0$ 有两个不同的实根和一对共轭复根.

3. 当 $a_0a_2 < a_1^2$ 时.

(1) 如果 $D>0$,且 $a_0^3 f\left(-\dfrac{a_1}{a_0}\right) > 9(a_0a_2 - a_1^2)^2$,那么方程 $a_0x^4 + 4a_1x^3 + 6a_2x + 4a_3x + a_4 = 0$ 不存在任何实根.

(2)(i) 如果 $D=0$,且 $a_0^3 f\left(-\dfrac{a_1}{a_0}\right) > 9(a_0a_2 - a_1^2)^2$,那么方程 $a_0x^4 + 4a_1x^3 + 6a_2x + 4a_3x + a_4 = 0$ 有一个二重的实根 x_- 和一对共轭复根 $\alpha_- \pm \beta_- i$,其中

$$x_- = \frac{\sqrt{6|A_2|}z_- - a_1}{a_0}$$

第 3 章　多项式的应用

$$\alpha_- = \frac{-\sqrt{6|A_2|}z_- - a_1}{a_0}$$

$$\beta_- = \frac{\sqrt{6|A_2|}z_-}{a_0}\beta_{0-}$$

$$\beta_{0-} = \sqrt{1+2z_-^2}$$

当 $2a_1^3 - 3a_0a_1a_2 + a_0^2a_3 > 0$ 时

$$z_- = \frac{-\sqrt{6}A_3 + \sqrt{6A_3^2 - 8|A_2|A_4}}{12|A_2|^{\frac{3}{2}}}$$

当 $2a_1^3 - 3a_0a_1a_2 + a_0^2a_3 < 0$ 时

$$z_- = \frac{-\sqrt{6}A_3 - \sqrt{6A_3^2 - 8|A_2|A_4}}{12|A_2|^{\frac{3}{2}}}$$

(注意：如果 $D = 0$，且 $a_0^3 f\left(-\frac{a_1}{a_0}\right) > 9(a_0a_2 - a_1^2)^2$，那么 $2a_1^3 - 3a_0a_1a_2 + a_0^2a_3$ 不可能等于 0)

(ii) 如果 $D=0$，并且 $a_0^3 f\left(-\frac{a_1}{a_0}\right) = 9(a_0a_2 - a_1^2)^2$，或者 $2a_1^3 - 3a_0a_1a_2 + a_0^2a_3 = 0$ 并且 $a_0^3 f\left(-\frac{a_1}{a_0}\right) = 9(a_0a_2 - a_1^2)^2$，那么方程 $a_0x^4 + 4a_1x^3 + 6a_2x + 4a_3x + a_4 = 0$ 有两个二重实根 x_{21} 和 x_{22}，其中

$$x_{21} = \frac{-a_1 - \sqrt{3|A_2|}}{a_0}, x_{22} = \frac{-a_1 + \sqrt{3|A_2|}}{a_0}$$

(iii) 如果 $D=0$，并且 $-3(a_0a_2 - a_1^2)^2 < a_0^3 f\left(-\frac{a_1}{a_0}\right) < 9(a_0a_2 - a_1^2)^2$，那么方程 $a_0x^4 + 4a_1x^3 + 6a_2x + 4a_3x + a_4 = 0$ 有一个二重的实根 x_- 和两个不同的单的实根 x_3, x_4，其中

$$x_- = \frac{\sqrt{6|A_2|}z_- - a_1}{a_0}$$

$$x_3 = \frac{\sqrt{6|A_2|}z_3 - a_1}{a_0}$$

$$x_4 = \frac{\sqrt{6|A_2|}z_4 - a_1}{a_0}$$

当 $2a_1^3 - 3a_0 a_1 a_2 + a_0^2 a_3 > 0$ 时,$z_- = w_{2-}$;

当 $2a_1^3 - 3a_0 a_1 a_2 + a_0^2 a_3 = 0$ 时,$z_- = 0$;

当 $2a_1^3 - 3a_0 a_1 a_2 + a_0^2 a_3 < 0$ 时,$z_- = w_{1-}$.

$$z_{3-} = -z_- - \sqrt{1 - 2z_-^2}, \quad z_{4-} = -z_- + \sqrt{1 - 2z_-^2}$$

$$w_{1-} = \frac{\sqrt{6}A_3 - \sqrt{6A_3^2 + 8|A_2|A_4}}{12|A_2|^{\frac{3}{2}}}$$

$$w_{2-} = \frac{\sqrt{6}A_3 + \sqrt{6A_3^2 + 8|A_2|A_4}}{12|A_2|^{\frac{3}{2}}}$$

(iv) 如果 $D = 0$,并且 $-3(a_0 a_2 - a_1^2)^2 = a_0^3 f\left(-\frac{a_1}{a_0}\right)$,那么方程 $a_0 x^4 + 4a_1 x^3 + 6a_2 x + 4a_3 x + a_4 = 0$ 有一个三重的实根 x_3 和一个单的实根 x_4.

当 $2a_1^3 - 3a_0 a_1 a_2 + a_0^2 a_3 > 0$ 时

$$x_3 = \frac{-a_1 + \sqrt{|A_2|}}{a_0}, x_4 = \frac{-a_1 - 3\sqrt{|A_2|}}{a_0}$$

当 $2a_1^3 - 3a_0 a_1 a_2 + a_0^2 a_3 < 0$ 时

$$x_3 = \frac{-a_1 - \sqrt{|A_2|}}{a_0}, x_4 = \frac{-a_1 + 3\sqrt{|A_2|}}{a_0}$$

(3) 如果 $D < 0$,那么方程 $a_0 x^4 + 4a_1 x^3 + 6a_2 x + 4a_3 x + a_4 = 0$ 有两个不同的实根和一对共轭复根.

定理 3.6.3 四次函数 $f(x) = a_0 x^4 + 4a_1 x^3 + 6a_2 x + 4a_3 x + a_4, a_0 > 0$ 是正定的充分必要条件是下列三组条件之一成立:

(1) $a_0 a_2 > a_1^2$,并且

(i) $D > 0$ 或者

(ii) $D = 0$, 但是 $2a_1^3 - 3a_0a_1a_2 + a_0^2 a_3 = 0$, 并且 $a_0^3 f\left(-\dfrac{a_1}{a_0}\right) = 9(a_0 a_2 - a_1^2)^2$.

(2) $a_0 a_2 = a_1^2, D > 0$.

(3) $a_0 a_2 < a_1^2, D > 0$, 并且 $a_0^3 f\left(-\dfrac{a_1}{a_0}\right) > 9(a_0 a_2 - a_1^2)^2$.

习题 3.6

1. 判断下列方程的根的状态,并解出这些方程,再与你的判断相对照

(1) $x^4 - 2x^3 + 2x^2 + 4x - 8 = 0$;

(2) $x^4 + 2x^3 - 2x^2 + 6x - 15 = 0$;

(3) $x^4 - x^3 - x^2 + 2x - 2 = 0$;

(4) $x^4 - 4x^3 + 3x^2 + 2x - 1 = 0$;

(5) $x^4 - 3x^3 + x^2 + 4x - 6 = 0$;

(6) $x^4 - 6x^3 + 6x^2 + 27x - 56 = 0$;

(7) $x^4 - 2x^3 + 4x^2 - 2x + 3 = 0$;

(8) $x^4 - x^3 - 3x^2 + 5x - 10 = 0$;

(9) $x^4 + 2x^3 + 8x^2 + 2x + 7 = 0$;

(10) $x^4 + 6x^3 + 6x^2 - 8 = 0$;

(11) $x^4 - 6x^3 + 10x^2 - 2x - 3 = 0$;

(12) $x^4 - 2x^3 + 4x^2 + 2x - 5 = 0$;

(13) $x^4 - x^3 - 3x^2 + x + 1 = 0$;

(14) $x^4 - x^3 - 4x^2 + 4x + 1 = 0$.

2. 解方程

(1) $(x^2 - 3x + 3)^2 - 3(x^2 - 3x + 3) + 3 = x$;

(2) $x^4 - 4x = 1$.

3.7 一个正定不等式的最佳参数

多项式的正定性条件及正定多项式是否能表示成平方和的问题是一个和 Hibert 17 问题有关的有趣而又古老的问题,见[70].

设
$$t(x,y,r) = y^2 - x^3 + r(y^2 - x^3 - x)^2 = x + g(x,y) + rg(x,y)^2$$

其中
$$g(x,y) = y^2 - x^3 - x$$

Murray Marshall 在[70]中用微积分方法证明了如下断言:"Claim 1. When $r = \dfrac{1}{2}, t \geqslant 0$ on $\mathbf{R}^2$". 然后他做了一个注记:"$x + g(x,y) + rg(x,y)^2 \geqslant 0$ on $\mathbf{R}^2$ when $r \in \mathbf{R}$ is 'large enough'. Claim 1. Shows that $r = \dfrac{1}{2}$ is 'large enough' in this sense. There is no claim that $r = \dfrac{1}{2}$ is in any way optimal". 在这一节用初等方法证明了在 $\mathbf{R}^2$ 中使这一不等式成立的最佳参数是 $r = \dfrac{3\sqrt{3}}{16}$.

显然我们有 $\min\limits_{x,y \in \mathbf{R}^2} t(x,y) \geqslant \min\limits_{x \geqslant 0, y \geqslant 0} t(x,y)$,因此我们只需对 $x \geqslant 0, y \geqslant 0$ 的情况证明这一不等式成立即可.

引理 3.7.1   当 $0 \leqslant x \leqslant \dfrac{3\sqrt{3}}{4}$ 时有 $\dfrac{3\sqrt{3}}{8}(x^3 + x) < 1$.

第 3 章　多项式的应用

证明　由计算直接得出引理 3.7.1 成立.

引理 3.7.2　$9x^4+18x^2-16\sqrt{3}x+9\geqslant 0$,等号仅在 $x=\dfrac{\sqrt{3}}{3}$ 时成立.

证明　从等式
$$9x^4+18x^2-16\sqrt{3}x+9=(\sqrt{3}x-1)^2(3x^2+2\sqrt{3}x+9)$$
可知引理 3.7.2 成立.

引理 3.7.3　$\sqrt{1-\dfrac{3\sqrt{3}}{4}x}\leqslant 1-\dfrac{3\sqrt{3}}{8}(x^3+x)$,等号仅在 $x=\dfrac{\sqrt{3}}{3}$ 时成立.

证明

$$\sqrt{1-\dfrac{3\sqrt{3}}{4}x}\leqslant 1-\dfrac{3\sqrt{3}}{8}(x^3+x)\Leftrightarrow$$

$$1-\dfrac{3\sqrt{3}}{4}x\leqslant 1-\dfrac{3\sqrt{3}}{4}(x^3+x)+\dfrac{27}{64}(x^3+x)^2\Leftrightarrow$$

$$\sqrt{3}x\leqslant \dfrac{9}{16}(x^2+1)^2\Leftrightarrow$$

$$9x^4+18x^2-16\sqrt{3}x+9\geqslant 0.$$

因此不等式 $\sqrt{1-\dfrac{3\sqrt{3}}{4}x}\leqslant 1-\dfrac{3\sqrt{3}}{8}(x^3+x)$ 等价于不等式 $9x^4+18x^2-16\sqrt{3}x+9\geqslant 0$,从引理 3.7.2 即得引理 3.7.3 成立.

定理 3.7.1　在 $\mathbf{R}^2$ 中

$$t\left(x,y,\dfrac{3\sqrt{3}}{16}\right)=y^2-x^3+\dfrac{3\sqrt{3}}{16}(y^2-x^3-x)^2\geqslant 0$$

等号当且仅当 $x=\frac{\sqrt{3}}{3}, y=0$ 时成立,此外在 **R**² 中使不等式

$$t(x,y,r)=y^2-x^3+r(y^2-x^3-x)^2 \geqslant 0$$

成立的最佳参数为 $r=\frac{3\sqrt{3}}{16}$.

证明 考虑以下两种情况

(1) $x \geqslant \frac{4\sqrt{3}}{9}$ 在这种情况下,设 $g(x,y)=y^2-x^3-x$,那么

$$t\left(x,y,\frac{3\sqrt{3}}{16}\right)=y^2-x^3+\frac{3\sqrt{3}}{16}(y^2-x^3-x)^2=$$

$$\frac{3\sqrt{3}}{16}g^2+g+x=$$

$$\frac{3\sqrt{3}}{16}\left(g+\frac{8\sqrt{3}}{9}\right)^2+x-\frac{4\sqrt{3}}{9} \geqslant 0$$

要使上述不等式的等号成立,其充分必要条件是 $x=\frac{4\sqrt{3}}{9}$ 和 $g+\frac{8\sqrt{3}}{9}=0$ 同时成立,但是易于验证,这是不可能的,所以在这种情况下,上述不等式中的等号不可能成立.

(2) $0 \leqslant x \leqslant \frac{4\sqrt{3}}{9}$. 在这种情况下,设 $z=y^2$,那么

$$t\left(x,y,\frac{3\sqrt{3}}{16}\right)=y^2-x^3+\frac{3\sqrt{3}}{16}(y^2-x^3-x)^2=$$

$$\frac{3\sqrt{3}}{16}z^2-\left(\frac{3\sqrt{3}}{8}(x^3+x)-1\right)z+$$

$$\frac{3\sqrt{3}}{8}(x^3+x)-x^3.$$

把上面的表达式看成是 z 的二次三项式,那么其判别式为

$$\Delta = \left(\frac{3\sqrt{3}}{8}(x^3+x)-1\right)^2 -$$

$$4 \cdot \frac{3\sqrt{3}}{16} \cdot \left(\frac{3\sqrt{3}}{16}(x^3+x)^2 - x^3\right) =$$

$$1 - \frac{3\sqrt{3}}{4}x \geqslant 0$$

因此,这个二次三项式有两个实根 $z_1(x), z_2(x)$,其中

$$z_1(x) = \frac{\frac{3\sqrt{3}}{8}(x^3+x)-1-\sqrt{1-\frac{3\sqrt{3}}{4}x}}{\frac{3\sqrt{3}}{8}}$$

$$z_2(x) = \frac{\frac{3\sqrt{3}}{8}(x^3+x)-1+\sqrt{1-\frac{3\sqrt{3}}{4}x}}{\frac{3\sqrt{3}}{8}}$$

从引理 3.7.1 和引理 3.7.3 可知 $z_1(x) \leqslant z_2(x) \leqslant 0$,以及当且仅当 $x = \frac{\sqrt{3}}{3}$ 时 $z_2(x) = 0$. 因而

$$t\left(x, y, \frac{3\sqrt{3}}{16}\right) = y^2 - x^3 + \frac{3\sqrt{3}}{16}(y^2 - x^3 - x)^2 =$$

$$\frac{3\sqrt{3}}{16}z^2 - \left(\frac{3\sqrt{3}}{8}(x^3+x)-1\right)z +$$

$$\frac{3\sqrt{3}}{8}(x^3+x) - x^3 =$$

$$\frac{3\sqrt{3}}{16}(z-z_1(x))(z-z_2(x)) =$$

$$\frac{3\sqrt{3}}{16}(y^2 - z_1(x))(y^2 - z_2(x)) \geqslant 0$$

上述不等式中的等号当且仅当 $x = \frac{\sqrt{3}}{3}, y = 0$ 时成立.

又设 $\varepsilon > 0$ 是一个任意小的正常数,那么我们有

$$t\left(\frac{\sqrt{3}}{3}, 0, \frac{3\sqrt{3}}{16} - \varepsilon\right) =$$

$$t\left(\frac{\sqrt{3}}{3}, 0, \frac{3\sqrt{3}}{16}\right) - \varepsilon\left(\left(\frac{\sqrt{3}}{3}\right)^3 + \frac{\sqrt{3}}{3}\right)^2 =$$

$$0 - \varepsilon\left(\left(\frac{\sqrt{3}}{3}\right)^3 + \frac{\sqrt{3}}{3}\right)^2 < 0$$

这就说明在 $\mathbf{R}^2$ 上使 $t \geqslant 0$ 成立的最佳参数为 $r = \frac{3\sqrt{3}}{16}$.

几个著名的数的无理性和超越性

第 4 章

4.1 勒让德多项式和它的性质

为了要讲什么是勒让德多项式,我们先复习一下乘积的求导公式
$$(uv)' = u'v + uv'$$
这公式又和分部积分公式有着密切的联系,从上面的式子我们又得到
$$uv' = (uv)' - u'v$$
再对上式两边积分,就得到分部积分公式
$$\int uv' \,\mathrm{d}x = uv - \int u'v \,\mathrm{d}x$$
或定积分的分部积分公式
$$\int_a^b uv' \,\mathrm{d}x = uv \Big|_a^b - \int_a^b u'v \,\mathrm{d}x$$

现在让我们来考虑乘积的求导公式和分部积分公式的推广问题. 首先考虑乘积的求导公式的推广. 也就是考虑是否能有一个用来表出 $(uv)^{(n)}$ 的公式. 为此,我们先看看对 $n=2,3$ 会得到什么结果, 由直接计算即可得出

$$(uv)'' = u''v + 2u'v' + uv''$$
$$(uv)^{(3)} = u^{(3)}v + 3u''v' + 3u'v'' + uv^{(3)}$$

这些式子显然让我们想起二项式的展开式

$$(u+v)^2 = u^2 + 2uv + v^2$$
$$(u+v)^3 = u^3 + 3u^2v + 3uv^2 + v^3$$
$$\vdots$$
$$(u+v)^n = \sum_{k=0}^{n} C_n^k u^{n-k} v^k$$

由于它们之间的类似性,因此,由上面展开式中最后那个一般的公式很容易使人猜想对乘积求导,在一般情况下应有

$$(uv)^{(n)} = \sum_{k=0}^{n} C_n^k u^{(n-k)} v^{(k)}$$

定理 4.1.1(莱布尼兹公式) $(uv)^{(n)} = \sum_{k=0}^{n} C_n^k u^{(n-k)} v^{(k)}$.

证明 对 $n=1,2,3$,我们已验证过这一公式成立.

现在假设这公式对于自然数 n 成立,也就是假设式子

$$(uv)^{(n)} = \sum_{k=0}^{n} C_n^k u^{(n-k)} v^{(k)}$$

成立,那么对上式两边求导就得到

莱布尼兹(Leibniz, Gottfried Wilhelm, 1646—1716),德国自然科学家、数学家、哲学家. 生于莱比锡,卒于汉诺威.

第 4 章 几个著名的数的无理性和超越性

$$(uv)^{(n+1)} = \sum_{k=0}^{n} C_n^k u^{(n-k+1)} v^{(k)} + C_n^k u^{(n-k)} v^{(k+1)} =$$
$$u^{(n+1)} v + u^{(n)} v' + C_n^1 u^{(n)} v' + C_n^1 u^{(n-1)} v'' + \cdots +$$
$$C_n^{k-1} u^{(n-k+2)} v^{(k-1)} + C_n^{k-1} u^{(n-k+1)} v^{(k)} +$$
$$C_n^k u^{(n-k+1)} v^{(k)} + C_n^k u^{(n-k)} v^{(k+1)} + \cdots +$$
$$C_n^{n-1} u'' v^{(n-1)} + u' v^{(n)} + uv^{(n+1)} =$$
$$u^{(n+1)} v + (1 + C_n^1) u^{(n)} v' + \cdots +$$
$$(C_n^{k-1} + C_n^k) u^{(n-k+1)} v^{(k)} + \cdots +$$
$$(C_n^{n-1} + 1) u' v^{(n)} + uv^{(n+1)} =$$
$$\sum_{k=0}^{n+1} C_{n+1}^k u^{(n+1-k)} v^{(k)}$$

这就说明,这一公式对自然数 $n+1$ 也成立.因而由数学归纳法就证明了公式对一切自然数 n 都成立.

例 4.1.1 求 $(x^2 \cos ax)^{(50)}$.

解 在莱布尼兹公式中令 $v = x^2, u = \cos ax$,那么

$$u^{(k)} = a^k \cos\left(ax + \frac{k\pi}{2}\right)$$
$$v' = 2x, v'' = 2, v^{(3)} = v^{(4)} = \cdots = 0$$

因此在莱布尼兹公式中除去头三项之外,其余各项都等于 0,因而

$$(x^2 \cos ax)^{(50)} = x^2 a^{50} \cos\left(ax + \frac{50\pi}{2}\right) +$$
$$C_{50}^1 2x a^{49} \cos\left(ax + \frac{49\pi}{2}\right) +$$
$$C_{50}^2 2 a^{48} \cos\left(ax + \frac{48\pi}{2}\right) =$$
$$a^{48}((2\ 450 - a^2 x^2) \cos ax -$$
$$100 ax \sin ax)$$

现在来考虑分部积分公式的推广.

在分步积分公式

$$\int uv' \mathrm{d}x = uv - \int u'v \mathrm{d}x$$

中用 $v^{(n)}$ 代替 v' 就得到

$$\int uv^{(n)} \mathrm{d}x = uv^{(n-1)} - \int u'v^{(n-1)} \mathrm{d}x$$

再对上式中第二项进行类似的手续,并一直进行 n 次,我们就得到一般的分部积分公式.

定理 4.1.2(广义分部积分公式)

$$\int uv^{(n)} \mathrm{d}x = [uv^{(n-1)} - u'v^{(n-2)} + \cdots +$$
$$(-1)^{n-1}u^{(n-1)}v] + (-1)^n \int u^{(n)} v \mathrm{d}x$$

$$\int_a^b uv^{(n)} \mathrm{d}x = [uv^{(n-1)} - u'v^{(n-2)} + \cdots +$$
$$(-1)^{n-1}u^{(n-1)}v]\Big|_a^b + (-1)^n \int_a^b u^{(n)} v \mathrm{d}x$$

在上面的公式中,如果中括号中的项在 $x=a$ 处和 $x=b$ 处都变为 0,那么这个公式就将变得格外简单,这就引出勒让德多项式的概念.

定义 4.1.1 设 $P_n(x)$ 是 n 次多项式,具有性质,对任意次数低于 n 的多项式 $Q(x)$ 都有

$$\int_a^b P_n(x)Q(x) \mathrm{d}x = 0$$

则称 $P_n(x)$ 是区间 $[a,b]$ 上的 n 次勒让德多项式.

引理 4.1.1 设 $W_n(x) = \dfrac{\mathrm{d}^n}{\mathrm{d}x^n}(x-a)^n(x-b)^n$,$Q(x)$ 是任意次数低于 n 的多项式,那么

$$\int_a^b W_n(x)Q(x) \mathrm{d}x = 0$$

第4章 几个著名的数的无理性和超越性

因而区间$[a,b]$上的n次勒让德多项式是存在的.

证明 设$R(x)=(x-a)^n(x-b)^n$,则由莱布尼兹公式易证
$$R(a)=R'(a)=\cdots=R^{(n-1)}(a)=0$$
$$R(b)=R'(b)=\cdots=R^{(n-1)}(b)=0$$

因此$\int_a^b W_n(x)Q(x)\mathrm{d}x=0$对应用广义分部积分公式即可得
$$\int_a^b W_n(x)Q(x)\mathrm{d}x=\int_a^b R^{(n)}(x)Q(x)\mathrm{d}x=$$
$$(QR^{(n-1)}-Q'R^{(n-2)}+\cdots+$$
$$(-1)^{n-1}Q^{(n-1)}R)\big|_a^b+$$
$$(-1)^n\int_a^b Q^{(n)}(x)R(x)\mathrm{d}x$$

由$R(a)=R'(a)=\cdots=R^{(n-1)}(a)=0$和$R(b)=R'(b)=\cdots=R^{(n-1)}(b)=0$可知,上式右边中括号中的各项都等于$0$,而由于$Q(x)$是次数低于$n$的多项式,因而在上式右端的积分中$Q^{(n)}(x)=0$,因此上式的右端等于$0$,这就得出$\int_a^b W_n(x)Q(x)\mathrm{d}x=0$,因而证明了引理.

引理 4.1.2 设$P_n(x)$是区间$[a,b]$上的n次勒让德多项式,那么$P_n(x)=c_n W_n(x)$,其中c_n是一个不依赖于x的常数.

证明 设$R(x)=\int_a^x\int_a^x\cdots\int_a^x P_n(x)\mathrm{d}x$(共有$n$个积分号),那么易证$R^{(n)}(x)=P_n(x)$且
$$R(a)=R'(a)=\cdots=R^{(n-1)}(a)=0$$
对积分$\int_a^b P_n(x)Q(x)\mathrm{d}x=0$(其中$Q(x)$是任意次数低

333

于 n 的多项式)应用广义分部积分公式得

$$\int_a^b P_n(x)Q(x)\mathrm{d}x = \int_a^b R^{(n)}(x)Q(x)\mathrm{d}x =$$
$$(QR^{(n-1)} - Q'R^{(n-2)} + \cdots +$$
$$(-1)^{n-1}Q^{(n-1)}R)\big|_a^b +$$
$$(-1)^n\int_a^b Q^{(n)}(x)R(x)\mathrm{d}x$$

按照假设有 $\int_a^b P_n(x)Q(x)\mathrm{d}x = 0$,同时由于 $Q(x)$ 是次数低于 n 的多项式,因此 $Q^{(n)}(x) = 0$,故 $\int_a^b Q^{(n)}(x)R(x)\mathrm{d}x = 0$,这就得出

$$Q(b)R^{(n-1)}(b) - Q'(b)R^{(n-2)}(b) + \cdots +$$
$$(-1)^{n-1}Q^{(n-1)}(b)R(b) = 0$$

由于 $Q(x)$ 是任意次数低于 n 的多项式,故对于 $Q(x) = (x-b)^{(n-1)}, (x-b)^{(n-2)}, \cdots, x-b$ 上式都成立,把这些函数依次代入上式即可得

$$R(b) = R'(b) = \cdots = R^{(n-1)}(b) = 0$$

由 $R(a) = R'(a) = \cdots = R^{(n-1)}(a) = 0, R(b) = R'(b) = \cdots = R^{(n-1)}(b) = 0$ 说明 a,b 分别是 $R(x)$ 的 n 重根,而由于 $P_n(x)$ 是 n 次多项式,因而 $R(x)$ 是 $2n$ 次多项式.因此 $R(x)$ 只可能与 $(x-a)^n(x-b)^n$ 相差一个常数 c_n,即

$$R(x) = c_n(x-a)^n(x-b)^n$$

故

$$P_n(x) = R^{(n)}(x) = c_n\frac{\mathrm{d}^n}{\mathrm{d}x^n}(x-a)^n(x-b)^n =$$
$$c_n W_n(x)$$

下面我们来看一下勒让德多项式,特别是区间 $[0,1]$ 上的勒让德多项式的一些性质.

第 4 章　几个著名的数的无理性和超越性

引理 4.1.3　设 $P_n(x) = \dfrac{1}{n!} \dfrac{d^n}{dx^n} x^n (1-x)^n$，那么

$$\int_0^1 P_n(x) P_m(x) dx = \begin{cases} 0, & m \neq n \\ \dfrac{1}{2n+1}, & m = n \end{cases}$$

证明　当 $m \neq n$ 时，由 $P_n(x)$ 的定义及引理 4.1.1、引理 4.1.2 及其证明即知

$$\int_0^1 P_n(x) P_m(x) dx = 0$$

当 $m = n$ 时，设 $R(x) = x^n(1-x)^n$，那么

$$\int_0^1 P_n(x) P_m(x) dx = \int_0^1 P_n^2(x) dx =$$

$$\frac{1}{(n!)^2} \int_0^1 R^2(x) dx =$$

$$\frac{1}{(n!)^2} ((R^{(n)} R^{(n-1)} - R^{(n+1)} R^{(n-2)} + \cdots +$$

$$(-1)^{n-1} R^{(2n-1)} R)_0^1 + (-1)^n \int_0^1 R^{(2n)} R dx) =$$

$$\frac{(-1)^n}{(n!)^2} \int_0^1 R^{(2n)} R dx$$

而由二项式的展开式有

$$R^{(2n)} = (x^n(1-x)^n)^{(2n)} =$$
$$(x^n(1 - C_n^1 x + C_n^2 x^2 + \cdots + (-1)^n x^n))^{(2n)} =$$
$$(x^n - C_n^1 x^{n+1} + C_n^2 x^{n+2} + \cdots +$$
$$(-1)^n x^{2n})^{(2n)} = (-1)^n (2n)!$$

因此

$$\int_0^1 P_n^2(x) dx = \frac{(-1)^n (-1)^n (2n)!}{(n!)^2} \int_0^1 R(x) dx =$$

$$\frac{(2n)!}{(n!)^2} \int_0^1 x^n(1-x)^n dx =$$

$$\frac{(2n)!}{(n!)^2}B(n+1,n+1)=$$

$$\frac{(2n)!}{(n!)^2}\frac{\Gamma(n+1)\Gamma(n+1)}{\Gamma(2n+2)}=$$

$$\frac{(2n)!}{(n!)^2}\frac{(n!)(n!)}{(2n+1)!}=\frac{1}{2n+1}$$

引理 4.1.4 设 $P_n(x)=\dfrac{1}{n!}\dfrac{\mathrm{d}^n}{\mathrm{d}x^n}x^n(1-x)^n$,那么

(1) $P_n(x)$ 是整系数多项式；

(2) $P_n(0)=1, P_n(1)=(-1)^n$.

证明 (1) 设 $u=(1-x)^n, v=x^n$, 那么

$$u^{(k)}=(-1)^k A_n^k(1-x)^{n-k}=$$
$$(-1)^k n(n-1)\cdots(n-k+1)(1-x)^{n-k}=$$
$$(-1)^k \frac{n!}{(n-k)!}(1-x)^{n-k}$$
$$v^{(n-k)}=A_n^{n-k}x^k=n(n-1)\cdots(k+1)x^k$$

而

$$P_n(x)=\frac{(uv)^{(n)}}{n!}=$$

$$\frac{1}{n!}(uv^{(n)}+\mathrm{C}_n^1 u'v^{(n-1)}+\cdots+$$
$$\mathrm{C}_n^k u^{(k)}v^{(n-k)}+\cdots+u^{(n)}v)=$$

$$\frac{1}{n!}(n!(1-x)^n+\sum_{k=1}^{n-1}(-1)^k \mathrm{C}_n^k \frac{n!}{(n-k)}\cdot$$
$$\frac{n!}{k!}(1-x)^{n-k}x^k+(-1)^n n! x^n)=$$

$$\frac{1}{n!}(n!(1-x)^n+\sum_{k=1}^{n-1}(-1)^k \mathrm{C}_n^k \frac{n!}{(n-k)k!}\cdot$$
$$n!(1-x)^{n-k}x^k+(-1)^n n! x^n)=$$

$$\frac{1}{n!}(n!(1-x)^n+(-1)^k n!\cdot$$

336

第 4 章　几个著名的数的无理性和超越性

$$\sum_{k=1}^{n-1}(\mathrm{C}_n^k)^2(1-x)^{n-k}x^k+(-1)^n n!\ x^n)=$$
$$(1-x)^n+(-1)^k\sum_{k=1}^{n-1}(\mathrm{C}_n^k)^2(1-x)^{n-k}x^k+$$
$$(-1)^n x^n$$

显然上式是一个整系数多项式的整系数线性组合,因此仍然是一个整系数多项式,这就证明了引理的第一部分.

(2) 在(1)中所得的式子中令 $x=0$ 和 $x=1$ 即得 $P_n(0)=1, P_n(1)=(-1)^n$.

引理 4.1.5　设 $P_n(x)=\dfrac{1}{n!}\dfrac{\mathrm{d}^n}{\mathrm{d}x^n}x^n(1-x)^n$,那么

$$P_n{'}(0)=-(n^2+n), P_n{'}(1)=(-1)^n(n^2+n)$$

证明　由引理 4.1.4 的证明知
$$P_n=(1-x)^n-(\mathrm{C}_n^1)^2(1-x)^{n-1}x+[\cdots]+$$
$$(-1)^{n-1}(\mathrm{C}_n^{n-1})^2(1-x)x^{n-1}+(-1)^n x^n$$

其中[$\cdots$]中的项都是形如$(1-x)^i x^j$的单项式的线性组合,这里$i+j=n, i\geqslant 2, j\geqslant 2$.因此[$\cdots$]中的式子在求导一次后,在 $x=0$ 和 $x=1$ 处的值都是 0.因而

$$P_n{'}=n(1-x)^{n-1}(-1)-$$
$$(\mathrm{C}_n^1)^2((n-1)(1-x)^{n-2}(-1)x+$$
$$(1-x)^{n-1})+[\cdots]{'}+$$
$$(-1)^{n-1}(\mathrm{C}_n^{n-1})^2(-x^{n-1}+$$
$$(n-1)(1-x)x^{n-2})+(-1)^n n x^{n-1}$$

由上式就得出
$$P_n{'}(0)=-n-n^2[0+1]+0+$$
$$(-1)^{n-1}n^2[0+0]+0=$$
$$-(n^2+n)$$

337

$$P_n{}'(1) = 0 - n^2[0+0] + 0 +$$
$$(-1)^{n-1}n^2[-1+0] + (-1)^n n =$$
$$(-1)^n(n^2+n).$$

引理 4.1.6 设 $P_n(x) = \dfrac{1}{n!}\dfrac{\mathrm{d}^n}{\mathrm{d}x^n}x^n(1-x)^n$,那么

$$P_n = \sum_{k=0}^{n}(-1)^k C_n^k C_{n+k}^k x^k.$$

证明

$$P_n(x) = \dfrac{\mathrm{d}^n}{\mathrm{d}x^n}\dfrac{1}{n!}x^n(1-x)^n =$$

$$\dfrac{\mathrm{d}^n}{\mathrm{d}x^n}\dfrac{1}{n!}x^n\sum_{k=0}^{n}(-1)^k C_n^k x^k =$$

$$\dfrac{1}{n!}\sum_{k=0}^{n}(-1)^k C_n^k x^{n+k} =$$

$$\dfrac{1}{n!}\sum_{k=0}^{n}(-1)^k C_n^k \dfrac{\mathrm{d}^n}{\mathrm{d}x^n}x^{n+k} =$$

$$\dfrac{1}{n!}\sum_{k=0}^{n}(-1)^k C_n^k P_{n+k}^n x^k =$$

$$\sum_{k=0}^{n}(-1)^k C_n^k \dfrac{(n+k)!}{k!\,n!}x^k =$$

$$\sum_{k=0}^{n}(-1)^k C_n^k C_{n+k}^k x^k$$

引理 4.1.7 设 $P_n(x) = \dfrac{1}{n!}\dfrac{\mathrm{d}^n}{\mathrm{d}x^n}x^n(1-x)^n$,那么 $P_n(x)$ 满足关系式

$$(x-x^2)P_n'' + (1-2x)P_n' + n(n+1)P_n = 0.$$

证明 设 $y = x^n(1-x)^n = (x-x^2)^n$,那么 $y' = n(1-2x)(x-x^2)^{n-1}$,因而

$$(x-x^2)y' = n(1-2x)y$$

第 4 章　几个著名的数的无理性和超越性

在上式两边各取 $n+1$ 次导数,并利用莱布尼兹公式即得

$$(x-x^2)y^{(n+2)} + (n+1)(1-2x)y^{(n+1)} +$$
$$\frac{n(n-1)}{2}(-2)y^{(n)} =$$
$$n((1-2x)y^{(n+1)} + (n+1)(-2)y^{(n)}) =$$
$$n(1-2x)y^{(n+1)} - 2n(n+1)y^{(n)}$$

将上式化简即得

$$(x-x^2)y^{(n+2)} + (1-2x)y^{(n+1)} + n(n+1)y^{(n)} = 0$$

在上式两边都乘以 $\frac{1}{n!}$ 并注意

$$P_n'' = \left(\left(\frac{y}{n!}\right)^{(n)}\right)'' = \frac{y^{(n+2)}}{n!}$$

$$P_n' = \left(\left(\frac{y}{n!}\right)^{(n)}\right)' = \frac{y^{(n+1)}}{n!}, P_n = \frac{y^{(n)}}{n!}$$

即得引理.

4.2　e 的无理性

定理 4.2.1　e 是无理数.

证明　从数学分析中知道

$$e = 1 + \frac{1}{1!} + \frac{1}{2!} + \cdots + \frac{1}{n!} + \cdots =$$
$$1 + \frac{1}{1!} + \frac{1}{2!} + \cdots + \frac{1}{n!} +$$
$$\frac{1}{(n+1)!}\left(1 + \frac{1}{n+2} + \frac{1}{(n+2)(n+3)} + \cdots\right)$$

故

$$n!\, e = I_n + R_n$$

其中 $I_n = n!\left(1 + \dfrac{1}{1!} + \dfrac{1}{2!} + \cdots + \dfrac{1}{n!}\right)$ 是整数. 而

$$R_n = \dfrac{1}{n+1}\left(1 + \dfrac{1}{n+2} + \dfrac{1}{(n+2)(n+3)} + \cdots\right)$$

当 $n \geqslant 2$ 时,

$$0 < R_n < \dfrac{1}{n+1}\left(1 + \dfrac{1}{n+1} + \dfrac{1}{(n+1)(n+2)} + \cdots\right) <$$

$$\dfrac{1}{n+1}\left(1 + \dfrac{1}{1!} + \dfrac{1}{2!} + \cdots + \dfrac{1}{n!} + \cdots\right) \leqslant$$

$$\dfrac{e}{n+1} < 1 (因为 e < 3)$$

这样,如果 $e = \dfrac{a}{b}$ 是一个有理数,那么当 $n > b$ 时,由 $n!\,e = I_n + R_n$ 就得出一个等式,它的左边是整数,而右边不是整数,这显然是一个矛盾,所得的矛盾就说明,e 不可能是一个有理数.

4.3 π 的无理性

引理 4.3.1 设

$$J_m = \int_0^1 x^m \sin \pi x \, dx,\ K_m = \int_0^1 x^m \cos \pi x \, dx$$

那么

$J_{2n-1} =$

$$\dfrac{\pi^{2n-1} - (2n-1)(2n-1)\pi^{2n-3} + \cdots + (-1)^{n-1}(2n-1)\cdots 2\pi}{\pi^{2n}}$$

$J_{2n} =$

$$\dfrac{\pi^{2n} - 2n(2n-1)\pi^{2n-2} + \cdots + 2n(2n-1)\cdots 3\pi^2 + (-1)^n \cdot 2 \cdot 2n(2n-1)\cdots 1}{\pi^{2n+1}}$$

340

第 4 章 几个著名的数的无理性和超越性

$$K_m = -\frac{m}{\pi} J_{m-1}$$

因而 $J_m = \dfrac{p_m}{\pi^{m+1}}$, $K_m = \dfrac{q_m}{\pi^{m+1}}$, 其中 p_m, q_m 都是次数至多为 m 的 π 的整系数多项式.

证明　首先我们有

$$J_{m+1} = \int_0^1 x^{m+1} \sin \pi x \, \mathrm{d}x = -\frac{\cos \pi x}{\pi} x^{m+1} \Big|_0^1 +$$

$$\frac{m+1}{\pi} \int_0^1 x^m \cos \pi x \, \mathrm{d}x =$$

$$\frac{1}{\pi} + \frac{m+1}{\pi} K_m$$

$$K_{m+1} = \int_0^1 x^{m+1} \cos \pi x \, \mathrm{d}x = \frac{\sin \pi x}{\pi} x^{m+1} \Big|_0^1 -$$

$$\frac{m+1}{\pi} \int_0^1 x^m \sin \pi x \, \mathrm{d}x =$$

$$-\frac{m+1}{\pi} J_m$$

当 $m=0$ 时

$$\int_0^1 \sin \pi x \, \mathrm{d}x = \frac{2}{\pi}, \int_0^1 \cos \pi x \, \mathrm{d}x = 0, p_0 = 2, q_0 = 0$$

当 $m=1$ 时

$$\int_0^1 x \sin \pi x \, \mathrm{d}x = \frac{1}{\pi}$$

$$\int_0^1 \cos \pi x \, \mathrm{d}x = -\frac{2}{\pi^2}, p_1 = \pi, q_1 = -2$$

因此对自然数 $m=0, 1$ 引理成立. 现在假设对小于或等于 m 的自然数, 引理成立, 即设

$$J_{2n-1} = \frac{1}{\pi^{2n}} \sum_{k=0}^{n-1} (-1)^k A_{2n-1}^{2k} \pi^{2n-1-2k}$$

$$J_{2n} = \frac{1}{\pi^{2n+1}}\left(\sum_{k=0}^{n-1}(-1)^k A_{2n}^{2k}\pi^{2n-2k} + (-1)^n \cdot 2 \cdot A_{2n}^{2n}\right)$$

那么

$$J_{2n+1} = \frac{1}{\pi} + \frac{2n+1}{\pi}K_{2n} = \frac{1}{\pi} + \frac{2n+1}{\pi}\left(-\frac{2n}{\pi}J_{2n-1}\right) =$$

$$\frac{1}{\pi} - \frac{(2n+1)2n}{\pi^2}\frac{1}{\pi^{2n}}\sum_{k=0}^{n-1}(-1)^k A_{2n-1}^{2k}\pi^{2n-1-2k} =$$

$$\frac{\pi^{2n+1} - (2n+1)\cdot 2n\sum_{k=0}^{n-1}(-1)^k A_{2n-1}^{2k}\pi^{2n-1-2k}}{\pi^{2n+2}} =$$

$$\frac{1}{\pi^{2n+2}}\sum_{k=0}^{n}(-1)^k A_{2n+1}^{2k}\pi^{2n+1-2k}$$

类似可证

$$J_{2n+2} = \frac{1}{\pi^{2n+3}}\left(\sum_{k=0}^{n}(-1)^k A_{2n+2}^{2k}\pi^{2n+2-2k} + (-1)^{n+1}\cdot 2\cdot A_{2n+2}^{2n+2}\right)$$

这就说明,J_m 的表达式对自然数 $2n+1,2n+2$ 也成立,因而由数学归纳法知这一表达式对任何自然数都成立. 由一开始的证明中的分部积分我们已经证明了

$$K_m = -\frac{m}{\pi}J_{m-1}.$$

根据已经证明的关于 J_m,K_m 的公式即可得出 $J_m = \dfrac{p_m}{\pi^{m+1}}, K_m = \dfrac{q_m}{\pi^{m+1}}$,其中 p_m,q_m 都是次数至多为 m 的 π 的整系数多项式.

引理 4.3.2 设 $\bar{p}_n(x)$ 是 x 的次数不超过 n 的整系数多项式,那么

$$\int_0^1 \bar{p}_n(x) * (\pi x)\mathrm{d}x = \frac{p_n}{\pi^{n+1}}$$

其中 $*$ 号表示 $\sin$ 或 $\cos$.

证明 设 $\overline{p}_n(x)=a_0+a_1x+\cdots+a_nx^n$，其中 a_0，$a_1,\cdots,a_n$ 都是整数.那么由引理 4.3.1 得知

$$\int_0^1 \overline{p}_n(x)*(\pi x)\mathrm{d}x=$$

$$\int_0^1(a_0+a_1x+\cdots+a_nx^n)*(\pi x)\mathrm{d}x=$$

$$\left(a_0\int_0^1+a_1\int_0^1 x+\cdots+a_n\int_0^1 x^n\right)*(\pi x)\mathrm{d}x=$$

$$\frac{a_0\widetilde{p}_0}{\pi}+\frac{a_1\widetilde{p}_1}{\pi^2}+\cdots+\frac{a_n\widetilde{p}_n}{\pi^{n+1}}=$$

$$\frac{a_0\pi^n\widetilde{p}_0+a_1\pi^{n-1}\widetilde{p}_1+\cdots+a_n\widetilde{p}_n}{\pi^{n+1}}=\frac{p_n}{\pi^{n+1}}$$

其中 $\widetilde{p}_k$ 是 π 的次数不超过 k 的整系数多项式，因此整系数线性组合

$$p_n=a_0\pi^n\widetilde{p}_0+a_1\pi^{n-1}\widetilde{p}_1+\cdots+a_n\widetilde{p}_n$$

也是 π 的次数不超过 k 的整系数多项式.

引理 4.3.3 设 $p(x)$ 具有性质：

(1) $p(0)=p'(0)=\cdots=p^{(n-1)}(0)=0$；

(2) $p(1)=p'(1)=\cdots=p^{(n-1)}(1)=0$；

(3) $p^{(n)}(x)$ 是整系数多项式，则

$$\int_0^1 p(x)*(\pi x)\mathrm{d}x=\frac{p_n}{\pi^{2n+1}}$$

其中 $*$ 号表示 $\sin$ 或 $\cos$.

证明 令 $\overline{*}$ 表示 $\cos$(当 $*$ 号表示 $\sin$ 时) 或 $\sin$(当 $*$ 号表示 $\cos$ 时).那么由广义分部积分公式就有

$$\int_0^1 p(x)*(\pi x)\mathrm{d}x=$$

$$\left(\varepsilon_1\frac{p\,\overline{*}(\pi x)}{\pi}+\varepsilon_2\frac{p'\,\overline{*}(\pi x)}{\pi^2}+\cdots+\varepsilon_n\frac{p^{(n-1)}\,\overline{*}^n(\pi x)}{\pi^n}\right)\Big|_0^1+$$

$$\frac{\varepsilon_{n+1}}{\pi^n}\int_0^1 p^{(n)}(x)\overline{*}^n(\pi x)\mathrm{d}x$$

其中,$\varepsilon_1,\varepsilon_2,\cdots,\varepsilon_n$ 表示 $+1$ 或 -1,$\overline{*}^2$ 表示 $\overline{\overline{*}}=*$,$\cdots$.

由 $p(x)$ 的性质(1),(2)可知,上式的右边中括号中的项全为 0,而由性质(3)和引理 4.3.2 知

$$\int_0^1 p^{(n)}(x)\overline{*}^n(\pi x)\mathrm{d}x=\frac{\widetilde{p}_n}{\pi^{n+1}}$$

其中 $\widetilde{p}$ 是 π 的次数不超过 n 的整系数多项式,因而

$$\int_0^1 p(x)*(\pi x)\mathrm{d}x=\frac{\varepsilon_{n+1}}{\pi^{n+1}}\widetilde{p}_n=\frac{p_n}{\pi^{2n+1}}$$

其中 p_n 是 π 的次数不超过 n 的整系数多项式.

引理 4.3.4 设 $R_n(x)=\dfrac{x^n(1-x)^n}{n!}$,则

$$\int_0^1 R_n(x)\sin\pi x\mathrm{d}x=\frac{p_n}{\pi^{2n+1}}$$

其中 p_n 是 π 的次数不超过 n 的多项式.

证明 由引理 4.1.1 的证明知,$R_n(x)$ 具有引理 4.3.3 的性质(1),(2),由引理 4.1.4 知 $R_n(x)$ 具有引理 4.3.3 的性质(3),因此由引理 4.3.3 即得引理 4.3.4 成立.

引理 4.3.5 $\int_0^1 x^n(1-x)^n\cos\pi x\mathrm{d}x=0.$

证明 设 $I=\int_0^1 x^n(1-x)^n\cos\pi x\mathrm{d}x$,并在此积分中令 $x=1-y$,那么 $\mathrm{d}x=-\mathrm{d}y$,而

$$I=\int_1^0(1-y)^n y^n\cos\pi(1-y)(-\mathrm{d}y)=$$

$$-\int_0^1 y^n(1-y)^n\cos(\pi-\pi y)(-\mathrm{d}y)=$$

$$-\int_0^1 y^n(1-y)^n\cos\pi y\mathrm{d}y=-I$$

第 4 章 几个著名的数的无理性和超越性

由此即得出 $I=0$.

引理 4.3.6 设 $P_n(x)=\dfrac{1}{n!}\dfrac{\mathrm{d}^n}{\mathrm{d}x^n}x^n(1-x)^n$，那么
$\int_0^1 P_{2n-1}(x)\sin\pi x\mathrm{d}x=0.$

证明 易证
$$(\sin x)^{(2n-1)}=(-1)^{n-1}\cos x$$
$$(\sin x)^{(2n)}=(-1)^n\sin x$$

并注意 $P_{2n-1}(x)=R^{(2n-1)}(x)$

其中 $R(x)=\dfrac{1}{(2n-1)!}x^{2n-1}(1-x)^{2n-1}$

利用广义分部积分公式及 R 本身和 R 的前 $2n-2$ 阶导数在 $x=0$ 和 $x=1$ 处都为 0 的性质即可得

$$\int_0^1 P_{2n-1}(x)\sin\pi x\mathrm{d}x=\int_0^1 R^{(2n-1)}(x)\sin\pi x\mathrm{d}x=$$
$$[R^{(2n-2)}\sin\pi x-\pi R^{(2n-3)}\cos\pi x+\cdots+$$
$$(-1)^{2n-2}R(\sin\pi x)^{2n-2}]\Big|_0^1 +$$
$$(-1)^{2n-1}\int_0^1 R(\sin\pi x)^{(2n-1)}\mathrm{d}x=$$
$$\dfrac{(-1)^{2n-1}\pi^{2n-1}}{(2n-1)!}\int_0^1 x^{2n-1}(1-x)^{2n-1}\cos\pi x\mathrm{d}x=0$$

(引理 4.3.5)

定理 4.3.1 π 是无理数.

证明 由引理 4.3.4 知
$$I_n=\dfrac{1}{n!}\int_0^1 x^n(1-x)^n\sin\pi x=\dfrac{p_n}{\pi^{n+1}}$$

其中，p_n 是 π 的次数不超过 n 的多项式. 显然，对于任何自然数 n 都有 $I_n>0$.

如果 π 是一个有理数，则可设 $\pi=\dfrac{a}{b}$，其中 a,b 都

是正整数. 那么一方面有

$$I_n = \frac{p_n}{\pi^{n+1}} = \frac{p_n\left(\dfrac{a}{b}\right)}{\left(\dfrac{a}{b}\right)^{n+1}} = \frac{b^{n+1} p_n\left(\dfrac{a}{b}\right)}{a^{n+1}} = \frac{N_n}{a^{n+1}}$$

其中 N_n 是一个依赖于 n 的正整数.

另一方面又有在区间 $[0,1]$ 上 $0 \leqslant x(1-x) \leqslant \dfrac{1}{4}$, 因此有当 $n \to \infty$ 时

$$N_n = a^{n+1} I_n \leqslant \frac{a^{n+1}}{n!}\left(\frac{1}{4}\right)^n \to 0$$

这与 N_n 是正整数矛盾, 所得的矛盾就说明 π 不可能是一个有理数, 即 π 是无理数.

4.4 $\ln 2$ 的无理性

引理 4.4.1 $\displaystyle\int_0^1 \frac{x^n}{1+x}\mathrm{d}x = \frac{1}{n} - \frac{1}{n-1} + \cdots + (-1)^{n-1} + (-1)^n \ln 2.$

证明 易证恒等式

$$\frac{x^n}{1+x} = x^{n-1} - x^{n-2} + \cdots + (-1)^{n-1} + \frac{(-1)^n}{1+x}$$

对上面的恒等式两边在 $[0,1]$ 上积分, 即得引理.

引理 4.4.2 设 $f(x)$ 是 n 次的整系数多项式, 则
$$\int_0^1 \frac{f(x)}{1+x}\mathrm{d}x = \frac{b_n}{n} + \frac{b_{n-1}}{n-1} + \cdots + b_1 + b_0 \ln 2.$$

证明 设 $f(x) = a_0 x^n + a_1 x^{n-1} + \cdots + a_n$, 那么由引理 4.4.1 即得

$$\int_0^1 \frac{f(x)}{1+x}\mathrm{d}x = \int_0^1 \frac{a_0 x^n + a_1 x^{n-1} + \cdots + a_n}{1+x}\mathrm{d}x =$$

第 4 章　几个著名的数的无理性和超越性

$$a_0 \int_0^1 \frac{x^n}{1+x} \mathrm{d}x + a_1 \int_0^1 \frac{x^{n-1}}{1+x} \mathrm{d}x + \cdots +$$

$$a_{n-1} \int_0^1 \frac{x}{1+x} \mathrm{d}x + a_n \int_0^1 \frac{1}{1+x} \mathrm{d}x =$$

$$a_0 \left(\frac{1}{n} - \frac{1}{n-1} + \cdots + (-1)^{n-1} + (-1)^n \ln 2 \right) +$$

$$a_1 \left(\frac{1}{n-1} - \frac{1}{n-2} + \cdots + (-1)^{n-2} + \right.$$

$$\left. (-1)^{n-1} \ln 2 \right) + \cdots + a_n \ln 2 =$$

$$\frac{b_n}{n} + \frac{b_{n-1}}{n-1} + \cdots + b_1 + b_0 \ln 2$$

定理 4.4.1　$\ln 2$ 是无理数.

证明　考虑积分

$$I_n = \int_0^1 \frac{P_n(x)}{1+x} \mathrm{d}x$$

其中 $P_n(x)$ 是区间 $[0,1]$ 上的勒让德多项式,即

$$P_n(x) = \frac{1}{n!} \frac{\mathrm{d}^n}{\mathrm{d}x^n} x^n (1-x)^n$$

那么由广义分部积分公式得

$$I_n = \int_0^1 \frac{1}{n!} x^n (1-x)^n \frac{\mathrm{d}^n}{\mathrm{d}x^n} \frac{1}{1+x} \mathrm{d}x =$$

$$\int_0^1 \frac{1}{n!} x^n (1-x)^n \frac{\mathrm{d}^n}{\mathrm{d}x^n} (1+x)^{-1} \mathrm{d}x =$$

$$\int_0^1 \frac{1}{n!} x^n (1-x)^n (-1)^n n! \ (1+x)^{-1-n} \mathrm{d}x =$$

$$(-1)^n \int_0^1 \frac{x^n (1-x)^n}{(1+x)^{n+1}} \mathrm{d}x$$

由上式看出 $|I_n| > 0$.

由引理 4.1.4 知 $P_n(x)$ 是整系数多项式,再由引理 4.4.2 就得出

$$I_n = \frac{b_n}{n} + \frac{b_{n-1}}{n-1} + \cdots + b_1 + b_0 \ln 2$$

如果 $\ln 2$ 是有理数,那么 $\ln 2 = \dfrac{a}{b}$,其中 a,b 都是正整数. 而

$$I_n = \frac{b_n}{n} + \frac{b_{n-1}}{n-1} + \cdots + b_1 + b_0 \frac{a}{b} = \frac{N_n}{bd_n}$$

其中 N_n 是一个不等于 0 的整数,$d_n = [1, 2, \cdots, n]$ 是前 n 个自然数 $1, 2, \cdots, n$ 的最小公倍数. 因此

$$|N_n| = |bd_n I_n| = bd_n \int_0^1 \left(\frac{x(1-x)}{1+x}\right)^n \frac{\mathrm{d}x}{1+x}$$

令 $$f(x) = \frac{x(1-x)}{1+x} = 2 - x - \frac{2}{1+x}$$

则 $$f'(x) = -1 + \frac{2}{(1+x)^2} = \frac{2-(1-x)^2}{(1+x)^2}$$

由此得出,当 $x \leqslant \sqrt{2}-1$ 时,$f'(x) \geqslant 0$,当 $x > \sqrt{2}-1$ 时,$f'(x) < 0$. 故 $f(x)$ 在 $x = \sqrt{2}-1$ 处取得极大值 $f(\sqrt{2}-1) = 3 - 2\sqrt{2}$. 又 $f(0) = f(1) = 0 < 3 - 2\sqrt{2}$,故 $f(x)$ 在 $[0,1]$ 上的最大值即为 $f(\sqrt{2}-1) = 3 - 2\sqrt{2}$. 又已知对一切自然数成立 $d_n < 3^n$(见第 3 章定理 3.8.14),故

$$|N_n| = bd_n \int_0^1 \left(\frac{x(1-x)}{1+x}\right)^n \frac{\mathrm{d}x}{1+x} <$$
$$b \cdot 3^n \int_0^1 (3 - 2\sqrt{2})^n 1 \mathrm{d}x \leqslant$$
$$b(3(3-2\sqrt{2}))^n$$

由于 $0 < 3(3-2\sqrt{2}) < 1$,故当 $n \to \infty$ 时,$b(3(3-2\sqrt{2}))^n \to 0$. 这与 $|N_n|$ 是不等于 0 的整数相矛盾. 所得的矛盾就说明 $\ln 2$ 不可能是有理数,因而是无理数.

第4章　几个著名的数的无理性和超越性

4.5　$\zeta(2)$ 的无理性

$1 + \dfrac{1}{2} + \dfrac{1}{3} + \cdots + \dfrac{1}{n} + \cdots$ 是一个很有名的级数，称为调和级数，用很初等的方法即可证明这一级数是发散的. 在下一章，我们还会遇到它. 除了调和级数，数学家们还考虑了更一般的类似的级数，称为广义调和级数，其形式如下

$$1 + \frac{1}{2^s} + \frac{1}{3^s} + \cdots + \frac{1}{n^s} + \cdots$$

利用数学分析中的知识可以证明，广义调和级数当 $s > 1$ 时是收敛的，因此这一级数的和是 s 的函数.

定义 4.5.1　记 $\zeta(s) = 1 + \dfrac{1}{2^s} + \dfrac{1}{3^s} + \cdots + \dfrac{1}{n^s} + \cdots$. 函数 $\zeta(s)$ 对一切实数 $s > 1$ 有意义.

实际上还可以证明，函数 $\zeta(s)$ 可以延拓到复平面中的半平面 $\mathrm{Re}(s) > 1$ 上去，并且在此半平面上是 s 的解析函数. 但是我们不准备搞的这么复杂. 读者只要知道它对一切实数 $s > 1$ 有意义就够了.

这一节的主要目的是证明 $\zeta(2)$ 的无理性，我们要做的第一件事是给出 $\zeta(2)$ 的一些表示式以及它同著名的 π 之间的关系.

引理 4.5.1　$\zeta(2) = -\displaystyle\int_0^1 \dfrac{\ln x}{1-x} \mathrm{d}x$.

证明　在积分 $\displaystyle\int_0^1 \dfrac{\ln x}{1-x} \mathrm{d}x$ 中令 $1 - x = y$，那么 $\mathrm{d}x = -\mathrm{d}y$，有

$$\int_0^1 \frac{\ln x}{1-x} \mathrm{d}x = \int_1^0 \frac{\ln(1-y)}{y}(-\mathrm{d}y) = \int_0^1 \frac{\ln(1-y)}{y} \mathrm{d}y =$$

$$\int_0^1 \frac{1}{y}\left(-y - \frac{y^2}{2} - \frac{y^3}{3} - \cdots\right) \mathrm{d}y =$$

$$-\int_0^1 \left(1 + \frac{y}{2} + \frac{y^2}{3} + \cdots\right) \mathrm{d}y =$$

$$-\left(y + \frac{y^2}{2^2} + \frac{y^3}{3^2} + \cdots\right)\Big|_0^1 =$$

$$-\left(1 + \frac{1}{2^2} + \frac{1}{3^2} + \cdots\right) = -\zeta(2)$$

引理 4.5.2　$\zeta(2) = \int_0^1 \int_0^1 \frac{\mathrm{d}x\mathrm{d}y}{1-xy}.$

证明　设 $0 \leqslant x < 1, 0 \leqslant y < 1$，那么 $0 \leqslant xy < 1$，因而成立展开式

$$1 + xy + x^2 y^2 + \cdots = \frac{1}{1-xy}$$

或者反过来

$$\frac{1}{1-xy} = \sum_{n=0}^{\infty} x^n y^n$$

因而

$$\int_0^1 \int_0^1 \frac{\mathrm{d}x\mathrm{d}y}{1-xy} = \int_0^1 \int_0^1 \sum_{n=0}^{\infty} x^n y^n \mathrm{d}x\mathrm{d}y =$$

$$\sum_{n=0}^{\infty} \int_0^1 x^n \mathrm{d}x \int_0^1 y^n \mathrm{d}y =$$

$$\sum_{n=1}^{\infty} \left(\frac{x^{n+1}}{n+1}\right)\Big|_0^1 \left(\frac{y^{n+1}}{n+1}\right)\Big|_0^1 =$$

$$\sum_{n=0}^{\infty} \frac{1}{(n+1)^2} = \sum_{n=1}^{\infty} \frac{1}{n^2} = \zeta(2)$$

引理 4.5.3　$\zeta(2) = \frac{\pi^2}{6}.$

证明　考虑积分 $I = \int_0^1 \int_0^1 \frac{\mathrm{d}x\mathrm{d}y}{1-xy}, J =$

第 4 章 几个著名的数的无理性和超越性

$$\int_0^1\int_0^1 \frac{\mathrm{d}x\mathrm{d}y}{1+xy},$$ 那么

$$I - J = \int_0^1\int_0^1 \left(\frac{1}{1-xy} - \frac{1}{1+xy}\right)\mathrm{d}x\mathrm{d}y = \int_0^1\int_0^1 \frac{2xy}{1-x^2y^2}\mathrm{d}x\mathrm{d}y$$

在上面的积分中令 $u = x^2, v = y^2$，那么在正方形 $[0,1;0,1]$ 中，$x = \sqrt{u}, y = \sqrt{v}$. 变换的雅可比行列式为

$$\frac{D(x,y)}{D(u,v)} = \begin{vmatrix} x_u{}' & x_v{}' \\ y_u{}' & y_v{}' \end{vmatrix} = \begin{vmatrix} \dfrac{1}{2\sqrt{u}} & 0 \\ 0 & \dfrac{1}{2\sqrt{v}} \end{vmatrix} = \frac{1}{4\sqrt{uv}}$$

而

$$I - J = \int_0^1\int_0^1 \frac{2\sqrt{uv}}{1-uv} \cdot \frac{\mathrm{d}u\mathrm{d}v}{4\sqrt{uv}} = \frac{1}{2}\int_0^1\int_0^1 \frac{\mathrm{d}u\mathrm{d}v}{1-uv} = \frac{1}{2}I$$

故

$$\frac{1}{2}I - J = 0$$

另一方面

$$I + J = \int_0^1\int_0^1 \left(\frac{1}{1-xy} + \frac{1}{1+xy}\right)\mathrm{d}x\mathrm{d}y = 2\int_0^1\int_0^1 \frac{\mathrm{d}x\mathrm{d}y}{1-x^2y^2}$$

把上面两式相加即得

$$\frac{3}{4}I = \int_0^1\int_0^1 \frac{\mathrm{d}x\mathrm{d}y}{1-x^2y^2}$$

在上面的积分中再作变换 $T: x = \dfrac{\sin\theta}{\cos\varphi}, y = \dfrac{\sin\varphi}{\cos\theta}$，那么

$$xy = \tan\theta\tan\varphi, \sin\theta = x\cos\varphi, \cos\theta = \frac{\sin\varphi}{y}$$

故

351

$$x^2\cos^2\varphi + \frac{\sin^2\varphi}{y^2} = 1, x^2 + \frac{\tan^2\varphi}{y^2} = \frac{1}{\cos^2\varphi} = 1 + \tan^2\varphi$$

因此

$$\left(\frac{1}{y^2} - 1\right)\tan^2\varphi = 1 - x^2$$

$$\tan\varphi = \sqrt{\frac{1-x^2}{\frac{1}{y^2}-1}} = y\sqrt{\frac{1-x^2}{1-y^2}}$$

$$\tan\theta = x\sqrt{\frac{1-x^2}{1-y^2}}$$

沿着线段 $x=0, 0 \leqslant y \leqslant 1, \tan\varphi = \frac{y}{\sqrt{1-y^2}}$. 因此当 $y \to 0$ 时, $\tan\varphi \to 0$, 当 $y \to 1$ 时, $\tan\varphi \to +\infty$. 这说明变换 T 把线段 $x=0, 0 \leqslant y \leqslant 1$ 变为线段 $0 \leqslant \varphi \leqslant \frac{\pi}{2}$, $\theta=0$. 同理变换 T 把线段 $0 \leqslant x \leqslant 1, y=0$ 变为线段 $\varphi=0, 0 \leqslant \theta \leqslant \frac{\pi}{2}$.

当 $xy=k$ 时, $0 < k < 1$ 时. $\tan\theta\tan\varphi = k$ 这是 $\varphi - \theta$ 平面上一条联结 $\left(0, \frac{\pi}{2}\right)$ 和 $\left(\frac{\pi}{2}, 0\right)$ 两点而向下凹的曲线, 因此变换 T 把双曲线 $xy=k, 0 < k < 1$ 变为 $\varphi - \theta$ 平面上具有共同顶点 $\left(0, \frac{\pi}{2}\right)$ 和 $\left(\frac{\pi}{2}, 0\right)$ 的曲线 $\tan\theta\tan\varphi = k, 0 < k < 1$.

当 $xy=1$ 时, $x=1, y=1$. 这时 $\sin\theta = \cos\varphi$, $\sin\varphi = \cos\theta$, 因此 $\theta + \varphi = \frac{\pi}{2}$, 即变换 T 把点 $(1,1)$ 变为线段 $\theta + \varphi = \frac{\pi}{2}, 0 \leqslant \varphi \leqslant \frac{\pi}{2}$.

以上讨论说明变换 T 把 $x-y$ 平面上以 $(0,0)$,

第 4 章 几个著名的数的无理性和超越性

$(0,1),(1,0),(1,1)$ 为顶点的正方形变为 $\varphi-\theta$ 平面上以 $(0,0)$, $\left(0,\dfrac{\pi}{2}\right)$, $\left(\dfrac{\pi}{2},0\right)$ 为顶点的等边直角三角形（图 4.5.1）.

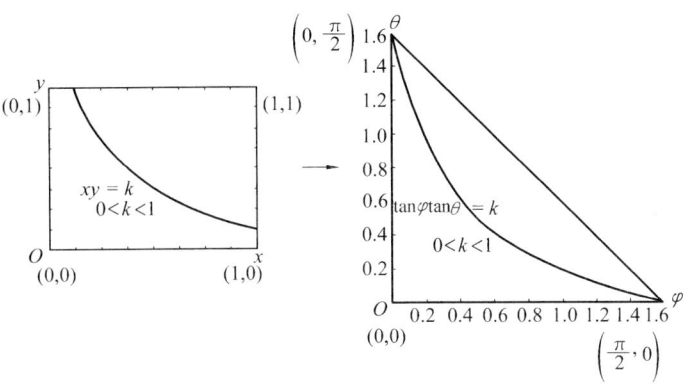

图 4.5.1 变换 T 的作用

又

$$\dfrac{D(x,y)}{D(\varphi,\theta)}=\begin{vmatrix} x_\varphi' & y_\varphi' \\ x_\theta' & y_\theta' \end{vmatrix}=$$

$$\begin{vmatrix} \dfrac{\cos\theta}{\cos\varphi} & -\dfrac{\sin\varphi(-\sin\theta)}{\cos^2\varphi} \\ -\dfrac{\sin\theta(-\sin\varphi)}{\cos^2\varphi} & \dfrac{\cos\varphi}{\cos\theta} \end{vmatrix}=$$

$$1-\tan^2\theta\tan^2\varphi$$

因而

$$\dfrac{3}{4}I=\int_0^1\int_0^1\dfrac{\mathrm{d}x\mathrm{d}y}{1-x^2y^2}=$$

$$\int_0^{\frac{\pi}{2}}\int_0^{\frac{\pi}{2}-\theta}\dfrac{1}{1-\tan^2\varphi\tan^2\theta}(1-\tan^2\varphi\tan^2\theta)\mathrm{d}\varphi\mathrm{d}\theta=$$

$$\int_0^{\frac{\pi}{2}}\int_0^{\frac{\pi}{2}-\theta}\mathrm{d}\varphi\mathrm{d}\theta=\int_0^{\frac{\pi}{2}}\left(\dfrac{\pi}{2}-\theta\right)\mathrm{d}\theta=$$

$$\left(\frac{\pi}{2}\theta - \frac{1}{2}\theta^2\right)\Big|_0^{\frac{\pi}{2}} = \frac{\pi^2}{4} - \frac{\pi^2}{8} = \frac{\pi^2}{8}$$

因此由引理 4.5.2 即得

$$\zeta(2) = I = \frac{4}{3} \cdot \frac{\pi^2}{8} = \frac{\pi^2}{6}$$

引理 4.5.4 $\int_0^1 u^k \ln u \, du = -\dfrac{1}{(k+1)^2}, k > 0.$

证明 由分部积分得出

$$\int_0^1 u^k \ln u \, du = \frac{u^{k+1}}{k+1} \ln u \Big|_0^1 - \frac{1}{k+1} \int_0^1 u^{k+1} \frac{du}{u} =$$

$$-\frac{1}{k+1} \cdot \frac{u^{k+1}}{k+1} \Big|_0^1 =$$

$$-\frac{1}{(k+1)^2}$$

引理 4.5.5 $\int_0^1 \int_0^1 x^p y^q \, dx \, dy = \dfrac{1}{(p+1)(q+1)},$
$1 \leqslant p \leqslant n-1, 1 \leqslant q \leqslant n-1.$

证明 $\int_0^1 \int_0^1 x^p y^q \, dx \, dy = \int_0^1 x^p \, dx \int_0^1 y^q \, dy =$

$$\frac{x^{p+1}}{p+1} \Big|_0^1 \cdot \frac{y^{q+1}}{q+1} \Big|_0^1 =$$

$$\frac{1}{(p+1)(q+1)}$$

引理 4.5.6 $\int_0^1 \int_0^1 \dfrac{x^p}{1-xy} \, dx \, dy = \sum_{k=1}^{k=p} (-1)^{k-1} C_{p-1}^{k-1}$
$\dfrac{1}{k^2}, p \geqslant 1.$

证明

$$\int_0^1 \int_0^1 \frac{x^p}{1-xy} \, dx \, dy = \int_0^1 x^p \, dx \int_0^1 \frac{dy}{1-xy} =$$

$$\int_0^1 x^p \left(\frac{\ln(1-xy)}{-x} \Big|_{y=0}^{y=1} \right) dx =$$

第 4 章 几个著名的数的无理性和超越性

$$-\int_0^1 x^{p-1}\ln(1-x)\mathrm{d}x(\text{在此积分中令 }1-x=u,$$

那么 $\mathrm{d}x=-\mathrm{d}u)=$

$$-\int_1^0 (1-u)^p \ln u(-\mathrm{d}u)=$$

$$-\int_0^1 (1-u)^p \ln u \mathrm{d}u=$$

$$-\int_0^1 \sum_{k=0}^{k=p-1}(-1)^k \mathrm{C}_{p-1}^k u^k \ln u \mathrm{d}u=$$

$$-\sum_{k=0}^{k=p-1}(-1)^k \mathrm{C}_{p-1}^k \int_0^1 u^k \ln u \mathrm{d}u(\text{由引理 }4.5.4)=$$

$$-\sum_{k=0}^{k=p-1}(-1)^k \mathrm{C}_{p-1}^k \left(-\frac{1}{(k+1)^2}\right)(\text{在此和式中令 }i+1=k)=$$

$$\sum_{k=1}^{k=p}(-1)^{k-1}\mathrm{C}_{p-1}^{k-1}\frac{1}{k^2}$$

引理 4.5.7 $\int_0^1\int_0^1 \frac{y^q}{1-xy}\mathrm{d}x\mathrm{d}y=\sum_{k=1}^{k=q}(-1)^{k-1}\mathrm{C}_{q-1}^{k-1}\frac{1}{k^2}, q \geqslant 1.$

证明 与引理 4.5.6 类似.

引理 4.5.8

$$\int_0^1\int_0^1 \frac{x^r y^s}{1-xy}\mathrm{d}x\mathrm{d}y=$$

$$\begin{cases} \displaystyle\sum_{\substack{1\leqslant p\leqslant r-1 \\ 1\leqslant q\leqslant s-1}}\frac{a_{pq}}{(p+1)(q+1)}+\sum_{k=1}^r \frac{b_k}{k^2}+\sum_{k=1}^s \frac{c_k}{k^2}+c\zeta(2), r\neq s \\ \displaystyle\zeta(2)-\sum_{k=1}^r \frac{1}{k^2}, r=s \end{cases}$$

其中 a_{pq}, b_k, c_k, c 都是整数.

证明 （1）当 $r\neq s$ 时，上述积分可以通过 $x^r y^s$ 除

以 $xy-1$ 的除法而重新组合成以下四种类型的积分的和：

类型 Ⅰ：$\int_0^1\int_0^1 x^p y^q \mathrm{d}x\mathrm{d}y, 1\leqslant p\leqslant r-1, 1\leqslant q\leqslant s-1$；

类型 Ⅱ：$\int_0^1\int_0^1 \dfrac{x^p}{1-xy}\mathrm{d}x\mathrm{d}y, 1\leqslant p\leqslant r$；

类型 Ⅲ：$\int_0^1\int_0^1 \dfrac{y^q}{1-xy}\mathrm{d}x\mathrm{d}y, 1\leqslant q\leqslant s$；

类型 Ⅳ：$\int_0^1\int_0^1 \dfrac{\mathrm{d}x\mathrm{d}y}{1-xy}$.

由引理 4.5.2、引理 4.5.5、引理 4.5.6 和引理 4.5.7 可知，引理中的积分是形如 $\dfrac{1}{(p+1)(q+1)}$, $1\leqslant p\leqslant r-1, 1\leqslant q\leqslant s-1$, $\dfrac{1}{k^2}(k=1,2,\cdots,r)$, $\dfrac{1}{k^2}(k=1,2,\cdots,s)$ 和 $\zeta(2)$ 的整数线性组合，这就证明了引理的第一部分.

(2) 当 $r=s$ 时

$$\int_0^1\int_0^1 \frac{x^r y^r}{1-xy}\mathrm{d}x\mathrm{d}y=$$

$$\int_0^1\int_0^1 x^r y^r \sum_{k=0}^\infty x^k y^k \mathrm{d}x\mathrm{d}y = \sum_{k=r}^\infty \int_0^1 x^k \mathrm{d}x \int_0^1 y^k \mathrm{d}y =$$

$$\sum_{k=r}^\infty \left(\frac{x^{k+1}}{k+1}\bigg|_0^1\right)\left(\frac{y^{k+1}}{k+1}\bigg|_0^1\right) = \sum_{k=r}^\infty \frac{1}{(k+1)^2} =$$

$$\sum_{k=1}^\infty \frac{1}{k^2} - \sum_{k=1}^r \frac{1}{k^2} = \zeta(2) - \sum_{k=1}^r \frac{1}{k^2}.$$

引理 4.5.9

$$\int_0^1 x^m \int_0^1 \frac{(1-y)^n}{1-xy}\mathrm{d}x\mathrm{d}y =$$

第4章 几个著名的数的无理性和超越性

$$\sum_{\substack{0\leqslant p\leqslant m-1\\0\leqslant q\leqslant n-1}} \frac{a_{pq}}{(p+1)(q+1)} + \sum_{k=1}^{m}\frac{b_k}{k^2} + \sum_{k=1}^{n}\frac{c_k}{k^2} + c\zeta(2)$$

$$0\leqslant m\leqslant n$$

证明 把 $(1-y)^n$ 做二项式展开,所说的积分即化为形如

$$\int_0^1\int_0^1 \frac{x^m y^s}{1-xy}\mathrm{d}x\mathrm{d}y, 0\leqslant s\leqslant n$$

的积分的整系数线性组合,再由引理 4.5.8 即知引理成立.

引理 4.5.10 设 $P_n(x)$ 是区间 $[0,1]$ 上的勒让德多项式

$$f(x) = \int_0^1 \frac{(1-y)^n}{1-xy}\mathrm{d}y$$

那么

$$\int_0^1 P_n(x)f(x)\mathrm{d}x = \frac{A_n + B_n\zeta(2)}{d_n^2}$$

其中 A_n 和 B_n 都是依赖于 n 的整数. $d_n = [1,2,\cdots,n]$ 是前 n 个自然数 $1,2,\cdots,n$ 的最小公倍数.

证明 由引理 4.1.4 知 $P_n(x)$ 是 $1,x,x^2,\cdots,x^n$ 的整系数线性组合,因此由引理 4.5.9 即得

$$\int_0^1 P_n(x)f(x)\mathrm{d}x = \sum_{\substack{1\leqslant p\leqslant m\\1\leqslant q\leqslant n}} \frac{a_{pq}}{pq} + \sum_{k=1}^{m}\frac{b_k}{k^2} + c_n\zeta(2)$$

上式中各分数的最小公倍数显然是 d_n^2,由此就得出引理.

引理 4.5.11 设 $f(x) = \int_0^1 \frac{(1-y)^n}{1-xy}\mathrm{d}y$,那么

$$\frac{\mathrm{d}^n}{\mathrm{d}x^n}f(x) = (-1)^n n! \int_0^1 \frac{y^n(1-y)^n}{(1-xy)^{n+1}}\mathrm{d}y$$

证明 $\dfrac{\mathrm{d}^n}{\mathrm{d}x^n}f(x) = \dfrac{\mathrm{d}^n}{\mathrm{d}x^n}\displaystyle\int_0^1 \dfrac{(1-y)^n}{1-xy}\mathrm{d}y =$

$$\frac{d^n}{dx^n}\int_0^1 (1-y)^n(1-xy)^{-1}dy =$$

$$\int_0^1 (1-y)^n(-y)(-2y)\cdots$$

$$(-ny)(1-xy)^{-n-1}dy =$$

$$(-1)^n n! \int_0^1 \frac{y^n(1-y)^n}{(1-xy)^{n+1}}dy$$

引理 4.5.12 设 $q = \dfrac{\sqrt{5}-1}{2}$,那么在正方形 $\Omega = [0,1;0,1]$ 上

$$0 \leqslant f(x,y) = \frac{xy(1-x)(1-y)}{1-xy} \leqslant q^5$$

证明 由于在 Ω 的边界 $\partial\Omega$ 上,$f(x,y) = 0$,因此 $f(x,y)$ 的最大值只可能在 Ω 的内部达到,也就是说 $f(x,y)$ 在 Ω 上的最大值只可能是 Ω 内的某个极大值.

$$\frac{\partial f}{\partial x} = y(1-y)\frac{\partial}{\partial x}\frac{x(1-x)}{1-xy} = \frac{y(1-y)(1-2x+x^2y)}{(1-xy)^2}$$

$$\frac{\partial f}{\partial y} = x(1-x)\frac{\partial}{\partial y}\frac{y(1-y)}{1-xy} = \frac{x(1-x)(1-2y+x^2y)}{(1-xy)^2}$$

方程组 $\dfrac{\partial f}{\partial x} = 0, \dfrac{\partial f}{\partial y} = 0$ 的位于 Ω 内部的解由方程组

$$\begin{cases} 1-2x+x^2y = 0 \\ 1-2y+x^2y = 0 \end{cases}$$

给出.将上面的两个方程相减得 $(x-y)(2-xy) = 0$. 由于在 Ω 内 $xy-2 \neq 0$,故由此得 $y = x$,把 $y = x$ 代入 $1-2x+x^2y$ 得

$$x^3 - 2x + 1 = (x-1)(x^2+x-1) = 0$$

由于在 Ω 内 $x \neq 1$,由此得 $x = \dfrac{-1\pm\sqrt{5}}{2}$. 舍去位于 Ω 之外的根 $\dfrac{-1-\sqrt{5}}{2}$ 就得到方程组 $\dfrac{\partial f}{\partial x} = 0, \dfrac{\partial f}{\partial y} = 0$ 在 Ω 内

的唯一解是 $x=y=q$，由于 $f(q,q) > f(0,0) = 0$，因此 $f(q,q)$ 是 $f(x,y)$ 在 Ω 内的唯一极大值，也就是 $f(x,y)$ 在 Ω 上的最大值.

q 满足方程 $q^2 + q - 1 = 0$ 或 $1 - q = q^2$ 及 $1 - q^2 = q$. 而

$$f(q,q) = \frac{q \cdot q \cdot (1-q) \cdot (1-q)}{1-q^2} = \frac{q^2 \cdot q^2 \cdot q^2}{1-q^2} = \frac{q^6}{q} = q^5$$

故在 Ω 上

$$0 \leqslant f(x,y) \leqslant q^5$$

定理 4.5.1 $\zeta(2)$ 是无理数.

证明 设 $\zeta(2)$ 不是无理数，那么 $\zeta(2) = \dfrac{a}{b}$，其中 a,b 是互素的正整数.

由引理 4.5.10 知 $bd_n^2 I$ 是一个整数，其中 $I = \int_0^1 P_n(x) f(x) \mathrm{d}x$. 但是

$$|bd_n^2 I| =$$

$$\left| bd_n^2 \int_0^1 \left(\frac{\mathrm{d}^n}{\mathrm{d}x^n} \frac{1}{n!} x^n (1-x)^n \int_0^1 \frac{(1-y)^n}{1-xy} \mathrm{d}y \right) \mathrm{d}x \right| =$$

$$\left| bd_n^2 \int_0^1 \left(\frac{1}{n!} x^n (1-x)^n \frac{\mathrm{d}^n}{\mathrm{d}x^n} \int_0^1 \frac{(1-y)^n}{1-xy} \mathrm{d}y \right) \mathrm{d}x \right| =$$

$$\left| bd_n^2 \int_0^1 \frac{1}{n!} x^n (1-x)^n \int_0^1 \frac{y^n (1-y)^n}{(1-xy)^{n+1}} (-1)^n n! \; \mathrm{d}x \mathrm{d}y \right| =$$

（引理 4.5.11）

$$\left| bd_n^2 \int_0^1 \int_0^1 \left(\frac{x(1-x)y(1-y)}{1-xy} \right)^n \frac{1}{1-xy} \mathrm{d}x \mathrm{d}y \right|$$

显然，上述积分是正的，且由引理 4.5.12 知

$$\frac{x(1-x)y(1-y)}{1-xy}$$

在 $\Omega = [0,1;0,1]$ 上于 $x=y=q$ 处达到最大值 q^5，因此由引理 4.5.2 和定理 3.8.14 就得出当 $n \to \infty$ 时

$$0 < |bd_n^2 I| < bd_n^2 \int_0^1\int_0^1 \left(\frac{\sqrt{5}-1}{2}\right)^{5n} \frac{1}{1-xy} \mathrm{d}x\mathrm{d}y <$$

$$b3^n \left(\frac{\sqrt{5}-1}{2}\right)^{5n} \int_0^1\int_0^1 \frac{\mathrm{d}x\mathrm{d}y}{1-xy} \leqslant$$

$$b\zeta(2)3^n \left(\frac{\sqrt{5}-1}{2}\right)^{5n} \leqslant b\frac{a}{b}3^n \left(\frac{\sqrt{5}-1}{2}\right)^{5n} \leqslant$$

$$a3^n \left(\frac{\sqrt{5}-1}{2}\right)^{5n} \to 0$$

这就与 $bd_n^2 I$ 是一个正整数的性质相矛盾，所得的矛盾就说明 $\zeta(2)$ 必是一个无理数.

4.6　最新的记录：$\zeta(3)$ 的无理性

在这一节中，我们要证明 $\zeta(3)$ 的无理性，虽然在方法上与前几节有类似之处，但是这一结果的难度和性质、意义却和前几节完全不同. 原因在于从定理 3.8.8(3) 我们已经知道

$$B_{2n} = (-1)^{n-1} \frac{2(2n)!}{(2\pi)^{2n}} \zeta(2n)$$

其中 $\zeta(2n) = \sum_{k=1}^{\infty} \frac{1}{k^{2n}}$. 而 B_{2n} 是所谓贝努利数，是一个有理数. 因此 $\zeta(2n)$ 和 π^{2n} 只差一个有理系数. 以后我们还要证明 π 的超越性. 这些结果是欧拉、贝努利以及林德曼等人早在十七八世纪中就已获得和解决的问题. 由 π 的超越性我们立刻可以推出 π^{2n} 不可能是一个有理数，否则 π 将是一个代数数. 而由此及关系式

第 4 章 几个著名的数的无理性和超越性

$\zeta(2n) = \sum_{k=1}^{\infty} \frac{1}{k^{2n}}$ 即可得出 $\zeta(2), \zeta(4), \cdots, \zeta(2n), \cdots$ 都是无理数. 因此关于 $\zeta(2)$ 的无理性是一个早已解决的问题, 而且是批量性质解决的. 我们在上一节中介绍的方法其性质相当于有些问题用高等数学方法早已解决, 但是如果有人能不用高等数学方法而用更初等的知识将其解决, 也是很有趣味和意义的. 因为我们从思维的直觉上有一种自然而然的感觉, 要用尽可能简单和初等的知识和方法去解决问题. 因此如果有人有一天发现在高等数学或很高深领域中的一个问题其实本来可以用较简单和初等的知识和方法来解决, 大家都会觉得这是很优美和令人舒服的结果. 当然这些并不能改变这一问题可能是早已解决的事实和本质.

和 $\zeta(2n)$ 不同, 对于 $\zeta(2n+1) = 1 + \frac{1}{2^{2n+1}} + \frac{2}{2^{2n+1}} + \cdots$ 这些式子, 除了可以用近似计算的方法得知它们的近似值外, 我们并无类似 $B_{2n} = (-1)^{n-1} \cdot \frac{2(2n)!}{(2\pi)^{2n}} \zeta(2n)$ 这样的关系式, 对其其他性质也所知甚少. 乃至到 1978 年之前, 即使确定一下它们的无理性和有理性也非常困难. 直到 1978 年, 在芬兰赫尔辛基举行的世界数学家大会上, 法国数学家阿皮瑞 (Apery) 宣布他证明了 $\zeta(3)$ 的无理性. 这大大出乎数学大师们的预料, 这是一个最新的突破, 但这一结果至今还未能获得新的突破. 这句话的意思是, 虽然我们现在已能证明 $\zeta(3)$ 的无理性, 但是至今还不能知道 $\zeta(5), \zeta(7)$ 等数是无理的还是有理的.

就像在 4.5 中一样, 我们首先要给出一些和 $\zeta(3)$

有关的关系式.

引理 4.6.1 $\zeta(3) = -\dfrac{1}{2}\int_0^1\int_0^1 \dfrac{\ln xy}{1-xy}\mathrm{d}x\mathrm{d}y.$

证明

$$\int_0^1\int_0^1 \frac{\ln xy}{1-xy}\mathrm{d}x\mathrm{d}y = \int_0^1\int_0^1 \sum_{k=0}^\infty x^k y^k \ln xy \, \mathrm{d}x\mathrm{d}y =$$

$$\int_0^1\int_0^1 \sum_{k=0}^\infty x^k y^k (\ln x + \ln y)\mathrm{d}x\mathrm{d}y =$$

$$\int_0^1\int_0^1 \sum_{k=0}^\infty x^k y^k \ln x \, \mathrm{d}x\mathrm{d}y + \int_0^1\int_0^1 \sum_{k=0}^\infty x^k y^k \ln y \, \mathrm{d}x\mathrm{d}y =$$

$$\sum_{k=0}^\infty \int_0^1\int_0^1 x^k y^k \ln x \, \mathrm{d}x\mathrm{d}y + \sum_{k=0}^\infty \int_0^1\int_0^1 x^k y^k \ln y \, \mathrm{d}x\mathrm{d}y =$$

$$2\sum_{k=0}^\infty \int_0^1\int_0^1 x^k y^k \ln x \, \mathrm{d}x\mathrm{d}y = 2\sum_{k=0}^\infty \int_0^1 x^k \ln x \, \mathrm{d}x \int_0^1 y^k \mathrm{d}y =$$

$$2\sum_{k=0}^\infty \left(\frac{x^{k+1}}{k+1}\ln x\bigg|_0^1 - \frac{1}{k+1}\int_0^1 x^{k+1}\frac{\mathrm{d}x}{x}\right)\left(\frac{y^{k+1}}{k+1}\right)\bigg|_0^1 =$$

$$-2\sum_{k=0}^\infty \frac{1}{(k+1)^2}\int_0^1 x^k \mathrm{d}x = -2\sum_{k=0}^\infty \frac{1}{(k+1)^3} =$$

$$-2\sum_{k=1}^\infty \frac{1}{k^3} = -2\zeta(3)$$

由此即可得出引理.

引理 4.6.2 $\displaystyle\int_0^1\int_0^1\int_0^1 \dfrac{\mathrm{d}x\mathrm{d}y\mathrm{d}z}{1-(1-xy)z} = 2\zeta(3).$

证明 $\displaystyle\int_0^1\int_0^1\int_0^1 \dfrac{\mathrm{d}x\mathrm{d}y\mathrm{d}z}{1-(1-xy)z} =$

$$\int_0^1\int_0^1 \left(\int_0^1 \frac{\mathrm{d}z}{1-(1-xy)z}\right)\mathrm{d}x\mathrm{d}y =$$

$$\int_0^1\int_0^1 \left(-\frac{\ln(1-(1-xy)z)}{1-xy}\bigg|_0^1\right)\mathrm{d}x\mathrm{d}y =$$

$$-\int_0^1\int_0^1 \frac{\ln xy}{1-xy}\mathrm{d}x\mathrm{d}y = 2\zeta(3)$$

第 4 章 几个著名的数的无理性和超越性

引理 4.6.3 $\dfrac{x^r y^s}{1-xy}\ln xy = \left(\dfrac{\mathrm{d}}{\mathrm{d}t}\dfrac{x^{r+t}y^{s+t}}{1-xy}\right)\bigg|_{t=0}.$

证明 $\dfrac{\mathrm{d}}{\mathrm{d}t}\dfrac{x^{r+t}y^{s+t}}{1-xy}=$

$\dfrac{(\ln x)x^{r+t}y^{s+t}+(\ln y)x^{r+t}y^{s+t}}{1-xy}=$

$\dfrac{x^{r+t}y^{s+t}(\ln x+\ln y)}{1-xy}=\dfrac{x^{r+t}y^{s+t}\ln xy}{1-xy}$

故

$\left(\dfrac{\mathrm{d}}{\mathrm{d}t}\dfrac{x^{r+t}y^{s+t}}{1-xy}\right)\bigg|_{t=0}=\dfrac{x^r y^s \ln xy}{1-xy}$

引理 4.6.4 （1）当 $r \neq s$ 时

$\displaystyle\int_0^1\int_0^1 \dfrac{x^r y^s \ln xy}{1-xy}\mathrm{d}x\mathrm{d}y =$

$-\displaystyle\sum_{\substack{1\leqslant p\leqslant r-1 \\ 1\leqslant q\leqslant s-1}}\left(\dfrac{a_{pq}}{(p+1)^2(q+1)}+\dfrac{a_{pq}}{(p+1)(q+1)^2}\right)-$

$2\displaystyle\sum_{k=1}^r \dfrac{b_k}{k^3}-2\sum_{k=1}^s\dfrac{c_k}{k^3}+c\zeta(3)$

（2）当 $r=s$ 时

$\displaystyle\int_0^1\int_0^1 \dfrac{x^r y^s \ln xy}{1-xy}\mathrm{d}x\mathrm{d}y=-2\sum_{k=1}^r\dfrac{1}{k^3}-2\zeta(3)$

证明 （1）当 $r \neq s$ 时，所说的积分可通过引理 4.6.3 及积分号与微分号的交换化为积分 $\dfrac{\mathrm{d}}{\mathrm{d}t}\displaystyle\int_0^1\int_0^1 \dfrac{x^{r+t}y^{s+t}}{1-xy}\mathrm{d}x\mathrm{d}y\bigg|_{t=0}$ 与积分 $\displaystyle\int_0^1\int_0^1\dfrac{\ln xy}{1-xy}\mathrm{d}x\mathrm{d}y$ 的组合.再由引理 4.5.8 和引理 4.6.1 以及关系式

$\dfrac{\mathrm{d}}{\mathrm{d}t}\dfrac{1}{(p+t+1)(q+t+1)}=$

$-\left(\dfrac{1}{(p+t+1)^2(q+t+1)}+\right.$

$$\frac{1}{(p+t+1)(q+t+1)^2}\Big)$$

和
$$\frac{\mathrm{d}}{\mathrm{d}t}\frac{1}{(k+t)^2} = -\frac{2}{(k+t)^3}$$

即可得出引理的部分(1).

(2) 当 $r=s$ 时,由引理 4.6.3 和引理 4.5.8 的证明得

$$\int_0^1\int_0^1 \frac{x^r y^s \ln xy}{1-xy}\mathrm{d}x\mathrm{d}y = \int_0^1\int_0^1 \frac{\mathrm{d}}{\mathrm{d}t}\frac{x^{r+t}y^{s+t}}{1-xy}\Big|_{t=0}\mathrm{d}x\mathrm{d}y =$$

$$\sum_{k=r+t}\frac{\mathrm{d}}{\mathrm{d}t}\frac{1}{k^2}\Big|_{t=0} = \sum_{k=r+t} -\frac{2}{k^3} =$$

$$2\Big(\sum_{k=1}^r \frac{1}{k^3} - \sum_{k=1}^\infty \frac{1}{k^3}\Big) =$$

$$2\sum_{k=1}^r \frac{1}{k^3} - 2\zeta(3)$$

引理 4.6.5 设 $P_n(x)$ 表示区间 $[0,1]$ 上的勒让德多项式,那么

$$\int_0^1 x^m \int_0^1 \frac{P_n(y)\ln xy}{1-xy}\mathrm{d}x\mathrm{d}y =$$

$$\sum_{\substack{1\leqslant p\leqslant m-1 \\ 1\leqslant q\leqslant n-1}}\Big(\frac{a_{pq}}{(p+1)^2(q+1)} + \frac{a_{pq}}{(p+1)(q+1)^2}\Big) +$$

$$\sum_{k=1}^m \frac{b_k}{k^3} + \sum_{k=1}^n \frac{c_k}{k^3} + c\zeta(3)$$

证明 把 $P_n(y)$ 展开,所说的积分即成为形如

$$\int_0^1\int_0^1 \frac{x^m y^s \ln xy}{1-xy}\mathrm{d}x\mathrm{d}y$$

的积分的整系数的线性组合,再由引理 4.6.5 即知引理成立.

引理 4.6.6 设 $f(x) = \int_0^1 \frac{P_n(y)}{1-xy}\ln xy\mathrm{d}x\mathrm{d}y$,那

第 4 章　几个著名的数的无理性和超越性

么

$$\int_0^1 f(x) P_n(x) \mathrm{d}x = \frac{A_n + B_n \zeta(3)}{d_n^3}$$

其中 $P_n(x), P_n(y)$ 是区间 $[0,1]$ 上的勒让德多项式，A_n 和 B_n 都是依赖于 n 的整数. $d_n = [1,2,\cdots,n]$ 是前 n 个自然数 $1,2,\cdots,n$ 的最小公倍数.

证明　由引理 4.1.4 知 $P_n(x)$ 是 $1,x,x^2,\cdots,x^n$ 的整系数线性组合，$P_n(y)$ 是 $1,y,y^2,\cdots,y^n$ 的整系数线性组合，因此由引理 4.6.5 即得

$$\int_0^1 P_n(x) f(x) \mathrm{d}x = \sum_{\substack{1 \leqslant p \leqslant n \\ 1 \leqslant q \leqslant n}} \left(\frac{a_{pq}}{p^2 q} + \frac{a_{pq}}{pq^2} \right) + \sum_{k=1}^m \frac{b_k}{k^3} + c_n \zeta(3)$$

上式中各分数的最小公倍数显然是 d_n^3，由此就得出引理.

引理 4.6.7　设 $q = \sqrt{2} - 1$，那么在正方体 $\Omega = [0,1]^3$ 上

$$0 \leqslant f(x,y,z) = \frac{xyz(1-x)(1-y)(1-z)}{1-(1-xy)z} \leqslant q^4$$

证明　由于在 Ω 的边界 $\partial \Omega$ 上，$f(x,y,z) = 0$，因此 $f(x,y,z)$ 的最大值只可能在 Ω 的内部达到，也就是说 $f(x,y,z)$ 在 Ω 上的最大值只可能是 Ω 内的某个极大值.

$$\frac{\partial f}{\partial x} = \frac{yz(1-y)(1-z)((1-2x)(1-z+xyz) - yz(x-x^2))}{(1-z+xyz)^2} = \frac{yz(1-y)(1-z)(1-2x-z+2xz-x^2 yz)}{(1-z+xyz)^2}$$

$$\frac{\partial f}{\partial y} = \frac{xz(1-x)(1-z)(1-2y-z+2yz-xy^2z)}{(1-z+xyz)^2}$$

$$\frac{\partial f}{\partial z} = \frac{xy(1-x)(1-y)(1-2z+z^2-xyz^2)}{(1-z+xyz)^2}$$

由于在 Ω 内 $x>0, y>0, z>0, 1-x>0, 1-y>0,$ $1-z>0$,因此方程组 $\frac{\partial f}{\partial x}=\frac{\partial f}{\partial y}=\frac{\partial f}{\partial z}=0$ 在 Ω 内的解可由方程组

$$\begin{cases} 1-2x-z+2xz-x^2yz=0 \\ 1-2y-z+2yz-xy^2z=0 \\ 1-2z+z^2-xyz^2=0 \end{cases}$$

决定. 在上面的方程组中,用第二式减去第一式得

$$(2(1-z)+xyz)(x-y)=0$$

由于在 Ω 内,$2(1-z)+xyz>0$,因此由上式就得出 $y=x$,把 $y=x$ 代入第三式中得

$$(1-z)^2 = x^2z^2$$

由于在 Ω 内,$1-z>0, xz>0$,因此由上式就得出 $1-z=xz$,由此解出

$$z = \frac{1}{1+x}$$

把 $y=x$ 和上式代入方程组的第一式得

$$1-2x-\frac{1}{1+x}+\frac{2x}{1+x}-\frac{x^3}{1+x}=0$$

上式两边都乘以在 Ω 内为正的数 $1+x$ 就得出

$$x^3 + 2x^2 - x = 0$$

由于在 Ω 内,$x>0$,因此由上式就得出 $x^2+2x-1=0$,此方程在 Ω 内的唯一解是 $x=q=\sqrt{2}-1$. 把 $x=q$ 代入 $y=x$ 和 $z=\frac{1}{1+x}$ 就得出方程组 $\frac{\partial f}{\partial x}=\frac{\partial f}{\partial y}=\frac{\partial f}{\partial z}=0$ 在

第4章 几个著名的数的无理性和超越性

Ω 内的唯一解是 $x=y=q, z=\dfrac{1}{1+q}$. q 满足方程 $q^2+2q-1=0$，因此

$$1-q=q+q^2=q(1+q)$$

而 $f(x,y,z)$ 在 Ω 上的最大值在 $x=y=q, z=\dfrac{1}{1+q}$ 处取得.

$$f_{\max}=\dfrac{q^2(1-q)^2\dfrac{1}{1+q}\left(1-\dfrac{1}{1+q}\right)}{1-\dfrac{1}{1+q}+\dfrac{q^2}{1+q}}=$$

$$\dfrac{q^2(q(1+q))^2 q}{(1+q)(1+q-1+q^2)}=$$

$$\dfrac{q^5(1+q)^2}{q(1+q^2)}=q^4$$

故在 Ω 上 $0 \leqslant f(x,y,z) \leqslant q^4$.

定理 4.6.1 $\zeta(3)$ 是无理数.

证明 假设 $\zeta(3)$ 不是无理数，那么可设 $\zeta(3)=\dfrac{a}{b}$，其中 a,b 都是正整数. 由引理 4.6.6 知 $bd_n^3 I$ 是一个整数，其中 $I=\displaystyle\int_0^1 P_n(x)f(x)\mathrm{d}x$. 但是

$$|bd_n^3 I| = \left|bd_n^3 \int_0^1 P_n(x)f(x)\mathrm{d}x\right| =$$

$$\left|bd_n^3 \int_0^1 P_n(x)\left(\int_0^1 \dfrac{P_n(y)}{1-xy}\ln xy \mathrm{d}y\right)\mathrm{d}x\right| =$$

$$\left|bd_n^3 \int_0^1\int_0^1 P_n(x)P_n(y)\left(\int_0^1 \dfrac{\mathrm{d}z}{1-(1-xy)z}\right)\mathrm{d}x\mathrm{d}y\right| =$$

$$\left|bd_n^3 \int_0^1\int_0^1\int_0^1 \dfrac{P_n(x)P_n(y)}{1-(1-xy)z}\mathrm{d}x\mathrm{d}y\mathrm{d}z\right| =$$

$$\left|bd_n^3 \int_0^1 P_n(y)\int_0^1 P_n(x)\int_0^1 \dfrac{\mathrm{d}x\mathrm{d}y\mathrm{d}z}{1-(1-xy)z}\right| =$$

$$\left| bd_n^3 \int_0^1 P_n(y) \int_0^1 \frac{x^n(1-x)^n}{n!} \cdot \right.$$
$$\left. \int_0^1 \frac{(-yz)(-2yz)\cdots(-nyz)}{(1-(1-xy)z)^{n+1}} \mathrm{d}x\mathrm{d}y\mathrm{d}z \right| =$$
$$\left| bd_n^3 \int_0^1 \int_0^1 P_n(y) \int_0^1 \frac{x^n(1-x)^n y^n z^n}{(1-(1-xy)z)^{n+1}} \mathrm{d}z\mathrm{d}y\mathrm{d}x \right|$$

在上面的积分中令 $w = \dfrac{1-z}{1-(1-xy)z}$,那么

$$z = \frac{1-w}{1-(1-xy)w}, \mathrm{d}z = -\frac{xy}{(1-(1-xy)w)^2} \mathrm{d}w$$

因此

$| bd_n^3 I | =$
$$\left| bd_n^3 \int_0^1 \int_0^1 \int_0^1 \frac{(1-x)^n P_n(y)(1-w)^n}{1-(1-xy)w} \mathrm{d}x\mathrm{d}y\mathrm{d}w \right| =$$
$$\left| bd_n^3 \int_0^1 (1-x)^n \int_0^1 P_n(y) \int_0^1 \frac{(1-w)^n}{1-(1-xy)w} \mathrm{d}w\mathrm{d}y\mathrm{d}x \right| =$$
$$\left| bd_n^3 \int_0^1 (1-x)^n \int_0^1 \frac{y^n(1-y)^n}{n!} \cdot \right.$$
$$\left. \int_0^1 \frac{(1-w)^n(-xw)(-2xw)\cdots(-nxw)}{(1-(1-xy)w)^{n+1}} \mathrm{d}w\mathrm{d}y\mathrm{d}x \right| =$$
$$\left| bd_n^3 \int_0^1 \int_0^1 \int_0^1 \left(\frac{xyw(1-x)(1-y)(1-w)}{1-(1-xy)w} \right)^n \cdot \right.$$
$$\left. \frac{\mathrm{d}x\mathrm{d}y\mathrm{d}w}{1-(1-xy)w} \right| =$$
$$\left| bd_n^3 q^{4n} \int_0^1 \int_0^1 \int_0^1 \frac{\mathrm{d}x\mathrm{d}y\mathrm{d}w}{1-(1-xy)w} \right| \leqslant$$
$$| b3^{3n} q^{4n} \zeta(3) | \leqslant 2a(3q^4)^n$$

(定理 3.8.14),由上面的不等式就得出当 $n \to \infty$ 时,$bd_n^3 I \to 0$. 由上面最后一个积分式又可以看出 $| bd_n^3 I | > 0$,这就与 $bd_n^3 I$ 是一个整数相矛盾,所得的矛盾就说明 $\zeta(3)$ 不可能是有理数,因而必是一个无理

第4章 几个著名的数的无理性和超越性

数.

4.7 e 的超越性

引理 4.7.1(埃尔米特恒等式) 设 $f(x)$ 为 m 次的实系数多项式

$$I(z) = \int_0^z e^{z-u} f(u) \mathrm{d}u$$

其中,z 是任意复数,积分沿着 0 到 z 的直线段,则有

$$I(z) = e^z \sum_{j=0}^m f^{(j)}(0) - \sum_{j=0}^m f^{(j)}(z)$$

埃尔米特(Hermite,charles,1822—1901),法国数学家.生于洛林地区的迪约兹,卒于巴黎.

证明 由积分学知道

$$\int e^{z-u} \mathrm{d}u = -e^{z-u}$$

由此及分部积分得到

$$I(z) = -e^{z-u} f(u)\big|_0^z + \int_0^z e^{z-u} f'(u) \mathrm{d}u =$$
$$-e^0 f(z) + e^z f(0) + \int_0^z e^{z-u} f'(u) \mathrm{d}u =$$
$$e^z f(0) - f(z) + \int_0^z e^{z-u} f'(u) \mathrm{d}u =$$
$$e^z f(0) - f(z) + e^z f'(0) - f'(z) +$$
$$\int_0^z e^{z-u} f''(u) \mathrm{d}u =$$
$$e^z f(0) - f(z) + e^z f'(0) - f'(z) + \cdots +$$
$$e^z f^{(m)}(0) - f^{(m)}(z) +$$
$$\int_0^z e^{z-u} f^{(m+1)}(u) \mathrm{d}u =$$
(由于 $f(x)$ 是 m 次多项式,所以 $f^{(m+1)}(u) \equiv 0$) =

$$\mathrm{e}^z(f(0)+f'(0)+\cdots f^{(m)}(0))-$$
$$(f(z)+f'(z)+\cdots+f^{(m)}(z))=$$
$$\mathrm{e}^z\sum_{j=0}^m f^{(j)}(0)-\sum_{j=0}^m f^{(j)}(z)$$

引理 4.7.2 设 $f^*(x)$ 表示把 $f(x)$ 的系数换成其绝对值所得的多项式,则
$$|I(z)|\leqslant |z|\mathrm{e}^{|z|}f^*(|z|)$$

证明 $|I(z)|=\left|\int_0^z \mathrm{e}^{z-u}f(u)\mathrm{d}u\right|\leqslant ML$

其中 L 是路径:从 0 到 z 的直线段的长度,故 $L=|z|$. $M=\max\limits_{z\in\Gamma}|\mathrm{e}^{z-u}f(u)|=|\mathrm{e}^{z-\xi}f(\xi)|$,其中 ξ 是路径中某一点. 显然
$$|\xi|\leqslant|z|,|z-\xi|\leqslant|z|$$
因此
$$M=|\mathrm{e}^{z-\xi}f(\xi)|\leqslant \mathrm{e}^{|z-\xi|}|f(\xi)|\leqslant$$
$$\mathrm{e}^{|z|}|a_0\xi^n+a_1\xi^{n-1}+\cdots+a_n|\leqslant$$
$$\mathrm{e}^{|z|}(|a_0||\xi|^n+|a_1||\xi|^{n-1}+\cdots+|a_n|)\leqslant$$
$$\mathrm{e}^{|z|}(|a_0||z|^n+|a_1||z|^{n-1}+\cdots+|a_n|)\leqslant$$
$$\mathrm{e}^{|z|}f^*(|z|)$$
故 $|I(z)|\leqslant |z|\mathrm{e}^{|z|}f^*(|z|)$

引理 4.7.3 设
$$f(x)=\frac{x^{p-1}(x-1)^p(x-2)^p\cdots(x-n)^p}{(p-1)!}$$

其中 $p>n$ 是一个素数,那么

(1) 当 $j<p-1$ 时,$f^{(j)}(0)=f^{(j)}(i)=0, i=1,2,\cdots,n$;

(2) 当 $j=p-1$ 时,$f^{(j)}(0)=(-1)^n(n!)^p$;

(3) 当 $j>p-1$ 时,$f^{(j)}(0)$ 和 $f^{(j)}(i),i=1,2,\cdots,n$ 都是 p 的倍数.

第4章 几个著名的数的无理性和超越性

证明

(1) $f(x) = \dfrac{x^{p-1}(x-1)^p(x-2)^p\cdots(x-n)^p}{(p-1)!} =$

$x^{p-1}(c_{0,0}x^{np} + c_{0,1}x^{np-1} + \cdots + c_{0,np}) =$

$c_{0,0}x^{(n+1)p-1} + c_{0,1}x^{(n+1)p-2} + \cdots + c_{0,np}x^{p-1}$

其中

$c_{0,np} = \dfrac{((-1)^n)^p(n!)^p}{(p-1)!} = \dfrac{((-1)^p)^n(n!)^p}{(p-1)!} = \dfrac{(-1)^n(n!)^p}{(p-1)!}$

$f(x)$ 的最低项的次数为 $p-1$,因此当 $j < p-1$ 时,$f(x)$ 经过 j 次求导后,得到一个最低项次数为 $p-1-j > 0$ 的多项式,由此显然就有 $f^{(j)}(0) = 0$.

同理,对任一 $i > 0$,把 $f(x)$ 写成 $x-i$ 的多项式后可得 $f(x)$ 是 $x-i$ 的最低项次数为 p 的多项式.因此经过 j 次求导后,得到一个 $x-i$ 的最低项次数为 $p-j > 0$ 的多项式,故对任意 $i > 0$,有 $f^{(j)}(i) = 0$.

(2) 由(1)中所得的 $f(x)$ 表为 x 的多项式的形式可知,$f(x)$ 经 $p-1$ 次求导后,$f^{(p-1)}(x)$ 是一个常数项为 $(p-1)! c_{0,np}$ 的多项式,因此

$f^{(p-1)}(0) = (p-1)! c_{0,np} = (-1)^n(n!)^p$

(3) 设 $m = (n+1)p-1$,由(1)中所得的 $f(x)$ 的形式可写

$f(x) = \dfrac{x^m + b_{0,1}x^{m-1} + \cdots + b_{0,np}}{(p-1)!}$

其中 $b_{0,k}$ 都是整数. 当 $j > p-1$ 或 $j \geqslant p$ 时,$f(x)$ 经过 j 次求导后所得的多项式为

$f^{(j)}(x) = \dfrac{1}{(p-1)!} \sum_{k=0}^{m-j} b_{0,k} A_{m-k}^j x^{m-k-j}, b_{0,0} = 1$

其中 A_{m-k}^j 是连续 j 个整数的乘积,因此是 $j!$ 的倍数,因为 $j \geqslant p$,所以也是 $p!$ 的倍数. 故 $f^{(j)}(0)$ 和 $f^{(j)}(i), i=1,2,\cdots,n$ 都是 p 的倍数.

引理 4.7.4 如果 $a_n e^n + a_{n-1} e^{n-1} + \cdots + a_0 = 0$,其中 $a_0, a_1, \cdots, a_n$ 都是整数

$$f(x) = \frac{x^{p-1}(x-1)^p(x-2)^p \cdots (x-n)^p}{(p-1)!}$$

其中 $p > n$ 是一个素数

$$J = a_0 I(0) + a_1 I(1) + \cdots + a_n I(n)$$

那么

(1) $J = -\sum_{i=0}^{n} \sum_{j=0}^{m} a_i f^{(j)}(i)$,其中 $m = (n+1)p - 1$ 是 $f(x)$ 的次数;

(2) J 是一个整数,$p \nmid J$.

证明 (1) 由引理 4.7.1 知

$$J = a_0 I(0) + a_1 I(1) + \cdots + a_n I(n) =$$

$$a_0 \Big(\sum_{j=0}^{m} f^{(j)}(0) - \sum_{j=0}^{m} f^{(j)}(0) \Big) +$$

$$a_1 \Big(e \sum_{j=0}^{m} f^{(j)}(0) - \sum_{j=0}^{m} f^{(j)}(1) \Big) + \cdots +$$

$$a_0 \Big(e^n \sum_{j=0}^{m} f^{(j)}(0) - \sum_{j=0}^{m} f^{(j)}(n) \Big) =$$

$$-\sum_{j=0}^{n} \sum_{j=0}^{m} f^{(j)}(i)$$

(2) 由引理 4.7.3 知 J 中的项除了 $f^{(p-1)}(0)$ 之外都是 0 或 p 的倍数,故

$$J = f^{(p-1)}(0) + Mp = (-1)^n (n!)^p + Mp$$

是一个整数,但 $p \nmid J$.

定理 4.7.1 e 是一个超越数.

第4章 几个著名的数的无理性和超越性

证明 假设 e 不是超越数,那么 e 必满足一个整系数代数方程,因而可设 $a_n \mathrm{e}^n + a_{n-1}\mathrm{e}^{n-1} + \cdots + a_0 = 0$,其中 $a_0, a_1, \cdots, a_n$ 都是整数. 又设

$$f(x) = \frac{x^{p-1}(x-1)^p(x-2)^p\cdots(x-n)^p}{(p-1)!}$$

其中 $p > n$ 是一个素数

$$J = a_0 I(0) + a_1 I(1) + \cdots + a_n I(n)$$

而

$$I(z) = \int_0^z \mathrm{e}^{z-u} f(u) \mathrm{d}u$$

那么由引理 4.7.4 知 J 是一个整数,但是 $p \nmid J$,因此 $J \neq 0$,这说明 $|J| \geqslant 1$. 但是另一方面,由引理 4.7.2 知

$$|J| \leqslant \Big|\sum_{i=1}^n I(i)\Big| \leqslant |a_i| \, |I(i)| \leqslant$$

$$\sum_{i=1}^n i \, |a_i| \, \mathrm{e}^i f^*(i) \leqslant \frac{c^p}{(p-1)!}$$

其中 c 是一个与 p 无关的实数,因此当 p 充分大时(由于有无穷多个素数,这是可以办得到的),$|J| < 1$(由于当 $p \to \infty$ 时,$\frac{c^p}{(p-1)!} \to 0$),这与 $|J| \geqslant 1$ 矛盾,所得的矛盾就说明 e 必是一个超越数.

4.8 π 的超越性

引理 4.8.1 设 $f(\alpha_1, \alpha_2, \cdots, \alpha_l)$ 是 $\alpha_1, \alpha_2, \cdots, \alpha_l$ 的对称多项式,则当把 f 看成是 $\alpha_1, \alpha_2, \cdots, \alpha_l, 0, 0, \cdots, 0$(其中有任意个 0,比如可设有 $m-l$ 个 0)的多项式时,f 也是它们的对称多项式.

证明 f 是形如 $\alpha_1^{\delta_1}\alpha_2^{\delta_2}\cdots\alpha_l^{\delta_l}$ 的单项式之和,其中 $\delta_1+\delta_2+\cdots+\delta_l=k, k=0,1,2,\cdots,n$, 即

$$f=\sum_{k=0}^{n}\sum_{\delta_1+\delta_2+\cdots+\delta_l=k}a_{\delta_1\delta_2\cdots\delta_l}\alpha_1^{\delta_1}\alpha_2^{\delta_2}\cdots\alpha_l^{\delta_l}$$

且当 $\alpha_1,\alpha_2,\cdots,\alpha_l$ 取遍它们的 $l!$ 种排列中的每一个时,f 不变.

令

$$\beta_1=\alpha_1,\cdots,\beta_l=\alpha_l, \beta_{l+1}=\cdots=\beta_m=0$$

$$\begin{cases} a_{\delta_1\delta_2\cdots\delta_m}=a_{\delta_1\delta_2\cdots\delta_l} & ,\delta_{l+1}=\cdots\delta_m=0 \\ a_{\delta_1\delta_2\cdots\delta_m}=1 & ,\text{存在某一个 } \delta_i>0, i\geqslant l+1 \end{cases}$$

$$g=\sum_{k=0}^{n}\sum_{\delta_1+\delta_2+\cdots+\delta_m=k}a_{\delta_1\delta_2\cdots\delta_m}\beta_1^{\delta_1}\beta_2^{\delta_2}\cdots\beta_m^{\delta_m}$$

那么当 $\beta_1,\beta_2,\cdots,\beta_m$ 取遍它们的 $m!$ 种排列中的每一个时,$\alpha_1,\alpha_2,\cdots,\alpha_l$ 也取遍它们的 $l!$ 种排列中的每一个,即

$$g=\sum\nolimits_1+\sum\nolimits_2=\sum\nolimits_1=$$

$$\sum_{k=0}^{n}\sum_{\delta_1+\delta_2+\cdots+\delta_l=k}a_{\delta_1\delta_2\cdots\delta_l}\alpha_1^{\delta_1}\alpha_2^{\delta_2}\cdots\alpha_l^{\delta_l}=f$$

其中在 $\sum_1$ 中 $\delta_{l+1}=\cdots=\delta_m=0$,而在 $\sum_2$ 中存在某一个 $\delta_i>0, i\geqslant l+1$.

故 g 在 $\beta_1,\beta_2,\cdots,\beta_m$ 取遍它们的 $m!$ 种排列中的每一个时不变,由于 $g\equiv f$,故 f 也是 $\beta_1,\beta_2,\cdots,\beta_m$ 的对称函数.

引理 4.8.2 设 $f(\alpha_1,\alpha_2,\cdots,\alpha_l)$ 是 $a\alpha_1,a\alpha_2,\cdots,a\alpha_l$ 的对称多项式,其中 a 是一个整数. $\beta_1=\alpha_1,\cdots,\beta_l=\alpha_l, \beta_{l+1}=\cdots=\beta_m=0$,那么 f 也是 $a\beta_1,a\beta_2,\cdots,a\beta_m$ 的对称多项式.

第 4 章 几个著名的数的无理性和超越性

证明 与引理 4.8.1 类似.

引理 4.8.3 设 $\theta_1, \theta_2, \cdots, \theta_n$ 是整系数方程 $ax^n + a_1 x^{n-1} + \cdots + a_n = 0$ 的 n 个根,那么 $a\theta_1, a\theta_2, \cdots, a\theta_n$ 的 n 个基本对称多项式的值都是整数.

证明 由根与系数的关系式即可得出.

引理 4.8.4 设 $f(x) = a^{lp} x^{p-1} (x - \alpha_1)^p (x - \alpha_2)^p \cdots (x - \alpha_l)^p$,那么当 $j \geqslant p - 1$ 时,$f^{(j)}(x)$ 是 ax 的多项式.

证明 只须证 $f^{(p-1)}(x)$ 是 ax 的多项式即可.
$$f(x) = a^{lp} x^{p-1} (x - \alpha_1)^p (x - \alpha_2)^p \cdots (x - \alpha_l)^p =$$
$$x^{p-1} (ax - a\alpha_1)^p (ax - a\alpha_2)^p \cdots (ax - a\alpha_l)^p =$$
$$x^{p-1} g^p(ax)$$

其中 $g(u) = (u - a\alpha_1)(u - a\alpha_2) \cdots (u - a\alpha_l)$

故由莱布尼兹公式得
$$f^{(p-1)}(x) = \sum_{k=0}^{p-1} C_{p-1}^k (g^p(ax))^{(k)} (x^{p-1})^{(p-1-k)} =$$
$$\sum_{k=0}^{p-1} C_{p-1}^k g^{p-k}(ax) a^k A_{p-1}^{p-1-k} x^k =$$
$$\sum_{k=0}^{p-1} C_{p-1}^k A_{p-1}^{p-1-k} (ax)^k g^{p-k}(ax)$$

故 $f^{(p-1)}(x)$ 已是 ax 的多项式,从而当 $j \geqslant p$ 时,$f^{(j)}(x)$ 都是 ax 的多项式.

引理 4.8.5 设 $a\alpha_1, a\alpha_2, \cdots, a\alpha_l$ 的基本对称多项式都是整数
$$f(x) = a^{lp} x^{p-1} (x - \alpha_1)^p (x - \alpha_2)^p \cdots (x - \alpha_l)^p$$
其中 p 是一个充分大的素数,那么
$$J_j = \sum_{k=1}^{l} f^{(j)}(\alpha_k)$$
是一个整数,且

(1) 当 $j < p-1$ 时,$f^{(j)}(0)$ 和 J_j 都等于 0;

(2) 当 $j = p-1$ 时,$f^{(p-1)}(0)$ 是一个非 0 整数,且 $(p-1)! \mid f^{(p-1)}(0)$,但是 $p! \nmid f^{(p-1)}(0)$,$J_{p-1} = 0$;

(3) 当 $j > p-1$ 或 $j \geqslant p-1$ 时,$f^{(j)}(0)$ 和 J_j 都是 $p!$ 的倍数.

证明 (1) 由于 0 和 α_k 都是 $f(x)$ 的 $p-1$ 重根,因此当 $j < p-1$ 时,$f^{(j)}(0) = 0$,$f^{(j)}(\alpha_k) = 0$,这就证明了(1),同时也证明了当 $j < p-1$ 时,J_j 是一个整数.

由引理 4.8.4 知,当 $j \geqslant p-1$ 时,$f^{(j)}(x)$ 是 ax 的多项式,而 J_j 显然是 $\alpha_1, \alpha_2, \cdots, \alpha_l$ 的对称多项式,因而也是 $a\alpha_1, a\alpha_2, \cdots, a\alpha_l$ 的对称多项式,故 $f^{(j)}(x)$ 的值是一个整数.这就证明了对任意 j,J_j 是一个整数.

(2) $f^{(p-1)}(0) =$

$(p-1)! \, a^{lp} (-1)^l (\alpha_1, \alpha_2, \cdots, \alpha_l)^p =$

$(p-1)! \, (-1)^l (a\alpha_1 a\alpha_2 \cdots a\alpha_l)^p$

$a\alpha_1 a\alpha_2 \cdots a\alpha_l$ 是 $a\alpha_1, a\alpha_2, \cdots, a\alpha_l$ 的基本对称多项式,由假设,它是一个与 p 无关的整数,因此当 p 充分大时,$p \nmid (a\alpha_1 a\alpha_2 \cdots a\alpha_l)^p$,因而 $(p-1)! \mid f^{(p-1)}(0)$,但是 $p! \nmid f^{(p-1)}(0)$;又因为 α_k 都是 $f(x)$ 的 p 重根,所以 $f^{p-1}(\alpha_k) = 0$,因而 $J_{p-1} = 0$.

(3) 当 $j \geqslant p$ 时

$$f^{(j)}(x) = \sum_{k=0}^{j} C_j^k (g^p(ax))^{(k)} (x^{p-1})^{(j-k)} =$$

$$\sum_{k=0}^{j} C_j^k P_j^{j-k} a^k g^{p-k}(ax) x^{p-1-j+k} =$$

$$\sum_{k=0}^{j} C_j^k P_j^{j-k} a^{j-(p-1)} g^{p-k}(ax)(ax)^{p-1-j+k}$$

由于系数中含有 j 个整数的连乘积,故上式中的每一

第4章 几个著名的数的无理性和超越性

项都是 $j!$ 的倍数,而由于 $j \geqslant p$,因而上式中的每一项都是 $p!$ 的倍数.

由此得出
$$f^{(j)}(\alpha_k) = (p!)\varphi_j(a\alpha_k)$$
其中 φ_j 是一个整系数多项式,而
$$J_j = f^{(j)}(\alpha_1) + f^{(j)}(\alpha_2) + \cdots + f^{(j)}(\alpha_l) =$$
$$(p!)(\varphi_j(a\alpha_1) + \varphi_j(a\alpha_2) + \cdots + \varphi_j(a\alpha_l))$$
是 $a\alpha_1, a\alpha_2, \cdots, a\alpha_l$ 的对称多项式,因而可用 $a\alpha_1, a\alpha_2, \cdots, a\alpha_l$ 的基本对称多项式的整系数多项式表出,因而是一个整数. 这就证明了当 $j \geqslant p$ 时, J_j 是 $p!$ 的倍数.

同理可证 $f^{(j)}(0)$ 是 $p!$ 的倍数.

定理 4.8.1 π 是一个超越数.

证明 假设 π 是一个代数数,那么根据定理 5.4.1 可知 $\theta = \pi\mathrm{i}$ 也是一个代数数,因而满足一个整系数代数方程
$$ax^n + a_1x^{n-1} + \cdots + a_n = 0$$
设 $\theta_1 = \theta, \theta_2, \cdots, \theta_n$ 是上面的方程的所有的根. 那么由引理 4.8.3 可知 $a\theta_1, a\theta_2, \cdots, a\theta_n$ 的 n 个基本对称多项式的值都是整数. 由于
$$\mathrm{e}^{\theta_1} = \mathrm{e}^{\pi\mathrm{i}} = -1$$
因此 $R = (1 + \mathrm{e}^{\theta_1})(1 + \mathrm{e}^{\theta_2})\cdots(1 + \mathrm{e}^{\theta_n}) = 0$
把上式右边的括号展开,则 R 可写成 2^n 个 e^{β_i} 形式的项之和,其中
$$\beta_i = \varepsilon_{i1}\theta_1 + \varepsilon_{i2}\theta_2 + \cdots + \varepsilon_{in}\theta_n$$
上式里 ε_{ij} 代表 0 或 1.

假设在 β_i 中有 l 个不为 0(肯定有不为 0 的项,例如 $\mathrm{e}^{\theta_1}, \mathrm{e}^{\theta_2}, \cdots, \mathrm{e}^{\theta_n}$ 就都是 $\beta_i \neq 0$ 的项,也肯定有 $\beta_i = 0$ 的

项,例如展式的第一项 $1=1^0$ 就是 $\beta_i=0$ 的项).令 $q=2^n-l$,那么
$$R=q+e^{\alpha_1}+e^{\alpha_2}+\cdots+e^{\alpha_l}$$
设 p 是充分大的素数
$$f(x)=a^{lp}x^{p-1}(x-\alpha_1)^p(x-\alpha_2)^p\cdots(x-\alpha_l)^p$$
$$I(z)=\int_0^z e^{z-u}f(u)\mathrm{d}u$$
$$\begin{aligned}J=&I(\alpha_1)+I(\alpha_2)+\cdots+I(\alpha_l)=\\&e^{\alpha_1}(f(0)+f'(0)+\cdots+f^{(s)}(0))-\\&(f(\alpha_1)+f'(\alpha_1)+\cdots+f^{(s)}(\alpha_1))+\\&e^{\alpha_2}(f(0)+f'(0)+\cdots+f^{(s)}(0))-\\&(f(\alpha_2)+f'(\alpha_2)+\cdots+f^{(s)}(\alpha_2))+\cdots+\\&e^{\alpha_l}(f(0)+f'(0)+\cdots+f^{(s)}(0))-\\&(f(\alpha_l)+f'(\alpha_l)+\cdots+f^{(s)}(\alpha_l))=\\&(e^{\alpha_1}+e^{\alpha_2}+\cdots+e^{\alpha_l})(f(0)+f'(0)+\cdots+\\&f^{(s)}(0))-\sum_{j=0}^s\sum_{k=1}^l f^{(j)}(\alpha_k)=\\&-q\sum_{j=0}^s f^{(j)}(0)-\sum_{j=0}^s\sum_{k=1}^l f^{(j)}(\alpha_k)\end{aligned}$$

上面式子中的 s 代表多项式 $f(x)$ 的次数.

由引理 4.8.1、引理 4.8.2、引理 4.8.3 和引理 4.8.5 知,无论对 $j<p-1$ 还是 $j\geqslant p-1$,$\sum_{k=1}^l f^{(j)}(\alpha_k)$ 都是 $a\alpha_1,a\alpha_2,\cdots,a\alpha_l$ 的对称多项式,因而也是 $a\beta_1,a\beta_2,\cdots,a\beta_{2^n}$ 的对称多项式. 而由 β_i 的定义可知,$\sum_{k=1}^l f^{(j)}(\alpha_k)$ 也是 $a\theta_1,a\theta_2,\cdots,a\theta_n$ 的对称多项式. 因而可由 $a\theta_1,a\theta_2,\cdots,a\theta_n$ 的初等对称多项式的整系数组合线性表出,因此是一个整数. 由此看出 J 中除了

$f^{(p-1)}(0)$ 之外的项不是 0 就是 $p!$ 的倍数,故都可被 $p!$ 整除,但是 $f^{(p-1)}(0)$ 只能被 $(p-1)!$ 整除而不能被 $p!$ 整除,这就说明 $(p-1)! \mid J$ 但是 $p! \nmid J$.因而 J 是一个非 0 整数,从而 $|J| \geqslant (p-1)$ 或
$$\left|\frac{J}{(p-1)!}\right| \geqslant 1.$$

但是另一方面,由引理 4.7.2 知
$$|J| = \left|\sum_{k=1}^{l} I(\alpha_k)\right| \leqslant \sum_{k=1}^{l} |\alpha_k| e^{|\alpha_k|} f^*(|\alpha_k|) \leqslant c^p$$
其中 c 是一个与 p 无关的正常数,由此就得出当 p 充分大时
$$\left|\frac{J}{(p-1)!}\right| \leqslant \frac{c^p}{(p-1)!} \to 0$$

上式与 $\left|\dfrac{J}{(p-1)!}\right| \geqslant 1$ 矛盾,所得的矛盾就说明 π 不可能是一个代数数,从而必定是一个超越数.

第5章 数的挑战仍在继续:几个公开问题

5.1 $\zeta(5),\zeta(7),\cdots$ 是有理数还是无理数

在第4章4.6中,我们提到在研究个别特殊的数是否是一个无理数问题上的最新进展是法国数学家阿皮瑞(Apery)1978年在芬兰赫尔辛基举行的世界数学家大会上宣布他证明了 $\zeta(3)$ 的无理性. 这一结果宣布后,一些数学家的注意力就转向了 $\zeta(5),\zeta(7),\cdots$,一般的 $\zeta(2n+1)$ 这些数是否是无理数的问题上来.

我们知道,在证明 $\zeta(3)$ 的无理性时,$\zeta(3)$ 的积分表示式起了重要的作用. 因此在研究,$\zeta(5),\zeta(7),\cdots,\zeta(2n+1),\cdots$ 的无理性时,很自然地也会先考虑他们是否有类似的积分表示式. 对此我们有:

第 5 章 数的挑战仍在继续:几个公开问题

引理 5.1.1 $\zeta(n) = \int_0^1 \cdots \int_0^1 \int_0^1 \dfrac{\mathrm{d}x_1 \mathrm{d}x_2 \cdots \mathrm{d}x_n}{1 - x_1 x_2 \cdots x_n}.$

证明 $\int_0^1 \cdots \int_0^1 \int_0^1 \dfrac{\mathrm{d}x_1 \mathrm{d}x_2 \cdots \mathrm{d}x_n}{1 - x_1 x_2 \cdots x_n} =$

$\int_0^1 \cdots \int_0^1 \int_0^1 \sum_{k=0}^{\infty} x_1^k x_2^k \cdots x_n^k \mathrm{d}x_1 \mathrm{d}x_2 \cdots \mathrm{d}x_n =$

$\sum_{k=0}^{\infty} \int_0^1 \cdots \int_0^1 \int_0^1 x_1^k x_2^k \cdots x_n^k \mathrm{d}x_1 \mathrm{d}x_2 \cdots \mathrm{d}x_n =$

$\sum_{k=0}^{\infty} \int_0^1 x_1^k \mathrm{d}x_1 \int_0^1 x_2^k \mathrm{d}x_2 \cdots \int_0^1 x_n^k \mathrm{d}x_n =$

$\sum_{k=0}^{\infty} \dfrac{1}{k+1} \cdot \dfrac{1}{k+1} \cdot \cdots \cdot \dfrac{1}{k+1} =$

$\sum_{k=0}^{\infty} \dfrac{1}{(k+1)^n} = \sum_{k=1}^{\infty} \dfrac{1}{k^n} = \zeta(n)$

引理 5.1.2 $\zeta(n+1) = -\dfrac{1}{n} \int_0^1 \cdots \int_0^1 \int_0^1 \dfrac{\ln(x_1 x_2 \cdots x_n)}{1 - x_1 x_2 \cdots x_n} \mathrm{d}x_1 \mathrm{d}x_2 \cdots \mathrm{d}x_n.$

证明

$\int_0^1 \cdots \int_0^1 \int_0^1 \dfrac{\ln(x_1 x_2 \cdots x_n)}{1 - x_1 x_2 \cdots x_n} \mathrm{d}x_1 \mathrm{d}x_2 \cdots \mathrm{d}x_n$

$\int_0^1 \cdots \int_0^1 \int_0^1 \sum_{k=0}^{\infty} x_1^k x_2^k \cdots x_n^k \ln(x_1 x_2 \cdots x_n) \mathrm{d}x_1 \mathrm{d}x_2 \cdots \mathrm{d}x_n =$

$\sum_{k=0}^{\infty} \int_0^1 \cdots \int_0^1 \int_0^1 x_1^k x_2^k \cdots x_n^k (\ln x_1 + \ln x_2 + \cdots + \ln x_n) \mathrm{d}x_1 \mathrm{d}x_2 \cdots \mathrm{d}x_n =$

$\sum_{k=0}^{\infty} \big(\int_0^1 \cdots \int_0^1 \int_0^1 x_1^k x_2^k \cdots x_n^k \ln x_1 \mathrm{d}x_1 \mathrm{d}x_2 \cdots \mathrm{d}x_n +$

$\int_0^1 \cdots \int_0^1 \int_0^1 x_1^k x_2^k \cdots x_n^k \ln x_2 \mathrm{d}x_1 \mathrm{d}x_2 \cdots \mathrm{d}x_n + \cdots +$

$$\int_0^1 \cdots \int_0^1 \int_0^1 x_1^k x_2^k \cdots x_n^k \ln x_2 \, \mathrm{d}x_1 \mathrm{d}x_2 \cdots \mathrm{d}x_n \Big) =$$

$$n \sum_{k=0}^{\infty} \int_0^1 \cdots \int_0^1 \int_0^1 x_1^k x_2^k \cdots x_n^k \ln x_1 \, \mathrm{d}x_1 \mathrm{d}x_2 \cdots \mathrm{d}x_n =$$

$$n \sum_{k=0}^{\infty} \int_0^1 x_1^k \ln x_1 \mathrm{d}x_1 \int_0^1 x_2^k \mathrm{d}x_2 \cdots \int_0^1 x_n^k \mathrm{d}x_n =$$

$$n \sum_{k=0}^{\infty} \frac{1}{(k+1)^{n-1}} \Big(\frac{x_1^{k+1}}{k+1} \ln x_1 \Big|_0^1 - \frac{1}{k+1} \int_0^1 x_1^{k+1} \frac{\mathrm{d}x_1}{x_1} \Big) =$$

$$-n \sum_{k=0}^{\infty} \frac{1}{(k+1)^{n+1}} = -n \sum_{k=1}^{\infty} \frac{1}{k^{n+1}} = -n\zeta(n+1)$$

由此即可得出引理.

虽然我们给出了两个形式上与 $\zeta(2), \zeta(3)$ 类似的公式，但是如果企图也从形式上模仿 $\zeta(2), \zeta(3)$ 的无理性的证明而得出 $\zeta(4), \zeta(5), \cdots$ 等数无理性的证明就会遇到一系列困难.

我们证明 $\zeta(2), \zeta(3)$ 的无理性时，第一步就是构造一个非 0 的积分 I_n，使得

$$I_n = \frac{A_n + B_n \zeta(m)}{d_n^m}$$

而构造这一积分时是很依赖于 m 的特殊性的，并没有一般的方法. 目前，我们只对 $m = 2, 3$ 构造出了这种积分.

我们的第二步是通过积分变换和广义分部积分公式去得到一个估计，从而可以证明当 $n \to \infty$ 时，$\mid b d_n^m I_n \mid \to 0$，由这一矛盾最后得出 $\zeta(m)$ 的无理性.

在估计积分时，我们利用了被积函数的最大值，如果按着这一路线去对 $m \geqslant 4$ 的类似积分求被积函数的最大值时，例如，我们可以得出

$\zeta(4) =$

$$\iiiint_0^1 \frac{1-xy}{(1-(1-xy)w)(1-(1-xy)v)} dxdydwdv$$

而经过一系列变换后类似的被积函数为

$$\frac{x(1-x)y(1-y)w(1-w)v(1-v)(1-xy)}{(1-(1-xy)w)(1-(1-xy)v)}$$

其在超立方体 I^4 最大值为

$$\frac{(5-\sqrt{13})^4(-7+2\sqrt{13})^2}{54(-3+\sqrt{13})^4}$$

对于 $\zeta(5)$ 类似的最大值是 $\dfrac{2}{3+\sqrt{13}}$.

然而遗憾的是,对 $\zeta(4),\zeta(5),\cdots$,我们至今无法得出一种类似于

$$I_n = \frac{A_n + B_n \zeta(m)}{d_n^m}$$

形式的积分.

5.2 欧拉常数 γ 是有理数还是无理数

在提出这一问题时,我们再次要回到调和级数

$$H_n = 1 + \frac{1}{2} + \frac{1}{3} + \cdots + \frac{1}{n}$$

上来.我们早已知道,它是发散的.

我们知道

$$\int \frac{dx}{1+x} = \ln(1+x)$$

因此调和级数可以看成是积分 $\int_0^{n-1} \dfrac{dx}{1+x}$ 的近似值,因而近似于 $\ln(1+n)$.现在我们看看,如果把两个虽然都是发散的,但很近似的量 H_n 和 $\ln(1+n)$ 相减,会得出

什么结果来?从一般的理论上来说,两个无穷大相减,既可能仍是一个无穷大,又可能趋于一个有穷的极限.我们更感兴趣于后者,因为这时我们可以得到一个渐近估计式.

引理 5.2.1 当 $n \to \infty$ 时,$H_n - \ln n$ 趋于有限极限.

证明 考虑级数

$$\sum_{n=1}^{\infty}\left(\frac{1}{n} - \ln\frac{n+1}{n}\right)$$

用微积分的知识易证

$$\ln(1+x) < x, \quad x \neq 0, x > -1$$

因此

$$\ln\frac{n+1}{n} = \ln\left(1 + \frac{1}{n}\right) < \frac{1}{n}$$

另一方面,又有

$$\ln\frac{n+1}{n} = -\ln\frac{n}{n+1} = -\ln\left(1 - \frac{1}{n+1}\right) > \frac{1}{n+1}$$

因而有 $\quad 0 < \frac{1}{n} - \ln\frac{n+1}{n} < \frac{1}{n} - \frac{1}{n+1}$

再利用 $\quad \ln\frac{n+1}{n} = \ln(n+1) - \ln n$

就得出

$$0 < \sum_{k=1}^{n}\left(\frac{1}{k} - \ln\frac{k+1}{k}\right) =$$

$$\sum_{k=1}^{n}\left(\frac{1}{k} - (\ln(k+1) - \ln k)\right) =$$

$$1 - (\ln 2 - \ln 1) + \frac{1}{2} - (\ln 3 - \ln 2) + \cdots +$$

$$\frac{1}{n} - (\ln(n+1) - \ln n) =$$

第5章 数的挑战仍在继续:几个公开问题

$$H_n - (\ln 2 - \ln 1 + \ln 3 - \ln 2 + \cdots + \ln(n+1) - \ln n) =$$
$$H_n - (\ln(n+1) - \ln 1) =$$
$$H_n - \ln(n+1) <$$
$$1 - \frac{1}{2} + \frac{1}{2} - \frac{1}{3} + \cdots + \frac{1}{n} - \frac{1}{n+1} =$$
$$1 - \frac{1}{n+1} < 1$$

由此就说明正项级数 $\sum_{n=1}^{\infty}\left(\frac{1}{n} - \ln\frac{n+1}{n}\right)$ 是收敛的,因而序列 $H_n - \ln(n+1)$ 是收敛的. 又因为

$$H_n - \ln n = H_n - \ln(n+1) + \ln(n+1) - \ln n =$$
$$H_n - \ln(n+1) + \ln\left(1 + \frac{1}{n}\right)$$

故 $H_n - \ln n$ 是收敛的,这就证明了引理.

定义 5.2.1 极限 $\gamma = \lim\limits_{n\to\infty}(H_n - \ln n)$ 称为欧拉常数.

欧拉常数 γ 和 Γ(伽马) 函数有着密切的关系,而 Γ 函数又和 B(贝塔) 函数有着密切的关系. Γ 函数和 B 函数又都称为欧拉积分.

定义 5.2.2 $B(a,b) = \int_0^1 x^{a-1}(1-x)^{b-1}\mathrm{d}x (a>0, b>0)$ 称为第一类欧拉积分,又称为 B 函数.

引理 5.2.2 B 函数有以下性质:

(1) $B(a,b) = B(b,a)$;

(2) $B(a,b) = \dfrac{b-1}{a+b-1} B(a, b-1)$;

(3) $B(a,b) = \dfrac{a-1}{a+b-1} B(a-1, b)$;

(4) 设 m,n 都是自然数,则 $\mathrm{B}(m,n) = \dfrac{(m-1)!\,(n-1)!}{(m+n-1)!}$;

(5) $\mathrm{B}(a,b) = \displaystyle\int_0^\infty \dfrac{y^{a-1}}{(1+y)^{a+b}}\,\mathrm{d}y$;

(6) $\mathrm{B}(a,b) = \displaystyle\int_0^1 \dfrac{x^{a-1}+x^{b-1}}{(1+x)^{a+b}}\,\mathrm{d}x$.

证明 (1) 在第一类欧拉积分中令 $x = 1-z$ 即得.

(2) 对第一类欧拉积分做分部积分就得到

$$\mathrm{B}(a,b) = \int_0^1 x^{a-1}(1-x)^{b-1}\,\mathrm{d}x = \dfrac{x^a(1-x)^{b-1}}{a}\bigg|_0^1 -$$

$$\dfrac{b-1}{a}(-1)\int_0^1 x^a(1-x)^{b-2}\,\mathrm{d}x =$$

$$\dfrac{b-1}{a}\int_0^1 x^{a-1}(1-x)^{b-2}\,\mathrm{d}x -$$

$$\dfrac{b-1}{a}\int_0^1 x^{a-1}(1-x)^{b-1}\,\mathrm{d}x =$$

$$\dfrac{b-1}{a}\mathrm{B}(a,b-1) - \dfrac{b-1}{a}\mathrm{B}(a,b)$$

由此经过整理即可得出(2)(在上面第二步中利用了恒等式 $x^a = x^{a-1} - x^{a-1}(1-x)$).

(3) 由(1)和(2)即得

$$\mathrm{B}(a,b) = \mathrm{B}(b,a) = \dfrac{a-1}{a+b-1}\mathrm{B}(b,a-1) =$$

$$\dfrac{a-1}{a+b-1}\mathrm{B}(a-1,b)$$

(4) 反复应用(2)即得

$$\mathrm{B}(a,n) = \dfrac{n-1}{a+n-1}\cdot\dfrac{n-2}{a+n-2}\cdot\cdots\cdot\dfrac{1}{a+1}\mathrm{B}(a,1) =$$

$$\dfrac{n-1}{a+n-1}\cdot\dfrac{n-2}{a+n-2}\cdot\cdots\cdot\dfrac{1}{a+1}\int_0^1 x^{a-1}\,\mathrm{d}x =$$

第5章 数的挑战仍在继续:几个公开问题

$$\frac{n-1}{a+n-1} \cdot \frac{n-2}{a+n-2} \cdot \cdots \cdot \frac{1}{a+1} \cdot \frac{1}{a}$$

由此即得

$$B(m,n) = \frac{(m-1)!\,(n-1)!}{(m+n-1)!}$$

(5)在第一类欧拉积分中令 $x = \dfrac{y}{1+y}$ 即得

$$B(a,b) = \int_0^\infty \frac{y^{a-1}}{(1+y)^{a+b}} dy$$

(6) $B(a,b) = \int_0^\infty \dfrac{y^{a-1}}{(1+y)^{a+b}} dy =$

$$\int_0^1 \frac{y^{a-1}}{(1+y)^{a+b}} dy +$$

$$\int_1^\infty \frac{y^{a-1}}{(1+y)^{a+b}} dy$$

在上面第二个积分中令 $y = \dfrac{1}{z}$,并把两个积分的变元再换回 x 就得到

$$B(a,b) = \int_0^1 \frac{y^{a-1}}{(1+y)^{a+b}} dx + \int_0^1 \frac{x^{b-1}}{(1+x)^{a+b}} dx =$$

$$\int_0^1 \frac{x^{a-1} + x^{b-1}}{(1+x)^{a+b}} dx$$

定义 5.2.3 $\Gamma(a) = \displaystyle\int_0^\infty x^{a-1} e^{-x} dx$ 称为第二类欧拉积分,又称为 Γ 函数.

引理 5.2.3 函数有以下性质:

(1) $\Gamma(1) = 1$;

(2) $\Gamma(a+1) = a\Gamma(a)$;

(3) $\dfrac{\Gamma(a)}{t^a} = \displaystyle\int_0^\infty y^{a-1} e^{-ty} dy$;

(4) $B(a,b) = \dfrac{\Gamma(a)\Gamma(b)}{\Gamma(a+b)}$.

证明 (1) $\Gamma(1) = \int_0^\infty e^{-x} dx = -e^x \Big|_0^\infty = 0 - (-1) = 1.$

(2) 对 $\Gamma(a) = \int_0^\infty x^{a-1} e^{-x} dx$ 实行分部积分即得

$$\Gamma(a+1) = \int_0^\infty x^a e^{-x} dx =$$
$$-x^a e^{-x} \Big|_0^\infty + a \int_0^\infty x^{a-1} e^{-x} dx = a\Gamma(a)$$

(3) 在 $\Gamma(a) = \int_0^\infty x^{a-1} e^{-x} dx$ 中令 $x = ty(t > 0)$ 得

$$\Gamma(a) = \int_0^\infty (ty)^{a-1} e^{-ty} t \, dy = t^a \int_0^\infty y^{a-1} e^{-ty} dy$$

或

$$\frac{\Gamma(a)}{t^a} = \int_0^\infty y^{a-1} e^{-ty} dy$$

(4) 在上面的积分中将 a 换成 $a+b$,同时将 t 换成 $t+1$(注意,这里只是在换参数,而不是在作变量替换)就得到

$$\frac{\Gamma(a+b)}{(1+t)^{a+b}} = \int_0^\infty y^{a+b-1} e^{-(1+t)y} dy$$

用 t^{a-1} 乘上式的两边,并从 0 到 ∞ 对 t 积分便得到

$$\Gamma(a+b) \int_0^\infty \frac{t^{a-1}}{(1+t)^{a+b}} dt = \int_0^\infty t^{a-1} dt \int_0^\infty y^{a+b-1} e^{-(1+t)y} dy$$

由引理 5.2.2(5) 和引理 5.2.3(3) 上面的证明知

$$\int_0^\infty \frac{t^{a-1}}{(1+t)^{a+b}} dt = B(a,b), \quad \frac{\Gamma(a)}{t^a} = \int_0^\infty y^{a-1} e^{-ty} dy$$

因而由上式得出

$$\Gamma(a+b) B(a,b) = \int_0^\infty y^{a+b-1} e^{-y} \frac{\Gamma(a)}{y^a} dy =$$
$$\Gamma(a) \int_0^\infty y^{b-1} e^{-y} dy =$$
$$\Gamma(a) \Gamma(b)$$

第 5 章　数的挑战仍在继续:几个公开问题

由此即可得出(3).

引理 5.2.4

(1) $\Gamma'(a) = \int_0^\infty (x^{a-1} \ln x) e^{-x} dx$;

(2) $\Gamma'(1) = \int_0^\infty e^{-x} \ln x \, dx$.

证明　(1) 由于当 $x = 0$ 时,积分 $\Gamma(a) = \int_0^\infty x^{a-1} e^{-x} dx$ 对于 $a \geqslant a_0 > 0$ 有优势函数 $x^{a_0-1} |\ln x|$,而当 $x = \infty$ 时,对于 $a \leqslant A < +\infty$ 有优势函数 $x^A e^{-x}$,所以此积分对于 a 一致收敛,因而允许积分号下求导,由此即得出(1),并且得出 $\Gamma(a)$ 本身是连续的且具有连续的微商.

(2) 在(1)中令 $a = 1$ 即得出(2).

引理 5.2.5　Γ 函数对数的微商 $\dfrac{d \ln \Gamma(a)}{da} = \dfrac{\Gamma'(a)}{\Gamma(a)}$ 有以下表达式:

(1) $\dfrac{\Gamma'(a)}{\Gamma(a)} = \int_0^\infty \left(e^{-x} - \dfrac{1}{(1+x)^a} \right) \dfrac{dx}{x}$ (哥西公式);

(2) $\dfrac{\Gamma'(a)}{\Gamma(a)} = \int_0^\infty \left(\dfrac{e^{-x}}{x} - \dfrac{e^{-ax}}{1 - e^{-x}} \right) dx$;

(3) $\dfrac{\Gamma'(a)}{\Gamma(a)} + C = \int_0^1 \dfrac{1 - t^{a-1}}{1 - t} dt$ (高斯公式),其中

$$C = -\int_0^\infty \left(e^{-x} - \dfrac{1}{1+x} \right) \dfrac{dx}{x}$$

(4) $(\ln \Gamma(a))' + C = \sum_{k=0}^\infty \left(\dfrac{1}{k+1} - \dfrac{1}{k+a} \right)$;

(5) $(\ln \Gamma(a))'' = \sum_{k=0}^\infty \dfrac{1}{(k+a)^2}$.

证明　(1) 我们有

$$\Gamma(b) - \mathrm{B}(a,b) = \Gamma(b) - \frac{\Gamma(a)\Gamma(b)}{\Gamma(a+b)} =$$

$$\frac{b\Gamma(b)}{\Gamma(a+b)} \cdot \frac{\Gamma(a+b) - \Gamma(a)}{b} =$$

$$\frac{\Gamma(b+1)}{\Gamma(a+b)} \cdot \frac{\Gamma(a+b) - \Gamma(a)}{b}$$

调换上式左右两边的位置,并令 $b \to 0$ 就得到

$$\frac{\Gamma'(a)}{\Gamma(a)} = \lim_{b \to 0}(\Gamma(b) - \mathrm{B}(a,b)) =$$

$$\lim_{b \to +0}\left(\int_0^\infty x^{b-1}\mathrm{e}^{-x}\mathrm{d}x - \int_0^\infty \frac{x^{b-1}}{(1+x)^{a+b}}\mathrm{d}x\right) =$$

$$\lim_{b \to +0}\int_0^\infty x^{b-1}\left(\mathrm{e}^{-x} - \frac{1}{(1+x)^{a+b}}\right)\mathrm{d}x$$

在 $x=0, b=0$ 附近表达式 $\frac{1}{x}\left(\mathrm{e}^{-x} - \frac{1}{(1+x)^{a+b}}\right)$ 是 x 和 b 的连续函数,而 $x^b < 1$. 对于充分大的 x 和 $b \leqslant b_0$ 被积函数存在优势函数 $x^{b_0-1}\left(\frac{1}{(1+x)^a} - \mathrm{e}^{-x}\right)$. 因此我们有权利在上述积分号下取极限,由此就得到(1).

(2) 对积分 $\mathrm{B}(a,b) = \int_0^1 x^{a-1}(1-x)^{b-1}\mathrm{d}x$ 做变量替换 $x = \mathrm{e}^{-t}$,则得到

$$\mathrm{B}(a,b) = \int_\infty^0 \mathrm{e}^{-(a-1)t}(1-\mathrm{e}^{-t})^{b-1}(-\mathrm{e}^{-t})\mathrm{d}t =$$

$$\int_0^\infty \mathrm{e}^{-at}(1-\mathrm{e}^{-t})^{b-1}\mathrm{d}t$$

由此得出

$$\frac{\Gamma'(a)}{\Gamma(a)} = \lim_{b \to 0}(\Gamma(b) - \mathrm{B}(a,b)) =$$

$$\lim_{b \to +0}\left(\int_0^\infty x^{b-1}\mathrm{e}^{-x}\mathrm{d}x - \int_0^\infty \mathrm{e}^{-ax}(1-\mathrm{e}^{-x})^{b-1}\mathrm{d}x\right) =$$

第5章 数的挑战仍在继续:几个公开问题

$$\lim_{b \to +0} \left(\int_0^\infty (x^{b-1} \mathrm{e}^{-x} - \mathrm{e}^{-ax}(1-\mathrm{e}^{-x})^{b-1}) \mathrm{d}x \right)$$

与(1)类似可说明积分号下取极限的合理性,由此我们就得出(2).

(3) 设 $C = -\int_0^\infty \left(\mathrm{e}^{-x} - \dfrac{1}{1+x} \right) \dfrac{\mathrm{d}x}{x}$,在(1)中的公式 $\dfrac{\Gamma'(a)}{\Gamma(a)} = \int_0^\infty \left(\mathrm{e}^{-x} - \dfrac{1}{(1+x)^a} \right) \dfrac{\mathrm{d}x}{x}$ 中令 $a=1$ 就得到

$$\dfrac{\Gamma'(1)}{\Gamma(1)} = \Gamma'(1) = \int_0^\infty \left(\mathrm{e}^{-x} - \dfrac{1}{1+x} \right) \dfrac{\mathrm{d}x}{x} = -C$$

从 $\dfrac{\Gamma'(a)}{\Gamma(a)} = \int_0^\infty \left(\mathrm{e}^{-x} - \dfrac{1}{(1+x)^a} \right) \dfrac{\mathrm{d}x}{x}$ 减去上式就得出

$$\dfrac{\Gamma'(a)}{\Gamma(a)} + C = \int_0^\infty \left(\dfrac{1}{1+x} - \dfrac{1}{(1+x)^a} \right) \dfrac{\mathrm{d}x}{x}$$

在上面的积分中再作变量替换 $t = \dfrac{1}{1+x}$ 就得出

$$\dfrac{\Gamma'(a)}{\Gamma(a)} + C = \int_1^0 (t - t^a) \dfrac{(-\mathrm{d}t)}{(1-t)^2} = \int_0^1 \dfrac{1 - t^{a-1}}{1-t} \mathrm{d}t$$

(4) 在(3)中把 $\dfrac{1}{1-t}$ 展开成无穷等比级数就得到

$$\dfrac{\Gamma'(a)}{\Gamma(a)} + C = \int_0^1 \dfrac{1 - t^{a-1}}{1-t} \mathrm{d}t = \int_0^1 (1 - t^{a-1}) \sum_{k=0}^\infty t^k \mathrm{d}t =$$

$$\int_0^1 \sum_{k=0}^\infty (t^k - t^{a+k-1}) \mathrm{d}t$$

由于被积函数存在优势级数 $(a_0 + 1) \sum_1^\infty \dfrac{1}{k^2}$,故对于 $0 < a \leqslant a_0$ 一致收敛,因而可以逐项积分,由此得出

$$\dfrac{\Gamma'(a)}{\Gamma(a)} + C = (\ln \Gamma(a))' + C = \sum_{k=0}^\infty \left(\dfrac{1}{k+1} - \dfrac{1}{k+a} \right)$$

(5) 由于(4)中被积函数具有优势级数 $\sum\limits_{1}^{\infty}\dfrac{1}{k^2}$,故 (4)对于 $a>0$ 是一致收敛的,因而允许将(4)逐项微分,由此即得出(5).

引理 5.2.6

(1) $\gamma=-\Gamma'(1)=\int_0^\infty\left(\dfrac{1}{1+x}-\mathrm{e}^{-x}\right)\dfrac{\mathrm{d}x}{x}$;

(2) $\gamma=-\int_0^1\ln(-\ln x)\mathrm{d}x$.

证明 (1) 我们在引理 5.2.5(4) 中已证明过级数 $(\ln\Gamma(a))'+C=\sum\limits_{k=0}^{\infty}\left(\dfrac{1}{k+1}-\dfrac{1}{k+a}\right)$ 的一致收敛性,因而允许将此级数对于 a 从 1 到 $a>0$ 逐项积分,由此即得出

$$\ln\Gamma(a)+C(a-1)=\sum_{k=0}^{\infty}\left(\dfrac{a-1}{k+1}-\ln\dfrac{k+a}{k+1}\right)$$

在上式中令 $a=2$,并注意 $\ln\Gamma(2)=\ln 1=0$ 便得出

$$C=\sum_{k=0}^{\infty}\left(\dfrac{1}{k+1}-\ln\dfrac{k+2}{k+1}\right)=\sum_{k=1}^{\infty}\left(\dfrac{1}{k}-\ln\dfrac{k+1}{k}\right)$$

由此即得出

$$C=-\Gamma'(1)=\sum_{k=1}^{\infty}\left(\dfrac{1}{k}-\ln\dfrac{k+1}{k}\right)=$$

$$\lim_{n\to\infty}\sum_{k=1}^{n}\left(\dfrac{1}{k}-\ln\dfrac{k+1}{k}\right)=$$

$$\lim_{n\to\infty}\left(1+\dfrac{1}{2}+\cdots+\dfrac{1}{n}-\ln(n+1)\right)=\gamma$$

因而 $\gamma=-\Gamma'(1)=C=\int_0^\infty\left(\dfrac{1}{1+x}-\mathrm{e}^{-x}\right)\dfrac{\mathrm{d}x}{x}$

(2) 将 $\Gamma(a)=\int_0^\infty t^{a-1}\mathrm{e}^{-t}\mathrm{d}t$ 对 a 求导就得到

第 5 章　数的挑战仍在继续：几个公开问题

$$\Gamma'(a) = \int_0^\infty t^{a-1} e^{-t} \ln t \, dt$$

在上式中令 $a=1$ 即得

$$\gamma = -\Gamma'(1) = -\int_0^\infty e^{-t} \ln t \, dt$$

在此积分中令 $t = -\ln x$ 即得

$$\gamma = \int_1^0 x \ln(-\ln x)\left(-\frac{dx}{x}\right) = -\int_0^1 \ln(-\ln x) \, dx$$

最后，再给出 γ 的一个二重积分表示.

引理 5.2.7　$\gamma = \int_0^1 \int_0^1 \frac{1-x}{(1-xy)(-\ln xy)} dx dy.$

证明　首先注意当 $0 < xy < 1$ 时有

$$\int_k^\infty (xy)^t dt = \frac{(xy)^t}{\ln(xy)}\bigg|_k^\infty = 0 - \frac{(xy)^k}{\ln(xy)} = \frac{(xy)^k}{-\ln(xy)}$$

因此

$$\int_0^1 \int_0^1 \frac{1-x}{(1-xy)(-\ln xy)} dx dy =$$

$$\int_0^1 \int_0^1 \frac{(1-x)(1+xy+x^2y^2+\cdots)}{-\ln xy} dx dy =$$

$$\int_0^1 \int_0^1 \frac{(1-x)\sum_{k=0}^\infty (xy)^k}{-\ln xy} dx dy =$$

$$\sum_{k=0}^\infty \int_0^1 \int_0^1 \frac{(1-x)(xy)^k}{-\ln xy} dx dy =$$

$$\sum_{k=0}^\infty \int_k^\infty \int_0^1 \int_0^1 (1-x) x^t y^t \, dx \, dy \, dt =$$

$$\sum_{k=0}^\infty \int_k^\infty \left(\int_0^1 (x^t - x^{t+1}) dx \int_0^1 y^t dy\right) dt =$$

$$\sum_{k=0}^\infty \int_k^\infty \left(\left(\frac{x^{t+1}}{t+1} - \frac{x^{t+2}}{t+2}\right)\bigg|_0^1 \frac{y^{t+1}}{t+1}\bigg|_0^1\right) dt =$$

$$\sum_{k=0}^{\infty}\int_{k}^{\infty}\left(\frac{1}{t+1}-\frac{1}{t+2}\right)\frac{\mathrm{d}t}{t+1}=$$

$$\sum_{k=0}^{\infty}\left(\int_{k}^{\infty}\frac{\mathrm{d}t}{(t+1)^2}-\int_{k}^{\infty}\frac{\mathrm{d}t}{(t+1)(t+2)}\right)=$$

$$\sum_{k=0}^{\infty}\left(\left(-\frac{1}{t+1}\right)\Big|_{k}^{\infty}-\int_{k}^{\infty}\left(\frac{1}{t+1}-\frac{1}{t+2}\right)\mathrm{d}t\right)=$$

$$\sum_{k=0}^{\infty}\left(\left(0+\frac{1}{k+1}\right)-\ln\frac{t+1}{t+2}\Big|_{k}^{\infty}\right)=$$

$$\sum_{k=0}^{\infty}\left(\frac{1}{k+1}-\left(\ln 1-\ln\frac{k+1}{k+2}\right)\right)=$$

$$\sum_{k=0}^{\infty}\left(\frac{1}{k+1}+\ln(k+1)-\ln(k+2)\right)=$$

$$\sum_{k=1}^{\infty}\left(\frac{1}{k}+\ln k-\ln(k+1)\right)=$$

$$\lim_{n\to\infty}\left(\sum_{k=1}^{n}\left(\frac{1}{k}+\ln k-\ln(k+1)\right)\right)=$$

$$\lim_{n\to\infty}\left(1+\frac{1}{2}+\cdots+\frac{1}{n}-\ln(n+1)\right)=\gamma$$

5.3 $3x+1$ 问题

$3x+1$ 问题也是数学中研究整数问题的一个著名的叙述起来十分简单易懂而至今尚未解决的问题. 著名数学家保尔·爱尔多斯(Paul Erdøs)在谈到这一问题时曾说:"目前的数学还没有准备好去解决这种问题."但是现在就可以看出,这一问题与 $\log_2 3$ 的有理逼近,与序列 $\left\{\left(\frac{3}{2}\right)^k, k=1,2,3,\cdots\right\} \pmod{1}$ 的分布以及与 2 adic 整数 Z_2 上的遍历理论都有着密切的联

第 5 章　数的挑战仍在继续：几个公开问题

系,而以上几个问题都是有着深刻理论背景的很艰深的研究领域.由此看来,虽然这个问题叙述起来十分简单易懂而至今却尚未解决也就不奇怪了.

那么究竟什么是 $3x+1$ 问题呢？它是一个至今未有人能够证明的猜想.

$3x+1$ 猜想：任给一个自然数 x_0,然后按照迭代法则

$$x_{n+1}=T(x_n)=\begin{cases}3x_n+1, & x_n \text{ 是奇数}\\ \dfrac{x_n}{2}, & x_n \text{ 是偶数}\end{cases}$$

构造自然数的序列 $x_0,x_1,x_2,\cdots$,那么必存在一个依赖于 x_0 的自然数 $n(x_0)$,使得 $x_{n(x_0)}=1$.

$3x+1$ 问题也称为 Callatz 问题、Syracuse 问题、角谷问题（译自日文 Kakutani）、Hasse 算法和 Ulam 问题. 这个问题的确切由来现在已不清楚,只知道它曾在数学界口头流传了多年. 按目前的公认看法,此问题传统上来源于德国汉堡大学的 Lothar Collatz. 20 世纪 30 年代在他还是一个学生的时候,由于受兰道、佩龙和舒尔等人讲课的影响,他对数论函数发生了浓厚的兴趣,而他对图论的爱好又使他产生了将这种数论函数表示成有向图的想法.这种图的结构与迭代函数的特性有密切的联系.在他 1932 年 7 月 1 日的笔记上,他考虑了一个和 $3x+1$ 问题中的迭代类似的迭代函数 g,g 给出自然数的一个置换 P,他提出了 P 的圈的结构问题,而且特别问到这个置换中周期为 8 的圈是有限的还是无限的,即迭代 $g^{(k)}(8)$ 是否是有界的,$g(n)$ 对提出的问题现在就称为是原始的 Callatz 问题. 虽然 Callatz 从未发表过他所考虑的迭代问题. 但是 1950 年

兰道（Landau, Edmund, Georg Herman, 1877—1938）,德国数学家. 生于柏林,卒于同地.

佩龙（Perron, Oscar, 1880—1975）,德国数学家. 生于弗兰肯塔尔.

舒尔（Schur, Issai, 1875—1941）,犹太数学家. 生于俄国莫吉廖夫,卒于现以色列特拉维夫.

他在马萨诸塞州坎布里奇市举办的国际数学家大会上传播了这些问题,并且最终导致了在数学刊物上出现了原始的 Callatz 问题. 不过他所提出的原始问题从未得到回答. 但是可以肯定最迟至 20 世纪 50 年代初, $3x+1$ 问题已为数学界所知,1952 年 B. Thwaites 公开叙述了这一问题,并且悬赏 1 000 英镑征求解答.

在 $3x+1$ 问题传播的过程中,它被赋予了各种各样的名称,由于 Callatz 的同事 H. Hasse 对此问题也颇有兴趣,并与许多人讨论了它的推广,因此它又被称为 Hasse 算法. Syracuse 问题这个名称是 Hasse 20 世纪 50 年代访问 Syracuse 大学时造成的. 1960 年左右 S. Kakutani 听说了这个问题并产生了兴趣,他向一部分人做了传播. 他自己说:"大约有一个月的的时间,耶鲁大学几乎每个人都在研究它,但是没有结果. 当我在芝加哥大学提到这个问题时发生了类似的现象. 甚至由此而产生了一个笑话说是这个问题是企图延缓美国数学研究的一个阴谋计划的一部分." 在这一过程中,这一问题又获得了角谷问题的名称. S. Ulam 也听说了这个问题,并在洛斯阿拉莫斯等地传播,所以在有些圈子里也称为 Ulam 问题.

从 1970 年以后, $3x+1$ 问题在书刊中开始以各种形式,包括作为一个以前尚未公开提出的未解决问题的形式公开传播,还有些人提供奖金悬赏解决此问题: 1970 年 H. S. Coxefer 悬赏 50 美元,然后 Paul Erdøs 是悬赏 500 美元,最后又有 Thwaifes 悬赏 1 000 英镑.

虽然 $3x+1$ 问题至今尚未解决,但是研究者为了解决它,还是已经提出了一些概念并获得了一些有关的结果. 下面我们将选择其中一些加以介绍. 但是我们

第5章 数的挑战仍在继续:几个公开问题

强调,由于这还是一个未解决问题,因此这些介绍仅供读者参考,读者千万不要因此约束了自己的思想.

首先将 $3x+1$ 迭代所定义的映射分解为两个映射.

定义 5.3.1 设 **N** 代表全体自然数,O 代表全体正奇数,E 代表全体正偶数,定义映射 $A:O \to E, B:E \to \mathbf{N}$ 如下

$$A(n) = 3n+1, n \in O, B(n) = \frac{n}{2}, n \in E$$

于是 $3x+1$ 迭代可以重新表示为

$$x_{n+1} = \begin{cases} A(x_n), & x_n \in O \\ B(x_n), & x_n \in E \end{cases}$$

$3x+1$ 问题的相空间本来是全体自然数 **N**,由于任何一个正偶数经过映射 B 的足够多次的作用一定可以变成为一个正奇数,因此我们可以只限于考虑所有正奇数,也就是说,可以把 $3x+1$ 问题的相空间缩小到全体正奇数 O 上来.

定义 5.3.2 如果一个正奇数 y 是另一个正奇数 x 在映射 T 作用若干次下的结果,即

$$y = T^k(x)$$

则称 y 是一个继生数,否则称 y 是一个原生数.

引理 5.3.1 设 $O_1 = \{6n-1 \mid n \geq 1\}, O_2 = \{6n+1 \mid n \geq 1\}, O_3 = \{6n-3 \mid n \geq 1\}$,则

$$O = O_1 \bigcup O_2 \bigcup O_3$$

证明 显然因为一个正奇数在模 6 下,只能分为 3 个同余类就是 O_1, O_2 和 O_3.

引理 5.3.2 设 $x_1, x_2 = T^k(x_1)$ 都是正奇数,$n \in \mathbf{N}, y = 2^{2n}x_1 + \dfrac{2^{2n}-1}{3}$,则 y 也是正奇数,且 $x_2 =$

$T^h(y)$.

证明 由于 $2^{2n} = 4^n \equiv 1^n \pmod{3} \equiv 1 \pmod 3$，因此 $3 \mid 2^{2n} - 1$. 又由于 3 和 $2^{2n} - 1$ 都是正奇数，因此 $\dfrac{2^{2n}-1}{3}$ 也是正奇数. 从而 $y = 2^{2n} x_1 + \dfrac{2^{2n}-1}{3}$ 是正偶数加正奇数也是正奇数.

又设 $x_2 = B^s A(x_1) = \dfrac{3x_1+1}{2^s}$，于是

$$3y + 1 = 3 \cdot 2^{2n} x_1 + 2^{2n} - 1 + 1 = 3 \cdot 2^{2n} x_1 + 2^{2n} =$$
$$2^{2n}(3x_1 + 1) = 2^{2n} \cdot 2^s x_2$$

故 $\quad x_2 = \dfrac{3y+1}{2^{2n+s}} = B^{2n+s} A(y) = T^h(y)$

引理 5.3.3 设 $y = 2^2 x + 1$，则 y 把集合 O_1, O_2, O_3 作如下变换

$$O_1 \to O_3 \to O_2 \to O_1$$

证明 由 y 和 O_1, O_2, O_3 的定义通过直接验证即可证明.

引理 5.3.4 设 s 是奇数

(1) 如果 $x_1 = \dfrac{3^n s - 1}{2}$ 是奇数，则 $3^{n+1} s - 1 \equiv 0 \pmod{2^t} (t \geqslant 2)$，因此存在一个最大的 t 使 $x_2 = \dfrac{3^{n+1} s - 1}{2^t} (t \geqslant 2)$ 也是奇数；

(2) 如果 $x_1 = \dfrac{3^n s + 1}{2}$ 是奇数，则 $3^{n+1} s + 1 \equiv 0 \pmod{2^t} (t \geqslant 2)$，因此存在一个最大的 t 使 $x_2 = \dfrac{3^{n+1} s + 1}{2^t} (t \geqslant 2)$ 也是奇数.

证明 (1) 设 $x_1 = \dfrac{3^n s - 1}{2}$ 是奇数，则

第 5 章　数的挑战仍在继续:几个公开问题

$$3^{n+1}s - 1 = 3(3^n s - 1) + 2 = 2(3x_1 + 1) = 2 \cdot 2^k x_2$$

其中 x_2 是一个奇数,k 是一个自然数. 令 $t = k+1$,则 $t \geqslant 2$,而 $x_2 = \dfrac{3^{n+1}s - 1}{2^t}$ $(t \geqslant 2)$ 也是奇数;

(2) 设 $x_1 = \dfrac{3^n s + 1}{2}$ 是奇数,则

$$3^{n+1}s + 1 = 3(3^n s + 1) - 2 = 2(3x_1 - 1) = 2 \cdot 2^k x_2$$

其中 x_2 是一个奇数,k 是一个自然数. 令 $t = k+1$,则 $t \geqslant 2$,而 $x_2 = \dfrac{3^{n+1}s + 1}{2^t}$ $(t \geqslant 2)$ 也是奇数.

引理 5.3.5

(1) 如果 $3 \cdot 2^n s - 1 = \dfrac{3x + 1}{2}$,其中 s 是奇数,$x \in O_2 \bigcup O_3$,那么

$$3 \cdot 2^{n+1} s - 1 = \dfrac{3y + 1}{2}$$

并且如果 $x \in O_2$,那么 $y \in O_3$;如果 $x \in O_3$,那么 $y \in O_2$;

(2) 如果 $3 \cdot 2^n s + 1 = \dfrac{3x + 1}{2^2}$,其中 s 是奇数,$x \in O_1 \bigcup O_3$,那么

$$3 \cdot 2^{n+1} s + 1 = \dfrac{3y + 1}{2^2}$$

并且如果 $x \in O_1$,那么 $y \in O_3$;如果 $x \in O_3$,那么 $y \in O_1$.

证明　(1) 设 $3 \cdot 2^n s - 1 = \dfrac{3x + 1}{2}$,则 $x = 2^{n+1} s - 1$,而

$$3 \cdot 2^{n+1} s - 1 = \dfrac{3 \cdot 2^{n+2} s - 2}{2} = \dfrac{3(2^{n+2} s - 1) + 1}{2} =$$

$$\frac{3y+1}{2}$$

其中 $y=2^{n+2}s-1=2(2^{n+1}s-1)+1=2x+1$

因此

$$x\in O_2 \Rightarrow x=6t+1 \Rightarrow y=2x+1=$$
$$6(2t+1)-3\in O_3$$
$$x\in O_3 \Rightarrow x=6t-3 \Rightarrow y=2x+1=$$
$$6(2t-1)+1\in O_2$$

(2) 设 $3\cdot 2^n s+1=\dfrac{3x+1}{2^2}$,则 $x=2^{n+2}s+1$,而

$$3\cdot 2^{n+1}s+1=\frac{3\cdot 2^{n+3}s+4}{2^2}=\frac{3(2^{n+3}s+1)+1}{2^2}=$$
$$\frac{3y+1}{2^2}$$

其中 $y=2^{n+3}s+1=2(2^{n+2}s+1)-1=2x-1$

因此

$$x\in O_1 \Rightarrow x=6t-1 \Rightarrow y=2x-1=6(2t)-3\in O_3$$
$$x\in O_3 \Rightarrow x=6t-3 \Rightarrow y=2x-1=$$
$$6(2t-1)-1\in O_1$$

引理 5.3.6 附注：如果 $3\mid s, 3\cdot 2^n s-1=\dfrac{3x+1}{2}$,则易证必有 $x\in O_1$,因此 $x\notin O_2\cup O_3$,这就是说假定 $3\cdot 2^n s-1=\dfrac{3x+1}{2}, x\in O_2\cup O_3$ 蕴含条件 $3\nmid s$.

同样,如果 $3\mid s, 3\cdot 2^n s+1=\dfrac{3x+1}{2^2}$,则易证必有 $x\in O_2$,因此 $x\notin O_1\cup O_3$,这就是说假定 $3\cdot 2^n s+1=\dfrac{3x+1}{2^2}, x\in O_1\cup O_3$ 蕴含条件 $3\nmid s$.

第 5 章 数的挑战仍在继续:几个公开问题

引理 5.3.7

(1) 设 $x \in O_1 \cup O_2$,则存在无穷多个奇数 x_1 使得
$$x \in Orbit(x_1) = \{T^n(x_1) \mid n = 0, 1, 2, \cdots\}$$

(2) 设 $x \in O_3$,则不存在任何奇数 x_1 使得
$$x \in Orbit(x_1) = \{T^n(x_1) \mid n = 0, 1, 2, \cdots\}$$

证明 (1) 设 $x \in O_1$,则 $x = 6m - 1$,于是 $x = \dfrac{3x_2 + 1}{2}$,其中 $x_2 = 4m - 1$.

由引理 5.3.2 知存在无穷多个奇数
$$x_1 = y_n = 2^{2n} x_2 + \dfrac{2^{2n} - 1}{3}$$

使得 $x = T^k(y_n)$,即
$$x \in Orbit(y_n) = Orbit(x_1)$$

如果 $x \in O_2$,则 $x = 6m + 1$,于是 $x = \dfrac{3x_2 + 1}{2^2}$,其中 $x_2 = 8m + 1$.

由引理 5.3.2 知存在无穷多个奇数
$$x_1 = y_n = 2^{2n} x_2 + \dfrac{2^{2n} - 1}{3}$$

使得 $x = T^k(y_n)$,即
$$x \in Orbit(y_n) = Orbit(x_1)$$

(2) 设 $x \in O_3$,且存在奇数 x_1 使得 $x \in Orbit(x_1)$,那么必存在 $y \in Orbit(x_1)$ 而 $x = \dfrac{3y + 1}{2^t}$,于是
$$3y + 1 = 2^t x = 2^t(6m - 3)$$

由于此式左边被 3 除余 1,而右边可以被 3 整除,因而不可能成立. 这就得出矛盾,所得的矛盾就说明不可能

存在任何奇数 x_1 使得 $x \in Orbit(x_1)$.

引理 5.3.8 x 是一个原生数的充分必要条件是 $x \in O_3$ 或者 $x \equiv 3 \pmod 6$.

证明 由引理 5.3.7(2) 即知充分性成立.

必要性：设是原生数. 如果 $x \overline{\in} O_3$，那么 $x \in O_1 \bigcup O_2$. 于是由引理 5.3.7(1) 知存在奇数 x_1 使得 $x \in Orbit(x_1)$. 这说明 x 不是原生数,因而与假设矛盾,所得的矛盾就说明必有 $x \in O_3$. 这就证明了必要性.

由上述引理易证 $3x+1$ 猜想只要对全体原生数成立,那么它就对全体自然数成立. 也就是说,我们可以把 $3x+1$ 问题的相空间缩小到全体原生数上即数类 O_3 上.

上面,我们集中讨论了 $3x+1$ 问题的相空间,下面我们给出映射 T 的一些性质,和 $3x+1$ 问题的一些等价命题.

定义 5.3.3 设 x_1 是一个正奇数,如果存在自然数 k,使得 $T^k(x_1)=1$. 则称

$$n = \min\{k \mid T^k(x_1) = 1\}$$

为 x_1 的停止时间,称 $M = \max\{T^k(x_1) \mid 0 \leqslant k \leqslant n\}$ 为 $Orbit(x_1)$ 的最高峰.

定义 5.3.4 称 $\{1,4,2\}$ 是映射 T 的平凡周期解.

易于证明：

引理 5.3.9 $3x+1$ 猜想等价于对于任何正奇数 x_1

(1). x_1 的停止时间是有限的;

(2).(i) $Orbit(x_1)$ 的最高峰是有限的或 $Orbit(x_1)$ 是有界的;并且

第 5 章 数的挑战仍在继续:几个公开问题

(ii) 除了平凡周期解外,映射 T 不存在任何周期解.

虽然 $3x+1$ 猜想成立的一个必要条件是 $Orbit(x_1)$ 是有界的,但是我们可以证明:

引理 5.3.10 设 $x=2^n y-1$ 是一个奇数,其中 y 是一个奇数.那么 $T^{2j}(x)=3^j 2^{n-j} y-1, 0\leqslant j\leqslant n$,因而 $T^{2n}(x)=3^n y-1$,因而映射 T 不存在对所有奇数都成立的一致的界.

证明 由数学归纳法即可证明.

引理 5.3.11 设 h 是一个自然数,$C=BA$,因而 $C(x)=\dfrac{3x+1}{2}$,那么
$$C^h(x)=\left(\dfrac{3}{2}\right)^h (x+1)-1$$

证明 用数学归纳法即可证明.

引理 5.3.12 设 x 是一个正奇数,$x_1=x, x_2=T(x_1),\cdots,x_m=T(x_{m-1})$,那么必存在自然数 $h_1,k_1,h_2,k_2,\cdots,h_n,k_n$ 使得
$$x_m=C^{h_n}B^{k_{n-1}}C^{h_{n-1}}\cdots B^{k_1}C^{h_1}(x)$$
或
$$x_m=B^{k_n}C^{h_n}B^{k_{n-1}}C^{h_{n-1}}\cdots B^{k_1}C^{h_1}(x)$$

证明 由映射 A,B 和 C 的意义即可得出.

定义 5.3.5 映射 $g:O\to O$ 的意义为 $g(x)=B^k C^h(x)$.其中 x 是一个奇数,$C^h(x)$ 是偶数,$g(x)$ 又是一个奇数.

引理 5.3.13 设 $x_2=g(x_1),x_3=g(x_2),\cdots,x_n=g(x_{n-1})\cdots$ 那么
$$x_1=2^{h_1}y_1-1, 3^{h_1}y_1-1=2^{k_1}x_2$$
$$x_2=2^{h_2}y_2-1, 3^{h_2}y_2-1=2^{k_2}x_3$$
$$\vdots$$

$$x_n = 2^{h_n} y_n - 1, 3^{h_n} y_n - 1 = 2^{k_n} x_{n+1}$$
$$\vdots$$

其中 $x_1, x_2, \cdots, x_n, \cdots, y_1, y_2, \cdots, y_n, \cdots$ 都是奇数, h_1, $k_1, h_2, k_2, \cdots, h_n, k_n, \cdots$ 都是自然数.

证明 由引理 5.3.11 即得.

从上面这个引理就可看出,在 $3x+1$ 问题的迭代过程中,连续的出现以 2 为底的幂和以 3 为底的幂的表示形式之间的交换.因此 $3x+1$ 猜想的谜底必定和 2 的幂和 3 的幂之间的比例有关,而且一定有什么因素在此互相转换的过程中被消耗殆尽,以至于这种转换过程不能无限地进行下去.但是到底是什么具体的因素,我们现在还不得而知,仍然没有认识到.

这种转换过程的复杂性可以从下面的例子中看出来.就是如果你从 1 开始,连续不断地用相邻的奇数作初值就会发现从 1 到 25 的停止时间都不长,但是到了 27 停止时间却突然变长,具体的数据是 $g^{17}(27) = 1$,停止时间, $n = 111, \max Orbit(27) = 3\,077$. 如果你继续试验下去,就会发现,每过一段数,停止时间就会突然加长,出现一个高峰,然而此高峰出现的规律又极其复杂,很难用一些常见的初等函数模拟. 比如说,既然 $3x+1$ 猜想的谜底必定和 2 的幂与 3 的幂之间的比例有关,因此你认为应该用 3 与 2 的比例的幂的对数来表达高峰出现的规律,那显然不对,因为 $\ln\left(\frac{3}{2}\right)^n$ 是一个单调的函数,这里 n 是用来充当初值的奇数. 我认为正确的思想是从 $\left(\frac{3}{2}\right)^n$ 中分出 $\left(\frac{3}{2}\right)^k$ 的成分,这里 $\left(\frac{3}{2}\right)^k$ 是一个十分接近于整数的数,把它扔掉后,剩余的部分才可能出现一阵一阵的高峰. 但是如何具体实现这一思想,

第5章 数的挑战仍在继续:几个公开问题

并比较准确地与实际的数据拟合还不知道.

另外在 $Orbit(n)$ 中达到最高峰的方式和规律也是很复杂的,它不是简单的先增高,到达最高峰后再减小,呈现出一个单峰函数的式样,而是振动式的到达最高峰,然后又振动式地降到 1,所以这个规律就显得十分复杂. 例如在 $Orbit(27)$ 中,在 27 之后,先是上升到 41,然而又下降到 31,然后再上升到 47,71,107,161,之后又开始下降到 121,91,又开始上升⋯ 这个 27 是个很好的例子,任何高超的理论都要接受它的检验,我看到过一些长篇的文章、理论和定理一大套,但是都不能满意地解释 27 的行为.

引理 5.3.14 $3x+1$ 迭代的 $B^k C(x)=x$ 形的周期解只有唯一解 $k=x=1$,即平凡周期解,其中 x 是一个正奇数.

证明 由引理 5.3.11 和 $B^k C(x)=x$ 得出

$$\frac{\frac{3}{2}(x+1)-1}{2^k}=x$$

由此得出

$$\frac{3}{2}(x+1)-1=2^k x$$

$$3x+3-2=2^{k+1} x$$

$$(2^{k+1}-3)x=1$$

因而必有 $x=1, 2^{k+1}-3=1$ 或 $k=x=1$.

定义 5.3.6 设 n 是一个自然数,k_n 的意义是满足不等式

$$2^{n+k_n} < 3^n < 2^{n+k_n+1}$$

的唯一自然数;

$$u_n = 3^n - 2^{n+k_n}$$

$$\alpha_n = 2^{n+k_n}, \beta_n = 2^{k_n}$$

引理 5.3.15

(1) $0 < u_n < \alpha_n$;

(2) $3u_n \neq \alpha_n$;

(3) $2^{n+1+k_n} < 3^{n+1} < 2^{n+1+k_n+2}$.

证明 (1) 由 k_n 的定义(定义 5.3.6)知 $2^{n+k_n} < 3^n < 2^{n+k_n+1}$,因此

$$0 < u_n < 2^{n+k_n+1} - 2^{n+k_n} = 2^{n+k_n} = \alpha_n$$

(2) 如果 $3u_n = \alpha_n = 2^{n+k_n}$,那么必有

$$3^{n+1} = 3 \cdot 3^n = 3(u_n + \alpha_n) = 3u_n + 3\alpha_n = 4\alpha_n = 2^{n+k_n+2}$$

因为上式左边是 3 的幂,而右边是 2 的幂,因此这是不可能的. 所得的矛盾就说明了 $3u_n \neq \alpha_n$.

(3) 由 k_n 的定义(定义 5.3.6)知 $2^{n+k_n} < 3^n < 2^{n+k_n+1}$,因此

$$2^{n+1+k_n} = 2 \cdot 2^{n+k_n} < 3 \cdot 3^n = 3^{n+1} < 3 \cdot 2^{n+k_n+1} < 4 \cdot 2^{n+k_n+1} = 2^{n+1+k_n+2}$$

引理 5.3.16 在下面的两组命题中,每组中的 4 个命题都是互相等价的.

$(1.1) 3u_{n-1} < \alpha_{n-1} \Leftrightarrow (1.2) k_n = k_{n-1} \Leftrightarrow (1.3) u_n = 3u_{n-1} + \alpha_{n-1} \Leftrightarrow (1.4) \alpha_n = 4\alpha_{n-1}$;

$(2.1) 3u_{n-1} > \alpha_{n-1} \Leftrightarrow (2.2) k_n = k_{n-1} + 1 \Leftrightarrow (2.3) u_n = 3u_{n-1} - \alpha_n \Leftrightarrow (2.4) \alpha_n = 2\alpha_{n-1}$.

证明 (1) 我们首先证明 $(1.1) \Rightarrow (1.2)$ 以及 $(2.1) \Rightarrow (2.2)$.

假设 $3u_{n-1} < \alpha_{n-1}$,那么

$$3u_{n-1} = 3(3^{n-1} - \alpha_{n-1}) = 3^n - 3\alpha_{n-1}$$

因此由引理 5.3.14,就有

$$3u_{n-1} > 2^{n+k_{n-1}} - 3 \cdot 2^{n-1+k_{n-1}}$$

第5章　数的挑战仍在继续：几个公开问题

或
$$2^{n+k_{n-1}} < 3 \cdot 2^{n+k_{n-1}} + 3u_{n-1}$$

同时根据假设又有
$$3 \cdot 2^{n-1+k_{n-1}} + 3u_{n-1} < 3 \cdot 2^{n-1+k_{n-1}} + 2^{n-1+k_{n-1}} =$$
$$4 \cdot 2^{n-1+k_{n-1}} = 2^{n+k_{n-1}+1}$$

故　　$2^{n+k_{n-1}} < 3 \cdot 2^{n+k_{n-1}} + 3u_{n-1} < 2^{n+k_{n-1}+1}$

或者　　$2^{n+k_{n-1}} < 3^n < 2^{n+k_{n-1}+1}$

因而根据 k_n 的意义就有
$$k_n = k_{n-1}$$

这就证明了(1.1)⇒(1.2);

如果 $3u_{n-1} > \alpha_{n-1}$，那么
$$3 \cdot 2^{n-1+k_{n-1}} + 3u_{n-1} > 3 \cdot 2^{n-1+k_{n-1}} + 2^{n-1+k_{n-1}} >$$
$$4 \cdot 2^{n-1+k_{n-1}} = 2^{n+k_{n-1}+1}$$

同时根据引理 5.3.15(3) 又有
$$3 \cdot 2^{n-1+k_{n-1}} + 3u_{n-1} = 3(2^{n-1+k_{n-1}} + u_{n-1}) = 3 \cdot 3^{n-1} =$$
$$3^n < 2^{n-1+k_{n-1}+2}$$

因而
$$2^{n-1+k_{n-1}+1} < 3 \cdot 2^{n-1+k_{n-1}} + 3u_{n-1} < 2^{n-1+k_{n-1}+2}$$

或　　$2^{n-1+k_{n-1}+1} < 3^n < 2^{n-1+k_{n-1}+1+1}$

因而根据 k_n 的意义就有
$$k_n = k_{n-1} + 1$$

这就证明了(2.1)⇒(2.2)。

(2) 下面我们再证明 (1.2)⇒(1.1) 以及 (2.2)⇒(2.1).

设 $k_n = k_{n-1}$，如果 $3u_{n-1} \geqslant \alpha_{n-1}$，那么由引理 5.3.15(2) 知 $3u_{n-1} \neq \alpha_{n-1}$，因此必有 $3u_{n-1} > \alpha_{n-1}$，再由 (1) 已证可知 $k_n = k_{n-1} + 1$。这与 $k_n = k_{n-1}$ 矛盾，因此只能有 $3u_{n-1} < \alpha_{n-1}$。

这就证明了(1.2)⇒(1.1)，同理可证(2.2)⇒

(2.1).

(3) 现在我们证明 (1.2)⇒(1.3)⇒(1.4) 以及 (2.2)⇒(2.3)⇒(2.4).

设 $k_n = k_{n-1}$，这时
$$u_n = 3^n - 2^{n+k_n} = 3 \cdot 3^{n-1} - 2^{n+k_n} =$$
$$3(2^{n-1+k_{n-1}} + u_{n-1}) - 2^{n+k_n} =$$
$$3 \cdot 2^{n-1+k_{n-1}} + 3u_{n-1} - 2^{n+k_{n-1}} =$$
$$3u_{n-1} + 3 \cdot 2^{n-1+k_{n-1}} - 2 \cdot 2^{n-1+k_{n-1}} =$$
$$3u_{n-1} + \alpha_{n-1}$$

并且
$$\alpha_n = 3^n - u_n = 3 \cdot 3^{n-1} - u_n =$$
$$3(u_{n-1} + \alpha_{n-1}) - (3u_{n-1} + \alpha_{n-1}) =$$
$$2\alpha_{n-1}$$

这就证明了 (1.2)⇒(1.3)⇒(1.4).

设 $k_n = k_{n-1} + 1$，这时
$$u_n = 3^n - 2^{n+k_n} = 3 \cdot 3^{n-1} - 2^{n+k_{n-1}+1} =$$
$$3(2^{n-1+k_{n-1}} + u_{n-1}) - 2^{n-1+2+k_{n-1}} =$$
$$3 \cdot 2^{n-1+k_{n-1}} + 3u_{n-1} - 2^{n-1+2+k_{n-1}} =$$
$$3u_{n-1} + 3 \cdot 2^{n-1+k_{n-1}} - 4 \cdot 2^{n-1+k_{n-1}} =$$
$$3u_{n-1} - \alpha_{n-1}$$

并且
$$\alpha_n = 3^n - u_n = 3 \cdot 3^{n-1} - u_n = 3(u_{n-1} + \alpha_{n-1}) -$$
$$(3u_{n-1} - \alpha_{n-1}) = 4\alpha_{n-1}$$

这就证明了 (2.2)⇒(2.3)⇒(2.4).

(4) 最后，与 (2) 类似我们可证明 (1.3)⇒(1.1)，(2.3)⇒(2.1) 以及 (1.4)⇒(1.1)，(2.4)⇒(2.1).

这就证明了引理.

引理 5.3.17

第 5 章 数的挑战仍在继续:几个公开问题

(1) 如果 $k_{n+1}=k_n$,则 $k_{n+2}=k_{n+1}+1$;

(2) 如果 $k_{n+1}=k_n+1, k_{n+2}=k_{n+1}+1$,则 $k_{n+3}=k_{n+2}$.

证明 由引理 5.3.17 得

(1) 如果 $k_{n+1}=k_n$,则 $3u_n<\alpha_n, u_{n+1}=3u_n+\alpha_n$,因而

$$3u_{n+1}=9u_n+3\alpha_n>2\alpha_n=2\cdot 2^{n+k_n}=2^{n+1+k_{n+1}}=\alpha_{n+1}$$

故
$$k_{n+2}=k_{n+1}+1$$

(2) 如果 $k_{n+1}=k_n+1, k_{n+2}=k_{n+1}+1$,则 $k_{n+2}=k_n+2, 3u_n>\alpha_n, 3u_{n+1}>\alpha_{n+1}$,因而

$$u_{n+1}=3u_n-\alpha_n$$

$$u_{n+2}=3u_{n+1}-\alpha_{n+1}=3(3u_n-\alpha_n)-\alpha_{n+1}=$$
$$9u_n-3\alpha_n-\alpha_{n+1}=$$
$$9u_n-3\cdot 2^{n+k_n}-2^{n+1+k_{n+1}}=$$
$$9u_n-3\cdot 2^{n+k_n}-2^{n+1+k_n+1}=$$
$$9u_n-3\cdot 2^{n+k_n}-4\cdot 2^{n+k_n}=$$
$$9u_n-7\cdot 2^{n+k_n}=9u_n-7\alpha_n$$

$$3u_{n+2}=27u_n-21\alpha_n<27\alpha_n-21\alpha_n<16\alpha_n=$$
$$2^{n+2+k_n+2}=2^{n+2+k_{n+2}}=\alpha_{n+2}$$

由此即得
$$k_{n+3}=k_{n+2}$$

引理 5.3.18 设

$$\{\underline{k_n}\}=0,1,1,2,2,3,3,4,4,5,5,6,6,\cdots$$
$$\{\overline{k_n}\}=0,1,1,2,\{2,3,4\},\{4,5,6\},$$
$$\{6,7,8\},\{8,9,10\},\cdots$$

则
$$\underline{k_n}\leqslant k_n\leqslant \overline{k_n}$$

证明 由引理 5.3.18 可知如果 $k_{n+1}=k_n$,则 $k_{n+2}=k_{n+1}+1$;同时如果 $k_{n+1}=k_n+1, k_{n+2}=k_{n+1}+1$,则 $k_{n+3}=k_{n+2}$.这就是说,在序列 $\{k_n\}$ 如果有两个相邻

的项相等,那么这两项后面的一项必定要增加 1,而如果在两个相邻的项中,每一个都比前一项增加 1,那么这两项后面的一项必定不能再增加.

再由 $k_1=0,k_2=1,k_3=1,k_4=2$,即可得出引理.

引理 5.3.19 如果
$$u_n = 3u_{n-1} - \alpha_{n-1}$$
$$u_{n+1} = 3u_n - \alpha_n$$
$$u_{n+2} = 3u_{n+1} + \alpha_{n+1}$$

则
$$u_{n+3} = 3u_{n+2} - \alpha_{n+2}$$
$$u_{n+4} = 3u_{n+3} + \alpha_{n+3}$$

证明 由已知条件和引理 5.3.16 得出
$$3u_{n-1} > \alpha_{n-1}, 3u_n > \alpha_n, 3u_{n+1} < \alpha_{n+1}$$
$$\alpha_n = 4\alpha_{n-1}, \alpha_{n+1} = 4\alpha_n, \alpha_{n+2} = 2\alpha_{n+1}$$

因而
$$3u_{n+2} = 3(3u_{n+1} + \alpha_{n+1}) = 9u_{n+1} + 3\alpha_{n+1} > 2\alpha_{n+1} = \alpha_{n+2}$$

故
$$u_{n+3} = 3u_{n+2} - \alpha_{n+2}, \alpha_{n+3} = 4\alpha_{n+2}$$

同理
$$3u_{n+3} = 3(3u_{n+2} - \alpha_{n+2}) = 3^2 u_{n+2} - 3\alpha_{n+2} =$$
$$3^2(3u_{n+1} + \alpha_{n+1}) - 6\alpha_{n+1} = \cdots =$$
$$3^5 u_{n-1} - 141\alpha_{n-1} =$$
$$3^5(3^{n-1} - \alpha_{n-1}) - 141\alpha_{n-1} =$$
$$3^5 \cdot 3^{n-1} - 384\alpha_{n-1}$$

由 k_n 和 α_n 的定义可知 $\alpha_{n-1} = 2^{n-1+k_{n-1}}$,而 $3^{n-1} < 2^{n-1+k_{n-1}+1} = 2\alpha_{n-1}$,因而上式小于
$$3^5 \cdot 2\alpha_{n-1} - 384\alpha_{n-1} < 128\alpha_{n-1} = \alpha_{n+3}$$

故
$$u_{n+4} = 3u_{n+3} + \alpha_{n+3}, \alpha_{n+4} = 2\alpha_{n+3}$$

第 5 章 数的挑战仍在继续:几个公开问题

引理 5.3.20 如果

$$u_n = 3u_{n-1} + \alpha_{n-1}$$
$$u_{n+1} = 3u_n - \alpha_n$$
$$u_{n+2} = 3u_{n+1} + \alpha_{n+1}$$
$$u_{n+3} = 3u_{n+2} - \alpha_{n+2}$$
$$u_{n+4} = 3u_{n+3} + \alpha_{n+3}$$

则

$$u_{n+5} = 3u_{n+4} - \alpha_{n+4}$$
$$u_{n+6} = 3u_{n+5} - \alpha_{n+5}$$

证明 由假设及引理 5.3.16 可以计算出

$$\alpha_n = 2\alpha_{n-1}, \alpha_{n+1} = 4\alpha_n, \alpha_{n+2} = 2\alpha_{n+1}$$
$$\alpha_{n+3} = 4\alpha_{n+2}, \alpha_{n+4} = 2\alpha_{n+3}$$

因而

$$3u_{n+4} = 3(3u_{n+3} + \alpha_{n+3}) > 3\alpha_{n+3} > 2\alpha_{n+3} = \alpha_{n+4}$$

故

$$u_{n+5} = 3u_{n+4} - \alpha_{n+4}, \alpha_{n+5} = 4\alpha_{n+4}$$
$$3u_{n+5} = 3(u_{n+4} - \alpha_{n+4}) = 3^2 u_{n+4} - 3\alpha_{n+4} =$$
$$3^2(3u_{n+3} + \alpha_{n+3}) - 6\alpha_{n+3} =$$
$$3^3 u_{n+3} + 3\alpha_{n+3} = \cdots =$$
$$3^7 u_{n-1} + 651\alpha_{n-1} > 512\alpha_{n-1} > \alpha_{n+5}$$

因而

$$u_{n+6} = 3u_{n+5} - \alpha_{n+5}$$

引理 5.3.21 如果

$$u_n = 3u_{n-1} + \alpha_{n-1}$$
$$u_{n+1} = 3u_n - \alpha_n$$
$$u_{n+2} = 3u_{n+1} + \alpha_{n+1}$$
$$u_{n+3} = 3u_{n+2} - \alpha_{n+2}$$
$$u_{n+4} = 3u_{n+3} + \alpha_{n+3}$$

则

$$u_{n+5} = 3u_{n+4} - \alpha_{n+4}$$

$$u_{n+6} = 3u_{n+5} - \alpha_{n+5}$$
$$u_{n+7} = 3u_{n+6} + \alpha_{n+6}$$
$$u_{n+8} = 3u_{n+7} - \alpha_{n+7}$$
$$u_{n+9} = 3u_{n+8} + \alpha_{n+8}$$
$$u_{n+10} = 3u_{n+9} - \alpha_{n+9}$$
$$u_{n+11} = 3u_{n+10} - \alpha_{n+10}$$

证明 由已知条件和引理 5.3.16 得出

$$3u_{n-1} < \alpha_{n-1}, 3u_n > \alpha_n, 3u_{n+1} < \alpha_{n+1}$$
$$3u_{n+2} > \alpha_{n+2}, 3u_{n+3} < \alpha_{n+3}$$
$$\alpha_n = 2\alpha_{n-1}, \alpha_{n+1} = 4\alpha_n, \alpha_{n+2} = 2\alpha_{n+1}$$
$$\alpha_{n+3} = 4\alpha_{n+2}, \alpha_{n+4} = 2\alpha_{n+3}$$
$$u_{n+5} = 3u_{n+4} - \alpha_{n+4}, u_{n+6} = 3u_{n+5} - \alpha_{n+5}$$
$$3u_{n+4} > \alpha_{n+4}, 3u_{n+5} > \alpha_{n+5}$$
$$\alpha_{n+5} = 4\alpha_{n+4}, \alpha_{n+6} = 4\alpha_{n+5}$$

因此
$$3u_{n+6} = 3(3u_{n+5} - \alpha_{n+5}) = 9u_{n+5} - 3\alpha_{n+5} =$$
$$9(3u_{n+4} - \alpha_{n+4}) - 12\alpha_{n+4} =$$
$$27u_{n+4} - 21\alpha_{n+4} =$$
$$27(3^{n+4} - \alpha_{n+4}) - 21\alpha_{n+4} =$$
$$27 \cdot 3^{n+4} - 48\alpha_{n+4} <$$
$$27 \cdot 2\alpha_{n+4} - 48\alpha_{n+4} < 16\alpha_{n+4} = \alpha_{n+6}$$

故 $u_{n+7} = 3u_6 + \alpha_{n+6}, \alpha_{n+7} = 2\alpha_{n+6}$
$$3u_{n+7} = 3(3u_{n+6} + \alpha_{n+6}) = 9u_{n+6} + 3\alpha_{n+6} >$$
$$2\alpha_{n+6} = \alpha_{n+7}$$

故 $u_{n+8} = 3u_{n+7} - \alpha_{n+7}, \alpha_{n+8} = 4\alpha_{n+7} = 8\alpha_{n+6}$
$$3u_{n+8} = 3(3u_{n+7} - \alpha_{n+7}) = 9u_{n+7} - 3\alpha_{n+7} =$$
$$9(3u_{n+6} + \alpha_{n+6}) - 6\alpha_{n+6} =$$
$$27u_{n+6} + 3\alpha_{n+6} < 8\alpha_{n+6} = \alpha_{n+8}$$

第 5 章 数的挑战仍在继续：几个公开问题

故 $u_{n+9}=3u_{n+8}+\alpha_{n+8},\alpha_{n+9}=2\alpha_{n+8}$
$$3u_{n+9}=3(3u_{n+8}+\alpha_{n+8})=9u_{n+8}+3\alpha_{n+8}>$$
$$2\alpha_{n+8}=\alpha_{n+9}$$

故 $u_{n+10}=3u_{n+9}-\alpha_{n+9},\alpha_{n+10}=4\alpha_{n+9}$

应用引理 5.3.20 中 $u_{n+6}=3u_{n+5}-\alpha_{n+5}$ 的证明过程中的
$$3u_{n+5}=3^7 u_{n-1}+651\alpha_{n-1}$$
$$\begin{aligned}3u_{n+10}&=3(3u_{n+9}-\alpha_{n+9})=3^2 u_{n+9}-3\alpha_{n+9}=\\&3^2(3u_{n+8}+\alpha_{n+8})-6\alpha_{n+8}=\cdots=\\&3^6 u_{n+5}-39\alpha_{n+5}=3^5\cdot 3u_{n+5}-39\alpha_{n+5}=\\&3^5(3^7 u_{n-1}+651\alpha_{n-1})-39\cdot 512\alpha_{n-1}=\\&3^{12}u_{n-1}+156\ 657\alpha_{n-1}>131\ 072\alpha_{n-1}=\alpha_{n+10}\end{aligned}$$

故 $u_{n+11}=3u_{n+10}-\alpha_{n+10},\alpha_{n+11}=4\alpha_{n+10}$

由上面的证明可知如果 $u_n=3u_{n-1}+\alpha_{n-1}$，那么由引理 5.3.17 知必定有 $u_{n+1}=3u_n-\alpha_n$，同时由实际数据可知，如果 $u_n=3u_{n-1}-\alpha_{n-1}$，那么 $u_{n+1}=3u_n-\alpha_n$ 和 $u_{n+1}=3u_n+\alpha_n$ 这两种情况都可能发生，然而如果 $u_n=3u_{n-1}-\alpha_{n-1}$，$u_{n+1}=3u_n-\alpha_n$，那么必定有 $u_{n+2}=3u_{n+1}-\alpha_{n+1}$. 形象地说就是在连续几个迭代式中，对于迭代右边的符号有以下规律：加号后面必定跟着减号，减号后面可以跟着减号，也可以跟着加号，但是两个减号之后必定跟着加号. 或者也可以反过来说，加号之前必定是减号，减号之前可以是加号也可以是减号.

由此可知，在这种情况下必然有
$$u_{n-1}=3u_{n-2}-\alpha_{n-2},\alpha_{n-1}=4\alpha_{n-2},\beta_{n-1}=2\beta_{n-2}$$
$$u_{n-2}=3u_{n-3}-\alpha_{n-3},\alpha_{n-2}=4\alpha_{n-3},\beta_{n-2}=2\beta_{n-3}$$

我们把这种情况简记为 $(-,-,+)$.

利用这种记法，我们可以把引理 5.3.19、5.2.20 和 5.3.21 简单地叙述成：

引理 5.3.19 $(-,-,+) \Rightarrow (-,-,+,-,+)$;

引理 5.3.20 $(+,-,+,-,+) \Rightarrow (+,-,+,-,+,-,-)$;

引理 5.3.21 $(+,-,+,-,+,-,-) \Rightarrow (+,-,+,-,+,-,-,+,-,-)$.

引理 5.3.22 设 $\alpha_n = 2^{n+k_n}, \beta_n = 2^{k_n}$,那么

(1) 当 $n=1$ 时,$u_1 = \alpha_1 - 2\beta_1 + 1 = 1$;

(2) 当 $2 \leqslant n \leqslant 5$ 时,$u_n < \alpha_n - 2\beta_n + 1$;

(3) 当 $n \geqslant 6$ 时,$u_n < \dfrac{7}{11}(\alpha_n - 2\beta_n + 1)$.

因而对任何自然数 $n > 1$ 都成立 $u_n < \alpha_n - 2\beta_n + 1$.

证明 (1)(2) 由直接验证即可得出.

对 $n = 6, 7$,可直接验证引理成立.

(3) 如果 $u_n = 3u_{n-1} + \alpha_{n-1}$,那么 $\alpha_n = 2\alpha_{n-1}, \beta_n = \beta_{n-1}$,并且由上面所说的迭代规律可知

$$u_{n-1} = 3u_{n-2} - \alpha_{n-2}, \alpha_{n-1} = 4\alpha_{n-2}, \beta_{n-1} = 2\beta_{n-2}$$

因此

$$u_n = 3u_{n-1} + \alpha_{n-1} = 3(3u_{n-2} - \alpha_{n-2}) + 4\alpha_{n-2} = 9u_{n-2} + \alpha_{n-2}$$

由归纳法假设有

$$u_{n-2} < \frac{7}{11}(\alpha_{n-2} - 2\beta_{n-2} + 1)$$

因而

$$u_n < \frac{63}{11}(\alpha_{n-2} - 2\beta_{n-2} + 1) + \alpha_{n-2} \leqslant$$

$$\frac{74}{11}\alpha_{n-2} - \frac{126}{11}\beta_{n-2} + \frac{63}{11} \leqslant$$

$$\frac{74}{88}\alpha_n - \frac{63}{11}\beta_n + \frac{63}{11} <$$

第 5 章 数的挑战仍在继续:几个公开问题

$$\frac{7}{11}(\alpha_n - 2\beta_n + 1) - \frac{49}{11}(\beta_n - \frac{9}{7}) <$$

$$\frac{7}{11}(\alpha_n - 2\beta_n + 1)$$

(由于当 $n \geqslant 2$ 时,$\beta_n \geqslant 2 > \frac{9}{7}$)

如果 $u_n = 3u_{n-1} - \alpha_{n-1}$,那么 $\alpha_n = 4\alpha_{n-1}$,$\beta_n = 2\beta_{n-1}$. 由归纳法假设有

$$u_{n-1} < \frac{7}{11}(\alpha_{n-1} - 2\beta_{n-1} + 1)$$

因而

$$u_n < \frac{21}{11}(\alpha_{n-1} - 2\beta_{n-1} + 1) - \alpha_{n-1} \leqslant$$

$$\frac{10}{11}\alpha_{n-1} - \frac{42}{11}\beta_{n-1} + \frac{21}{11} \leqslant$$

$$\frac{5}{22}\alpha_n - \frac{21}{11}\beta_n + \frac{21}{11} <$$

$$\frac{5}{11}(\alpha_n - 2\beta_n + 1) - (\beta_n - \frac{16}{11}) <$$

$$\frac{5}{11}(\alpha_n - 2\beta_n + 1) <$$

$$\frac{7}{11}(\alpha_n - 2\beta_n + 1)$$

(由于当 $n \geqslant 2$ 时,$\beta_n \geqslant 2 > \frac{16}{11}$)

综合以上两种情况的讨论,由数学归纳法就证明了引理.

引理 5.3.23 设 y 表示一个正奇数,h,k 都是自然数,那么不定方程

$$\frac{3^h y - 1}{2^h y - 1} = 2^k$$

的唯一正整数解为 $y=h=k=1$.

证明 设 $h>1$，则由 α_h, k_h 的定义知 $2^{h+k_h} < 3^h < 2^{h+k_h+1}$，因而

$$2^{k_h} < \left(\frac{3}{2}\right)^h < 2^{k_h+1}$$

又由引理 5.3.22 知对一切 $h>1$，成立 $u_n < \alpha_h - 2\beta_h + 1$，或者

$$3^h - 2^{h+k_h} < 2^{h+k_h} - 2 \cdot 2^{k_n} + 1$$

由此得出

$$\frac{3^h-1}{2^h-1} < 2^{k_n+1}$$

因而有

$$2^{k_h} < \left(\frac{3}{2}\right)^h < \frac{3^h y-1}{2^h y-1} \leqslant \frac{3^h-1}{2^h-1} < 2^{k_h+1}$$

这就证明了当 $h>1$ 时，$\frac{3^h y-1}{2^h y-1}$ 不可能是 2 的整数幂，因而 $\frac{3^h y-1}{2^h y-1}=2^k$ 无解.

当 $h=1$ 时，只有当 $y=1$ 时，$\frac{3y-1}{2y-1}=2^1$ 是正整数解. 故 $\frac{3^h y-1}{2^h y-1}=2^k$ 的唯一正整数解就是 $y=h=k=1$.

下面给出 $3x+1$ 映射的周期解存在的一个必要条件.

引理 5.3.24 设 x 是一个正奇数，$x_1=x, x_2=T(x_1), \cdots, x_m=T(x_{m-1})$. 如果 $x_m=x_1$ 是 $3x+1$ 映射的周期解，则 x_m 必具有形式 $x_m = B^{k_n}C^{h_n}B^{k_{n-1}}C^{h_{n-1}}\cdots B^{k_1}C^{h_1}(x)$，其中 $h_1, k_1, h_2, k_2, \cdots, h_n, k_n$ 都是自然数.

证明 由引理 5.3.12 知 x_m 只可能有两种形式，即

$$x_m = C^{h_n} B^{k_{n-1}} C^{h_{n-1}} \cdots B^{k_1} C^{h_1}(x)$$

或 $\quad x_m = B^{k_n} C^{h_n} B^{k_{n-1}} C^{h_{n-1}} \cdots B^{k_1} C^{h_1}(x)$

假设 $x_m = C^{h_n} B^{k_{n-1}} C^{h_{n-1}} \cdots B^{k_1} C^{h_1}(x)$ 或 $x_m = C^{h_n}(x_{n-1})$，那么由引理 5.3.13 可知必存在着正的奇数 y_1, y_n 使得

$$x_1 = 2^{h_1} y_1 - 1, x_m = 3^{h_n} y_n - 1$$

这时由于 x_1 是奇数，而 x_m 是偶数，因此不可能成立 $x_m = x_1$，这就证明了引理.

定理 5.3.1 $3x+1$ 映射的 $B^k C^h x = x$ 类型的周期解的唯一解是平凡解 $x = h = k = 1$，其中 x 是一个正奇数.

证明 根据映射 B, C 的定义，x 是一个正奇数，因此 x 必可写成 $x = 2^n y - 1$ 的形式. 从引理 5.3.11 和 $B^k C^h x = x$ 可知，必有 $n = h$（由于 $x = 2^n y - 1$，那么 x 恰可被算子 C 作用 n 次，$C^n x = 3^n - 1$ 已成为一个偶数，因此 $C^n x$ 不可能再被算子 C 作用，而只能被算子 B 作用，因而 x 的轨道具有形式 $\cdots B^{k_1} C^n x$. 如果 $n \neq h$，则 x 的轨道形式与假设矛盾. 因此必有 $n = h$，同理可证必有 $k_1 = k$). 因而由 $B^k C^h x = x$ 得出

$$B^k C^h x = \frac{3^h y - 1}{2^k} = x = 2^h y - 1$$

或 $\quad \dfrac{3^h y - 1}{2^h y - 1} = 2^k$

由引理 5.3.23 知上述方程的唯一正整数解为 $y = h = k = 1$，由此就得出 $3x+1$ 映射的 $B^k C^h x = x$ 类型的周期解的唯一解为 $x = h = k = 1$，即平凡解.

从上面的讨论看出，$3x+1$ 映射的周期解和不定方程有着密切的联系. 下面我们说明，$3x+1$ 问题的一

般解也和不定方程有着密切的联系.

定义 5.3.7 设 x 是一个使得 $3x+1$ 猜想成立的正奇数,即存在一个自然数 n,使得
$$T^n x = 1$$
则称 x 是一个 $3x+1$ 数.

引理 5.3.25 x 是一个 $3x+1$ 数的必要条件是可以表示成以下形式
$$x = \frac{1}{3^n}(2^{m_1+m_2+\cdots+m_n} - 2^{m_1+\cdots+m_{n-1}} - 2^{m_1+\cdots+m_{n-2}} \cdot 3 - \cdots - 2^{m_1} \cdot 3^{n-2} - 3^{n-1})$$

证明 由 $3x+1$ 数的定义知存在奇自然数 $x_1 = x, x_2, \cdots, x_n$ 及自然数 $m_1, m_2, \cdots, m_n$ 使得
$$3x_1 + 1 = 2^{m_1} x_2$$
$$3x_2 + 1 = 2^{m_2} x_3$$
$$\vdots$$
$$3x_n + 1 = 2^{m_n}$$
于是
$$x_n = \frac{1}{3}(2^{m_n} - 1)$$
$$x_{n-1} = \frac{1}{3}(2^{m_{n-1}} x_n - 1) = \frac{1}{3^2}(2^{m_{n-1}+m_n} - 2^{m_{n-1}} - 3)$$
$$\vdots$$
$$x = x_1 = \frac{1}{3^n}(2^{m_1+m_2+\cdots+m_n} - 2^{m_1+\cdots+m_{n-1}} - 2^{m_1+\cdots+m_{n-2}} \cdot 3 - \cdots - 2^{m_1} \cdot 3^{n-2} - 3^{n-1})$$

但是要注意 $3x+1$ 数的这种表示方法不是唯一的. 例如
$$1 = \frac{1}{3^n}(2^{2+2+\cdots+2} - 2^{2+\cdots+2} - 2^{2+\cdots+2} \cdot 3 - \cdots -$$

第 5 章 数的挑战仍在继续:几个公开问题

$2^2 \cdot 3^{n-2} - 3^{n-1})$

(上式中从左数起,2 的幂中分别含有 $n, n-1, \cdots, 2$ 个 2)

下面证明,除了上述循环外,$3x+1$ 数可以唯一地表示为引理 5.3.25 中的形式.

引理 5.3.26 设 x 是一个大于 1 的 $3x+1$ 数,则存在着都大于 1 的奇自然数 $x_1 = x, x_2, \cdots, x_n$ 和自然数 $m_1, m_2, \cdots, m_n$(其中 m_n 是不小于 4 的偶数),使得

$$3x_1 + 1 = 2^{m_1} x_2$$
$$3x_2 + 1 = 2^{m_2} x_3$$
$$\vdots$$
$$3x_n + 1 = 2^{m_n}$$

$$x = \frac{1}{3^n}(2^{m_1+m_2+\cdots+m_n} - 2^{m_1+\cdots+m_{n-1}} - 2^{m_1+\cdots+m_{n-2}} \cdot 3 - \cdots - 2^{m_1} \cdot 3^{n-2} - 3^{n-1})$$

证明 在引理 5.3.25 的证明中可设 $x_1, x_2, \cdots, x_n$ 都不等于 1. 如果 m_n 是奇数,则 $m_n = 2q+1, q \geqslant 0$. 当 $q \geqslant 1$ 时

$$2^{m_n} - 1 = 2^{2q+1} - 1 = 2 \cdot 4^q - 1 \equiv 2 \cdot 1 - 1 (\bmod 3) \equiv 1 (\bmod 3)$$

与 $\qquad 3x_{n+1} = 2^{m_n} \Rightarrow 2^{m_n} - 1 \equiv 0 (\bmod 3)$

矛盾,$q = 0 \Rightarrow m_n = 1$ 也得出一个矛盾 $3x_n + 1 = 2$,因此 m_n 必须是偶数. 从 $x_n \neq 1$ 及 $3x_n + 1 = 2^{m_n}$ 知必有 $m_n \geqslant 4$.

引理 5.3.27 设 x 是一个大于 1 的 $3x+1$ 数,则引理 5.3.26 中的奇自然数 $x_1 = x, x_2, \cdots, x_n (x_1, x_2, \cdots, > 1)$,及自然数 $m_1, m_2, \cdots, m_n (m_n \geqslant 4, m_n$

是偶数）被 x 唯一地确定.

证明 假设存在着两组自然数 $m_1, m_2, \cdots, m_p (m_p \geqslant 4, m_p$ 是偶数$), n_1, n_2, \cdots, n_p (n_p \geqslant 4, n_p$ 是偶数），及两组大于 1 的奇数 $y_1 = x, y_2, \cdots, y_p, z_1 = x, z_2, \cdots, z_p,$ 使得引理 5.3.28 成立. 如果 $p \neq q$, 则不妨设 $q > p$. 那么由

$$3x + 1 = 2^{m_1} y_2 = 2^{n_1} z_2 \Rightarrow m_1 = n_1, y_2 = z_2 = x_2$$
$$3x_2 + 1 = 2^{m_2} y_3 = 2^{n_2} z_3 \Rightarrow m_2 = n_2, y_3 = z_3 = x_3$$
$$\vdots$$
$$3x_p + 1 = 2^{m_p} = 2^{n_p} z_{p+1} \Rightarrow m_p = n_p, z_{p+1} = 1$$

这与 $z_{p+1} > 1$ 矛盾. 故必有 $p = q, m_i = n_i, y_i = z_i, 1 \leqslant i \leqslant p$.

引理 5.3.28 设 x 是大于 1 的奇数,且存在着自然数 $m_1, m_2, \cdots, m_n (m_n \geqslant 4, m_n$ 是偶数）使得

$$x = \frac{1}{3^n}(2^{m_1 + m_2 + \cdots + m_n} - 2^{m_1 + \cdots + m_{n-1}} -$$
$$2^{m_1 + \cdots + m_{n-2}} \cdot 3 - \cdots -$$
$$2^{m_1} \cdot 3^{n-2} - 3^{n-1})$$

则 x 必是一个 $3x + 1$ 数,且必存在着都大于 1 的奇数 $x_1 = x, x_2, \cdots, x_n$ 使得

$$3x_1 + 1 = 2^{m_1} x_2$$
$$3x_2 + 1 = 2^{m_2} x_3$$
$$\vdots$$
$$3x_n + 1 = 2^{m_n}$$

证明 令 $M_k = \sum_{i=1}^{k} m_i$, 则

$$x = \frac{1}{3^n}(2^{M_n} - 2^{M_{n-1}} - 2^{M_{n-2}} \cdot 3 - \cdots -$$
$$2^{M_1} \cdot 3^{n-2} - 3^{n-1}) =$$

第5章 数的挑战仍在继续:几个公开问题

$$\frac{1}{3^n}(2^{M_{n-1}}(2^{m_n}-1)-2^{M_{n-2}}\cdot 3-\cdots-$$
$$2^{M_1}\cdot 3^{n-2}-3^{n-1})$$

因为 $m_n \geqslant 4$ 是偶数,故 $3 \mid 2^{m_n}-1$,从而存在大于1的奇数 $x_n = \frac{1}{3}(2^{m_n}-1)$,由此可得

$$x = \frac{1}{3^n}(2^{M_{n-1}} 3 x_n - 2^{M_{n-2}}\cdot 3-\cdots-$$
$$2^{M_1}\cdot 3^{n-2}-3^{n-1}) =$$
$$\frac{1}{3^{n-1}}(2^{M_{n-1}} x_n - 2^{M_{n-2}}-2^{M_{n-3}}\cdot 3-\cdots-$$
$$2^{M_1}\cdot 3^{n-3}-3^{n-2}) =$$
$$\frac{1}{3^{n-1}}(2^{M_{n-2}}(2^{m_{n-1}} x_n - 1)-$$
$$2^{M_{n-3}}\cdot 3-\cdots-2^{M_1}\cdot 3^{n-3}-3^{n-2})$$

如果 $3 \nmid 2^{M_{n-1}} x_n - 1$,则 x 不可能是整数,与假设矛盾,故 $x_{n-1} = \frac{2^{m_{n-1}} x_n - 1}{3}$ 是整数,因而是奇数. 如果 $x_{n-1} = 1$,那么由

$$\frac{2^{m_{n-1}} x_n - 1}{3} = 1 \Rightarrow m_{n-1} = 2, x_n = 1$$

与 $x_n > 1$ 矛盾. 因此必有 $x_{n-1} > 1$. 同理可得

$$x_{n-2} = \frac{2^{m_{n-2}} x_{n-1} - 1}{3}, \cdots, x_2 = \frac{2^{m_2} x_3 - 1}{3}$$

$$x_1 = \frac{2^{m_1} x_2 - 1}{3}$$

都是大于1的奇数. 由 $x_1 = x, x_2, \cdots, x_n$ 的定义可以看出它们显然满足方程组

$$3x_1 + 1 = 2^{m_1} x_2$$
$$3x_2 + 1 = 2^{m_2} x_3$$

$$\vdots$$
$$3x_n + 1 = 2^{m_n}$$

因而 x 是一个 $3x+1$ 数.

由引理 5.3.26 ~ 引理 5.3.28 即可得出

定理 5.3.2 大于 1 的奇数 x 是 $3x+1$ 数的充分必要条件是 x 可以表为

$$x = \frac{1}{3^n}(2^{m_1+m_2+\cdots+m_n} - 2^{m_1+\cdots+m_{n-1}} - 2^{m_1+\cdots+m_{n-2}} \cdot 3 - \cdots - 2^{m_1} \cdot 3^{n-2} - 3^{n-1})$$

的形式,其中 $m_1, m_2, \cdots, m_n$ 是自然数,且 $m_n \geqslant 4$ 是偶数. 如果 x 具有上述表示,则这一表示是唯一的,即表示式中的 $m_1, m_2, \cdots, m_n$ 被 x 唯一地确定.

定理 5.3.3 设 $x_1 = x, x_2, \cdots, x_n$ 都是大于 1 的奇数,$m_1, m_2, \cdots, m_n$ 是自然数,且 $m_n \geqslant 4$ 是偶数,则不定方程组

$$3x_1 + 1 = 2^{m_1} x_2$$
$$3x_2 + 1 = 2^{m_2} x_3$$
$$\vdots$$
$$3x_n + 1 = 2^{m_n}$$

或不定方程

$$x = \frac{1}{3^n}(2^{m_1+m_2+\cdots+m_n} - 2^{m_1+\cdots+m_{n-1}} - 2^{m_1+\cdots+m_{n-2}} \cdot 3 - \cdots - 2^{m_1} \cdot 3^{n-2} - 3^{n-1})$$

有唯一解的充分必要条件是 x 是 $3x+1$ 数.

给表达式 $x = \frac{1}{3^n}(2^{m_1+m_2+\cdots+m_n} - 2^{m_1+\cdots+m_{n-1}} - 2^{m_1+\cdots+m_{n-2}} \cdot 3 - \cdots - 2^{m_1} \cdot 3^{n-2} - 3^{n-1})$ 中的 $m_1, m_2, \cdots,$

第 5 章　数的挑战仍在继续：几个公开问题

m_n 以各种特殊值,则当 x 是一个奇自然数时就可以得出各种 $3x+1$ 数,其中的 n 称为 x 的维数.例如,令 $n=1$,则当 $\frac{1}{3}(2^{2m_1}-1)=\frac{4^{m_1}-1}{3}$ 是一个奇自然数时,就可得出所有一维的 $3x+1$ 数:$5,21,85,\cdots$.实际上容易证明对任何自然数 m_1,$\frac{4^{m_1}-1}{3}$ 的确表示一个奇自然数.令 $n=2$,则当 $\frac{1}{9}(2^{m_1+m_2}-2^{m_2}-3)$ 是一个奇自然数时,就可得出所有的二维的 $3x+1$ 数.(见表 5.3.1,其中的 × 号表示 m_1,m_2 对应的表示式 $\frac{1}{9}(2^{m_1+m_2}-2^{m_2}-3)$ 不是一个奇数的情况.)

表 5.3.1　二维的 $3x+1$ 数

m_1 \ m_2	4	6	8	10	12	⋯
1	3	×	×	227	×	⋯
2	×	×	113	×	×	⋯
3	13	×	×	909	×	⋯
4	×	×	453	×	×	⋯
5	53	×	×	3 637	×	⋯
⋯	⋯	⋯	⋯	⋯	⋯	

实际上可以证明当 $m_2\equiv 0(\bmod 6)$ 时,$\frac{1}{9}(2^{m_1+m_2}-2^{m_2}-3)$ 不是一个自然数,当 $m_1\equiv 1(\bmod 2)$,$m_2\equiv 4(\bmod 6)$ 或 $m_1\equiv 0(\bmod 2),m_2\equiv 2(\bmod 6)$ 时,$\frac{1}{9}(2^{m_1+m_2}-2^{m_2}-3)$ 的确是一个奇自然数.

423

最后再介绍一个与 $3x+1$ 猜想有关的猜想,称为弱 $3x+1$ 猜想.

弱 $3x+1$ 猜想:设 $G = \left\{\dfrac{2n+1}{3n+2} \,\Big|\, n \geqslant 0\right\} \cup \{2\}$,$S$ 是由 G 中有限个元素的乘积组成的集合(或者说,G 是 S 的乘法生成集),则 S 包含所有的自然数.

可以证明,由 $3x+1$ 猜想可以推出弱 $3x+1$ 猜想.

习题 5.3

1.(1)如果 k 是一个使得 $k \equiv 5 (\bmod 8)$ 的奇自然数,则存在奇自然数 $k_1 < k$,使得 $k = 4k_1 + 1$;

(2)如果 k_1, k_2 都是奇自然数,使得 $k_2 = 4k_1 + 1$,则 k_1, k_2 中必有一个数(记为 k)使得 $k \equiv 5 (\bmod 8)$.

2.设 k 是一个奇自然数,n 是自然数,$m = 4^n k + 4^{n-1} + \cdots + 4 + 1$,则 $m \equiv 5 (\bmod 8)$.

3.设 k 是一个奇自然数,n 是自然数,$m = 4^n k + 4^{n-1} + \cdots + 4 + 1$,,那么如果

(1)$k \equiv 1 (\bmod 6)$ 且 $n \equiv 2 (\bmod 3)$ 或

(2)$k \equiv 3 (\bmod 6)$ 且 $n \equiv 0 (\bmod 3)$ 或

(3)$k \equiv 5 (\bmod 6)$ 且 $n \equiv 1 (\bmod 3)$.

则 $m \equiv 3 (\bmod 6)$.

4.设 T 表示 $3x+1$ 映射,$m_k = T^k m$,则 $m_k \not\equiv 3 (\bmod 6)$.

5.设 k 是一个奇自然数,$k \not\equiv 3 (\bmod 6)$,则存在奇自然数 $m \equiv 3 (\bmod 6)$ 和自然数 n 使得 $T^n m = k$.

6.证明:当 $n > 1$ 时,$(2^n - 1) \nmid (3^n - 1)$.

7.证明:$3x+1$ 猜想蕴含弱 $3x+1$ 猜想.

整环和理想

附录 1

定义 1 设 R 是一个环,如果对任意 $x \in R$ 都有 $ex = xe = x$,则称 e 是 R 的乘法单位元或幺元.

定义 2 设 R 是一个环,$a, b, c \in R$. 如果 $ab = c$,则称 a, b 是 c 的因子,c 是 a, b 的倍数,又称 a, b 整除 c,记为 $a \mid c$,$b \mid c$.

定义 3 设 R 是一个环,$a, b \in R$. 如果 $a \neq 0, b \neq 0$ 而 $ab = 0$,则分别称 a, b 为 R 的左,右零因子,统称零因子.

定义 4 设 R 是一个有单位元而无零因子的交换环,则称 R 是一个整环.

引理 1 设 R 是一个整环,$a, b, c \in R, c \neq 0, ca = cb$,则 $a = b$,即在整环中成立消去律.

证明 由 $ca = cb$ 得 $c(a - b) = 0$,由于 R 中无零因子,$c \neq 0$,这就得出 $a - b = 0$,从而有 $a = b$.

定义 5　设 R 是一个整环，e 是 R 的乘法单位元，称 e 的因子为 R 的单位元.

定义 6　设 R 是一个整环，u 是 R 的单位元，$x,y \in R$，如果 $y = ux$，则称 x,y 是 R 中的相伴元，记为 $x \sim y$.

定义 7　设 R 是一个整环，$a \in R$. 如果 $a \neq 0$ 除了单位元和其本身外没有其他因子，则称 a 是 R 中的不可约元.

定义 8　设 R 是一个整环，$p,a,b \in R$，$p \neq 0$，如果由 $p \mid ab$ 可以得出 $p \mid a$ 或 $p \mid b$，则称 p 是 R 中的素元.

引理 2　设 R 是一个整环，则 R 中的素元一定是不可约元.

证明　设 p 是 R 中的素元. 如果 p 不是不可约元，则 $p = ab$，其中 $a,b \neq 0$ 既不是单位元也不是 p. 显然 $p \mid ab$. 由于 p 是 R 中的素元，所以必有 $p \mid a$ 或 $p \mid b$，不妨设 $p \mid a$，那么就有 $a = cp = cab = acb$，因此由消去律就得出 $e = cb$，这与 b 不是单位元矛盾，所得的矛盾就说明如果 p 必是一个不可约元.

但是反过来的结论不成立，即一般来说，一个不可约元不一定是一个素元. 例如在 $R = \mathbf{Z}[\sqrt{-5}] = \{a + b\sqrt{-5} \mid a,b \in \mathbf{Z}\}$ 中，可证 $3, 2+\sqrt{-5}$ 和 $2-\sqrt{-5}$ 都是不可约元（见本书第 1 章 §1.4 末尾性质 2），但 $3 \mid (2+\sqrt{-5})(2-\sqrt{-5})$，$3 \nmid (2\pm\sqrt{-5})$，因此 3 不是一个素元.

定义 9　设 R 是一个整环，如果 R 具有性质：R 中任一个既不等于零也不是单位元的元素 a 都有分解式

$$a = p_1 p_2 \cdots p_{n(a)}$$

附录1 整环和理想

其中 $p_1, p_2, \cdots, p_{n(a)}$ 都是不可约元,$n(a)$ 是一个依赖于 a 的自然数,且在不计顺序和相伴的意义下,上述分解式是唯一的,则称 R 是一个唯一分解环.

定义 10 设 R 是一个整环,$S \subset R$ 是 R 的一个子集,那么 R 的包含 S 的最小子环称为由 S 生成的子环,记为 $\langle S \rangle$.

定义 11 设 R 是一个整环,I 是 R 的加群的子群,如果对任意的 $a \in I$,从 $r \in R$ 可以得出 $ra \in I$,则称 I 是 R 的理想.

定义 12 设 R 是一个整环,$S \subset R$ 是 R 的一个子集,那么 R 的包含 S 的最小理想称为由 S 生成的理想,记为 (S).

定义 13 设 R 是一个整环,由 R 的一个单个元素 a 生成的理想 (a) 称为主理想.

定义 14 设 R 是一个整环,如果 R 的每一个理想都是主理想,则称 R 是一个主理想环.

引理 3 设 R 是一个整环,$S = \{a_1, a_2, \cdots, a_n\}$,则
$$\langle S \rangle = \{c_1 b_1 + c_2 b_2 + \cdots + c_k b_k\}$$
其中 k 是任意的正整数,$c_1, c_2, \cdots, c_k$ 是任意整数,而 $b_1, b_2, \cdots, b_k$ 都是形如 $a_1^{n_1} a_2^{n_2} \cdots a_r^{n_r}$ 的元素,这里 $1 \leqslant r \leqslant n$. 而
$$(S) = \{a_1 x_1 + a_2 x_2 + \cdots + a_n x_n\}$$
其中 $x_1, x_2, \cdots, x_r \in R$.

证明 设 $V = \{c_1 b_1 + c_2 b_2 + \cdots + c_k b_k\}$,$A$ 是包含 S 的任意一个子环,则显然 A 包含元素 $a_1, a_2, \cdots, a_n$,由于 A 对乘法封闭,所以 A 又必须包括这些元素的任意次幂以及这些幂的乘积以及这些乘积的倍数,这就是说,必须有 $V \subset A$. 另一方面,易证 V 本身构成一个

子环,同时显然 $S \subset V$,这就说明 V 是包含 S 的最小子环,由 $\langle S \rangle$ 的定义就得出
$$\langle S \rangle = \{c_1 b_1 + c_2 b_2 + \cdots + c_k b_k\}$$
同理可证
$$(S) = \{a_1 x_1 + a_2 x_2 + \cdots + a_n x_n\}$$

定义 15　设 R 是一个整环,$a,b \in R$.如果 $d \mid a$, $d \mid b$,则称 d 是 a,b 的公因数.记为 (a,b).

定义 16　设 R 是一个整环,d 是 a,b 的公因数.如果对 a,b 的任意公因数 c 都有 $c \mid d$,则称 d 是 a,b 的最大公因数.a,b 的最大公因数记为 (a,b).

引理 4　设 R 是一个整环,d 和 d' 都是 a,b 的最大公因数.则 $d \sim d'$,即 d 和 d' 必是相伴数.

证明　由最大公因数的定义必有 $d \mid d'$,$d' \mid d$,因此有 $d' = fd = fgd'$,由此得出 $e = fg$,这说明 f,g 都是单位元,因而由 $d' = fd$ 就得出 d 和 d' 必是相伴数.

定义 17　设 R 是一个整环,$a,b \in R$,如果 $(a,b) = u$,其中 u 是 R 的单位元,则称 a 和 b 是 R 中互素的元素.

容易验证下面的成立

引理 5　设 R 是一个整环,I,J 都是 R 的理想,则 $I+J = \{x+y \mid x \in I, y \in J\}$ 仍是 R 的一个理想.

引理 6　设 R 是一个主理想整环,$a,b \in R$,则
$$(a,b) = sa + tb$$
其中 $s,t \in R$ 是 R 中的某两个元素.

证明　由引理 5 可知,主理想 $(a),(b)$ 的和 $(a) + (b)$ 仍是 R 的一个理想.由于 R 是主理想整环,所以存在 $d \in R$ 使得 $(a) + (b) = (d)$,因而存在 $s,t \in R$ 使得

$d = sa + tb$. 由于 $a \in (d), b \in (d)$, 所以 $d \mid a, d \mid b$, 即 d 是 a, b 公因数. 现在设 c 是 a, b 的任意一个公因数, 则由 $d = sa + tb$ 得出 $c \mid d$, 这说明 d 是 a, b 的最大公因数. 这就证明了引理.

引理 7 （贝祖（Bézout）公式）设 R 是一个主理想整环, $a, b \in R$, 则 a, b 互素的充分必要条件是存在 $s, t \in R$ 使得
$$sa + tb = u$$
其中 u 是 R 的单位元.

证明 必要性.

设 a, b 是 R 中互素的元素, 则由互素的定义就有 $(a, b) = u$, 因此由引理 6 就得出存在 $s, t \in R$ 使得 $sa + tb = u$.

充分性.

设存在 $s, t \in R$ 使得 $sa + tb = u$, 又设 d 是 a, b 的最大公因数, 那么就有 $d \mid u$, 由于 u 是 R 的单位元. 因此由此得出 $d \mid e$, 这说明 d 也是一个单位元, 根据互素的定义就得出 a, b 是 R 中互素的元素.

引理 8 主理想整环中的不可约元必是一个素元.

证明 设 R 是一个主理想整环, $p \in R$ 是 R 的一个不可约元. 又设 $a, b \in R$, $p \mid ab$. 我们要证必有 $p \mid a$ 或 $p \mid b$. 假设不然, 那么就有 $p \nmid a, p \nmid b$. 由于 p 是一个不可约元, 这就说明, p 和 a 以及 p 和 b 都是互素的, 因此由引理 7 就得出必存在 $s, t \in R$ 以及 $s', t' \in R$ 使得
$$sp + ta = u$$
$$s'p + t'b = v$$
因而有

$$\lambda p + \mu ab = w$$

其中 $\lambda = ss'p + tas' + sbt' \in R, \mu = tt' \in R, w = uv$ 是单位元,因此再由引理 7 就得出 p 和 ab 互素,这与 $p \mid ab$ 矛盾.所得的矛盾说明必有 $p \mid a$ 或 $p \mid b$,因而 p 是一个素元.

一般来说,一个整环不一定就是一个唯一分解环.例如在整环 $\mathbf{Z}[\sqrt{-5}] = \{a + b\sqrt{-5}\}$(其中 a, b 都是整数)中,已验证 3 和 $2 + \sqrt{-5}$ 以及 3 和 $2 - \sqrt{-5}$ 都不是相伴数,因而

$$9 = 3 \cdot 3 = (2 + \sqrt{-5})(2 - \sqrt{-5})$$

是 9 的两种本质上不同的分解式.因此 $\mathbf{Z}[\sqrt{-5}]$ 是一个整环,但不是唯一分解环.但是我们可以证明下面的

定理 1 主理想环整环一定是唯一分解环.

证明 设 R 是一个主理想环整环.在 R 中任取一个既不是 0 也不是单位元的元素 a,如果 a 已经是一个不可约元,那么我们就已经得到一个 a 的分解式了,否则可设 $a = a_1 b_1$,如果 a_1, b_1 都是不可约元,那么我们又已经得出一个 a 的分解式了.如果不是,那么 a_1 或者 b_1 或者 a_1 和 b_1 都可再继续分解.如果在有限步内这个过程不能再进行下去,那么我们就得到一个 a 的分解式如下:$a = a_1 a_2 \cdots a_n$.如果这个过程不能在有限步内结束,那么我们就得出一个 a 的因子的无限序列

$$a, a_1, a_2, \cdots$$

其中 $a_1 \mid a, a_2 \mid a_1, \cdots$,或者用理想的符号写成

$$(a) \subset (a_1) \subset (a_2) \subset \cdots$$

易证

$$I = \bigcup_{k=1}^{\infty}(a_k)$$

附录1　整环和理想

是一个理想，由于 R 是一个主理想整环，所以必存在 $c \in R$ 使得 $I = (c)$. 但是由于 $c \in (c) = I$，所以必存在某个 n，使得 $c \in (a_n)$，因而就有

$$I = (c) \subset (a_n) \subset (a_{n+1}) \subset \cdots \subset \bigcup_{k=1}^{\infty}(a_k) = I$$

由此就得出

$$(a_n) = (a_{n+1}) = \cdots = I$$

这就说明 R 中任何无限的理想的包含升链实际上都是有限的，因而不存在无限的理想的包含升链，因此上述的分解过程必可在有限步内结束. 这就证明了 R 中每个既不是 0 又不是单位元的元素都可分解成有限个不可约元的乘积.

下面我们证明这种分解在不计次序和相伴的意义下是唯一的.

设 a 有两个分解式如下：

$$a = p_1 p_2 \cdots p_r = q_1 q_2 \cdots q_s$$

其中的 $p_1, \cdots, p_r, q_1, \cdots, q_s$ 都是不可约元. 不妨设 $r \geqslant s$. 由于 R 是主理想整环，所以由引理 8 可知 $p_1, \cdots, p_r, q_1, \cdots, q_s$ 都是素元.

由于 $q_1 \mid p_1 p_2 \cdots p_r$，由于 q_1 是素元，因此必有某一个 i 使得 $q_1 \mid p_i$，不妨设 $i = 1$，于是 $q_1 \mid p_1$. 因此由不可约元的定义可知 $p_1 = q_1 u_1$，其中 u_1 是一个单位元. 由此推出

$$q_2 \cdots q_s = p_2 \cdots p_r u_1$$

重发上面的推理可以得出

$$p_j = q_j u_j, 2 \leqslant j \leqslant s$$

其中 u_j 都是单位元，因此就得出

$$e = u_1 \cdots u_s q_{s+1} \cdots q_r$$

这就证明了 $r = s$，即在不计次序和相伴的意义下，R 中

的元素分解成不可约元的形式是唯一的.

上面我们证明了一个主理想环一定是一个唯一分解整环,但是反过来的命题并不成立. 为说明这点,我们来看整系数多项式环 $\mathbf{Z}[x]$ 的一些性质:

引理 9 设 $p(x)$ 是 $\mathbf{Z}[x]$ 中的不可约元,则 $p(x)$ 必也是 $\mathbf{Q}[x]$ 中的不可约元.

证明 假设不然,那么在 $\mathbf{Q}[x]$ 中 $p(x)$ 必可分解为两个有理系数多项式 $h(x)$ 和 $l(x)$ 的乘积 $p(x)=h(x)l(x)$,其中 $0<\deg h<\deg p, 0<\deg l<\deg p$. 但是由定理 2.2.3 可知如果一个整系数多项式可以分解成两个有理系数多项式的乘积,则它必可分解成两个整系数多项式的乘积,且因子的次数不变,这就说明 $p(x)$ 不是 $\mathbf{Z}[x]$ 的不可约元,与假设矛盾. 所得的矛盾就证明了引理.

引理 10 $\mathbf{Z}[x]$ 中的不可约元 $p(x)$ 必是一个本原多项式.

证明 假如 $p(x)$ 不是一个本原多项式,则 $p(x)=c_p p_1(x)$,其中 $c_p>1$ 是 $p(x)$ 的所有系数的最大公约数,$p_1(x)$ 是一个本原多项式,这与 $p(x)$ 是 $\mathbf{Z}[x]$ 中的不可约元的假设矛盾.

引理 11 $\mathbf{Z}[x]$ 中的不可约元必也是 $\mathbf{Z}[x]$ 中的素元.

证明 设 $p(x)$ 是 $\mathbf{Z}[x]$ 中的不可约元,$f(x), g(x)$ 是 $\mathbf{Z}[x]$ 中的两个多项式,且 $p(x) \mid f(x)g(x)$. 那么由引理 9 可知 $p(x)$ 是 $\mathbf{Q}[x]$ 中的不可约元. 我们在第 10 章中已经证明过在 $\mathbf{Q}[x]$ 中可定义欧几里得(Euclid)算法以及最高公因式以及互素的概念,对 $\mathbf{Q}[x]$ 中的任意两个多项式 $f(x), g(x)$,如果设 $d(x)$

是它们的最高公因式,那么 $d(x)$ 必可表示成
$$\lambda(x)f(x)+\mu(x)g(x)=d(x)$$
因此仿照引理 8 的证明(只需把那里的单位元改为 1)即可证明 $p(x)$ 必是 $\mathbf{Q}[x]$ 中的素元.

因此必有 $p(x)\mid f(x)$ 或 $p(x)\mid g(x)$. 不妨设 $p(x)\mid f(x)$. 那么就有
$$f(x)=p(x)h(x)$$
其中 $h(x)\in \mathbf{Q}[x]$ 是一个有理系数多项式. 由引理 2.2.3 可知有
$$f=c_f f^*, h=c_h h^*$$
其中 c_f 是整数,c_h 是有理数,而 f^*,h^* 都是本原多项式. 由引理 10 可知 p 也是本原多项式,故
$$c_f f^* = c_h p h^*$$
由高斯引理得出 ph^* 仍然是本原多项式,因此由引理 2.2.3 的唯一性就得出
$$c_f=\pm c_h, f^*=\pm ph^*$$
这说明 c_h 是一个整数
$$f=\pm c_f p h^*$$
因此在 $\mathbf{Z}[x]$ 中,$p(x)\mid f(x)$. 同理可证若在 $\mathbf{Q}[x]$ 中有 $p(x)\mid g(x)$,则在 $\mathbf{Z}[x]$ 中也有 $p(x)\mid g(x)$. 因此在 $\mathbf{Z}[x]$ 中如果 $p(x)\mid f(x)g(x)$,则必有 $p(x)\mid f(x)$ 或 $p(x)\mid g(x)$,这就证明了 $p(x)$ 是 $\mathbf{Z}[x]$ 的素元.

定理 2 $\mathbf{Z}[x]$ 是一个唯一分解整环.

证明 设 $f(x)$ 是 $\mathbf{Z}[x]$ 中的任一个不恒等于常数的多项式,如果 $f(x)$ 是一个不可约多项式,那么我们就已经得到 $f(x)$ 的一个分解式了,否则,$f(x)$ 必可分解成两个次数较低的不恒等于常数的多项式

$p_1(x), p_2(x)$ 的乘积 $f(x) = p_1(x)p_2(x)$，对 $p_1(x)$，$p_2(x)$ 可以继续同样的过程，由于 $0 < \deg p_1 < \deg f, 0 < \deg p_2 < \deg f$，所以这一过程必在有限步内结束，这就证明了 $\mathbf{Z}[x]$ 中的任一个不恒等于常数的多项式 $f(x)$ 必可分解成

$$f(x) = p_1(x)p_2(x)\cdots p_n(x)$$

的形式，其中 $p_1(x), p_2(x), \cdots, p_n(x)$ 都是 $\mathbf{Z}[x]$ 中的不可约元，同时也都是 $\mathbf{Z}[x]$ 中的素元，于是仿照定理 1 中关于唯一性的证明同样可证上述分解式在不计次序的意义下是唯一的.

仿上，一般的我们可以证明如果 M 是一个唯一分解整环，那么 $M[x]$ 也是一个唯一分解整环. 但是这个推广工作量太大，我们就不在一个尽可能短的附录中做了. 大致的路线是先仿照分数的定义，从 M 构造一个所谓的分式域 Q_M，然后在 $Q_M[x]$ 中仿照 $Q[x]$ 构造出一套包括欧几里得算法在内的整除理论以证明在 $Q_M[x]$ 中可定义欧几里得算法，有最高公因式，可定义互素的概念，再证明在 $Q_M[x]$ 中成立引理 7，从而 $Q_M[x]$ 中不可约元与素元的概念一致. 为此，还必须先在 $M[x]$ 中仿照 $\mathbf{Z}[x]$ 定义本原多项式的概念，证明关于本原多项式的概念的高斯引理以及定理 2.2.3. 然后即可仿照定理 1 的证明来得出 $M[x]$ 的唯一分解性. 尽管理论上可以做这种推广，但是我们觉得还是讨论一些我们所熟悉的具体例子更有兴趣.

但是我们可以证明 $\mathbf{Z}[x]$ 不是一个主理想环. 为此，我们看 $\mathbf{Z}[x]$ 中由 2 和 x 生成的理想 $(2, x)$. 这个理想的元素是所有形如 $2f(x) + xg(x)$ 的多项式，其中 $f(x)$ 和 $g(x)$ 都是整系数多项式. 也就是说 $(2, x)$ 就

是由 $\mathbf{Z}[x]$ 中所有常数项是偶数的整系数多项式组成的理想.

我们来证明 $(2,x)$ 不可能是一个主理想. 假设不然, 则存在 $h(x) \in \mathbf{Z}[x]$ 使得 $(2,x)=(h(x))$, 因此就有
$$2 = h(x)f(x), \quad x = h(x)g(x)$$
由此推出 $h(x) = d$, 其中 $d = \pm 1$ 或 ± 2. 由 $x = dg(x)$ 又得出 $d = \pm 1$. 但由于 ± 1 都是奇数, 所以 ± 1 不可能属于 $(2,x)$, 矛盾. 所得的矛盾就说明 $(2,x)$ 不可能是一个主理想, 因此 $\mathbf{Z}[x]$ 不是主理想环.

现在我们把 $\mathbf{Z}$ 中的欧几里得性质抽象推广.

定义 18 设 R 是一个整环, 如果对 R 中任意一个元素 a 可以定义一个称为范数的整数 $N(a)$, 使它具有以下性质:

(1) 对任意 $a \in R, N(a) \geqslant 0, N(a) = 0$ 的充分必要条件是 $a = 0$;

(2) 对任意 $a, b \in R, N(ab) = N(a)N(b)$;

(3) 对任意 $a, b \in R$, 存在 $q, r \in R$, 使得
$$a = bq + r, 0 \leqslant N(r) < N(b)$$
则称 R 是一个欧几里得环.

完全仿照 $\mathbf{Z}$ 中和 $\mathbf{Q}[x]$ 中的整除理论, 在欧几里得环中可以发展出一套完全类似的整除理论, 包括整除, 因子, 不可约元, 素元, 公因数, 最大公因数和最大公因数的表达式, 由此又可定义互素和互素的充分必要条件贝祖公式, 从而证明不可约元就是素元, 最后得出唯一分解定理(算数基本定理).

我们已证明 $\mathbf{Z}[x]$ 不是一个主理想环, 那么如何判定一个环是否是主理想环呢? 下面我们给出一个判

定定理,其中的条件很类似于欧几里得环的定义,但比它弱,可称为弱欧几里得性质.

定理 2 (戴迪金(Dedekind)和哈塞(Hasse))设 R 是一个整环,如果对 R 中任意一个元素 a 可以定义一个称为范数的整数 $N(a)$,使它具有以下性质:

(1) 对任意 $x \in R, N(x) \geqslant 0, N(x)=0$ 的充分必要条件是 $x=0$;

(2) 对任意 $x, y \in R, y \neq 0$,由 $N(x) \geqslant N(y)$ 可以得出 $y \mid x$ 或存在 $z, w \in R$,使得 $0 < N(xz - yw) < N(y)$,则 R 必是一个主理想环.

证明 设 $A \neq (0)$ 是 R 中的任意一个理想,y 是 A 中具有最小非零范数的元素,因此 $y \neq 0$. 又设 x 是 A 中的一个任意的元素.

如果 $y \mid x$,那么 $x \in (y)$;

如果 $y \nmid x$,那么 $x \neq 0$,因此由 y 的定义就得出 $N(x) \geqslant N(y)$.

由条件就得出必存在 $z, w \in R$,使得 $0 < N(xz - yw) < N(y)$. 由于 $x, y \in A, A$ 是 R 中的理想,所以 $xz - yw \in A$,这与 y 的定义矛盾.所得的矛盾就说明对任意 $x \in A$,必有 $y \mid x$,即 $A=(y)$. 这就证明了 R 是一个主理想环.

由定理 2 立即得出

定理 3 欧几里得环必是主理想环.

$\mathbf{Z}[x]$ 这个环很有意思,它夹在两个欧几里得环之间

$$\mathbf{Z} \subset \mathbf{Z}[x] \subset \mathbf{Q}[x]$$

在 $\mathbf{Z}$ 中,1 不能整除 2,但我们可令商 $q=0$,而对 1,2 实行欧几里得算法. 在 $\mathbf{Z}[x]$ 中 x 不能整除 $2x+1$,但在

$\mathbf{Q}[x]$ 中我们可令商 $q=\frac{1}{2}$ 而对它们实行欧几里得算法. 但在 $\mathbf{Z}[x]$ 中,由于系数必须是整数,就不存在所需的商而对 x 和 $2x+1$ 实行欧几里得算法. 然而,这种不可能通过除法而实行欧几里得算法的观察并不能说明用其他方法也不可能定义一种具有欧几里得性质的范数. 不过前面我们已经证明 $\mathbf{Z}[x]$ 不是主理想环,因而由定理 3 就可知 $\mathbf{Z}[x]$ 不是欧几里得环,这就用一种间接的方式证明了在 $\mathbf{Z}[x]$ 中,无论你用什么方式定义范数,这个范数都不可能具有欧几里得性质.

现在我们要问定理 3 的逆命题是否成立?即一个主理想环是否一定是一个欧几里得环?回答是否定的.

引理 12 设 R 是一个整环,$N(x):R \to Z^+ \bigcup \{0\}$ 是 R 的具有以下性质的范数:

(1) $N(x) \geqslant 0, N(x)=0 \Leftrightarrow x=0$;

(2) $N(xy)=N(x)N(y)$.

则 $N(u)=1$,其中 u 是 R 的单位元.

证明 设 R 的乘法单位元为 e,则由 $N(e)=N(e \cdot e)=N(e)^2$ 及 $M(e) \neq 0$ 就得出 $N(e)=1$. 现设 u 是 R 的任意一个单位元,则有 $v \in R$ 使得 $uv=e$,其中 $u \neq 0, v \neq 0$,因此由 $N(uv)=N(u)N(v)=1$ 及 $N(u)>0, N(v)>0$ 就得出 $N(u)=N(v)=1$.

引理 13 设 R 是一个欧几里得整环,$N(x):R \to Z^+ \bigcup \{0\}$ 是 R 的范数,则 $N(u)=1$ 的充分必要条件是 u 是 R 的单位元.

证明 设 u 是 R 的单位元,则由引理 12 知 $N(u)=1$,反之若 $N(u)=1$,则设 v 是 R 的单位元,因

此有 $N(v)=1$. 由于 R 是一个欧几里得整环,所以存在 $q,r \in R$ 使得

$$u = qv + r, 0 \leqslant N(r) < N(v) = 1$$

由此得出 $N(r)=0 \Rightarrow r=0 \Rightarrow u=qv$,所以 u 是 R 的单位元. 这就证明了引理.

现在考虑整环 $A = \{a+b\theta\}$,其中 a,b 都是整数,$\theta = \dfrac{1+\sqrt{-19}}{2}$. 在 A 中对任意 $x = a+b\theta \in A$ 定义一个范数 $M(x)$ 如下

$$M(x) = x\bar{x} = a^2 + ab + 5b^2$$

引理 14 设 $A = \{x = a+b\theta\}$,其中 a,b 都是整数,$\theta = \dfrac{1+\sqrt{-19}}{2}$,$M(x) = x\bar{x} = a^2 + ab + 5b^2$. 则 $M(x)$ 具有以下性质:

(1) 对任意 $x \in A$,$M(x) \geqslant 0$,$M(x) = 0$ 的充分必要条件是 $x=0$;

(2) 对任意 $x,y \in A$,$M(xy) = M(x)M(y)$.

证明 (1) $M(x) \geqslant 0$ 显然. 若 $M(x) = x\bar{x} = a^2 + ab + 5b^2 = 0$,则由于 $a^2 + ab + 5b^2 = a^2 + ab + b^2 + 4b^2$,$a^2 + ab + b^2 \geqslant 0$,所以必有 $b=0$,$a=0$. 反之,若 $x=0$,则显然有 $M(x)=0$,这就证明了(1).

(2) $M(xy) = xy\overline{xy} = x\bar{x}\,y\bar{y} = M(x)M(y)$.

引理 15 设 $A = \{x = a+b\theta\}$,其中 a,b 都是整数,$\theta = \dfrac{1+\sqrt{-19}}{2}$,则

(1) $M(u)=1$ 的充分必要条件是 u 是 A 的单位元;

(2) A 的单位元就是 1 和 -1.

证明 设 $u = a+b\theta$,$M(u) = a^2 + ab + 5b^2 = 1$.

如果 $|b| \geq 1$,则 $1 = M(u) = a^2 + ab + 5b^2 \geq 4b^2 \geq 4$,矛盾.所以必须有 $b = 0$,因此得出 $x = a = \pm 1$.又显然 ± 1 都是 A 的单位元,所以 A 的单位元就是 1 和 -1.而显然有 $M(1) = M(-1) = 1$,这就证明了引理.

引理 16　设 $\theta = \dfrac{1 + \sqrt{-19}}{2}$,则 θ 具有以下性质:

(1) $\bar{\theta} = 1 - \theta$;

(2) $\theta\bar{\theta} = 5$;

(3) $\theta^2 = \theta - 5$;

(4) 设 $x = a + b\theta$,则 $\theta x = -5b + (a+b)\theta$.

证明　由直接计算即得.

引理 16(1) $\Rightarrow A$ 在复共轭下封闭;

引理 16(3) $\Rightarrow \theta^2 \in A$,因此 A 在复数乘法下封闭.

引理 17　设 $A = \{x = a + b\theta\}$,其中 a, b 都是整数,$\theta = \dfrac{1 + \sqrt{-19}}{2}$,则 2 和 3 都是 A 中的素数,但 5 不是 A 中的素数.

证明　设 $a + b\theta$ 和 $c + d\theta$ 都是 A 中既不是 0 也不是单位的数,

假设有
$$2 = (a + b\theta)(c + d\theta)$$
则
$$4 = M((a + b\theta)(c + d\theta)) = M(a + b\theta)M(c + d\theta)$$

由于 $a + b\theta$ 和 $c + d\theta$ 既不是 0 也不是单位,所以由引理 14,引理 15 就得出 $M(a+b\theta) \neq 1, 4, M(c+d\theta) \neq 1, 4$.因而有
$$2 = M(a + b\theta) = a^2 + ab + 5b^2$$

如果 $b \neq 0$,则 $|b| \geqslant 1$,因此 $2 = a^2 + ab + 5b^2 \geqslant 4b^2 \geqslant 4$,矛盾,所以必须有 $b=0$,同理可证必有 $d=0$. 因此
$$2 = (a+b\theta)(c+d\theta) = ac$$
由于 2 是 **Z** 中的素数,所以 $2|a=a+b\theta$ 或 $2|c=a+d\theta$. 这就证明了 2 是 A 中的素数.同理可证 3 也是 A 中的素数,由引理 16(2) 得出 5 不是 A 中的素数(由于素数一定是不可约元).

引理 18 设 R 是一个包含 **Z** 的欧几里得整环.其单位元为 1 和 -1,并且 2 和 3 都是 R 中的素数,那么 R 中的任一个元素 a 都可表示为
$$a = mq + r$$
的形式,其中 $m = \pm 2$ 或 ± 3,$r = -1, 0$ 或 1.

证明 设 m 是 R 中既不是 0 也不是单位的元素,并且在这种元素中的范数最小.设 R 中的范数是 N,则由引理 13 和 R 的单位元为 1 和 -1 的条件可知 $N(m) \geqslant 2$. 又设 a 是 R 中的任一个元素.由于 R 是欧几里得整环,所以存在 q, r 使得
$$a = mq + r, \quad 0 \leqslant N(r) < N(m)$$
如果集合 $\{r\}$ 中除了 $-1, 0, 1$ 之外,还存在着与 $-1, 0, 1$ 不同的元素 r,则必有 $1 \leqslant N(r) < N(m)$,这与 m 的定义矛盾,因此必有 $\{r\} = \{-1, 0, 1\}$.

现在取 $a=2$,那么根据已证的结果就有
$$2 = mq + r, \quad \{r\} = \{-1, 0, 1\}$$
不可能有 $r=1$,否则得出 $1=qm$,这与 m 不是单位元的假设矛盾. 所以只能有 $r=-1$ 或 $r=0$,这说明 $m|2$ 或 $m|3$. 由于根据假设 2 和 3 都是 R 中的素数,所以必有 $m = \pm 2$ 或 $m = \pm 3$. 这就证明了引理.

附录1 整环和理想

定理4 设 $A=\{x=a+b\theta\}$,其中 a,b 都是整数,$\theta=\dfrac{1+\sqrt{-19}}{2}$,则 A 不是欧几里得整环.

假设不然,则由引理18可知,可把 θ 表示为
$$\theta = qm+r, \quad \{r\}=\{-1,0,1\}$$
其中 $m=\pm 2$ 或 ± 3,因此必有 $\theta-1,\theta$ 或 $\theta+1$ 被 2 或 3 整除. 设 $x\in A, M(x)=x\bar{x}=a^2+ab+5b^2$,则由引理14可知必有 $M(2)$ 整除 $M(\theta-1),M(\theta)$ 或 $M(\theta+1)$,或者 $M(3)$ 整除 $M(\theta-1),M(\theta)$ 或 $M(\theta+1)$.

但实际上可算出 $M(\theta-1)=M(\theta)=5, M(\theta+1)=7, M(2)=4, M(3)=9$,与上述结论不符合. 这就证明了 A 不可能是一个欧几里得整环.

定理5 设 $A=\{x=a+b\theta\}$,其中 a,b 都是整数,$\theta=\dfrac{1+\sqrt{-19}}{2}$,则 A 是一个主理想环.

证明 为了证明 A 是一个主理想环,我们应用定理 2. 任给 $\alpha,\beta\in A, \beta\neq 0$,如果 $\beta\mid\alpha$ 并且 $M(\alpha)\geqslant M(\beta)$,那么由于 β^{-1} 是 $\mathbf{Q}[\theta]$ 中的一个复数,因此我们可把 $\dfrac{\alpha}{\beta}=\alpha\beta^{-1}$ 表示成以下形式
$$\frac{\alpha}{\beta}=a+b\theta$$
其中 a 和 b 都是有理数,并且至少其中之一不是整数.

我们只需证明,对给定的 $\alpha,\beta\in A, \beta\neq 0$,可找到 $\gamma,\delta\in A$,使得
$$0 < M\left(\frac{\alpha}{\beta}\gamma-\delta\right) < 1$$
即可,由引理14,在上式两边都乘以 $M(\beta)\neq 0$ 就可得到

$$0 < M(\alpha\gamma - \beta\delta) = M(\beta)M\left(\frac{\alpha}{\beta}\gamma - \delta\right) < M(\beta)$$

这样定理 2 的条件就满足了. 下面我们分 7 种情况证明 $\gamma, \delta \in A$ 的存在性.

情况 1 $b \in \mathbf{Z}$. 那么 $a \notin \mathbf{Z}$, 这时我们可取 $\gamma = 1$, $\delta = \langle a \rangle + b\theta$ (其中 $\langle x \rangle$ 表示最接近 x 的整数, 它具有性质 $\langle n + \frac{1}{2} \rangle = n$.), 那么就有

$$0 < M\left(\frac{\alpha}{\beta}\gamma - \delta\right) \leqslant \frac{1}{4} < 1$$

情况 2.1 $a \in \mathbf{Z}$, 并且 $5b \notin \mathbf{Z}$, 因而 $\frac{\alpha}{\beta}\bar{\theta} = a + 5b - a\theta$, 这时我们可取

$$\gamma = \bar{\theta}, \quad \delta = \langle a + 5b \rangle - a\theta$$

情况 2.2 $a \in \mathbf{Z}$, 并且 $5b \in \mathbf{Z}$, 这时我们可取

$$\gamma = 1, \quad \delta = a + \langle b \rangle \theta$$

情况 3.1 $a, b \notin \mathbf{Z}$, 但是 $2a, 2b \in \mathbf{Z}$, 那么虽然我们只对 a, b 是整数的情况证明了引理 16(4), 但是显然引理 16(4) 对 a, b 是有理数的情况也成立, 即若设 $x = a + b\theta$, a, b 是有理数, 那么就有 $\theta x = -5b + (a+b)\theta$. 因此 $\theta\frac{\alpha}{\beta} = -5b + (a+b)\theta$, 并且 $a+b \in \mathbf{Z}$, 这时我们可取

$$\gamma = \theta, \quad \delta = \langle -5b \rangle + \langle a+b \rangle \theta$$

情况 3.2 $a, b \notin \mathbf{Z}$, 同时 $2a, 2b \notin \mathbf{Z}$, 那么或者 $|b - \langle b \rangle| \leqslant \frac{1}{3}$, 或者 $|2b - \langle 2b \rangle| \leqslant \frac{1}{3}$. 在第一种情况下, 我们可取

$$\gamma = 1, \quad \delta = \langle a \rangle + \langle b \rangle \theta$$

从而有

附录1 整环和理想

$$0 < M\left(\frac{\alpha}{\beta}\gamma - \delta\right) \leqslant \frac{35}{36} < 1$$

在第二种情况下,我们可取

$$\gamma = 2, \quad \delta = \langle 2a \rangle + \langle 2b \rangle \theta$$

这时同样有

$$0 < M\left(\frac{\alpha}{\beta}\gamma - \delta\right) \leqslant \frac{35}{36} < 1$$

情况 3.3 $a, b \notin \mathbf{Z}, 2a \in \mathbf{Z}, 2b \notin \mathbf{Z}$,那么当 $5b \in \mathbf{Z}$ 时,我们可取

$$\gamma = 5, \quad \delta = \langle 5a \rangle + 5b\theta$$

当 $5b \notin \mathbf{Z}$ 时,我们可取

$$\gamma = 2\bar{\theta}, \delta = \langle 2a + 10 \rangle - 2a\theta$$

情况 3.4 $a, b \notin \mathbf{Z}, 2a \notin \mathbf{Z}, 2b \in \mathbf{Z}$,这时我们可取

$$\gamma = 2, \quad \delta = \langle 2a \rangle + 2b\theta$$

这就证明了定理.

这样,我们就证明了在一个整环中成立以下蕴含关系:

欧几里得环 $\Rightarrow$ 主理想环 $\Rightarrow$ 唯一分解整环 $\Rightarrow$ 整环.

并且举例说明了上述每一种蕴含关系的反方向蕴含关系都不成立.

π^2 和 e^p 的无理性的一个简单证明

引理 1 设 $f(x)=x^n(p-x)^n$,其中 p 是一个正整数,则

(1) $f(0)=f'(0)=\cdots=f^{(n-1)}(0)=0$;

$f(p)=f'(p)=\cdots=f^{(n-1)}(p)=0$;

(2) $f^{(n)}(x)=n!M(x)$,其中 $M(x)$ 是一个整系数多项式;

(3) $f^{(n)}(0)=n!,f^{(n)}(p)=(-1)^n n!$;

(4) $f^{(2n)}(x)=(-1)^n(2n)!$.

证明 (1) 由高阶微分的莱布尼兹公式可知当 $0 \leqslant k \leqslant n-1$ 时 $f^{(k)}(x)$ 的每一项都具有 $x^{n-h}(p-x)^{n-(k-h)}$ 的形式,其中 $0 \leqslant h \leqslant k$,由此立即得出(1).

(2) 设 $u=(p-x)^n,v=x^n$,那么

附录 2　π^2 和 e^p 的无理性的一个简单证明

$$u^{(k)} = (-1)^k A_n^k (p-x)^{n-k} =$$
$$(-1)^k n(n-1)\cdots(n-k+1)(p-x)^{n-k} =$$
$$(-1)^k \frac{n!}{(n-k)!} (p-x)^{n-k}$$
$$v^{(n-k)} = A_n^{n-k} x^k = n(n-1)\cdots(k+1) x^k$$

而
$$f^{(n)}(x) = (uv)^{(n)} =$$
$$[uv^{(n)} + C_n^1 u' v^{(n-1)} + \cdots +$$
$$C_n^k u^{(k)} v^{(n-k)} + \cdots + u^{(n)} v] =$$
$$\left[n!(1-x)^n + \sum_{k=1}^{n-1} (-1)^k C_n^k \frac{n!}{(n-k)!} \cdot \right.$$
$$\left. \frac{n!}{k!} (p-x)^{n-k} x^k + (-1)^n n! \, x^n \right] =$$
$$\left[n!(1-x)^n + \sum_{k=1}^{n-1} (-1)^k C_n^k \frac{n!}{(n-k)! \, k!} \cdot \right.$$
$$\left. n!(p-x)^{n-k} x^k + (-1)^n n! \, x^n \right] =$$
$$\left[n!(1-x)^n + (-1)^k n! \sum_{k=1}^{n-1} (C_n^k)^2 \cdot \right.$$
$$\left. (p-x)^{n-k} x^k + (-1)^n n! \, x^n \right] =$$
$$n! \left[(1-x)^n + (-1)^k \sum_{k=1}^{n-1} (C_n^k)^2 \cdot \right.$$
$$\left. (p-x)^{n-k} x^k + (-1)^n x^n \right] =$$
$$n! \, M(x)$$

显然 $M(x)$ 是一个整系数多项式的整系数线性组合，因此仍然是一个整系数多项式，这就证明了 (2)．

(3) 在 (2) 中所得的公式中，分别令 $x=0$ 和 $x=p$ 即得出 (3)．

(4) 由二项式的展开式和莱布尼兹公式有
$$f^{(2n)}(x) = [x^n (p-x)^n]^{(2n)} =$$

$$[x^n(p^n - C_n^1 p^{n-1}x + C_n^2 p^{n-2}x^2 + \cdots + (-1)^n x^n)]^{(2n)} =$$
$$[p^n x^n - C_n^1 p^{n-1} x^{n+1} + C_n^2 p^{n-2} x^{n+2} + \cdots + (-1)^n x^{2n}]^{(2n)} =$$
$$(-1)^n (2n)!$$

引理 2 设 $F(x) = f(x) + f'(x) + \cdots + f^{(2n)}(x)$, 则 $F(0), F(p)$ 都是 $n!$ 的倍数.

证明 由引理 1(1), (2) 立得.

引理 3 设 $f_n(x) = \dfrac{x^n (\pi - x)^n}{n!}$, 则
$$f''_n(x) = -(4n-2)f_{n-1}(x) + \pi^2 f_{n-2}(x)$$

证明
$$f'_n(x) = \frac{nx^{n-1}(\pi-x)^n - nx^n(\pi-x)^{n-1}}{n!} =$$
$$\frac{x^{n-1}(\pi-x)^{n-1}(\pi-2x)}{(n-1)!} =$$
$$f_{n-1}(x)(\pi - 2x)$$
$$f''_n(x) = f'_{n-1}(x)(\pi-2x) - 2f_{n-1}(x) =$$
$$f_{n-2}(x)(\pi-2x)^2 - 2f_{n-1}(x) =$$
$$\pi^2 f_{n-2}(x) - 4x(\pi-x)\frac{x^{n-2}(\pi-x)^{n-2}}{(n-2)!} -$$
$$2f_{n-1}(x) =$$
$$\pi^2 f_{n-2}(x) - (4n-4)f_{n-1}(x) - 2f_{n-1}(x) =$$
$$-(4n-2)f_{n-1}(x) + \pi^2 f_{n-2}(x)$$

引理 4 设 $I_n = \displaystyle\int_0^\pi f_n(x) \sin x \, dx$, 则
$$I_n = -(4n-2)I_{n-1} + \pi^2 I_{n-2}$$

证明
$$I_n = \int_0^\pi f_n(x) \sin x \, dx =$$

附录 2 π^2 和 e^p 的无理性的一个简单证明

$$-f_n(x)\cos x\,|_0^\pi + \int_0^\pi f'_n(x)\sin x\,\mathrm{d}x =$$

$$\int_0^\pi f'_n(x)\sin x\,\mathrm{d}x =$$

$$-f_{n-1}(x)\cos x\,|_0^\pi + \int_0^\pi f''_{n-2}(x)\sin x\,\mathrm{d}x =$$

$$\int_0^\pi f''_{n-2}(x)\sin x\,\mathrm{d}x =$$

$$\int_0^\pi [-(4n-2)f_{n-1}(x) + \pi^2 f_{n-2}(x)]\sin x\,\mathrm{d}x =$$

$$-(4n-2)I_{n-1} + \pi^2 I_{n-2}$$

引理 5 I_n 是 π^2 的次数至多为 $\left[\dfrac{n}{2}\right]$ 的整系数多项式.

证明 由直接计算可得 $I_0 = 2, I_1 = 4$. 命题显然成立. 假设对小于 n 的正整数命题成立,那么对大于或等于 2 的 n,在 $-(4n-2)I_{n-1}$ 中,π^2 的次数 $\leqslant \left[\dfrac{n-1}{2}\right] \leqslant \left[\dfrac{n}{2}\right]$,而在 $\pi^2 I_{n-2}$ 中,π^2 的次数 $\leqslant 1 + \left[\dfrac{n-2}{2}\right] \leqslant \left[1 + \dfrac{n-2}{2}\right] \leqslant \left[\dfrac{n}{2}\right]$,因此由引理 4 即得 I_n 是 π^2 的次数至多为 $\left[\dfrac{n}{2}\right]$ 的整系数多项式.因而由数学归纳法就证明了引理.

引理 6 设 a 是一个正整数,则当 $n \to \infty$ 时,$a^{\left[\frac{n}{2}\right]} I_n \to 0$.

证明 由于 $x(\pi - x)$ 在 $x = \dfrac{\pi}{2}$ 处取得最大值 $\dfrac{\pi^2}{4} < 3$,所以

$$x^n(\pi - x)^n = [x(\pi - x)]^n < 3^n$$

447

$$0 < a^{\left[\frac{n}{2}\right]} I_n < \frac{a^n}{n!} \int_0^\pi x^n (\pi - x)^n \sin x \, dx <$$

$$\frac{a^n}{n!} \int_0^\pi 3^n \, dx < \frac{(3a)^n \pi}{n!} <$$

$$\frac{4(3a)^n}{n!} \to 0$$

由两边夹定理即得出此引理.

定理 1 π^2 是一个无理数.

证明 假设不然,则可设 $\pi^2 = \dfrac{b}{a}$,其中 a, b 都是正整数.于是由引理 5 和 $I_n > 0$ 可知 $a^{\left[\frac{n}{2}\right]} I_n$ 是一个正整数.因此由引理 6 就得出

$$1 \leqslant a^{\left[\frac{n}{2}\right]} I_n \to 0$$

矛盾.所得的矛盾便证明了 π^2 是一个无理数.

定理 2 e^p 是一个无理数,其中 p 是一个任意的正整数.

证明 假设不然,则可设 $e^p = \dfrac{a}{b}$,其中 a, b 都是正整数.

由于阶乘的增长速度要快于幂函数,因此当 n 充分大时,可使得

$$be^p p^{2n+1} < n! \qquad (1)$$

令

$$f(x) = x^n (p-x)^n$$
$$F(x) = f(x) + f'(x) + \cdots + f^{(2n)}(x)$$
$$G(x) = -e^{-x} F(x)$$

则

$$G'(x) = e^{-x} F(x)$$

附录2 π^2 和 e^p 的无理性的一个简单证明

在闭区间 $[0,p]$ 上对 $G(x)$ 应用中值定理可知必存在 $\xi \in (0,p)$ 使得

$$\frac{G(p)-G(0)}{p}=G'(\xi)$$

或

$$\frac{-a^{-p}F(p)+F(0)}{p}=e^{-\xi}f(\xi) \qquad (2)$$

用 pe^p 乘以上式两边就得出

$$-F(p)+e^pF(0)=pe^{p-\xi}f(\xi)$$

把 $e^p=\dfrac{a}{b}$ 代入上式并两边都乘以 b 就得出

$$-bF(p)+aF(0)=bpe^{p-\xi}f(\xi)<$$
$$be^p p^{2n+1}<n! \qquad (3)$$

由引理2及上式中的等号可知,上式的左边是一个等于 $n!$ 倍数的整数,但其右边却是一个小于 $n!$ 的数,矛盾. 所得的矛盾便证明了 e^p 是一个无理数.

习　　题

1. 证明 $e^{\frac{p}{q}}$ 是一个无理数,其中 p,q 都是正整数.

参 考 文 献

[1] Γ M 菲赫金哥尔茨. 微积分学教程(修订本),第一卷,第一分册[M]. 北京:人民教育出版社,1959.

[2] Γ M 菲赫金哥尔茨. 微积分学教程(修订本),第一卷,第二分册[M]. 北京:人民教育出版社,1959.

[3] Γ M 菲赫金哥尔茨. 微积分学教程,第二卷,第一分册[M]. 北京:人民教育出版社,1956.

[4] Γ M 菲赫金哥尔茨. 微积分学教程,第二卷,第二分册[M]. 北京:人民教育出版社,1954.

[5] Γ M 菲赫金哥尔茨. 微积分学教程,第二卷,第三分册[M]. 北京:人民教育出版社,1954.

[6] Γ M 菲赫金哥尔茨. 微积分学教程,第三卷,第一分册[M]. 北京:人民教育出版社,1957.

[7] Γ M 菲赫金哥尔茨. 微积分学教程,第三卷,第二分册[M]. 北京:人民教育出版社,1957.

[8] Γ M 菲赫金哥尔茨. 微积分学教程,第三卷,第三分册[M]. 北京:人民教育出版社,1955.

[9] 闵嗣鹤,严士健. 初等数论(第二版)[M]. 北京:人民教育出版社,1982.

[10] 华罗庚. 数论导引[M]. 北京:科学出版社,1957年.

[11] И M 维诺格拉多夫. 数论基础(修订本)[M]. 北京:高等教育出版社,1956.

参考文献

［12］ A K 苏什凯维奇.数论初等教程［M］.北京:高等教育出版社,1956.

［13］ U 杜德利.基础数论［M］.上海:上海科学技术出版社,1980.

［14］ 余红兵.数学竞赛中的数论问题［M］.北京:中国少年儿童出版社,1992.

［15］ 柯召,孙琦.初等数论 100 例［M］.上海:上海教育出版社,1980.

［16］ 潘承洞,于秀源.阶的估计［M］.济南:山东科学技术出版社,1983.

［17］ 潘承洞,潘承彪.素数定理的初等证明［M］.上海:上海科学技术出版社,1983.

［18］ 潘承洞,潘承彪.初等数论［M］.北京:北京大学出版社,1992.

［19］ 潘承洞,潘承彪.初等代数数论［M］.济南:山东大学出版社,1991.

［20］ 潘承彪.解析数论基础［M］.北京:科学出版社,1997.

［21］ K RAMANUJICHARY. Number Theory with computer applications［M］. Upper saddle Rever,New Jersey. Prentice-Hall,1998.

［22］ H POLLARD.代数数论［M］.台北:徐氏基金会,1973.

［23］ T M APOSTOL. Modular Functions and Dirichlet Series in Number Theory［M］. New York Inc. Springer-Verlag,1976.

［24］ Б П 吉米多维奇.数学分析习题集（修订本）［M］.北京:人民教育出版社,1958.

［25］林源渠,方企勤,李正元,等.数学分析习题集[M].北京:高等教育出版社,1986.

［26］裴礼文.数学分析中的典型问题与方法[M].北京:高等教育出版社,1993.

［27］宋国柱.分析中的基本定理和典型方法[M].北京:,科学出版社,2004.

［28］谢惠民.数学分析习题课讲义,上册[M].北京:高等教育出版社,2003.

［29］谢惠民,数学分析习题课讲义,下册[M].北京:高等教育出版社,2004.

［30］朱尧辰,徐广善.超越数引论[M].北京:科学出版社,2003.

［31］I NIVEN. Irrational Numbers[M]. Rahway New Jersey. J. Wiley and Sons Inc,1956.

［32］北京大学数学力学系几何与代数教研室代数小组.高等代数讲义[M].北京:高等教育出版社,1965.

［33］熊全淹.近世代数(第二版)[M].上海:上海科学技术出版社,1978.

［34］张广祥.抽象代数——理论,问题与方法[M].北京:科学出版社,2005.

［35］E J BARBEAU. Polynomials[M]. New York Inc. Springer-Verlag,1989.

［36］P BORWEIN,T ERDELYI. Polynomials and Polynomial Inequalities[M]. 北京,广州,上海,西安:Springer-Verlag,世界图书出版公司,1995.

［37］常庚哲.复数计算与几何证题[M].上海:上海教

育出版社,1980.

[38] 蒋声.从单位根谈起[M].上海:上海教育出版社,1980.

[39] 安德鲁·皮克林.实践的冲撞——时间,力量与科学[M].南京:南京大学出版社,2004.

[40] 楼世拓,邬冬华.黎曼猜想[M].沈阳:辽宁教育出版社,1987.

[41] А Г 库洛什.高等代数教程[M].上海:商务印书馆,1953.

[42] Д К 法捷耶夫,И С 索明斯基.高等代数习题集(修订第二版)[M].北京:高等教育出版社,1987.

[43] 张禾瑞,郝炳新.高等代数[M].北京:高等教育出版社,1960.

[44] 周伯壎.高等代数[M].北京:高等教育出版社,1966.

[45] 魏壁.方程式[M].北京:中国青年出版社,1962.

[46] 尤秉礼.常微分方程补充教程[M].北京:人民教育出版社,1981.

[47] G H HARDY,E M WRIGHT. An Introduction to the Theory of Numbers(fifth edition)[M]. Oxford,London,Glasgow. The English language book society and Oxford University Prenss,1981.

[48] H M EDWARDS. Fermat's Last Theorem,A Genetic Introduction to Algebraic Number Theory[M]. New York,Heidelberg Berlin. Springer-Verlag,1977.

[49] 清华大学,北京大学《计算方法》编写组.计算方法,上册[M].北京:,科学出版社,1975.

[50] 清华大学,北京大学《计算方法》编写组.计算方法,下册[M].北京:科学出版社,1980.

[51] 卢侃,孙建华,欧阳容百,等.混沌动力学[M].上海:上海翻译出版社,1990.

[52] 丁玖,周爱辉.确定性系统的统计性质[M].北京:清华大学出版社,2006.

[53] FENG BEIYE. Periodic traveling_wave solution of Brusselator[J]. ACTA. Appl. Math. Sinica,4(1988),4:324-332.

[54] .陈文成,陈国良.Hopf 分支的代数判据[J].应用数学学报,15(1992),4:251-259.

[55] FENG BEIYE. An simple elementary proof for the inequality $d_n < 3^n$[J]. Acta Mathematicae Applicatae Sinica,English Series,21(2005),3:455-458.

[56] 冯贝叶.四次函数实零点的完全判据和正定条件[J].应用数学学报,29(2006),3:454-466.

[57] 朱照宣.谈抛物线 $y=4\lambda x(1-x)$[J].数学教学,3,(1983):3-7.

[58] P SAHA,S H STROGATZ. The Birth of Period Three[J]. Mathematics Magazine,68(1995),1:42-47.

[59] J BECHHOEFER. The Birth of Period 3,Revisited[J]. Mathematics Magazine,69(1996),2:115-118.

[60] W B GORDON. Period Three Trajectories of

the Logisitic Map[J]. Mathematics Magazine, 69(1996),2:118-120.

[61] J BURM,P FISHBACK. Period－3 Orbits via Sylvester's Theorem and Resultants[J]. Mathematics Magazine,74(2001),1:47-51.

[62] FENG BEIYE. A Trick Formula to Illustrate the Period Three Bifurcation Diagram of the Logistic Map[J]. 数学研究与评论,30(2010),2:286-290.

[63] 冯贝叶. 一个正定不等式的最佳参数[J]. Advanced Applied Mathematics 应用数学进展,2016,5(1),41-44.

[64] I NIVEN. Irrational Numbers[M]. Rahway New Jersey. J. Wiley and Sons Inc,1956.

[65] D HUYLEBROUCK. Similarities in Irrationality Proofs for π, ln 2, $\zeta(2)$, and $\zeta(3)$[J]. The American Mathematical Monthly 108(2001):222-231.

[66] J C LAGARIAS. The $3x+1$ Problem and Its Generalizations[J]. The American Mathematical Monthly 92(1985):3-23.

[67] J C LAGARIAS. Wild and Wooley Numbers[J]. The American Mathematical Monthly, 113(2006):97-108.

[68] G BOROS, V MOLL. Irresistible Integrals [M]. Cambridge University Press,Cambridge, 2004.

[69] B SURY. Nothing Lucky about 13[J]. Mathe-

matical Magagine, Vol 83, No. 4 October 2010: 289-293.

[70] MURRAY MARSHALL. SURV Vol. 146, Positive Polynomials and Sums of Squares[M]. American Mathematical Society, 2008.

冯贝叶发表论文专著一览

一、论文

[L1] 冯贝叶,钱敏.分界线环的稳定性及其分支出极限环的条件.数学学报,1985,28(1):53-70.

[L2] FENG BEIYE. Condition of creation of limit cycle from the loop of a saddle-point separatrix. ACTA. Math. Sinica(N. S),1987,3(4):55-70.

[L3] FENG BEIYE. Periodic traveling-wave solution of Brusselator. ACTA. Appl. Math. Sinica,1988,4(4):324-332.

[L4] FENG BEIYE. Bifurcation of limit cycles from a center in the two-parameter system. ACTA. Appl. Math. Sinica,1990,6(1):44-49.

[L5] 冯贝叶.临界情况下奇环的稳定性.数学学报,1990,33(1):113-134.

[L6] 冯贝叶.临界情况下 Heteroclinic 环的稳定性.中国科学,1991,7A:673-684.

[L7] FENG BEIYE. The stability of a heteroclinic cycle for the critical case. Sciences in China,1991,34(8):920-934.

[L8] 冯贝叶,肖冬梅.奇环的奇环分支.数学学报,1992,35(6):815-830.

［L9］冯贝叶.无穷远分界线环的 Melnikov 判据及二次系统极限环的分布.应用数学学报,1993,16(4):482-492.

［L10］冯贝叶.关于"三微弱同宿吸引子的判别准则"一文的反例.科学通报,1994,39(2):187.

［L11］冯贝叶.同宿及异宿轨线的研究近况.数学研究与评论,1994,14(2):299-311.

［L12］冯贝叶.无穷远分界线的稳定性和产生极限环的条件.数学学报,1995,38(5):682-695.

［L13］冯贝叶.空间同宿环和异宿环的稳定性.数学学报,1996,39(5):649-658.

［L14］FENG BEIYE. The heteroclinic cycle in the model of competition between n species and its stability. ACTA. Appl. Math. Sinica,1998,14(4):404-413.

［L15］冯贝叶.关于多项式系统的一个公开问题的解答.应用数学学报,2000,23(2):314-315.

［L16］冯贝叶,胡锐.具有两点异宿环的二次系统.应用数学学报,2001,24(4):481-486.

［L17］冯贝叶,曾宪武.蛙卵有丝分裂模型的定性分析.应用数学学报,2002,25(3):460-468.

［L18］FENG BEIYE, ZHENG ZUOHUAN. Periodic Solution of a Simplified Model of Mitosis in Frog Eggs. ACTA. Appl. Math. Sinica,2002,18(4):625-628.

［L19］FENG BEIYE, HU RUI. A Survey On Homoclinic And Heteroclinic Orbits. Applied Mathematics E-Notes,2003(3),16-37.

[L20] LIU SHIDA,FU ZUNTAO,LIU SHIKUO, XIN GUOJUN,LIANG FUMING and FENG BEIYE. Solitary Wave in Linear ODE with Variable Coefficients,Commun. Theor. Phys. (Beijing,China),2003(39):643-846.

[L21] 冯贝叶.蛙卵有丝分裂模型的鞍结点不变圈及其分支.应用数学学报,2004,27(1):36-43.

[L22] LIU ZHICONG,FENG BEIYE. Qualitative Analysis For A Class Of Plane Systems. Applied Mathematics E-Notes,2004,(4)74-79.

[L23] LIU ZHICONG,FENG BEIYE. Qualitative Analysis For Rheodynamic Model of Cardiac Pressure Pulsations. ACTA. Appl. Math. Sinica,2004,20(4):573-578.

[L24] 胡锐,冯贝叶.推广后继函数法研究第二临界情况下同宿环的稳定性.应用数学学报,2005,28(1):28-43.

[L25] FENG BEIYE. An simple elementary proof for the inequality $d_n < 3^n$. Acta Mathematicae Applicatae Sinica,English Series,2005,21(3):455-458.

[L26] 冯贝叶.四次函数实零点的完全判据和正定条件.应用数学学报,2006,29(3):454-466.

[L27]FENG BEIYE. A Trick Formula to Illustrate the Period Three Bifurcation Diagram of the Logistic Map. 数学研究与评论,30(2010),2:286-290.

[L28]冯贝叶.一个正定不等式的最佳参数. Advanced

Applied Mathematics 应用数学进展,2016,5(1),41-44.

二、专著

[Z1] 李继彬,冯贝叶.稳定性、分支与混沌.昆明:云南科技出版社,1995.

[Z2] 张锦炎,冯贝叶.常微分方程几何理论与分支问题(第二次修订本).北京:北京大学出版社,2000.

[Z3] 冯贝叶.多项式与无理数.哈尔滨:哈尔滨工业大学出版社,2008.

[Z4] 冯贝叶.历届美国大学生数学竞赛试题集.哈尔滨:哈尔滨工业大学出版社,2009.

[Z5] 冯贝叶.500个世界著名数学征解问题.哈尔滨:哈尔滨工业大学出版社,2009.

[Z6] 冯贝叶.数学拼盘和斐波那契魔方.哈尔滨:哈尔滨工业大学出版社,2010.

[Z7] 冯贝叶.数学奥林匹克问题集.哈尔滨:哈尔滨工业大学出版社,2013.

[Z8] 佩捷,冯贝叶,王鸿飞.斯图姆定理——从一道"华约"自主招生试题的解法谈起.哈尔滨:哈尔滨工业大学出版社,2014.

[Z9] 佩捷,冯贝叶.IMO 50年.第1卷:1959—1963.哈尔滨:哈尔滨工业大学出版社,2014.

[Z10] 佩捷,冯贝叶.IMO 50年.第2卷:1964—1968.哈尔滨:哈尔滨工业大学出版社,2014.

[Z11] 佩捷,冯贝叶.IMO 50年.第3卷:1969—1973.哈尔滨:哈尔滨工业大学出版社,2014.

[Z12]佩捷,冯贝叶.IMO 50 年.第 4 卷:1974—1978.哈尔滨:哈尔滨工业大学出版社,2016.

[Z13]佩捷,冯贝叶.IMO 50 年.第 5 卷:1979—1984.哈尔滨:哈尔滨工业大学出版社,2015.

[Z14]佩捷,冯贝叶.IMO 50 年.第 6 卷:1985—1989.哈尔滨:哈尔滨工业大学出版社,2015.

[Z15]佩捷,冯贝叶.IMO 50 年.第 7 卷:1990—1994.哈尔滨:哈尔滨工业大学出版社,2016.

[Z16]佩捷,冯贝叶.IMO 50 年.第 8 卷:1995—1999.哈尔滨:哈尔滨工业大学出版社,2016.

[Z17]佩捷,冯贝叶.IMO 50 年.第 9 卷:2000—2004.哈尔滨:哈尔滨工业大学出版社,2015.

[Z18]佩捷,冯贝叶.IMO 50 年.第 10 卷:2005—2009.哈尔滨:哈尔滨工业大学出版社,2016.

三、科普作品及译作校对

[K1] 冯贝叶.一个中学生的札记.数学通报,1965(9):25-26.

[K2] 冯贝叶.神奇的魔方,一点不假.数学译林,2000,19(2):157-161.

[K3] 冯贝叶.15 方块游戏的现代处理.数学译林,2000,19(2):162-168.

[K4] 冯贝叶.第五十九届 William Lowell Putnan 数学竞赛.数学译林,2000,19(2):152-156.

[K5] 冯贝叶.不动点和费马定理:处理数论问题的一种动力系统方法.数学译林,2000,19(4):339-345.

[K6] 冯贝叶.A. N. 科尔莫果罗夫(Kolmogorov).数

学译林,2001,20(1):67-75.

[K7] 冯贝叶. π, ln 2, $\zeta(2)$, $\zeta(3)$ 的无理性证明中的类似性. 数学译林,2001,20(3):256-265.

[K8] 冯贝叶. 模的奇迹. 数学译林,28(2009),1:40-44.

[K9] 冯贝叶. Fibonacci 时钟的长周期日. 28(2009),4:319-325.

(注:以上有些译文发表时用了徐秀兰等名字)